计算机系列教材

陈德裕 管致锦 戴树贵 杭月芹 丁卫平 编著

计算机导论（技术篇）

清华大学出版社
北 京

内 容 简 介

本书根据计算机信息处理的“信息获取”、“信息存储”、“信息加工”和“信息输出”的过程，从技术角度全面介绍了计算机技术的发展进程。对于信息处理中的每一环节，教材中分别以“文本”、“图像”、“声音”、“视频”等信息的形式为基础，给出了每一种信息形式的处理技术。

本书可以作为高等学校计算机及相关专业计算机导论课程的使用教材，也可作为高等职业技术院校计算机应用专业的入门课程教材，同时也可作为广大信息技术爱好者的学习参考书。

图书在版编目（CIP）数据

计算机导论（技术篇）/陈德裕等编著. —北京：清华大学出版社，2015（2022.9重印）

计算机系列教材

ISBN 978-7-302-40447-7

Ⅰ. ①计… Ⅱ. ①陈… Ⅲ. ①电子计算机－高等学校－教材 Ⅳ. ①TP3

中国版本图书馆 CIP 数据核字(2015)第 127961 号

责任编辑：袁勤勇　薛　阳

封面设计：常雪影

责任校对：梁　毅

责任印制：沈　露

出版发行：清华大学出版社

网　　址：http://www.tup.com.cn，http://www.wqbook.com

地　　址：北京清华大学学研大厦 A 座　　**邮　　编**：100084

社 总 机：010-62770175　　**邮　　购**：010-83470235

投稿与读者服务：010-62776969，c-service@tup.tsinghua.edu.cn

质量反馈：010-62772015，zhiliang@tup.tsinghua.edu.cn

课件下载：http://www.tup.com.cn，010-83470236

印 装 者：天津鑫丰华印务有限公司

经　　销：全国新华书店

开　　本：185mm×260mm　　**印　　张**：18.75　　**字　　数**：465 千字

版　　次：2015 年 9 月第 1 版　　**印　　次**：2022 年 9 月第 4 次印刷

定　　价：56.00 元

产品编号：062172-03

《计算机导论(技术篇)》前言

《计算机导论》是计算机学科各专业以及其他相关专业的一门基础课程，也是计算机学科各专业以及其他相关专业的学生在高校里学习的第一门专业课程。

导论课程开设的目的是为了快速地向学生介绍本专业的学习内容、专业的特点与特色以及专业的学习方法指导，使学生对本专业有一个比较全面的认识和理解，为今后学习其他课程打下良好的基础。本着“导学”(计算机专业课程学习)、“导专”(计算机学科的专业方向)和“导研”(计算机学科的前沿领域和研究方法)的指导思想，按照计算机信息处理的“信息获取”、“信息存储”、“信息处理”和“信息输出”的过程，向学生介绍计算机技术的发展过程，必将对其专业教育产生积极的影响。

科学与技术一直是社会发展的两个重要方面。对于计算机科学与技术而言，计算机科学解决的是认识世界“是什么”和“为什么”的问题，而计算机技术则是要解决“做什么”和“怎么做”的问题。因此，对于计算机专业的学生来说，不仅仅要学习计算机科学知识，更重要的是要掌握计算机技术，用技术去解决生产实际中的问题。

因此，笔者结合多年的教学工作经验，对照计算机专业人才的培养要求，组织人员编写了这本《计算机导论(技术篇)》教材。按照信息处理的“信息获取、存储、处理和输出”4个过程的顺序，向广大读者介绍了信息处理各个阶段的主要技术，以期望读者能对计算机技术的发展有一个比较全面的了解。

本书内容共分8章。第1章介绍信息处理中的信息获取技术，主要包括信息的输入技术、信息的查找技术、信息的收集和采集技术以及信息的检索技术。第2章介绍信息的存储技术，包括磁存储技术、光存储技术和网络存储技术。第3章介绍信息的表示技术，包括不同数的进制、文本信息的表示技术、图像与视频的表示技术和声音的表示技术。第4章主要介绍信息加工的技术，包括文本信息的加工、图像信息的加工、视频信息的加工、声音信息的加工和网络信息的处理技术。第5章简单介绍信息的展现技术，包括多媒体技术、触摸屏技术和信息的大屏幕输出技术。第6章介绍信息的传输技术，包括现代通信技术、光纤通信、微波通信、卫星通信技术和移动通信技术、图像通信技术等。第7章介绍信息安全方面的基本技术。第8章介绍物联网、无线网络、一体机技术、云计算和大数据等计算机信息处理的新技术。

在每一章的最后，附录了我国一些杰出计算机技术人才的生平事迹和在有关计算机技术方面所做的贡献介绍，其目的是为了拓宽读者的知识面，激发广大读者学习计算机技术的热情。

前言《计算机导论（技术篇）》

本教材是《计算机导论（理论篇）》的姊妹篇，可作为高等学校计算机及相关专业计算机导论课程的使用教材，也可以作为高等职业技术院校计算机应用专业的入门课程教材。

全书由陈德裕老师负责统稿并撰写了第1～第4章；管致锦老师负责撰写了第7章；戴树贵老师负责撰写了第5章；杭月芹老师负责撰写了第6章；丁卫平老师负责编排了全书的习题及各章的附录等工作。曹庆红、王华建负责了全书的核对和编排工作。管致锦教授对本书的编写提出了很多有益的建议；同时在全书的编写过程中得到了有关领导的关心和帮助，并参考了一些同行、专家的有关文献资料，参考了大量的百度文献、网络文献，在此一并表示感谢。

由于作者编写水平有限，书稿虽然经过多次修改和校对，但其中仍难免存在许多缺点和错误。欢迎同行、专家和读者对本书提出一些批评和建议，以便我们进一步改正和完善。

作　者

2015年9月

FOREWORD

目 录

目 录

第 1 章　信息获取技术

随着信息技术的广泛应用，人们对信息获取的需求越来越多，对获取的信息质量要求也越来越高。这无论是在速度上还是在功能上，不仅对获取信息的硬件设备提出了很高的要求，而且对获取信息的技术和手段也提出了新的挑战。本章分别从信息的输入、查找、收集和检索 4 个方面来介绍信息的获取技术。

1.1　信息输入技术

要用计算机对信息进行处理，前提是要把需要处理的信息输入计算机中。因此，信息输入技术是信息处理的首要技术。现有的计算机能处理的信息类型很广，总体说来，凡是能数字化的信息都可以利用计算机来进行处理。文本信息、图像信息、语音和声音信息、视频信息是人们日常生活中最为常见的信息类型。信息的输入技术和计算机的输入设备总是息息相关的，不同的输入设备采用的思想和方法各不相同。因此，信息的输入技术也和计算机的输入设备一样，具有多样性。同时，各种不同的输入技术是不断变化和发展的，有的输入技术由于输入设备的落后而被淘汰，如早期的纸带输入技术、磁带输入技术。

1.1.1　文本输入技术

文本是计算机中处理最多同时也是最基本的信息。文本输入技术也是最为成熟的信息输入技术。文本的输入技术从早期的类似于机械式打字机的键盘输入技术，发展到现在的智能文本输入技术。文本输入技术主要包括键盘输入和非键盘输入两大类技术。对于西文字符来说，主要是借助于普通键盘来完成的。对中文字符来说，由于使用计算机的群体不同，文本输入技术可以分为键盘输入和非键盘输入两大类。年轻人比较喜欢用键盘来输入汉字，而中老年人可以用如手写、语音等非键盘方式输入汉字。

1. 键盘输入技术

作为一种最常用的信息输入设备，键盘的历史要远比现代计算机的历史悠久很多。早在 1868 年，被称为“打字机之父”的美国人克里斯托夫・拉森・肖尔斯(Christopher Latham Sholes)获得打字机模型专利并取得经营权经营，又于几年后设计出现代打字机的实用原型机，并首次规范了键盘的布局，即现在的 QWERTY 键盘。随着微型计算机的出现，键盘输入技术得以广泛应用在计算机的信息输入上。如果说 CPU 是计算机的心脏，显示器是计算机的脸，那么键盘就是计算机的嘴，是它实现了人和计算机的顺畅沟通。文本信息利用键盘进行输入的过程如图 1.1 所示。

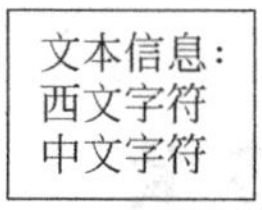

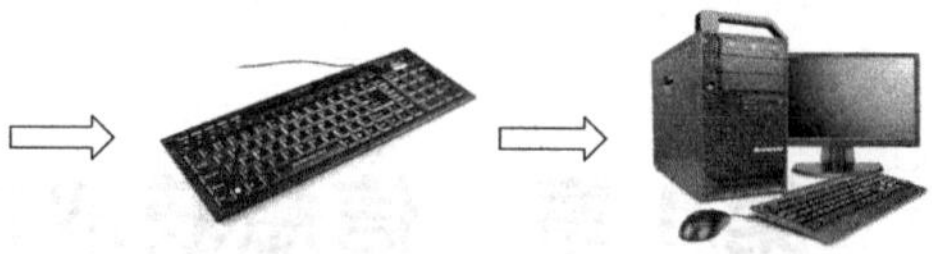

图 1.1 键盘输入示意图

键盘是最常见的计算机输入设备,它广泛应用于微型计算机和各种终端设备上。计算机操作者通过键盘向计算机输入各种指令、数据,指挥计算机的工作。计算机的运行情况输出到显示器,操作者可以很方便地利用键盘和显示器与计算机实现人机对话,对程序进行修改、编辑,控制和观察计算机的运行。

早期 PC 时代的键盘主要以 83 键为主,并且延续了相当长的一段时间。但随着 Windows 操作系统的流行,83 键的键盘已经淘汰,取而代之的是 101 键和 104 键的键盘,并占据市场的主流地位。这期间也曾出现过 102 键、103 键的键盘,但由于推广不善,都只是昙花一现。近年来随着 104 键的键盘出现,多媒体键盘成为了键盘技术的主角,它在传统键盘的基础上又增加了不少常用的多媒体操作的快捷键、上网操作的快捷键和音量调节装置,使 PC 操作进一步简化,对于收发电子邮件、打开浏览器软件、启动多媒体播放器等都只需要按一个特殊按键即可,实现了"一键通"的功能,同时在外形上也做了重大改善,着重体现了键盘的个性化。

一般来说,键盘由外壳、键帽、电路板等几个部分组成,如图 1.2 所示。

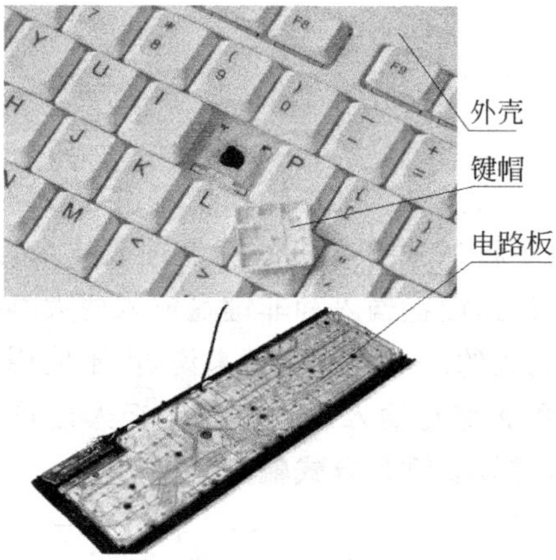

图 1.2 键盘的结构

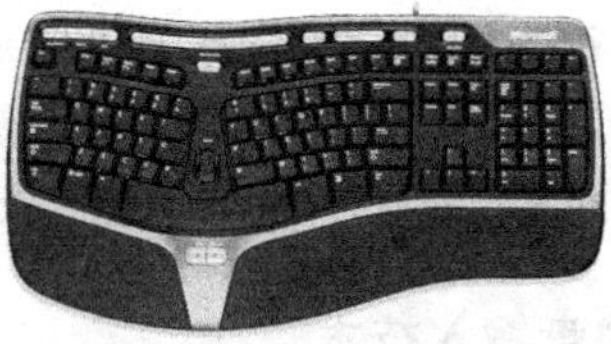

图 1.3 人体工学键盘

键盘的种类很多,一般可分为触点式和无触点式两大类。前者借助于金属把两个触点接通或断开以输入信号,后者借助于霍尔效应开关(利用磁场变化)和电容开关(利用电流和电压变化)产生输入信号。从编码的功能上键盘又可以分成全编码键盘和非编码键盘两种。全编码键盘是由硬件完成键盘识别功能的,通过识别键是否按下以及所按下键的位置,由全编码电路产生一个唯一对应的编码信息(如 ASCII)。非编码键盘是由软件完成键盘识别功能的,它利用简单的硬件和一套专用键盘编码程序来识别按键的位置,然后由 CPU 将位置码通过查表程序转换成相应的编码信息。非编码键盘的速度较低,但结构简单，并且通过软件能为某些键的重新定义提供很大的方便。从应用角度来看，键盘又可以分为台式机键盘、笔记本电脑键盘、工业控制机键盘等。如果按照键盘的工作原理，又可以把键盘分为机械键盘、塑料薄膜式键盘、导电橡胶式键盘和电容式键盘等。按外形可以分为标准键盘和人体工程学键盘。人体工程学键盘在标准键盘上将指法规定的左手键区和右手键区这两大板块左右分开，并形成一定角度，使操作者不必有意识地夹紧双臂，保持一种比较自然的形态，这样可以减少由于使用键盘时手腕长期悬空导致的疲劳(如图 1.3 所示)。此外，现在还有四节输入法键盘、超通用台式机键盘、夜光键盘、蓝牙无线键盘等个性化的键盘。

作为一种必备的输入设备，在选购键盘时，要考虑以下几个方面的问题：

(1) 键盘的触感。作为日常使用中接触最多的输入设备，键盘的手感毫无疑问是最重要的。手感主要是由按键的力度阻键程度来决定的。判段一款键盘的手感如何，会从按键弹力是否适中、按键受力是否均匀，键帽是否是松动或摇晃的以及键程是否合适这几方面来测试。虽然不同用户对按键的弹力和键程有不同的要求，但一款高质量的键盘在这几方面应该都能符合绝大多数用户的使用习惯，而按键受力均匀和键帽牢固是键盘的质量保证，否则就可能导致卡键或者让人们感觉疲劳。

(2) 键盘的外观。外观包括键盘的颜色和形状。一款漂亮时尚的键盘会为桌面添色不少，而一款古板的键盘会让人们的工作更加沉闷。因此，从键盘外观来考虑，键盘必须美观、实用。

(3) 键盘的做工。键盘的制作成本较低，但这并不代表键盘的制作工艺简单。好键盘的表面及棱角处理精致细腻，键帽上的字母和符号通常采用激光刻入，手指摸上去有明显的凹凸感，选购键盘时要认真检查键位上所印字迹是否是刻上去的，而不是那种直接用油墨印上去的，因为这种键盘的字迹，用不了多久就会脱落。

(4) 键盘键位布局。键盘的键位分布虽然有国际标准，但是在标准的执行上，各个生产厂商还是有回旋余地的。一流的键盘厂商可以利用把键盘的键位排列得更加体贴用户，而规模小的键盘厂商就只能沿用最基本的标准，甚至因为品质不过关而做出键位分布极差的键盘。

(5) 键盘的噪音。一般来说，人们在按键盘时总会产生一定的噪音，特别是那些深夜还在工作、游戏、上网的用户。因此，一款好的键盘必须保证在高速敲击时也只产生较小的噪音，不影响别人休息。

(6) 键盘的键位冲突问题。在日常生活中，人们可能会经常性地、反复地使用到键盘中的几个键。有时候人们可能会同时打开了多个应用软件，要保证多个软件中使用到的键盘不发生冲突。

一般地，键盘上的键位按功能分为 6 个区域(如图 1.4 所示)，一是输入区，也称为大键盘区，包括 10 个阿拉伯数字、26 个英文字母、回车(Enter)键、退格(Backspace)键、空格键和换挡(Shift)键等，主要用于西文字符和数字的输入；二是数字键区，也称为小键盘区，包括 10 个阿拉伯数字和四则运算符、Enter 键等；三是功能键区，包括 F1～F12 一共 12 个功能键和 Esc 键；四是特定功能键区，包括 Home、End、Page Up、Page Down、Insert、Delete 等光标控制以及 Screen Print、Scroll Lock、Pause/Break 三个键；五是方向键区,包括→、←、↑、↓ 4 个方向键;六是键盘指示灯区,包括 Num Lock 、Caps Lock、Scroll Lock 三个指示灯。

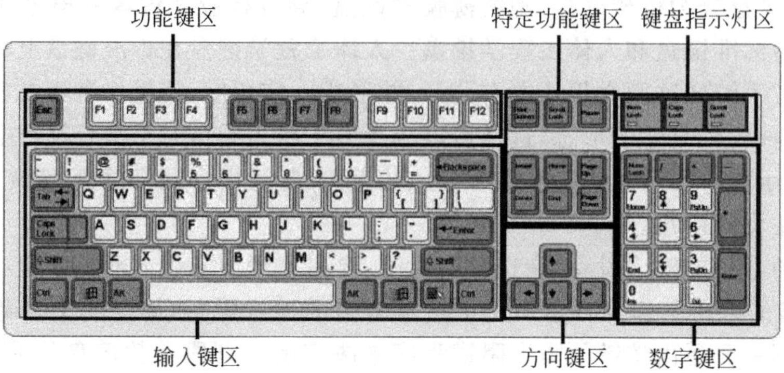

图 1.4 键盘的分区

1) 键盘指法介绍

键盘指法分区如图 1.5 所示,它们被分配在两手的 10 个手指上。初学者应严格按照指法分区的规定敲击键盘,每个手指均有各自负责的上下键位。

图 1.5 键盘指法分区

键盘第三排上的 A、S、D、F、J、K、L、;共 8 个键位为基准键位,如图 1.6 所示。其中,在 F、J 两个键位上均有一个突起的短横条,用左右手的两个食指可触摸这两个键以确定其他手指的键位。

常用的指法训练软件有 TT、CAI 和金山打字通等,这些练习软件有一定的科学性以及合理性,利用这些软件可以使指法得到充分的训练,达到快速、准确地输入英文字母的目的。

2) 键盘上的常用键(主要以 Windows 系统为例)

Esc:退出应用程序,或退至上一层界面;

F1:显示当前程序或者 Windows 操作系统的帮助内容;

F2:对选定的文件或文件夹重新命名;

F3:搜索;

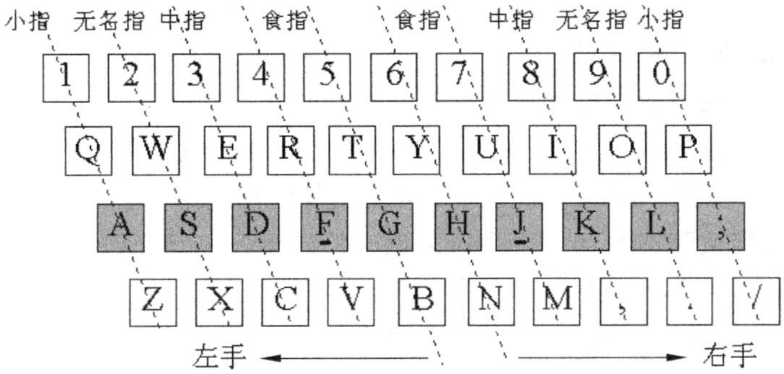

图 1.6 基准键位置

F4：打开 IE 中的地址栏列表；Alt＋F4：关闭当前打开的应用程序窗口；

F5：常用于网页页面的刷新；

F6：可以快速在资源管理器及 IE 中定位到地址栏；

F7：在 Windows 中没有任何作用；

F8：在启动电脑时，可以用它来显示启动菜单。有些电脑还可以在电脑启动最初按下这个键来快速调出启动设置菜单，还可在开机自检结束未进入系统前进入安全模式；

F9：在 Windows 中没有任何作用；

F10：用来激活 Windows 或程序中的菜单，按下 Shift＋F10 会出现右键快捷菜单。在 Windows Media Player 中，它的功能是提高音量；

F11：可以使当前的资源管理器或 IE 变为全屏显示；

F12：在 Windows 中没有任何作用，在 Word 中，按下它会快速弹出“另存为”文件的窗口；

Tab：制表键，常用在对话框中切换至下一输入窗口；

Tab＋Alt：键组合可在各应用文件间进行切换；

Caps Lock：大小写锁定键，按一下输入英文大写，小键盘上方第二个灯亮；

Shift：换档键，Caps Lock 键未按下时，与其他键配合使用可输入英文大写或上一行字符；Caps Lock 键按下时，与其他键配合使用可输入英文小写或上一行字符；

Ctrl：功能控制，可同时选中多个不相邻的文件或文字；

Ctrl＋C：复制；Ctrl＋X：剪切；Ctrl＋V：粘贴；

Ctrl＋A：全选；Ctrl＋S：保存当前文档；Ctrl＋Z：撤销上一步操作；

Windows 徽标键：打开“开始”按钮；

Windows 徽标键＋D：可显示桌面；

Ctrl＋Alt＋Delete：打开任务管理器，观察当前正在运行的所有进程；

Ctrl＋ Shift：各输入法之间进行切换；

Ctrl＋Space(空格)：在中英文输入法之间进行切换；

Alt＋Print Screen：活动窗口屏幕打印；

Print Screen：全屏幕打印；

Scroll Lock：滚动锁定键，按下此键后在 Excel 等按上、下键滚动时，会锁定光标而滚

动页面;如果放开此键,则按上、下键时会滚动光标而不滚动页面;

Pause/Break:暂停和中断;

Insert(默认):在当前光标处插入字符;

Insert(取消):改写状态,插入字符时新字符替代原位置上的字符;

Delete:依次删除光标后面的字符,并可删除其他任何对象;

Home:光标定位到本行第一个字符之前;

End:光标定位到本行最后一个字符之后;

Page Up/Page Down:向上翻页/向下翻页;

Num Lock:数字键盘锁定键。

3) 注意事项

使用键盘输入时需要注意以下几点:

① 坐姿要端正,上身保持笔直,全身自然放松。

② 座位高度适中,手指自然弯曲成弧形,两肘轻贴于身体两侧,与两前臂成直线。

③ 手腕悬起,手指指肚要轻轻放在字键的正中面上,两手拇指悬空放在空格键上。此时的手腕和手掌都不能触及键盘或机桌的任何部位。

④ 眼睛看着稿件,不要看键盘,身体其他部位不要接触工作台和键盘。

⑤ 按键要迅速,节奏要均匀,利用手指的弹性轻轻地击打字键。

⑥ 击打完毕,手指应迅速缩回原键盘规定的键位上。

⑦ 一定要养成"盲打"的习惯。尽管一开始有些慢,但一旦熟悉后,速度自然就会变得很快了。

2. 非键盘输入技术

非键盘输入是相对于传统的键盘输入而言的,旨在突破传统编码技术的更简易便捷的汉字输入方法。目前主要有语音识别(或称语音输入)、手写识别(或称笔输入)和光学字符识别(OCR)等汉字输入技术。

1) 语音识别

计算机语音识别,简单地说,就是让计算机能听懂并接收人的声音。语音识别系统的主要功能一般包括接收麦克风的语音输入、提取有用信息、通过声音模型及相应的语言模型识别等模块。其核心算法基本包括话音适应算法、特征提取算法、声音模型及相应的语言模型、搜索算法及匹配算法等。而基于统计的隐马尔可夫模型(HMM),是目前最为成功的一种语言识别模型和算法。隐马尔可夫模型的算法是将语音看成一连串特定状态,它们以某种隐含的关系与语音的特征相关联,通过概率形式表现出来,其输出结果也用概率形式给出。目前所能看到的各种性能优良的语音识别系统几乎都采用了这种模型。隐马尔可夫模型已成为了现代语音识别技术的核心。

语音识别系统有多种分类方法。按照发音方式,分为孤立字发音识别、连续词发音识别和连续语音识别;按照可识别词汇量的多少,分为小词汇量识别、中词汇量识别、大词汇量识别和无限词汇表识别;按照识别对象,分为特定人语音识别和非特定人的语音识别。

语音识别技术已应用于许多方面。如在语音拨号、自动应答、企业管理、工业控制以及多媒体教学等领域都有着广泛的应用。替代键盘作为文本输入手段的听写机则是语音识别技术的一个重大成果,它运用语音识别技术将人的自然语言转换成文本进行输入。一个优秀的听写机系统能具有适应非特定人、连续语音及无限词汇的性能。可以肯定的是,语音识别技术在实现信息的无键盘输入中必将产生更大的影响。

1998年,IBM公司在我国推出的汉语ViaVoice就是一个针对汉语普通话的听写机系统。该系统是一个高性能的语音识别系统,它使用户能够以口述方式输入文本而不再受限于仅用键盘输入。人们在使用该系统时非常方便,这使得汉字无键盘输入的速度得到了较大的提高。ViaVoice听写机系统具有以下主要功能:IBM语音板(语音字处理器)、口音适应程序、IBM ViaVoice属性设置、词汇表管理器及麦克风设置向导程序。IBM ViaVoice是语音识别系统的核心,可以直接使用,也可以与其他系统配合起来使用。目前汉语语系的语音识别产品的核心技术大多是IBM ViaVoice内核(如汉王),有些产品甚至直接捆绑了IBM ViaVoice 98软件(如紫光)。

汉王语音听写输入系统是中国科学院自动化所最新推出的汉字语音识别系统。它是国家863计划的科研成果,是汉王笔与IBM的汉字语音识别核心IBM ViaVoice的完美结合。汉王听写系统是以汉字语音识别为基础的文字处理系统,它将声音信号识别为文字,使用者完全脱离键盘录入汉字,开创了一个文字录入的全新天地,是一种简单易学、方便快捷的高性能非键盘输入系统。该系统还配带一套手写输入设备(手写板和手写笔),当听写中个别字有错误时,可使用手写输入设备进行修改。汉王在ViaVoice的基础上,融合了学习功能,可让机器在发音不准的情况下读懂所说的话。从识别效果来看,该软件对普通新闻稿的识别率较高(测试达97%),而对某些专业性强或者文学性较强(如诗歌、散文)的文章识别率则较差。

除上述之外,还有清华的紫光大师以及美国Dragon System公司研制的Dragon NaturallySpeeking听写机系统等都是具有很强影响力的语音识别系统。Dragon System公司还推出了一些专用听写机系统,如专为医生设计的Naturally Speeking Medical Edition和专为律师设计的Naturally Speeking Legal Edition系统等。

2) 手写识别

手写识别又称笔输入技术,是利用专用的笔在特定的书写平面(与计算机相连的书写板)上写字,利用压敏电磁感应的原理,将笔在书写板上运动轨迹的坐标输入给计算机,计算机运行识别软件,将汉字图形转变成汉字的标准代码,以此完成计算机的汉字录入过程。

手写识别输入系统包括硬件和软件两个组成部分,其中硬件部分包括书写笔和书写板。书写笔按连接方式可以分为有线的和无线的两种;按工作原理也可以分为压感、无压感的书写笔;书写笔有带电池的和不带电池的。书写笔中可以感知压力大小和倾斜角的无线电池压感笔,在使用上已接近于真实的笔。书写板又可分为电容式和电磁式两类,其中电容式书写板价格低廉,但其定位精度不高,需要采用特殊的识别算法。而电磁式书写板则正好弥补了这一缺陷,电磁式书写板定位精度高,对于连笔字和多笔画字可以更精确地识别。目前市场上的"紫光绘写大师""汉王笔"等,均采用了电磁式手写板技术。

手写输入的主要核心技术就是识别算法。一个手写输入识别软件包括笔画采集、笔画轨迹分析、文字特征提取、与特征库比较分析、生成机内汉字编码等功能模块。中文汉字字型复杂、数量繁多，常用字已多达好几千个。手写输入识别系统通过汉字识别软件将笔输入的汉字图形识别为文字，这样就实现了一些计算机用户(如不会拼音的老年人)脱离键盘而达到高效的汉字录入。

近年来手写识别技术发展很快。书写笔不仅作为文字的输入设备，而且广泛应用于网上信息交流、电子发音词典及智能手机等其他领域，发展前景非常广大。如紫光产品4050A，采用了具有512级压感的无线笔，可以作为文字录入、平面设计等工具。其紫光笔识别软件V3.0提供了学习功能，对于用户的书写习惯可以进行记忆，对于连笔字也能识别。紫光笔还提供了简体、繁体、简繁混合和英文的录入设置，识别效果较好。在汉王笔系统中，集成了手写输入、语音合成、事务通、E-mail、网上笔谈等软件，使用户可方便地构筑一个因特网上的手写办公环境。而台湾蒙恬科技股份有限公司出品的百变小蒙恬V3.5，则是一套操作简便、易学易用的中文输入入门工具，具有单字输入、左右连续输入、全屏连续书写三种书写方式，经过多次测试，上述这些产品都能达到95%以上的识别正确率。

3) OCR技术

光学字符识别(Optical Character Recognition，OCR)是指将一份文字稿件以图像形式输入给计算机，计算机取出每个文字的图像，再将其转换成汉字的编码存入计算机，以达到汉字输入目的的技术。OCR技术解决的是已存在于纸介质上的文字如何被计算机识别并接收的问题。由于是对扫描后的图像文件进行识别处理，所以也称为脱机汉字识别系统。从汉王全能阅读机开始，脱机文稿扫描技术从概念上被归类到非键盘输入之中，这使得OCR产品自然地加入非键盘输入技术中，而且越来越受到人们的重视。

OCR技术的核心与手写识别技术一样，也是汉字的识别问题。OCR与手写识别技术都是要把图像文字转化为文本，都是属于图像处理技术的范畴。但不同的是，OCR是脱机的输入方式，而手写识别则是联机的工作方式。OCR通过建立汉字识别特征库，利用特征比较、判别算法等，达到让计算机识别汉字的目的。在硬件部分上，目前的光电扫描输入设备有扫描仪、传真机、摄像机等。汉字文稿通过电荷耦合器件(Charge Coupled Device，CCD)将光信号转变为电信号，再转换为数字信号传给计算机，然后通过识别软件对汉字进行识别。

随着扫描仪技术的飞速发展，扫描仪的性能越来越好，这给OCR技术的发展带来了极大的帮助。随着家用扫描仪的日益普及，人们在购买计算机时，已逐渐将扫描仪作为标准配件来配置。同时，像清华OCR、尚书办公专家以及英文的Omnipage、TextBridge等种类的OCR软件已经走进普通电脑用户。这些OCR软件都可以识别多种字体的中英文和多种格式的表格，并且能够进行图文管理。如在Microtek、N-tek扫描仪销售配送的尚书办公专家，可以识别中文和英文，同时兼具图文档案编辑管理功能。OCR技术开辟了更为宽广的无键盘输入天地。

1.1.2 声音输入技术

声音作为计算机处理的主要信息之一，其输入技术现在已经成熟。声音是由物体振动产生的，而正在发声的物体叫声源。声音以声波的形式传播。声音只是声波通过固体或液体、气体传播形成的运动。声波振动内耳的听小骨，这些振动被转化为微小的电子脑波，它就是人们觉察到的声音。内耳采用的原理与麦克风捕获声波或扬声器的发音一样，是移动的机械部分与气压波之间的关系。在声波音调低、移动缓慢并足够大时，实际上可以"感觉"到气压波振动身体。因此，人体的声音获取器官——耳朵就能觉察到声音。声音具有响度、音色、音调等特性。计算机中所处理的声音也称为数字声音，可分为两类：一类是话音或语音(speech)，专指人的说话声音，带宽仅为300～3400Hz；另一类是全频带声音(如音乐声、风雨声、汽车声等)，其带宽可达到20Hz～20kHz。声音信息是人们经常采用的一种媒体形式，在人类用以传递信息的各种方式中，声音占了约20%的比例。本节主要介绍音频信号数字化的技术、文语转换技术及声音合成技术等声音输入技术。

1. 音频信号数字化技术

1) 声音的定义

声音是因物体的振动而产生的一种物理现象。振动使物体周围的空气绕动而形成声波，声波以空气为媒介传入人们的耳朵，于是人们就听到了声音。因此，从物理上讲，声音是一种波。用物理学的方法分析、描述声音特征的物理量有声波的振幅(Amplitude)、周期(Period)和频率(Frequency)。因为频率 f 和周期 T 互为倒数，因此，一般只用振幅 A 和频率 f 两个参数来描述声音。其中，频率反映了声音的高低，而振幅则反映了声音的大小。声音中含有高频成分越多，音调就越高，也就是越尖，反之则越低；声音的振幅越大，声音则越大，反之则越小。需要指出的是，现实世界的声音不是由某个频率或某几个频率组成的，而是由许多不同频率、不同振幅的正弦波叠加而成的。

2) 声音的分类

声音的分类有多种标准，根据客观需要可有以下三种分类标准。

按频率划分，可分为亚音频、音频、超音频和过音频。频率分类的意义主要是为了区分音频声音和非音频声音。

(1) 亚音频(Infrasound)：0～20Hz；

(2) 音频(Audio)：20Hz～20kHz；

(3) 超音频(Ultrasound)：20kHz～1GHz；

(4) 过音频(Hypersound)：1GHz～1THz。

按原始声源划分，可分为语音、乐音和声响。按声源发出的声音分类是为了针对不同类型的声音使用不同的采样频率进行数字化处理和依据它们产生的方法和特点采取不同的识别、合成和编码方法。

(1) 语音：指人类为表达思想和感情而发出的声音。

(2) 乐音：弹奏乐器时乐器发出的声音。

(3) 声响：除语音和乐音之外的所有声音，如风声、雨声和雷声等自然界或物体发出的声音。

按存储形式划分，可分为模拟声音和数字声音。

(1) 模拟声音：对声源发出的声音采用模拟方式进行存储，如用录音带录制的声音。

(2) 数字声音：对声源发出的声音采用数字化处理，用 0 和 1 表示声音的数据流称为数字声音。数字声音也可以是由计算机合成的语音和音乐。

3) 音频

音频(Audio)是用声音的频率界定的，指频率在 20Hz～20kHz 范围内的声波。音频所覆盖的声音频率是人的耳朵所能听到的声音。

不是所有称得上声音的声波就一定是人能听到的。语音的频率一般为 300～3000Hz，而乐音的频率一般为 20Hz～20kHz，最低可到 10Hz。自然界很多声响的频率范围比语音和乐音的频率范围广，如鲸在互传信息时所发出的声音人就感觉不到。

了解人所能接听的音频频率范围有两方面的意义：一是明确多媒体声音信息的讨论集中在音频声音范围内，而不是所有频率的声音，这些声音包括了语音、乐音和声响；二是并非所有声音对人类都有意义，实际上任何一种自然声响中频率超过 20kHz 的部分是可以丢弃的，这为合理地确定对声音的采样频率、减少声音中的冗余信息提供了理论依据。

4) 声音质量的评价标准

声音质量的评价是一个很困难的问题，也是一个值得研究的课题。目前声音质量的量度有两种基本方法，一种是客观质量量度，另一种是主观质量量度。

声音客观质量量度的传统方法是对声波的测量与分析，其方法是先用机电换能器把声波转换为相应的电信号，然后用电子仪表放大到一定的电压级进行测量与分析。计算技术的发展，使许多计算和测量工作都使用了计算机或程序实现。这些带计算机处理系统的高级声学测量仪器能完成一系列测量工作。

量度声音客观质量的一个主要指标是信噪比(Signal to Noise Ratio，SNR)。对于任何音频，信噪比都是一个比较重要的参数，它指音源产生最大不失真声音信号强度与同时发出噪音强度之间的比率，通常以 S/N 表示，一般用分贝(dB)作为单位。信噪比越高表明音频质量越好。

信噪比用下式计算：

$$\mathrm{SNR}=20\ \log(V_{\text{signal}}/V_{\text{noise}})$$

其中，V_{signal}表示信号电压，V_{noise}表示噪音电压。

采用客观标准方法很难真正评定某种编码器的质量，在实际评价中，主观质量量度比客观质量量度更为恰当和合理。主观质量量度通常是对某编码器输出的声音质量进行评价。例如，播放一段音乐，记录一段话，然后重放给实验者听，再由实验者进行综合评定。每个实验者对某个编码器的输出进行质量判分，采用类似于考试的五级分制，不同的平均分值对应不同的质量级别和失真级别，一般分为优、良、中、差、劣 5 级。可以说，人的感觉机理最具有决定意义，但可靠的主观量度值是较难获得的。

声音的质量与它所占用的频带宽度有关。频带越宽，信号频率的相对变化范围就越大，音响效果也就越好。按照带宽可将声音质量分为 4 级，由低到高依次如下：

电话话音音质，200～3400Hz，简称电话音质；

调幅广播音质，50～7000Hz，简称 AM 音质；

调频广播音质，20～15 000Hz，简称 FM 音质；

激光唱盘音质，10～20 000Hz，简称 CD 音质。

由此可见，质量等级越高，声音所覆盖的频率范围就越宽。

5）模拟音频

模拟音频即模拟声音，是指随时间连续变动的声音波形的模拟记录形式，通常采用电磁信号对声音波形进行模拟记录。

模拟音频可以有多种声源作为记录时的输入，如果用发声的原始程度作为标准，声源可以分为一次声源和二次声源两大类。自然界发出的一切声音，语音、乐音和声响都是模拟音频的输入声源，都是一次声源。声音的模拟记录形式经各种电子设备的输出可以作为再次记录该模拟声音的输入声源，如磁带机的输出；声音的数字记录形式经各种数字声音设备输出后又可以作为再次记录该模拟声音的输入声源，如 CD 唱机的输出。

就声音记录技术来说，记录模拟声音的波形形状从而将声波振动转变为磁带的磁向排列的技术称为模拟音频记录技术。

6）数字音频

数字音频并非一种新的声音，只不过是模拟声音进入计算机后的一种记录和存储形式。计算机在处理声音时，除了输出仍用波形形式外，记录、存储和传送都不能使用波形形式，而必须进行数字化，使时间上连续变化的波形声音变为一串 0 和 1 构成的数字序列，这种数字序列就是数字音频。光盘、硬盘都可以作为数字音频的记录媒体。

7）模拟音频与数字音频特点比较

(1) 模拟音频是连续的波动信号，数字音频是离散的数字信号；

(2) 模拟音频不便进行编辑修改，数字音频编辑、特效处理容易；

(3) 模拟音频用磁带或唱片作记录媒体，容易磨损、发霉和变形，不利长久保存；数字音频主要用光盘存储，不易磨损，适宜长久保存；

(4) 模拟音频进入计算机时必须数字化为数字音频，而数字音频最终要转换为模拟音频才能输出。

8）声音信息的数字化技术

声音信号的数字化就是对时间上连续波动的声音信号进行采样和量化，对量化的结果选用某种音频编码算法进行编码，所得结果就是音频信号的数字形式，即数字音频。声音的数字化是利用计算机对声音进行处理的前提。声音的采集可以分为三步。

第一步：取样。取样也称为采样。由于声音是一种连续的波形信息，而现有的计算机只能处理离散的数据，因此，取样的目的就是把时间上连续的信号转换成时间上离散的信号。其中，样本之间的时间间隔称为取样周期(T_s)，其倒数称为取样频率(f_s)。取样有多种方法，一般分为随机取样和非随机取样。数字声音的采样一般采用非随机的等距采样方法。

假定声音波形如图 1.7(a)所示，它是时间的连续函数 $X(t)$，若要对其进行采样，需按一定的时间间隔(T)从波形中取出其幅度值，得到一组 $X(nT)$序列，即 $X(T)$，$X(2T)$，

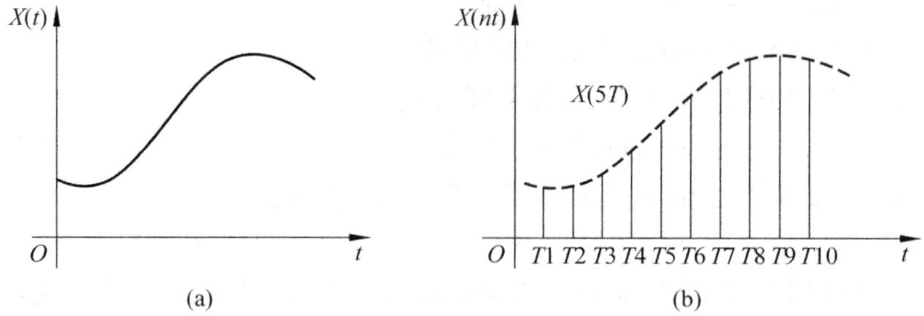

图 1.7 连续波形采样示意图

$X(3T)$,$X(4T)$,$X(5T)$,$X(6T)$等。T 称为采样周期,$1/T$ 称为采样频率,$X(nT)$序列是连续波形的离散信号。显然,离散信号 $X(nT)$只是从连续信号 $X(t)$上取出的有限个振幅样本值。

根据奈奎斯特采样定理,只要采样频率大于或等于音频信号中最高频率成分的两倍,信息量就不会丢失,也就是说只有采样频率高于声音信号最高频率的两倍时,才能把数字信号表示的声音还原为原来的声音(即原始连续的模拟音频信号),否则就会产生不同程度的失真。

采样定律用公式表示为:

$$f_s \geqslant 2f \quad \text{或者} \quad T_s \leqslant T/2。$$

其中,f 为被采样信号的最高频率,f_s 是采样频率,即 f_s 最低要选择 $2f$。

奈奎斯特采样定理的著名实例就是在人们日常生活中使用的电话和 CD 唱片。电话话音的信号频率约为 3.4kHz,在数字电话系统中,为将人的声音变为数字信号,采用脉冲编码调制(Pulse Code Modulation,PCM)。(PCM 是由 A. 里弗斯于 1937 年提出的,这一概念为数字通信奠定了基础。20 世纪 60 年代它开始应用于市内电话网以扩充容量,使已有音频电缆的大部分芯线的传输容量扩大 24~48 倍。20 世纪到 70 年代中期、末期,各国相继把脉码调制成功地应用于同轴电缆通信、微波接力通信、卫星通信和光纤通信等中、大容量传输系统。20 世纪 80 年代初,脉冲编码调制已用于市话中继传输和大容量干线传输以及数字程控交换机,并在用户话机中采用)方法,每秒钟进行 8000 次采样;CD 唱片存储的是数字信息,要获得 CD 音质的效果,则要保证采样频率为 44.1kHz,也就是能够捕获频率高达 22 050Hz 的信号。

在多媒体技术中通常采用三种音频采样频率:11.025kHz、22.05kHz 和 44.1kHz。一般在允许失真的条件下,尽可能地将采样频率选低些,这样可以减少数据量。

常用的音频采样频率和适用情况如下。

8kHz:适用于语音采样,能达到电话话音音质标准的要求;

11.025kHz:可用于对语音和最高频率不超过 5kHz 的声音采样,能达到电话话音音质标准以上,但不及调幅广播的音质要求;

16kHz 和 22.05kHz:适用于对最高频率在 10kHz 以下的声音采样,能达到调幅广播音质标准;

37.8kHz:适用于对最高频率在 17.5kHz 以下的声音采样,能达到调频广播音质标准；

44.1kHz 和 48kHz：主要用于对音乐采样，可以达到激光唱盘的音质标准；对最高频率在 20kHz 以下的声音，一般采用 44.1kHz 的采样频率，可以减少对数字声音的存储开销。

第二步：量化和量化位数。

采样只解决了音频波形信号在时间坐标(即横轴)上把一个波形切成若干个等分的数字化问题，但是每一等分的长方形的高是多少呢？即需要用某种数字化的方法来反映某一瞬间声波幅度的电压值的大小，该值的大小影响音量的高低。把声波波形幅度的数字化表示称为“量化”。

量化的过程是先将采样后的信号按整个声波的幅度划分为有限个区段的集合，把落入某个区段的样值归为一类，并赋予相同的量化值。如何分割采样信号的幅度呢？还是采取二进制的方式，以 8 位或 16 位的方式来划分纵轴。也就是说在一个以 8 位为记录模式的音效中，其纵轴将会被划分为 2^8 个量化等级(Quantization Levels)，用以记录其幅度大小；而在一个以 16 位为记录模式的音效中，其纵轴将会被划分为 2^{16} 个量化等级来记录采样的声音幅度。声音的采样与量化如图 1.8 所示。图 1.8 中是以 4 位二进制来划分纵轴的，即将纵轴划分为 2^4 个量化等级。

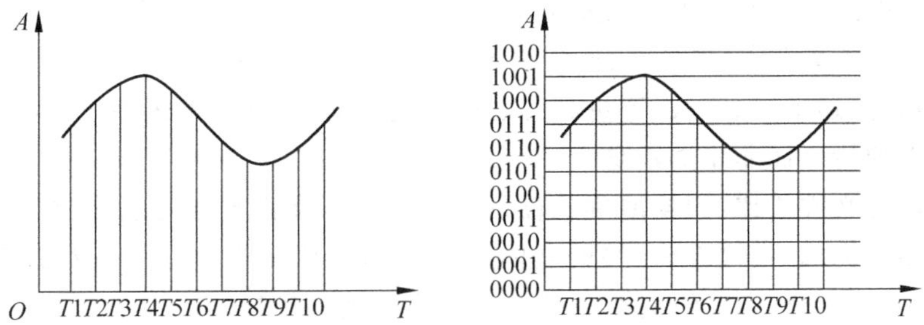

图 1.8 声音的采样(左图)与量化(右图)

第三步：编码。

模拟信号经采样和量化后，形成一系列的离散信号——脉冲数字信号，这种脉冲数字信号可以以一定的方式进行编码，形成计算机内部运行的数据。编码就是对量化结果的二进制数据以一定格式表示的过程；也就是按照一定的格式把经过采样和量化得到的离散数据记录下来，并在有用的数据中加入一些用于纠错、同步和控制的数据。在数据回放时，可以根据所记录的纠错数据判别读出的声音数据是否有错，如果在一定范围内有错，可以加以纠正。

9) 声音文件格式

目前在微机中常见的声音文件格式主要有 WAV 格式、VOC 格式、MP3 格式和 MIDI 格式等十多种。

(1) WAV 格式。

WAV 格式的声音文件，存放的是对模拟声音波形经数字化采样、量化和编码后得到的音频数据。原本由声音波形而来，所以 WAV 文件又称波形文件。WAV 文件对声源类型的包容性强,只要是声音波形,不管是语音、乐音,还是各种各样的声响,甚至于噪音都可以用 WAV 格式记录并重放。当采样频率达到 44.1kHz、量化采用 16 位并采用双通道记录时,就可以获得 CD 品质的声音。WAV 文件是 Windows 环境中使用的标准波形声音文件格式,一般用 wav 作为文件扩展名。

(2) MP3 格式。

MP3 格式的文件,从本质上讲仍是波形文件。它是对已经数字化的波形声音文件采用 MP3 压缩编码后得到的文件。MP3 压缩编码是运动图像压缩编码国际标准 MPEG-1 所包含的音频信号压缩编码方案的第三层。与一般声音压缩编码方案不同,MP3 主要是从人类听觉心理和生理学模型出发,研究出的一套压缩比高、声音压缩品质又能保持很好的压缩编码方案。目前 MP3 已经得到了广泛的应用,并受到许多电脑音乐爱好者的青睐。

(3) MIDI 格式。

MIDI 是乐器数字接口(Musical Instrument Digital Interface)的缩写。MIDI 是由全球的数字电子乐器制造商建立起来的一个通信标准,以规定计算机音乐程序、电子合成器和其他电子设备之间交换信息与控制信号的方法。按照 MIDI 标准,可用音序器软件编写或由电子乐器生成 MIDI 文件。

MIDI 文件记录的是 MIDI 消息,它并不是数字化后得到的波形声音数据,而是一系列指令。在 MIDI 文件中,包含音符、定时和多达 16 个通道的演奏定义。每个通道的演奏音符又包括键、通道号、音长、音量和力度等信息。显然,MIDI 文件记录的是一些描述乐曲如何演奏的指令而非乐曲本身。

与波形声音文件相比,同样演奏长度的 MIDI 音乐文件比波形音乐文件所需的存储空间要少很多。例如,同样 30 分钟的立体声音乐,MIDI 文件大约只需 200KB,而波形文件大约 300MB。MIDI 格式的文件一般用 mid 作为文件扩展名。

(4) CDA 格式。

CDA 格式又叫"红皮书"格式,记录的是波形流,是一种近似无损的格式。扩展名是 cda,其取样频率为 44.1kHz,16 位量化位数,这与 WAV 一样,但 CD 存储采用了音轨的形式。

(5) MP3Pro 格式。

MP3Pro 是由瑞典 Coding 科技公司开发的,其中包含了两大技术:一是来自于 Coding 科技公司所特有的解码技术,二是由 MP3 的专利持有者法国汤姆森多媒体公司和德国的 Fraunhofer 集成电路协会共同研究的一项译码技术。MP3Pro 可以在基本不改变文件大小的情况下改善原先的 MP3 音乐音质。它能够在用较低的比特率压缩音频文件的情况下,最大程度地保持压缩前的音质。

(6) WMA 格式。

WMA(Windows Media Audio)是微软在互联网音频、视频领域的力作。WMA 格式是以减少数据流量但保持音质的方法来达到更高的压缩率目的,其压缩率一般可以达到 1∶18。此外,WMA 还可以通过 DRM(Digital Rights Management)方案加入防止拷贝,或者加入对播放时间和播放次数,甚至是播放机器的限制,可有力地防止盗版。

(7) MP4 格式。

MP4 采用的是美国电话电报公司(AT&T)所研发的以"知觉编码"为关键技术的 a2b 音乐压缩技术,由美国网络技术公司(GMO)及美国唱片业协会(Recording Industry Association of America,RIAA)联合公布的一种新的音乐格式。MP4 在文件中采用了保护版权的编码技术,只有特定的用户才可以播放,有效地保证了音乐版权的合法性。另外 MP4 的压缩比达到了 1∶15,体积较 MP3 更小,但音质却没有下降。不过因为只有特定的用户才能播放这种文件,因此其应用面与 MP3 相比差距甚远。

(8) SACD 格式。

SACD(Super Audio,SA)是由 Sony 公司正式发布的。SACD 的采样率为 CD 格式的 64 倍,即 2.8224MHz。SACD 重放频率带宽达 100kHz,为 CD 格式的 5 倍,24 位量化位数,远远超过 CD,声音的细节表现更为丰富、清晰。

(9) QuickTime 格式。

QuickTime 是苹果公司于 1991 年推出的一种数字流媒体,它面向视频编辑、Web 网站创建和媒体技术平台,QuickTime 支持几乎所有主流的个人计算机平台,可以通过互联网提供实时的数字化信息流、工作流与文件回放功能。现有版本为 QuickTime 1.0、2.0、3.0、4.0 和 5.0,在 5.0 版本中还融合了支持最高 A/V 播放质量的播放器等多项新技术。

(10) DVD Audio 格式。

DVD Audio 是新一代的数字音频格式,与 DVD Video 尺寸及容量相同,为音乐格式的 DVD 光碟,取样频率为 48kHz/96kHz/192kHz 和 44.1kHz/88.2kHz/176.4kHz 两种,量化位数可以为 16、20 或 24 比特,它们之间可自由地进行组合。低采样率的 192kHz、176.4kHz 虽然是 2 声道重播专用,但它最多可收录到 6 声道。而以 2 声道 192kHz/24b 或 6 声道 96kHz/24b 收录声音,可容纳 74 分钟以上的录音,动态范围达 144dB,整体效果出类拔萃。

(11) MD 格式。

MD 格式是由 Sony 公司推出的。MD 之所以能在一张小小的盘中存储 60～80 分钟采用 44.1kHz 采样的立体声音乐,就是因为使用了 ATRAC 算法(自适应声学转换编码)压缩音源。这是一套基于心理声学原理的音响译码系统,它可以把 CD 唱片的音频压缩到原来数据量的大约 1/5 而声音质量没有明显的损失。ATRAC 利用人耳听觉的心理声学特性(频谱掩蔽特性和时间掩蔽特性)以及人耳对信号幅度、频率、时间的有限分辨能力,编码时将人耳感觉不到的成分不编码、不传送,这样就可以相应减少某些数据量的存储,从而既保证音质又达到缩小体积的目的。

(12) RealAudio 格式。

这是由 Real Networks 公司推出的一种文件格式,最大的特点就是可以实时传输音频信息,尤其是在网速较慢的情况下,仍然可以较为流畅地传送数据,因此 RealAudio 主要适用于网络上的在线播放。现在的 RealAudio 文件格式主要有 RA(RealAudio)、RM(RealMedia,RealAudio G2)、RMX(RealAudio Secured)三种,这些文件的共同性在于随着网络带宽的不同而改变声音的质量,在保证大多数人听到流畅声音的前提下,令带宽较宽敞的听众获得较好的音质。

2. 文语转换技术

TTS是Text To Speech的缩写,即“从文本到语音”,简称文语转换。TTS是同时运用语言学和心理学的有关理论和方法,通过神经网络的设计,把文字信息智能地转化为语音信息。TTS技术对文本文件进行实时转换,转换时间之短可以秒计算。在其特有的智能语音控制器的作用下,文本输出的语音音律流畅,使得听者在听取信息时感觉自然,毫无机器语音输出的冷漠与生涩感。TTS语音合成技术覆盖了GB 2312中的汉字,具有英文接口,自动识别中英文,支持中英文混读。所有声音采用真人普通话为标准发音,实现了120～150个汉字/秒的快速语音合成,朗读速度达3～4个汉字/秒,使用户可以听到清晰悦耳的音质和连贯流畅的语调。

TTS所用的关键技术就是语音合成(Speech Synthesis),TTS是语音合成技术中的一种,它有着多方面的应用。如帮助文件或者网页,转换成自然语音输出。TTS可以帮助有视觉障碍的人阅读计算机上的信息,如E-mail,或者只是简单地用来增加文本文档的可读性。此外,TTS在IVR(Interactive Voice Response)即互动式语音应答中有着广泛的应用,如在股票交易、航班查询和电话报税、报关等业务中,利用电话进行业务查询,计算机系统可以给出准确、清晰的语音为用户提供信息查询的结果,这不仅节约了人力资源,更是提供了优质的服务。另外,在医院、银行等部门也广泛应用TTS来实现自动叫号,在车站和机场的车次和航班的发布中也可以应用TTS来实现。

早期的TTS一般采用专用的芯片实现,如德州仪器公司的TMS50C10/TMS50C57、飞利浦的PH84H36等,但主要用在家用电器或儿童玩具中。而基于微机应用的TTS一般用纯软件实现,主要包括以下几部分:

(1) 文本分析:对输入文本进行语言学分析,逐句进行词汇、语法和语义的分析,以确定句子的低层结构和每个字的音素组成,包括文本的断句、字词切分、多音字的处理、数字的处理、缩略语的处理等。

(2) 语音合成:把处理好的文本所对应的单字或短语从语音合成库中提取,把语言学描述转化成言语波形。

(3) 韵律处理:合成音质(Quality of Synthetic Speech)是指语音合成系统所输出的语音的质量,一般从清晰度(或可懂度)、自然度和连贯性等方面进行主观评价。清晰度是正确听辨有意义词语的百分率;自然度用来评价合成语音音质是否接近人说话的声音,合成词语的语调是否自然;连贯性用来评价合成语句是否流畅。

要合成出高质量的语音,所采用的算法是极为复杂的,因此,对机器的要求也非常高。算法的复杂度决定了目前计算机系统并发进行多通道TTS的系统容量。

1.1.3 图像输入技术

图像是现实世界中不可或缺而且最为主要的信息之一。在人们接收和处理的各种信息中,图像信息是表示形式最丰富、蕴藏信息量最大、处理难度最高的一种信息。有人经过研究得出结论，在人的一生所获得的信息中，有70%以上是来自图像的信息。人们常说的“好图胜千言”说的就是这个道理。正是因为图像所包含的信息量丰富多彩，人们对图像的研究一直没有停止过。

图像(Picture，Image，Pattern，etc)有多种含义，其中最常见的定义是指各种图形和影像的总称。

计算机处理的图像又称为数字图像。数字图像是由模拟图像数字化得到的、以像素为基本元素的、可以用数字计算机或数字电路存储和处理的图像。数字图像按其生成的方法可以分为两大类：一类是从现实世界中通过扫描仪、数码相机等设备获取的图像，也称为点阵图像或位图图像；另一类是使用适当的算法和程序由计算机自动生成的图像，也称为矢量图形(简称图形)。前者对应的计算机学科领域称为“数字图像处理”，后者对应的计算机学科领域称为“计算机图形学”。

1. 图像数字化技术

从现实世界中获得数字图像的过程称为图像的获取。图像获取的过程实质上也就是图像的数字化过程，是把模拟的图像信息转化为数字信息，以便计算机加以存储和处理。如图1.9～图1.11所示分别给出了黑白图像、灰度图像和彩色图像数字化的示意图。从图中可以看出，黑白图像在数字化后，每一个像素点的取值是0或者1，存储每一个像素点只需采用1b就可以了。灰度图像在数字化后，每一个像素点的值是0～255的某一个整数，保存一个像素点，需要占用8b(即1个字节，1B)。而对于彩色图像来说，如果采用RGB颜色空间，每一个像素点就要分别保存红、绿、蓝三个颜色分量，每一个分量的存储要占用8b，共要24b(3B)。图像的数字化过程可以分为5步。

1	1	1	1	1	1	1	1
1	1	1	1	1	1	1	1
1	1	1	1	1	1	1	1
1	1	1	1	0	1	1	1
1	1	0	0	1	1	1	1
0	0	1	1	1	1	1	1
0	1	1	1	1	1	1	1
1	1	1	1	1	1	1	1

图1.9 黑白图像的数字化

255	255	255	255	255	255	255	255
255	255	255	255	255	255	255	255
255	255	255	255	240	213	255	255
255	255	238	176	133	206	255	255
200	174	109	128	224	255	255	255
115	108	184	245	255	255	255	255
175	224	255	255	255	255	255	255
255	255	255	255	255	255	255	255

图1.10 灰度图像的数字化

R

153	156	159	170	150	151	175	176
150	154	159	166	156	158	177	178
147	153	158	162	156	168	180	188
168	175	175	174	177	182	187	183
225	225	219	217	216	218	223	227
225	224	221	220	214	215	222	225
240	233	226	223	219	220	224	229
233	231	229	226	220	220	227	230

G

178	176	176	176	176	205	216	226
179	178	175	180	177	200	223	231
174	175	178	184	181	189	217	224
208	203	208	196	193	197	216	225
212	210	215	202	192	196	207	218
211	212	212	210	198	194	207	210
224	227	224	214	197	196	213	220
228	231	233	220	202	197	210	217

B

180	177	187	190	190	220	225	231
182	184	179	188	192	217	239	233
182	185	190	191	194	207	229	235
219	215	218	198	198	205	220	237
211	214	218	202	192	195	212	234
217	214	213	210	194	192	214	238
222	225	226	214	197	200	216	230
228	230	230	225	200	206	212	220

图 1.11 彩色图像的数字化

(1) 采样：简单来讲,对二维空间上连续的图像在水平和垂直方向上等间距地分割成矩形网状结构($M\times N$ 个网格),所形成的微小方格称为取样点。一幅图像就被采样成有限个取样点构成的集合(点阵)。

采样频率是指一秒钟内采样的次数,它反映了采样点之间的间隔大小。采样频率越高,得到的图像样本越逼真,图像的质量越高,但要求的存储量也越大。

在进行扫描时,采样点间隔大小的选取很重要,它决定了采样后的图像能真实地反映原图像的程度。一般来说,原图像中的画面越复杂,色彩越丰富,则采样间隔应越小。由于二维图像的采样是一维的推广,根据信号的采样定理,要从取样样本中精确地复原图像,可得到图像采样的奈奎斯特(Nyquist)定理：图像采样的频率必须大于或等于源图像最高频率分量的两倍。

(2) 分色：将彩色图像的取样点的颜色分解成三基色(R,G,B),如果不是彩色图像则不需要进行分色。

(3) 取样：测量每一个取样点的每一个分量的亮度值。

(4) 量化：量化是指要使用多大范围的数值来表示图像采样之后的每一个点。量化的结果是图像能够容纳的颜色总数,它反映了采样的质量。

例如：如果以 4 位存储一个点,就表示图像只能有 $2^4=16$ 种颜色;若采用 16 位存储一个点,则有 $2^{16}=65\,536$ 种颜色。所以,量化位数越大,表示图像可以拥有更多的颜色,自然可以产生更为细致的图像效果,但同时也会占用更大的存储空间。量化位数和颜色选取的依据是根据视觉效果和存储空间的大小来确定。

假设有一幅黑白灰度的照片,因为它在水平方向和垂直方向上的灰度变化都是连续的,都可认为有无数个像素,而且任一点上灰度的取值都是从黑到白可以有无限个可能值。通过沿水平和垂直方向的等间隔采样可将这幅模拟图像分解为近似的有限个像素,每个像素的取值代表该像素的灰度(亮度)。对灰度进行量化,使其取值变为有限个可能值。

经过这样采样和量化得到的一幅空间上表现为离散分布的有限个像素，灰度取值上表现为有限个离散的可能值的图像称为数字图像。只要水平和垂直方向采样点数足够多，量化比特数足够大，数字图像的质量就比原始模拟图像毫不逊色。

在量化时所确定的离散取值个数称为量化级数。为表示量化的色彩值(或亮度值)所需的二进制位数称为量化字长，一般可用8位、16位、24位或更高的量化字长来表示图像的颜色；量化字长越大，则越能真实地反映原有图像的颜色，但得到的数字图像的容量也越大。

(5) 压缩编码：数字化后得到的图像数据量十分巨大，必须采用编码技术来压缩其信息量。从一定意义上讲，编码压缩技术是实现图像传输与存储的关键。

目前已有许多成熟的编码算法应用于图像压缩。常见的有图像的预测编码、变换编码、分形编码、小波变换图像压缩编码等。

当需要对所传输或存储的图像信息进行高比率压缩时，必须采取复杂的图像编码技术。但是，如果没有一个共同的标准作基础，不同系统间不能兼容，除非每一编码方法的各个细节完全相同，否则各系统间的连接十分困难。

为了使图像压缩标准化，20世纪90年代后，国际电信联盟(ITU)、国际标准化组织(ISO)和国际电工委员会(IEC)都先后制定了一系列静止和活动图像编码的国际标准，同时标准化的工作还在不断继续制定中。现已批准的标准主要有JPEG标准、MPEG标准、H.261等。这些标准和建议是在相应领域工作的各国专家合作研究的成果和经验的总结。这些国际标准的出现也使图像编码尤其是使视频图像编码压缩技术得到了飞速发展。目前，按照这些标准做的硬件、软件产品和专用集成电路已经在市场上大量涌现(如图像扫描仪、数码相机、数码摄录像机等)，这对现代图像通信的迅速发展和开拓图像编码新的应用领域发挥了重要作用。

2. 数字图像的输入技术

数字图像的输入技术主要有：扫描仪输入技术、电视摄像机技术、数码相机、图像输入卡等。

1) 扫描仪(Scanner)

扫描仪是一种计算机外部仪器设备，通过捕获图像并将之转换成计算机可以显示、编辑、存储和输出的数字化输入设备。照片、文本页面、图纸、美术图画、照相底片、菲林(film，胶片)软片，甚至纺织品、标牌面板、印制板样品和人体等三维对象都可作为扫描对象，提取和将原始的线条、图形、文字、照片、平面实物转换成可以编辑及加入文件中的装置。扫描仪输入图像的特点是精度和分辨率高。目前，1200dpi(dot per inch)以上精度的扫描仪很常见。扫描仪的成本很低，一台平板式扫描仪的价格在千元左右。由于扫描仪良好的精度和低廉的价格，目前已成为当今应用最为广泛的图像数字化设备。但用扫描仪获取图像信息的速度较慢，不能实现数字图像的实时输入。

扫描仪按其结构可以分为滚筒式扫描仪、平板式扫描仪、手持式扫描仪、笔式扫描仪、便携式扫描仪、胶片扫描仪、底片扫描仪和名片扫描仪等(如图1.12～图1.17所示)。其中最常用的是平板式扫描仪。

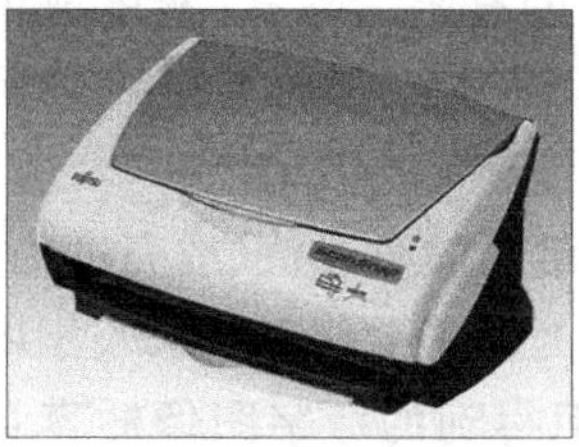

图 1.12　滚筒式扫描仪

图 1.13　平板式扫描仪

图 1.14　手持式扫描仪

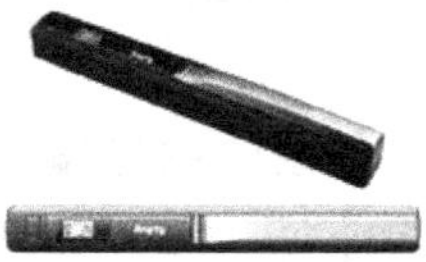

图 1.15　笔式扫描仪

图 1.16　便携式扫描仪

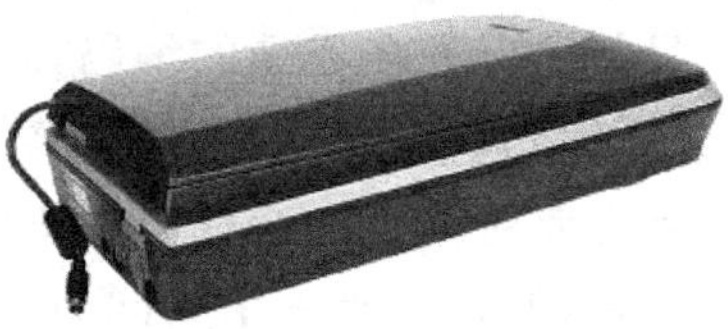

图 1.17　胶片扫描仪

平板式扫描仪主要用于扫描反射式原稿,具有适用范围广、扫描速度快、扫描精度高、扫描质量好和价格适中等优点,现已经成为现代办公和家用的首选。

笔式扫描仪使用时,贴在纸上一行一行地扫描,主要用于文字识别、外文资料翻译等。

滚筒式扫描仪一般使用光电倍增管(Photo Multiplier Tube,PMT),因此它的密度范围较大,而且能够分辨出图像更细微的层次变化。

平面扫描仪使用的则是光电耦合器件(Charged-Coupled Device,CCD),故其扫描的密度范围较小。

扫描仪是一种光、机、电一体化的高科技产品,它是将各种形式的图像信息输入计算机的重要工具,是继键盘和鼠标之后的第三代计算机输入设备。扫描仪具有比键盘和鼠标更强的功能,从最原始的图片、照片、胶片到各类文稿资料都可用扫描仪输入计算机中,进而实现对这些图像形式的信息的处理、管理、使用、存储、输出等,配合光学字符识别软件(Optic Character Recognize,OCR)还能将扫描的文稿转换成计算机的文本形式。

扫描仪的工作原理如下:

自然界的每一种物体都会吸收特定的光波,而没有被吸收的光波就会反射出去。扫描仪就是利用上述原理来完成对稿件的读取的。扫描仪工作时发出的强光照射在稿件上,没有被吸收的光线将被反射到光学感应器上。光感应器接收到这些信号后,将这些信号传送到模数(A/D)转换器,模数转换器再将其转换成计算机能读取的信号,然后通过驱动程序转换成显示器上能看到的正确图像。待扫描的稿件通常可分为:反射稿和透射稿。前者泛指一般的不透明文件,如报纸、杂志等,后者包括幻灯片(正片)或底片(负片)。如果经常需要扫描透射稿,就必须选择具有光罩(光板)功能的扫描仪。

扫描仪的核心部件是光学读取装置和模数(A/D)转换器。目前常用的光学读取装置有两种:CCD 和 CIS。

(1) CCD(Charge Coupled Device)。

CCD的中文名称是电荷耦合器件,与一般的半导体集成电路相似,它在一块硅单晶上集成了成千上万个光电三极管,这些光电三极管分成三列,分别被红、绿、蓝色的滤色镜罩住,从而实现彩色扫描。光电三极管在受到光线照射时可产生电流,经放大后输出。采用CCD的扫描仪技术经多年的发展已相当成熟,是目前市场上主流扫描仪主要采用的感光元件。

CCD的优势在于,经它扫描的图像质量较高,具有一定的景深,能扫描凹凸不平的物体;温度系数较低,对于一般的工作,周围环境温度的变化可以忽略不计。CCD的缺点是:由于组成CCD的数千个光电三极管的距离很近(微米级),在各光电三极管之间存在着明显的漏电现象,各感光单元的信号产生的干扰降低了扫描仪的实际清晰度;由于采用了反射镜、透镜,会产生图像色彩偏差和像差,需要用软件校正;由于CCD需要一套精密的光学系统,故扫描仪体积难以做得很小。

(2) CIS(Contact Image Sensor)。

CIS的中文名称是接触式图像感应装置。它采用触点式感光元件(光敏传感器)进行感光,在扫描平台下1～2mm处,300～600个红、绿、蓝三色LED(发光二极管)传感器紧紧排列在一起,产生白色光源,取代了CCD扫描仪中的CCD阵列、透镜、荧光管和冷阴极射线管等复杂机构,把CCD扫描仪的光、机、电一体变成CIS扫描仪的机、电一体。用CIS技术制作的扫描仪具有体积小、重量轻、生产成本低等优点,但CIS技术也有不足之处,主要是用CIS不能做成高分辨率的扫描仪,扫描速度也比较慢。

2) 电视摄像机(Video Camera,VC)

电视摄像机也是目前使用最广泛的图像获取设备之一,如图1.18所示。利用电视摄像机可以获取实时的图像信息,特别是在一些实时监控系统中,电视摄像机是必不可少的图像输入设备。电视摄像机的核心部件是光电转换装置,也称为固态阵。目前大多数感光基元多为电荷耦合器件(CCD),CCD可以将照射在其上的光信号转换为对应的电信号。该设备小巧、速度快、成本低、灵敏度高,多作为实时图像输入设备应用。但灰度层次较差、非线性失真较大、有黑斑效应,在使用中需要校正。目前CCD摄像机可达1920×1035的高分辨率,快门速度可达10～4s。

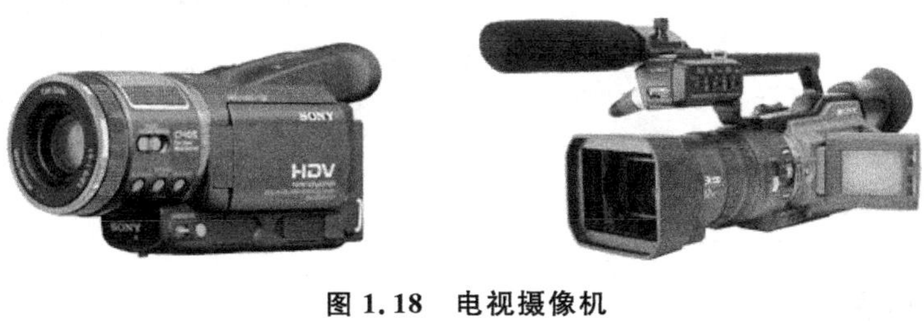

图1.18 电视摄像机

3) 数码相机(Digital Camera)

数码相机的英文全称是Digital Still Camera (DSC),简称为Digital Camera (DC),是数码照相机的中文简称,也有人称为数字式相机,如图1.19所示。它是一种利用电子传感器把光学影像转换成电子数据的照相机。按用途分可以分为单反相机、卡片相机、长焦相机和家用相机等。数码照相机能够进行景物拍摄,并以数字格式存放拍摄图像的特殊照相机。数码相机与普通照相机在胶卷上靠溴化银的化学变化来记录图像的原理不同,数字相机的传感器是一种光感应式的电荷耦合(CCD)或互补金属氧化物半导体(CMOS)。在图像传输到计算机以前,通常会先储存在数码存储设备中。

数码照相机可通过 USB 接口与计算机相连,将拍摄的图像传输到计算机中,以便进行图像处理、加工或使用。

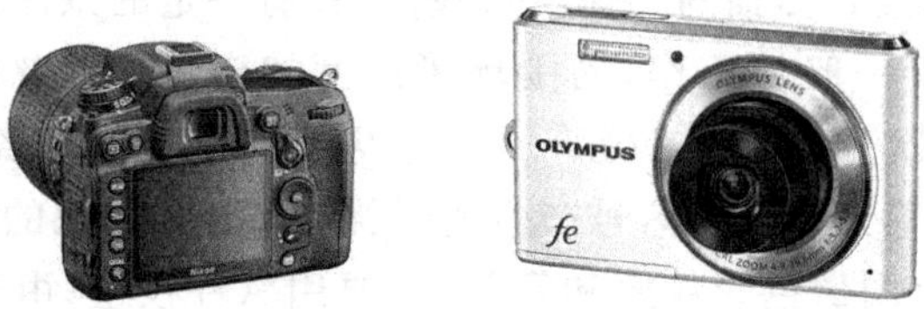

图 1.19 数码相机

4) 图像输入卡(采集卡)

常用的图像输入卡安装于计算机主板扩展槽中,当打开机箱时可以看到。图像采集卡主要包括图像存储器单元、显示查找表(LUT)单元、CCD 摄像头接口(A/D)、监视器接口(D/A)和 PC 总线接口单元,如图 1.20 所示。采集卡的工作过程是:摄像头实时或准实时采集图像数据,经 A/D 变换后将图像存放在图像存储单元的一个或三个通道中,D/A 变换电路自动将图像显示在监视器上。通过主机发出指令,将某一帧图像静止在存储通道中,即采集或捕获一帧图像,然后可对图像进行处理或存盘。高档的采集卡还包括卷积滤波、FFT(快速傅里叶变换)等图像处理专用的快速部件。

图 1.20 图像采集卡

1.1.4 视频输入技术

1. 视频的概念

视频(Video)泛指将一系列静态图像以电信号方式加以捕捉、纪录、处理、储存、传送与重现的各种技术。连续的图像变化每秒超过 24 帧(frame)画面以上时,根据视觉暂留原理,人眼无法辨别单幅的静态画面,看上去是平滑连续的视觉效果,这样连续的画面叫做视频。视频技术最早是为了电视系统而发展的,但现在已经发展为各种不同的格式以方便人们将视频记录下来。网络技术的快速发展也促使视频的纪录片段以串流媒体的形式存在于因特网之上并可被电脑接收与播放。视频与电影属于不同的技术，后者是利用摄影技术将动态的影像捕捉为一系列的静态照片。

与视频相关的几个基本概念：

(1) 视频刷新率(Frame Rate)：也称为“画面更新率”或“帧率”，是指视频格式每秒钟播放的静态画面数量。典型的画面更新率由早期的每秒 6 或 8 张(frame per second, fps)，至现今的每秒 120 张不等。PAL 制式(欧洲、亚洲、澳洲等地的电视广播格式)与SECAM 制式(法国、俄罗斯、部分非洲等地的电视广播格式)规定其刷新率为 25fps，而NTSC 制式(美国、加拿大、日本等地的电视广播格式)则规定其刷新率为 29.97fps。电影胶卷则是以稍慢的 24fps 在拍摄，这使得各国电视广播在播映电影时需要一些复杂的转换手续才能播放。视频要达到最基本的视觉暂留效果大约需要 10fps 的速度。

(2) 视频分辨率：各种电视规格视频的画面大小称为“分辨率”。数字视频以像素为量度单位，而模拟视频以水平扫描线数量为量度单位。标清电视(是指分辨率达到 720×576 像素的标准，但还不足以称为高分辨率的电视系统)频号分辨率为 720/704/640×480i60(NTSC)或 768/720×576i50(PAL/SECAM)。新的高清电视(HDTV)分辨率可达 1920×1080p60，即每条水平扫描线有 1920 个像素，每个画面有 1080 条扫描线，以每秒钟 60 张画面的速度播放。3D 视频的分辨率以“体素”(Volume picture element, Voxel)来表示。例如，一个 512×512×512 体素的分辨率，用于简单的 3D 视频，可以被包括部分 PDA 在内的电脑设备播放。

(3) 长宽比例：传统电视与常见的电影画面长宽比例(Aspect ratio)是用来描述视频画面与画面元素的比例的。传统的电视屏幕长宽比为 4∶3(1.33∶1)。HDTV 的长宽比为 16∶9(1.78∶1)。而 35mm 胶卷底片的长宽比约为 1.37∶1。

2. 视频的输入技术

1) 视频采集卡

视频采集卡，英文全称为 Video Capture Card，其功能是将视频信号采集到电脑中，以数据文件的形式保存在硬盘上，如图 1.21 所示。视频采集卡是进行视频处理必不可少的硬件设备。通过视频采集卡，就可以把摄像机拍摄的视频信号从摄像带上转存到计算机中，利用相关的视频编辑软件，对数字化的视频信号进行后期编辑处理，比如，剪切画面、添加滤镜、字幕和音效、设置转场效果以及加入各种视频特效等，最后将编辑完成的视频信号转换成标准的 VCD、DVD 以及网上流媒体等格式后方可传播。

视频采集卡按视频信号源和采集卡的接口可以分为两大类：一类是模拟采集卡，另一类是数字采集卡。模拟采集卡通过 AV 或 S 端子将模拟视频信号采集到 PC 中，使模拟信号转化为数字信号，其视频信号源可来自模拟摄像机、电视信号、模拟录像机等。数字采集卡通过 IEEE 1394 数字接口，以数字对数字的形式，将数字视频信号无损地采集到了 PC 中，其视频信号源主要来自 DV(数码摄像机)及其他一些数字化设备。模拟采集卡与数字采集卡的一个重要区别是：使用数字采集卡，在采集过程中视频信号没有损失，可以保证得到与原始视频源一模一样的效果，而使用模拟采集卡则视频信号会有一定程度的损失。

视频采集卡按照其用途又可以分为广播级视频采集卡、专业级视频采集卡和民用级视频采集卡。广播级视频采集卡的最高采集分辨率一般为768×576,采用PAL制式,25fps,或640×480/720×480,NTSC制,30fps,最小压缩比一般在4∶1以内。这一类产品的特点是采集的图像分辨率高,视频信噪比高,缺点是视频文件庞大,每分钟数据量至少为200MB。此类设备是视频采集卡中最高档的,一般用于电视台制作节目。专业级视频采集卡的级别比广播级视频采集卡的性能稍微低一些,分辨率两者是相同的,但压缩比稍微大一些,其最小压缩比一般在6∶1以内,输入输出接口为AV复合端子与S端子,此类产品适用于广告公司、多媒体公司制作节目及多媒体软件。民用级视频采集卡的动态分辨率一般最大为384×288,PAL制25fps。

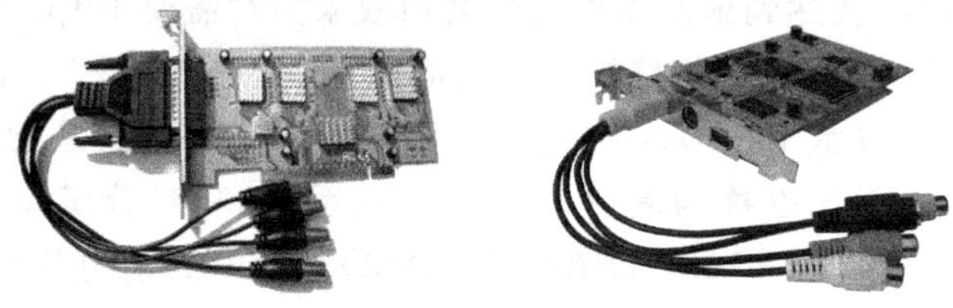

图1.21 视频采集卡

视频采集卡的工作原理是:一般摄像机的视频信号都是模拟的连续信号,而计算机只认识数字信号(离散信号),采用二进制编码。因此,视频采集卡就是一个能将模拟视频信号采集到计算机中,而且在采集的时候还能控制视频信号采集的速度、模拟信号与数字信号之间的转换、视频信号的质量等的设备。

从视频源得到的信号,经过视频接口送到视频采集卡,信号首先进行模数转换。视频采集就是将视频源的模拟信号通过处理转变成数字信号(即0和1),并将这些数字信息存储在电脑硬盘上的过程。这种A/D转换是通过视频采集卡上的采集芯片进行的。在电脑上通过视频采集卡可以接收来自视频输入端的模拟视频信号,对该信号进行采集、量化成数字信号,然后压缩编码成数字视频。大多数视频卡都具备硬件压缩的功能,在采集视频信号时首先在卡上对视频信号进行压缩,然后再通过PCI接口把压缩的视频数据传送到主机上。一般的PC视频采集卡采用帧内压缩的算法把数字化的视频存储成AVI文件,高档一些的视频采集卡还能直接把采集到的数字视频数据实时压缩成MPEG-1格式的文件。

由于模拟视频输入端可以提供不间断的信息源,视频采集卡要采集模拟视频序列中的每帧图像,并在采集下一帧图像之前把这些数据传入PC系统。因此,实现实时采集的关键是每一帧所需的处理时间。如果每帧视频图像的处理时间超过相邻两帧之间的相隔时间,则会出现数据的丢失,也即丢帧现象。采集卡都是把获取的视频序列先进行压缩处理,然后再存入硬盘,也就是说视频序列的获取和压缩是在一起完成的,免除了再次进行压缩处理的不便。不同档次的采集卡具有不同质量的采集压缩性能。

视频采集是图像经过采样、量化以后转换为数字图像并输入、存储到帧存储器的过程。由于图像信号的传输需要很高的传输速度,通用的传输接口不能满足要求,因此需要采集卡才能实现。

2）视频摄像头

摄像头(Camera)又称为电脑相机、电脑眼等，是一种常见的计算机视频输入设备，被广泛地运用于视频会议、远程医疗及实时监控等方面。普通的人也可以彼此通过摄像头在网络上进行有影像、有声音的交谈和沟通。另外，人们还可以将其用于当前各种流行的数码影像和影音处理。

摄像头分为数字摄像头和模拟摄像头两大类。数字摄像头可以将视频采集设备产生的模拟视频信号转换成数字信号，进而将其储存在计算机里。模拟摄像头捕捉到的视频信号必须经过特定的视频捕捉卡将模拟信号转换成数字信号，并加以压缩后才可以放到计算机上使用。数字摄像头可以直接捕捉影像，然后通过串口、并口或者USB接口传到计算机里。目前计算机上使用的摄像头基本以数字摄像头为主，而数字摄像头中又以使用新型数据传输接口的USB数字摄像头为主。

从摄像头的工作原理不难看出摄像头主要由镜头[Lens，透镜结构，由几片透镜组成，有塑胶透镜(plastic)或玻璃透镜(glass)]、图像传感器(Sensor：CCD或CMOS)、数字信号处理芯片(DSP)和电源等几个部分组成。

此外，视频的输入设备还有前面已经介绍过的DC和DV等。

1.2 信息查找技术

在当今这个信息社会中，可以说人们时时刻刻在和各种各样的信息打交道。而其中经常要做的事情就是要查找所需要的信息。所谓信息查找技术，就是要在各种信息资源中获取所需信息的技术，其三要素是查全率、查准率和可靠性。在进行信息查找时，首先要确定要查找的信息可能所在的信息源，然后制订查找策略，最后再实施信息查找。由于要查找的信息可能所在的信息源具有不确定性。因此，信息查找的难度要高于信息检索的难度。

信息查找是指在某一类信息的集合中，按照某种方法找出与关键字的值相匹配的信息的过程。信息查找是人们在进行信息处理时经常要用到的一种操作。好的信息查找方法可以帮助人们快速、准确和全面地找出所需要的信息。一般来说，按照查找的结果是否要加入被查找的集合中可以把查找分为静态查找(只找不增、不删)、动态查找(找到后插入被查找的集合中或者从被查找的集合中删除所找到的信息)和散列查找(Hash查找，既可以增减也可以不增减)。

1.2.1 常用的查找算法

1. 静态查找

在静态查找中，由于查找的结果不会使得被查找信息的集合发生变化，查找的结果只有两种情况：找到所要查找的信息和没有找到。根据被查找信息的组织形式，静态查找的技术主要有顺序查找、折半查找和分块查找。

1) 顺序查找

顺序查找技术的思想是：首先把集合中的信息进行组织和存储(一般是采用顺序存储的方式)，然后将集合中所有信息的关键字值和要查找的信息的关键字值按顺序进行比较。如果有相匹配的，那么查找成功；如果集合中所有信息都比较完了还没有匹配的，那就说明该信息集合中没有所要查找的，查找失败。

2) 折半查找

为了提高查找速度，可以先将待查的信息按某种方式进行排序，然后进行查找。折半查找也称为二分查找。其思想是：先将待查信息进行排序，并采用顺序存储的方式。通过设置三个指示标志 L、M、H，分别指向顺序存储中的第一元素、中间元素和最后一个元素。首先计算 M 的值，然后将 M 所指示的元素关键字值和查找的值 K 进行比较，如果匹配成功，则查找成功并返回相应的元素。如果匹配的结果是 M 所指向的元素的值小于 K，则将 H 的值改为 M，L 的值不变，继续计算 M 的值 $\left(M=\frac{1}{2}(L+H)\right)$，重复进行比较；如果匹配的结果是 M 所指向的元素的值大于 K，则将 L 的值改为 M，H 的值不变，继续计算 M 的值并与 K 进行比较。直到 $L>H$(查找不成功)或者查找成功为止。

折半查找方法的使用是有前提条件的：一是查找的信息集合必须采用顺序存储的方式，二是要按照关键字的值有序的方式存储。

采用折半查找方法，可以提高查找速度，其性能要比普通的顺序查找快得多。

3) 分块查找

分块查找也称为索引顺序查找，是一种介于顺序查找和折半查找之间的查找技术。其思想是，先把待查信息集合中的元素分成几个块。每一个块中的元素不要求按关键字的值有序，但要求每一个块是有序的。即要求每一个块中关键字的最大值(或最小值)是有序的。在查找的时候，先根据 K 的值使用折半查找的方法确定在哪一个块内，然后在相应的块中再采用顺序查找的方法进行查找。

从分块查找的思想方法上不难看出，其查找速度要优于顺序查找，但比折半查找的性能要差一些。

2. 动态查找

动态查找技术也称为树表查找技术，是一种在查找的过程中使得被查找信息的集合发生变化的查找方法。在动态查找信息时，如果供查找的信息集合中没有所要查找的信息，需要将其插入集合中，或者找到所查找的信息后要将其删除。根据这一特点，通常把供查找用的信息集合中的元素组织在一棵二叉树上，所以也称动态查找为树表查找。

动态查找技术中的关键是如何建立一棵查找树，也就是怎样将供查找用的信息集合中的元素组织到一棵被称为二叉排序的树上面。二叉排序树的特点是所有左子树上结点的值都小于根结点上的值，而所有右子树上结点的值又都大于根结点上的值。同时，所有子树也都是二叉排序树。

在二叉排序树上进行查找信息是非常简单的，其方法是：首先与根结点上的值进行比较,如果相等,则查找成功;如果根结点的值大于查找信息的值,则继续在左子树上查找,否则在右子树上查找。最后的结果要么是查找成功,要么就是不存在(查找不成功),同时所比较的次数不会超过二叉排序树的高度。因此,动态查找的速度与所构造的二叉排序树的高度是相关的。

为了提高动态查找的性能,在构造二叉排序树时,要使得所构建的二叉排序树的高度尽可能小,这就是所谓的平衡二叉树。平衡二叉树是一棵左右子树的高度之差的绝对值不超过 1 的二叉排序树。在构造二叉排序树时,如果发现不满足平衡二叉树的条件,需要进行必要的处理(分 4 种情况进行旋转处理,具体可参考有关资料)。

3. 散列查找

散列查找也称为哈希(Hash)查找,是一种不需要通过比较而是通过计算来实现信息查找的方法。在待查找的信息中,如果查找信息本身是无法排序或很难比较的(如图像),就不能对它们通过比较的方式进行查找。如果信息本身是很难比较的,即使采用折半查找,要比较的次数也是非常多的。因此,哈希查找并不查找数据本身,而是先将数据映射为一个整数(它的哈希值),并将哈希值相同的数据存放在同一个位置,即以哈希值为索引构造一个数组。

在哈希查找的过程中,只需先将要查找的信息映射为它的哈希值,然后查找具有这个哈希值的信息,这就大大减少了查找次数。如果构造哈希函数的参数经过精心设计,内存空间也足以存放哈希表,查找一个数据元素所需的比较次数基本上就接近于一次。

影响哈希查找效率的一个重要因素是哈希函数本身。当两个不同的信息元素的哈希值相同时,就会发生冲突。为减少发生冲突的可能性,哈希函数应该将数据尽可能分散地映射到哈希表的每一个表项中。解决冲突的方法有以下两种。

(1) 开放地址法:如果两个查找信息集合中的元素的哈希值相同,则在哈希表中为后插入的元素另外选择一个表项。当程序查找哈希表时,如果没有在第一个对应的哈希表项中找到符合查找要求的信息,程序就会继续往后查找,直到找到一个符合查找要求的信息,或者遇到一个空的表项。

(2) 链地址法:将哈希值相同的信息存放在一个链表中,在查找哈希表的过程中,当查找到这个链表时,必须采用线性查找方法。

1.2.2 文本的信息查找技术

文本信息的查找是最为简单和最为常用的信息查找。目前在许多文本信息处理软件中都支持文本信息的查找功能。例如,在 Web 页面上、在 Word 文档和 Excel 的工作表中,都可以通过相应菜单命令的使用轻而易举地在文本中快速找到人们所需要的文本信息。图 1.22 是在 Web 页面上通过执行“编辑”→“在此页上查找”命令的结果图,采用这一方式,可以在所打开的网页上快速地找到所要查找的文本。图 1.23 是在 Excel 中利用“编辑”→“查找”命令获得所要查找的文本信息的结果图。

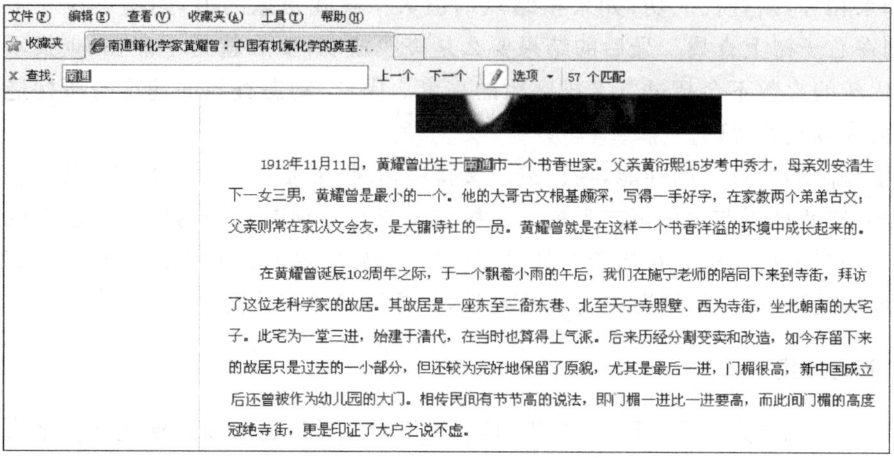

图 1.22 Web 页面上文本信息的查找

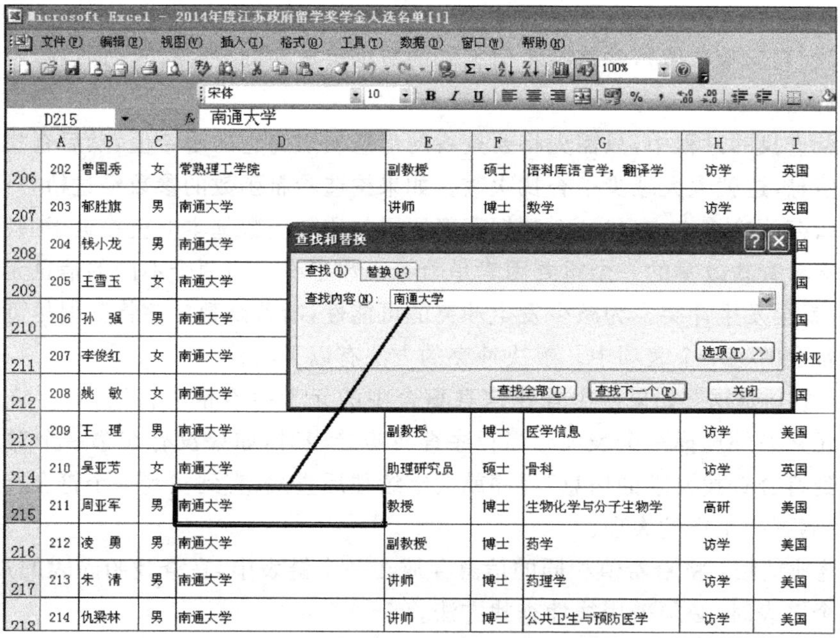

图 1.23 Excel 工作表中文本信息的查找

1.2.3 图像的信息查找技术

图像信息是一种信息量大、内容层次多、信息直观形象的信息。随着互联网的快速发展,网络的图像信息日趋丰富。对图像信息的查找也越来越成为人们日常生活中经常要做的工作。如外出旅游时,对目的地的景点图像的查找、交通地图的查找;在系统开发中所需要的图像、图片信息的查找;有关人员照片图像的搜索与查找等。

在网络上查找图像信息一般是通过一些门户网站或百度、Google 等,在输入所要查找图像的文本特征后来进行查找的。如图 1.24 所示就是利用百度网站在输入“计算机导论”并选择查找类别为“图片”后所得到的有关计算机导论的图像信息。

图 1.24 百度下的“计算机导论”图像查找

1.3 信息收集与采集技术

信息收集(Information Gathering),是指通过各种方式获取所需要的信息。信息收集是信息得以利用的第一步,也是关键的一步。信息收集工作的好坏,直接关系到整个信息管理工作的质量。信息可以分为原始信息和加工信息两大类。原始信息是指在经济活动中直接产生或获取的数据、概念、知识、经验及其总结,是未经加工的信息。加工信息则是对原始信息经过加工、分析、改编和重组而形成的具有新形式、新内容的信息。两类信息在信息处理中有着不可替代的作用。

信息采集包括信息的收集和信息处理两个方面。

1.3.1 信息收集技术

1. 信息收集的原则

1) 准确性原则

该原则要求所收集到的信息要真实可靠。当然,这个原则是信息收集工作最基本的要求。为达到这样的要求,信息收集者就必须对收集到的信息反复核实,不断检验,力求把误差减少到最低限度。

2) 全面性原则

该原则要求所搜集到的信息要广泛,全面完整。只有广泛、全面地搜集信息,才能完整地反映管理活动和决策对象发展的全貌,为决策的科学性提供保障。当然,实际所收集到的信息不可能做到绝对的全面完整。因此,如何在不完整、不完备的信息下做出科学的决策就是一个非常值得探讨的问题。

3) 时效性原则

信息的利用价值取决于该信息是否能及时地提供,即它的时效性。信息只有及时、迅速地提供给它的使用者才能有效地发挥作用。特别是决策对信息的要求是"事前"的消息和情报,而不是"马后炮"。所以,只有信息是"事前"的,对决策才是有效的。

2. 信息收集方式

1) 社会调查

社会调查是获得真实可靠信息的重要手段。社会调查是指运用观察、询问等方法直接从社会中了解情况,收集资料和数据的活动。利用社会调查收集到的信息是第一手资料,因而比较接近社会,贴近生活,容易做到真实、可靠。

2) 建立情报网

管理活动要求信息准确、全面、及时。为了达到这样的要求靠单一渠道收集信息是远远不够的。特别是行政管理和政府决策更是如此。因此,必须靠多种途径收集信息,即建立信息收集的情报网。严格来讲,情报网络是指负责信息收集、筛选、加工、传递和反馈的整个工作体系,而不仅仅指收集本身。

3) 战略性情报的开发

战略性情报是专为高层决策者开发,仅供高层决策者使用的比一般行政信息更具战略性的信息。

4) 从文献中获取信息

文献是前人留下的宝贵财富,是知识的集合体,在数量庞大、高度分散的文献中找到所需要的有价值的信息是情报检索所研究的内容。

3. 信息收集的步骤

(1) 制订收集计划。

只有制订出周密、切实可行的信息收集计划,才能指导整个信息收集工作正常地开展。

(2) 设计收集提纲和表格。

为了便于以后的加工、存储和传递,在进行信息收集以前,就要按照信息收集的目的和要求设计出合理的收集提纲和表格。

(3) 明确信息收集的方式和方法。

(4) 提供信息收集的成果。

要以调查报告、资料摘编、数据图表等形式把获得的信息整理出来,并要将这些信息资料与收集计划进行对比分析,如不符合要求,还要进行补充收集。

4. 信息收集范围

1) 内容范围

内容范围是指根据信息内容与信息收集目标和需求相关性特征所确定的范围,包括本身内容范围和环境内容范围。本身内容范围是由事物本身信息相关内容特征组成的范围;环境内容范围是由事物周边与事物相关的信息的内容特征组成的范围。

2) 时间范围

时间范围是指在信息发生的时间上,根据与信息收集目标和需求具有一定相关性的特征所确定的范围,这是由信息的历史性和时效性所决定的。

3) 地域范围

地域范围是指在信息发生的地点上,根据与信息收集目标和需求具有一定相关性的特征所确定的范围。这是由信息的地域分布特征和信息收集的相关性要求所决定的。

5. 信息收集的信息源

信息源:联合国教科文组织(UNESCO)在其出版的《文献术语》中将信息源定义为"组织或个人为满足其信息需要而获得信息的来源,称为信息源"。信息源一般分为实物型信息源、文献型信息源、电子型信息源和网络信息源。

1) 实物型信息源

实物型信息源又称现场信息源,是指具体的观察对象在运动过程中直接产生的有关信息,包括事物运动现场、学术讨论会、展览会等。

2) 文献型信息源

文献型信息源主要是指承载着系统的知识信息的各种载体信息源,包括图书、报纸、期刊、专利文献、学位论文、公文等。

3) 电子型信息源

电子型信息源是指通过使用电子技术实现信息传播的信息源,包括广播、电视、电子刊物等。

4) 网络信息源

网络信息源是一种比较特殊的信息源,是指蕴藏在计算机网络、特别是因特网中的有关信息而形成的信息源。

6. 信息收集的方法

1) 调查法

调查方法一般分为普查和抽样调查两大类。普查是调查有限总体中每个个体的有关指标值。抽样调查是按照一定的科学原理和方法,从事物的总体中抽取部分称为样本(Sample)的个体进行调查,用所得到的调查数据推断总体。抽样调查是较常用的调查方法,也是统计学研究的主要内容。

抽样调查的关键是样本抽样方法、样本量大小的确定等。样本抽样方法,又称抽样组织的方式,决定样本集合的选择方式,直接影响信息收集的质量。抽样方法一般分为非随机抽样、随机抽样和综合抽样。

对于个体的调查,若是涉及人,则主要采用两种调查方式:访问调查法和问卷调查法。

访问调查法,又叫采访法,是通过访问信息收集对象,与之直接交谈而获得有关信息的方法。它又分为座谈采访、会议采访以及电话采访和信函采访等方式。采访需要做好充分的准备,认真选择调查对象,了解调查对象,收集有关业务资料和相关的背景资料。其主要优点是可以就问题进行深入的讨论,获得高质量的信息。其缺点是费用高,采访对象不可能很多,因此受访问者要具有代表性。它对采访者的语言交际素质要求较高。

问卷调查法是一种包含统计调查和定量分析的信息收集方法。这种方法主要考虑的问题是:所收集信息的内容范围和数量,所选定的调查对象的代表性和数量,问卷的精心设计,问卷的回收率控制等。问卷调查法具有调查面广、费用低的特点,但对调查对象无法控制,问卷回收率一般都不高,回答的质量也较差,受访者的态度具有决定性影响。

2) 观察法

观察法是通过开会、深入现场、参加生产和经营、实地采样、进行现场观察并准确记录(包括测绘、录音、录像、拍照、笔录等)调研情况。主要包括两个方面:一是对人的行为的观察,二是对客观事物的观察。观察法应用很广泛,常把询问法、搜集实物结合使用,以提高所收集信息的可靠性。

3) 实验方法

实验方法能通过实验过程获取其他手段难以获得的信息或结论。实验者通过主动控制实验条件,包括对参与者类型的恰当限定、对信息产生条件的恰当限定和对信息产生过程的合理设计,可以获得在真实状况下用调查法或观察法无法获得的某些重要的、能客观反映事物运动表征的有效信息,还可以在一定程度上直接观察研究某些参量之间的相互关系,有利于对事物本质的研究。

实验方法也有多种形式,如实验室实验、现场实验、计算机模拟实验、计算机网络环境下的人机结合实验等。现代管理科学中新兴的管理实验,现代经济学中正在形成的实验经济学中的经济实验,实质上就是通过实验获取与管理或经济相关的信息。

4) 文献检索

文献检索就是从浩繁的文献中检索出所需的信息的过程。文献检索分为手工检索和计算机检索。

手工检索主要是通过信息服务部门收集和建立的文献目录、索引、文摘、参考指南和文献综述等来查找有关的文献信息。计算机文献检索,是文献检索的计算机实现,其特点是检索速度快、信息量大,是当前收集文献信息的主要方法。

文献检索过程一般包括三个阶段:

① 分析研究课题和制定检索策略。

② 利用检索工具查找文献线索。

③ 根据文献出处索取原始文献。

文献根据加工深度的不同可分为4个级别:零次文献、一次文献、二次文献和三次文献。所获取的相应信息分别是零次信息、一次信息、二次信息和三次信息。

(1) 零次文献是指未经出版社发行的或未进入社会交流的最原始的文献,如私人笔记、考察笔记等,内容新颖,但不成熟,不公开交流,难以获得。

(2) 一次文献是以作者本人取得的成果为依据而创作的论文、报告等经公开发表或出版的各种文献,如期刊论文、科技报告等。其特点是内容新颖丰富、叙述详尽以及参考价值大，但数量庞大而且分散。

(3) 二次文献是指报道和查找一次文献的检索工具书刊，如各种目录、题录、文摘和索引等。二次文献是按照特定目的对一定范围和学科领域内的一次文献进行鉴别、筛选、分析、归纳和加工整理等，使之有序化后出版的。其主要功能是检索、控制一次文献，帮助人们较快地获取所需的信息，具有汇集性、工具性、综合性和交流性等特点。

(4) 三次文献是根据二次文献提供的线索，选用大量的一次文献的内容，经过筛选、分析、综合和浓缩而再度出版的文献，包括专题评述、年鉴、百科全书、词典、导读与文献服务目录、工具书目录等。

5) 网络信息收集

网络信息是指通过计算机网络发布、传递和存储的各种信息。收集网络信息的最终目标是给广大用户提供网络信息资源服务，整个过程经过网络信息搜索、整合、保存和服务 4 个步骤。

网络信息搜索是基于网络信息收集系统自动完成的。网络信息搜索系统首先按照用户指定的信息需求或主题，调用各种搜索引擎进行网页搜索和数据挖掘，将搜索的信息经过滤等处理过程来剔除无关信息，从而完成网络信息资源的收集，然后通过计算机自动搜索、重排等处理过程，去除重复信息，再根据不同类别或主题自动进行信息的分类，从而完成网络信息的整合。分类整合后的网络信息采用元数据方案进行索引编目，并采用数据压缩及数据传输技术实现本地化的海量数据存储，从而完成网络信息的保存，当然要通过网络及时更新；经过索引编目组织的网络信息正式发布后，即可通过检索为读者提供网络信息资源的服务。

1.3.2 信息采集技术

1. 几个相关概念

(1) 网络信息采集：网络信息采集是将非结构化信息从大量的网页中抽取出来保存到结构化的数据库中的过程。

(2) 信息采集系统：信息采集系统以网络信息挖掘引擎为基础构建而成，它可以在最短的时间内，帮助人们把最新的信息从不同的 Internet 站点上采集下来，并在进行分类和统一格式后，在第一时间把信息及时发布到自己的站点上去，从而提高信息及时性和节省或减少工作量。

(3) 网络信息采集员：主要从事网络信息采集工作的人员。其工作职责包括：

① 到网上采集一些有价值的信息。

② 及时更新网站内容，维护网站论坛，维护网站内容更新。

(4) 网络信息采集软件：适用于网站定向数据采集、分析、发布的实用软件。它可以对指定网站中的任意网页进行目标分析，归纳采集方案，提取数据并保存在文件和数据库中。

2. 信息采集的原则

信息采集有以下 5 个方面的原则，这些原则是保证信息采集质量最基本的要求。

1) 可靠性原则

信息采集可靠性原则是指采集的信息必须是真实对象或环境所产生的，必须保证信息来源是可靠的，必须保证采集的信息能反映真实的状况，可靠性原则是信息采集的基础。

2) 完整性原则

信息采集的完整性是指采集的信息在内容上必须完整无缺，信息采集必须按照一定的标准要求，采集反映事物全貌的信息，完整性原则是信息利用的基础。

3) 实时性原则

信息采集的实时性是指能及时获取所需的信息，一般有三层含义：一是指信息自发生到被采集的时间间隔，间隔越短就越及时，最快的是信息采集与信息发生同步；二是指在企业或组织执行某一任务急需某一信息时能够很快采集到该信息，谓之及时；三是指采集某一任务所需的全部信息所花去的时间，花的时间越少，谓之越快。实时性原则保证信息采集的时效。

4) 准确性原则

准确性原则是指采集到的信息与应用目标和工作需求的关联程度比较高，采集到信息的表达是无误的，是属于采集目的范畴之内的，相对于企业或组织自身来说具有适用性，是有价值的。关联程度越高，适应性越强，就越准确。准确性原则保证信息采集的价值。

5) 易用性原则

易用性原则是指采集到的信息按照一定的表示形式，便于使用。

3. 信息采集的途径

1) 内部途径

① 管理的各职能部门；

② “葡萄藤”渠道，即“小道消息”；

③ 内部信息网络。

2) 外部途径

① 大众传媒；

② 政府机关；

③ 社团组织；

④ 各种会议；

⑤ 个人关系；

⑥ 协作伙伴；

⑦ 用户和消费者；

⑧ 外部信息网络。

4. 信息采集的方法

主要采用询问法。询问法由调查者事先拟定出具体的调研提纲，然后向被调查者以询问的方式，个别地询问各种想要调查了解的问题，请他们回答，来采集有关的信息资料。

(1) 当面调查询问法。优点：比较机动灵活，不受时间、地点的限制，得到的资料也往往比较真实。缺点：所花费的人力、物力、财力会比较大。

(2) 电话调查法。优点：效率较高，费用低。缺点：拒绝率较高，信息采集时间较长。

(3) 会议调查询问法。优点：可以一次完成大批量的信息采集。缺点：存在从众心理，受影响大，调查的效果好坏与会议组织者的组织能力、业务水平和工作能力有很大的关系。

(4) 邮件调查询问法。优点：可以批量处理，费用低。缺点：所花的时间比较长、最大的问题是回收率低。

(5) 问卷调查询问法。优点：费用适中，回收率较高，效果良好。缺点：随机性大，样本空间较小时，信息的可靠性受到影响。

1.4 信息检索技术

1.4.1 信息检索概念

1. 信息检索的定义

信息检索(Information Retrieval)又称为情报检索，萌芽于图书馆的参考咨询工作，20世纪50年代才固定成专用术语。信息检索目前还没有统一的定义方式。南京大学叶继元教授认为，信息检索是从大量相关信息中利用人-机系统等各种方法加以有序识别与组织以便及时找出用户所需的部分信息的过程。其中，“人-机系统”、“各种方法”是指利用关键词、主题词、概念分析方法等人工或自动将信息有序化；“及时找出用户所需的部分信息”是指一切以用户为主，全方位、多角度提供检索入口和检索结果。信息检索包括存储与检索两个部分。存储是对有关信息进行选择、并对信息特征进行著录标引和组织，建立信息数据库；检索则根据提问制定策略和表达式，利用信息数据库。信息存储是信息检索的逆过程，两者是不可分割的一个整体。

2. 信息检索的分类

信息检索的类型有多种分类方法。如果按检索内容分，有数据信息检索、事实信息检索和文献信息检索。

(1) 数据信息检索(Data Information Retrieval)是将经过选择、整理、鉴定的数值数据存入数据库中，根据需要查出可回答某一问题的数据的检索。这些数据包括物理性能常数、统计数据、国民生产总值、外汇收支等。这类检索不仅查处数据，还可以提供一定的推导、运算能力。

(2) 事实信息检索(Fact Information Retrieval)是将存储于数据库中的关于某一事件发生的时间、地点、经过等情况查找出来的检索。它既包含数值数据库的检索、运算、推导,也包括事实、概念等的检索、比较、逻辑判断。

(3) 文献信息检索(Document Information Retrieval)是将存储于数据库中的关于某一主题文献的线索查找出来的检索。它通常通过目录、索引、文摘等二次文献,以原始文献的出处为检索目的,可以向用户提供原文献的信息。一些观点也认为文献信息检索也可称为数目检索。

如果按组织方式分,信息检索又可分为全文检索、超文本检索和超媒体检索。

(1) 全文检索(Full Text Retrieval)是将存储在数据库中的整本书、整篇文章中的任意内容信息查找出来的检索。可以根据需要获得全文中的有关章、节、断、句、词等的信息,也可进行各种统计和分析。

(2) 超文本检索(Hyper Text Retrieval)是对每个节点中所存的信息及信息链构成的网络中的信息的检索。强调中心节点之间的语义联结结构,靠系统提供的工具进行图示穿行和节点展示,提供浏览式查询,可进行跨库检索。

(3) 超媒体检索(Hyper Media Retrieval)是对存储的文本、图像、声音等多种媒体信息的检索。它是多维存储结构、有向的链接,与超文本检索一样,可提供浏览式查询和跨库检索。

如果按检索手段分,信息检索有手工检索和机器检索。

(1) 手工检索(Hand Retrieval)是人直接用手、眼、脑组织、查找印刷型文献的检索。具有直观、灵活、无须各种设备和上机费用的优点。

(2) 机器检索(Machine Retrieval)又称计算机检索。是通过机器对已数字化的信息,按照设计好的程序进行查找和输出的过程。按机器检索的处理方式分又有脱机检索和联机检索;按存储方式分,有光盘检索和网络检索。机检可大大提高检索效率,扩宽检索领域。

3. 信息检索策略

信息检索策略是为实现检索目标而制订的计划和方案,是对整个检索过程的谋划和指导,即是对检索过程的安排。检索策略有两种方式:手工检索策略和计算机检索策略。

在计算机检索的条件下,检索策略的构造应是在明确检索目标和信息需求的基础上进行的,包括选择检索数据库、确定检索项、选定检索范围和检索方法,运用逻辑算符拟定检索表达式,按照一定的步骤实施检索,并根据需要进行反馈调整。

信息需求按范围和程度的不同,可分为三种类型:一是普查型。需要全面收集某一主题的文献资料;二是公关型。需要收集有关某一主题的某一特定方面的文献资料,以解决科研生产中的关键问题;三是探索型。需要了解和掌握某一领域的最新研究动向或研究成果,查出的文献具有新颖及时的特点。

制定检索策略就是在确定检索主题的基础上,选择检索系统,确定检索途径和拟定检索程序,它包括手工检索策略和机器检索策略的制定。

1) 选择检索系统

考虑选择计算机检索系统要包含与信息需求结合紧密、学科专业对口、覆盖信息面广、报道及时、揭示信息内容准确、有一定深度的数据库及系统的检索功能是否完善等。

选择检索系统的关键是数据库的选择，如书目文摘型数据库可检索文献信息的题名、作者、出处和文摘；事实型数据库可检索文字、图形、声像、计算机程序等。

2）确定检索词

检索词是表达信息需求和检索课题内容的基本单元，也是与系统中有关数据库进行匹配运算的基本单元。检索词选择恰当与否，将直接影响到检索效果。检索词分为4类：

(1) 表示主题的检索词，包括：

标题词：指经规范化处理的先组定组式的词汇。

单元词：指从信息内容中抽出的最基本的词汇。

叙词：指从信息的内容中抽出的、能概括表达信息内容基本概念的名词或术语，它是经规范化处理的自然语言词汇。

关键词：指从信息单元的题目、正文或摘要中抽出能表征信息主体内容的具有实质意义的词语，它是未经规范化处理的自然语言词汇。

(2) 表示作者的检索词，如作者姓名、机构名。

(3) 表示分类的检索词，如分类号。

(4) 表示特殊意义的检索词，如ISBN、ISSN、引文标引词等。

检索词的选择与确定要遵循以下两个原则：

(1) 根据检索问题所涉及的学科专业和技术内容选词。

(2) 对检索词进行处理。如使用检索词表进行比较对照，应选用规范化的词汇作为检索词。

3）构造检索表达式

在计算机检索过程中，检索提问与存储标识之间的对比是由机器进行的，构造检索表达式的核心是构造一个既能表达检索课题需求，又能被计算机识别的检索表达式。

构造检索表达式前要弄清所使用数据库的检索功能和所采用的操作算符，才能有效地进行信息检索。如截词符，在Ei Compendex中用*表示，在DIALOG、UMI中用？表示，而在OCLC中用＋表示。

检索表达式中用于连接各词的算符按其功能不同可分为逻辑算符、位置算符、截词算符和限制符等，不同的数据库会采用不同的符号或文字来描述词与词之间的组配关系。

(1) 逻辑算符：又称布尔逻辑算符，是利用布尔代数中的逻辑运算符来描述检索词之间的关系的。常用的逻辑算符三种：逻辑与(AND或*)、逻辑或(OR或＋)、逻辑非(NOT或－)。

(2) 位置算符：指表示词与词之间位置关系的符号。是对检索词进行加工、修饰，限制词与词之间位置关系，弥补布尔逻辑算符只是定性规定检索词的范围，可提高查准率。

常用的位置算符有：W——With的缩写，表示算符两侧的检索词按此前后衔接的顺序排列，词序不可变更，且两词之间不许有其他的词或字母，但允许两词之间有空格或标点符号。

*n*W—— *n* Word的缩写，表示算符两侧的检索词之间允许插入*n*个实词或系统禁用词，如冠词、介词和连接词。

N——Near的缩写,表示算符两侧的检索词必须紧密连接,词间只允许有空格或标点符号。同时出现在文献纪录的同一字段中。

*n*N——表示算符两侧的检索词之间允许插入 *n* 个实词或系统禁用词,两词词序可变。同时出现在文献纪录的同一字段中。

S——Subfield的缩写。表示算符两侧的检索词必须同时出现在文献纪录的同一字段、句子或短语中,允许插入 *n* 个实词或系统禁用词,词序可变。

F——Field的缩写。表示算符两侧的检索词必须同时出现在文献纪录的同一字段中,允许插入 *n* 个实词或系统禁用词,词序可变。

C——Citation的缩写。表示算符两侧的检索词必须同时出现在一条文献的记录中,词间允许插入 *n* 个实词或系统禁用词,词序可变。

L——Link的缩写。表示算符两侧的检索词之间有一定的从属关系。

(3) 截词符:是指在检索词的合适位置进行截断。截词符的作用是对检索词进行截词处理,解决一个词的单复数问题、词干相同而词尾不同的问题和英美词汇拼写差异的问题。常用的截词符有 *、? 和 $。按截断的字符数量可分为有限截断和无限截断。

有限截断是指检索词串与被检索词实现只能在指定位置可以不一致的匹配,常用?表示。如acid?,可以匹配acid、acidi,但不能匹配acidity。

无限截断是指检索词串与被检索词实现部分一致的匹配。常用 * 号表示。其截断形式有左截断、中截断、右截断。

左截断是指检索词与被检索词实现词间的后部相同,即对同词干而前缀不同的概念进行检索,如 * magnetic,可检出 magnetic 或 paramagnetic 的信息,但检不出 mangenetics 的信息。

右截断词是指检索词与被检索词间的前部相同而后缀不同的检索。如:acid * 可检出含有acid,acidify、acidic等词的信息。

中断截词是指检索词与被检索词之间只需任意部分匹配即可,如 * relation * 可检出relation、relations、interrelation等词的信息。

(4) 限制符:其作用是限制检索词或检索式在数据库记录中出现的字段位置。数据库中可供检索的字段通常分为基本检索字段和辅助检索字段。

基本检索字段主要有题名(TI)、文摘(AB)、主题词(DE)和标识词(ID),这些字段适用于对各种数据库的检索。

辅助检索字段主要有作者(AU)、语种(LA)、出版年代(PY)、刊物名称(JN)和文献类型(DT)等字段。这些限制符在不同的系统或数据库中有不同的表达形式和使用规则,使用时要参照有关数据库的使用说明,以避免产生误检。

要注意选择的检索标识只能表达信息需求的不同侧面,而不能反映需求的完整内容,只有用逻辑表达式将不同的检索标识组合在一起,才有可能表达完整的检索课题。“与”和“非”组合使用得越多,信息需求的概念表达得越深,切题性就比较高。

如“有关造纸废水的处理技术”方面的检索式,首先抽取检索词:

造纸——paper making,paper pulp;

废水——waster water;

处理——treat,treatment。

构造检索式:(paper w making or paper w pulp) and waster water and (treat or treatment)。

4) 实施检索策略

手工检索策略的实施,主要将检索策略中的信息需求所涉及的有关提问特征,如主题词、分类号、作者姓名等与检索系统中的检索标识进行比较分析,筛选与信息需求相一致的检索结果。

计算机检索策略的实施,是将构造好的检索提问表达式,输入计算机检索系统,使用检索系统认可的检索指令进行逻辑匹配运算,并输出检索结果。

以上两种检索策略若检索结果内容较多,还需要进行二次检索进行缩检。

5) 修改检索策略

检索策略的好坏与检索表达式的建立、检索途径的选择、检索词的选用和检索词之间的逻辑关系直接有关,还与检索人员对语言学的了解、对事物的认知能力、专业知识水平的高低有密切关系,另外对检索系统的特性和功能的掌握,以及外语水平都会影响到课题检索的结果。检索策略的修改反映在检索前、检索过程中、检索后。检索前要查询一次文献、词表和数据库指南。检索过程中要充分利用人-机对话的有利条件,随时根据信息反馈情况调整检索策略。检索后对检索结果进行分析评价,并建立相应的文档,为今后的检索积累经验。

4. 信息检索步骤

信息检索步骤就是根据既定课题要求,利用检索工具查找有关资料的具体过程。它是检索策略的具体化,包括明确需求、分析主题、选择检索工具或数据库,确定检索次序、构造检索表达式、提交检索表达式、显示与优化检索结果等。

1.4.2 信息检索方法

信息检索的方法有多种,分别用于不同的检索目的和检索要求。归纳起来,常用的信息检索方法有常规检索法、回溯检索法、循环检索法。

(1) 常规检索法。又称常用检索法、工具检索法。它以主题、分类、作者等为检索点,利用检索工具获得信息资源的方法。根据检索方式,常规检索法又分为直接检索法和间接检索法。根据检索需求,常规检索法又分为顺查法、倒查法和抽查法。

① 直接检索法。是指直接利用检索工具进行信息检索的方法。如利用字典、词典、手册、年鉴、图录、百科全书等进行检索。这种方法多用于查找一些内容、概念较稳定较成熟、有定论可依的指示性问题的答案,即可解决事实性的检索和数据性的检索。

② 间接检索法。利用检索工具间接检索信息资源的方法。

③ 顺查法。根据检索课题的起始年代,利用选定的检索工具按照从旧到新、由远及近、由过去到现在的顺时序逐年查找,直至满足课题要求为止的查检方法。这种方法费力、费时,工作量大,多在缺少评述文献时采取此法,可用于事实性检索。

④ 倒查法。倒查法与顺查法相反。这种方法多用于新课题、新观点、新理论、新技术的检索,检索的重点在近期信息上,只需查到基本满足需要时为止。此法查处的信息新颖,但查全率不高。

⑤ 抽查法:是利用检索工具进行重点抽查检索的方法。针对某学科的发展重点和发展阶段,拟出一定的时间范围,进行逐年检索的一种方法。此法检索效率较高,但漏检的可能性大,而且要求检索人员必须熟悉学科的发展特点。

(2) 回溯检索法。又称追溯法、引文法、引证法,是一种跟踪查找的方法。这种方法是以文献后面所附的参考文献为线索,逐一追溯查找相关文献的方法。在没有检索工具或检索工具不齐全的情况下,利用此法能够获取一些所需要的文献资料,但往往查全率不高,回溯年代越远,所获取的文献越陈旧。

著名的回溯检索法中的检索工具有美国的《科学引文索引》、《社会科学引文索引》、《艺术和人文科学索引》,我国的有《中国科学引文索引》、《中国社会科学引文索引》。

(3) 循环检索法。又称交替法、综合法、分段法。检索时先利用检索工具从分类、主题、责任者、题名等入手,查出一批文献,然后再根据检索课题选择出针对性较强的文献,再按文献后所附的参考文献回溯查找,不断扩大检索线索,分期分段地交替进行,循环下去直到满意为止。

在实际检索中,采用哪种检索方法最合适,应根据检索条件、检索要求和检索背景等因素确定。

1.4.3 信息检索途径

信息检索工具是把众多的各类信息资源进行分析加工后,按照一定的特征标识排列组织而形成的信息集合体。信息检索就是分析一些既定标识,从信息集合体中选择信息。

信息检索途径是与文献信息的特征和检索标识相关的。根据文献的外部特征和内部特征,信息检索途径分为两大类。

1. 以文献的外部特征为检索途径

(1) 题名途径。可查找图书、期刊、单篇文献。检索工具中的书名索引、会议名称索引、书目索引、刊名索引等都提供了从题名来进行文献检索的途径。

(2) 责任者途径。包括个人责任者、团体责任者、专利发明人、专利权人、合同户、学术会议主办单位等途径。

利用责任者检索文献,主要利用的是作者索引、作者目录、个人作者索引、团体作者索引、专利权人索引等。

(3) 号码途径。据文献信息出版时所编的号码顺序来检索文献信息的途径。特定编号如技术标准的标准号、专利说明书的专利号、科技报告的报告号、合同号、任务号、馆藏单位编的馆藏号、索取号、排架号等。其优点是它的排列与检索方法以字顺或数字为准,比较机械、单纯,不易错检或漏检,若已知书名、刊名,作者姓名或序号数码的文献,可直接判断该文献的有与无。

2. 以文献内容为检索特征

文献的内容特征是指在文献所载的知识信息中隐含的、潜在的特征，如分类、主题等。内容特征作为检索途径更适宜检索未知线索的文献。

(1) 分类途径。分类途径是以课题的学科属性为出发点，按学科分类体系来查找文献信息，以分类作为检索点，利用学科分类表、分类目录、分类索引等按学科体系编排的检索工具来查找有关某一学科或相关学科领域的文献信息。

(2) 主题检索。以课题的主题内容为出发点，按主题词、关键词、叙词、标题词等来查找文献。以主题作为检索点，利用主题词表、主题目录、主题索引等按主题词的字顺编排的检索工具来查找有关某一主题或某一事物的文献信息，能满足特性检索的需求。适合查找比较具体的课题。

(3) 分类主题索引。分类主题索引是分类途径与主题途径的结合。

1.4.4 图像信息的检索

从 20 世纪 70 年代开始，有关图像检索的研究就已开始，当时主要是基于文本的图像检索技术(Text-Based Image Retrieval，TBIR)，利用文本描述的方式描述图像的特征，如绘画作品的作者、年代、流派、尺寸等。到了 20 世纪 90 年代以后，出现了对图像的内容语义(如图像的颜色、纹理、布局等)进行分析和检索的图像检索技术，即基于内容的图像检索(Content-Based Image Retrieval，CBIR)技术。CBIR 属于基于内容检索(Content-Based Retrieval，CBR)的一种，CBR 中还包括对动态视频、音频等其他形式多媒体信息的检索技术。

在检索原理上，无论是基于文本的图像检索还是基于内容的图像检索，都要包括以下三个方面：一是对用户需求的分析和转化，形成可以检索索引数据库的提问；二是收集和加工图像资源，提取特征，分析并进行标引，建立图像的索引数据库；三是根据相似度算法，计算用户提问与索引数据库中记录的相似度大小，提取出满足阈值的记录作为结果，按照相似度降序的方式输出。

为了进一步提高检索的准确性，许多系统结合相关反馈技术来收集用户对检索结果的反馈信息，这在 CBIR 中显得更为突出，因为 CBIR 实现的是逐步求精的图像检索过程，在同一次检索过程中需要不断地与用户进行交互。

1. 基于文本的图像检索

基于文本的图像检索沿用了传统文本检索技术，回避对图像可视化元素的分析，而是从图像名称、图像尺寸、压缩类型、作者、年代等方面标引图像，一般以关键词形式的提问查询图像，或者是根据等级目录的形式浏览查找特定类目下的图像，如 Getty AAT 使用近 133 000 个术语来描述艺术、艺术史、建筑以及其他文化方面的对象，并推出 30 多个等级目录，从 7 方面描述图像的概念、物理属性、类型和刊号等。又如 Gograph 将图像分为动态图像、照片、图标、背景、艺术剪辑图、插图、壁纸、界面、成套图像 9 个一级类，下设数量不等的子类。在图像数字化之前,档案管理者、图书管理员都是采用这种方式组织和管理图像的。图像所在页面的主题、图像的文件名称、与图像密切环绕的文字内容、图像的链接地址等都被用作图像分析的依据,根据这些文本分析结果推断其中图像的特征。

2. 基于内容的图像检索

基于内容的图像检索是根据图像、图像的内容语义以及上下文联系进行查找,以图像语义特征为线索从图像数据库中检出具有相似特性的其他图像的方式。因为图像的规模一般要大于纯粹的文本信息,因此,基于内容的图像检索在检索速度和效率上要求更高。目前已有不少应用于实践环境的基于内容的图像检索系统,如由IBM公司开发的最早商业化QBIC系统,以及由哥伦比亚大学研发的WebSeek系统、麻省理工学院研发的Photobook系统等。通过基于内容的技术检索Web图像,首先需要从Web中剥离图像,组成图像集,对图像集中的各个对象进行基于内容的特征分析、相似度匹配。基于内容的图像检索系统一般包括图像处理模块、查询模块、对象库和特征库和知识库等。

3. 图像的检索方法

根据基于文本的图像检索和基于内容的图像检索的实现原理可以发现,一般图像检索系统提供给用户的查询方法主要包括下列几种形式。

关键词查找:关键词查找输入关键词对查找图像进行描述,大多数网络搜索引擎提供的是关键词查找的方式检索,例如,希望查找山水风景的图片,可以输入“山水画”;又如希望查找关于猫的图片,可以直接输入“猫”,如图1.25所示。

图1.25 百度中的基于关键词的图像检索

浏览查找：浏览查找是指通过等级式类目组织的图像检索人口，图像按照不同的主题进行归类，用户在查找自己希望的图像时，通过单击层层类目的链接，到达自己所希望的类目下的图像。

特征输入查找：对图像的特征参数进行设置，如希望图像中的色彩比例为“R：128；G：128；B：64”，或者是对图像的明亮度在0～100％加以选择等。

草图查找：用户亲自动手绘制希望查找的图像特征，以用户描绘的草图为训练样本，查找与之相似的其他图像，如公安部门使用的罪犯查找。

示例查询：包括系统随机给出样本和用户提交样本两种，由系统随机给出一组图像训练样本时，让用户对这组图像进行评价，选择与自己的检索需求相似的图像，然后根据用户选择的图像进行分析，检出与之相似的其他图像。另外，也可以由用户提供一幅图像的地址信息，由图像检索系统即时抓取、即时分析。

归纳而言，图像检索的方法对应于图像特征的三个层次：

简单的可视化特征层次。对图像的简单可视化特征进行查询，如颜色、纹理、形状或者图像中元素的空间，这些特征反应的一般是图像本身客观的一些属性，因此，一般不需要任何外界知识的辅助。

中间的对象层次。对图像的个体特征进行查询是介于简单的可视化特征查询和高级的抽象语言特征查询的中间状态，一般表现为对局部的特征查询，例如检索图像中的某个对象或者某个人物等。这种查询一般需要对识别和检索的目标进行一定程度的逻辑推理，所以需要借助外界知识的辅助。

高级抽象的特征层次。对图形的抽象属性的查询，包括检索与某个事件或者某个活动相关的图像，例如查找反映某种情感色彩，或者符合某种风格流派的图像，这时需要对这些抽象的目标和场景所代表的意义进行分析，需要对其进行更高级的推理，同时这类特征带有较强的主观色彩，因此，更需要外界知识的辅助。

思考题

1. 简述声音信息的数字化过程。
2. 简要说明信息输入技术常用的几种方式。
3. 信息常用的查找算法有哪些？
4. 简要说明信息收集的原则和信息收集的主要方式。
5. 简述信息检索分类和检索策略。
6. 信息检索有哪些检索方法和检索途径？

中国激光照排之父——王　选

王选(1937.2.5—2006.2.13)，生于上海，江苏无锡人，中国激光照排之父、中国科学院院士、中国工程院院士、第三世界科学院院士、北京大学教授，如图1.26所示。他是汉字激光照排系统的创始人和技术负责人。他所领导的科研团队研制出的汉字激光照排系统为新闻出版全过程的计算机化奠定了基础，被誉为“汉字印刷术的第二次发明”。

图 1.26　王选

1958 年，王选以优异的成绩从北京大学毕业，留校在无线电系当助教。

在大学期间，王选在学习上始终是一帆风顺的。不论基础课还是专业课，他的成绩一直名列前茅。在攻克科学堡垒的征途中，王选不愧是一名智勇双全的优秀战士。当进入大学最后一个学期时，学校把调试“北大一号计算机”列为计算数学专业的实习课内容。主持研制工作的张世龙老师在确定了主要的设计原理和设计思路之后，大胆地把具体设计任务交给了一名学生，这名学生正是王选。

1958—1974 年，王选主要从事计算机逻辑设计、体系结构和高级语言编译系统等方面的研究工作。

在 20 世纪 50 年代末，北京大学决定搞一台中型电子计算机——“红旗机”，设计水平达每秒 10 000 次定点运算。“红旗机”由张世龙老师率领一批年轻人进行研制、调试。张世龙只提出大的框架方案，至于确定指令系统，进行逻辑设计和画图等具体设计工作则由王选等几个人负责。

王选除了搞逻辑设计之外，还承担了部分电路设计、工程设计、画接线图、布版、制作插件等极其烦琐的工作。他独出心裁地把原来一位位串联进位的方法改成四位一组的成组进位方法，大大提高了运算速度。1959 年春天，王选初露锋芒，完成了“红旗机”的逻辑设计。正当“红旗机”的研制工作进入最紧张的调试阶段时，我国的国民经济陷入了新中国成立以来最严重的困境。饥饿和劳累终于把如醉如痴的计算机迷击垮，王选得了严重的浮肿病，“红旗机”的调试工作也随即停顿了下来。尽管“红旗机”没能最后调试完毕，但在艰苦的研制和调试过程中，王选已经显示出了非凡的才华和可贵的拼搏精神。“没有王选，就没有红旗的逻辑设计”，“王选是被红旗机累垮的。”久治不愈的王选，只好离校回家乡治病，直到 1963 年春天他的病情才出现转机。

一离开病榻，强烈的科研欲望马上占据了他的心头。他已经确定了学术上的主攻方向：一是研究新计算机的体系结构，二是研究高级语言。为完成计算机高级语言系统的研究计划，王选为收集资料四处奔波。正当他焦急万分时，北大数学系一位年轻的女助教从千里之外，托人给他带去了一本珍贵的资料——《ALGOL60 修改报告》。这是参加计算机国际会议的 ALGOL 小组为专家们写的，每句话都十分严格，在当时被认为是相当复杂的高级语言，两年后才出现了介绍这一语言的通俗文章。王选要研制它的编译系统，该是何等困难。

王选以惊人的毅力，逐字逐句地弄懂了每一个细节。艰难的学习，消耗了大量的精力，但这也大大提高了王选的自学能力和在软件方面的理论修养。

ALGOL60 编译系统是王选负责总体设计的大型软件项目。它虽受到了“文革”的冲击，没达到尽善尽美的初衷，但它毕竟是一项颇有特色的科研成果，在我国推广计算机高级语言方面发挥了积极的作用，被列入中国计算机工业发展大事记中。

1974 年年初，在周恩来总理的关注下，国家电子工业部、机械部、科学院、新华社和国家出版局 5 个单位共同发起了汉字信息处理技术的研究，国家计委将这一方案列为国家重点科研项目，命名为“748 工程”，它包含三个子课题：

① 精密汉字照排系统；

② 汉字情报检索系统；

③ 汉字通信系统和汉字终端。

“748 工程”中的主要文字是汉字，它的结构复杂，字符量达 6 万之多，最常用的字也接近四千个，远非西文的几十个字母所能比拟。如何将这大量的文字信息在计算机上实现输入、处理、输出，成了举世闻名的难题。

1975 年起，王选开始主持照排系统的研制。

精密汉字照排系统的核心是照排机。从 1946 年第一台手动式照排机在美国问世以来，照排技术已发展到第四代。王选在选定自己的科研项目之前做了详细的调查研究。

最终，他直接瞄准了国外正在研制的最先进的第四代机——激光照排机。他要使中华民族在印刷技术上一步就越过外国人 40 年才走完的现代化历程。

横在王选面前的第一道难关就是汉字字模的存储量问题，这也是国内外研制汉字照排系统时公认的最大技术难关。

汉字的常用字在 3 千字以上。印刷用的字体、字号繁多，每种字体起码需要 7 千多字。每个汉字从特大号到七号，共有 16 种字号。考虑到不同字体和不同字号，印刷用的汉字数高达 100 万以上，汉字点阵对应的总存储量将达 200 亿比特。

王选另辟蹊径，从研究汉字的笔画和笔锋规律入手，经过几个月呕心沥血的奋战，终于研制出了一套高达 1∶500 的高倍率汉字字型信息压缩方案。与此同时，他又推导出了一套递推公式，用一连串逼近直线的临近点，准确而迅速地把压缩了的信息复原。

1975 年 11 月，一场规模空前的精密照排系统论证会在北京拉开了序幕。王选抱病参加了会议，由于身体虚弱，讲话困难，由北大数学系的陈俫老师——王选的妻子代他介绍了高倍率信息压缩技术和全电子照排的方案。北大的方案新颖奇特，独放异彩，其中的高倍率信息压缩技术及汉字点阵还原技术轰动了会场。

到 1976 年年初，王选的高倍率汉字信息压缩技术、高速还原技术及不失真的文字变倍技术已经相当成熟。这一系列发明，后来都成为“华光激光照排机”的核心技术及欧洲专利的主要内容，都产生了巨大的经济效益和社会效益。王选在完成这些令世人惊叹的发明时还不到 40 岁。

1976 年 6 月 11 日，模拟实验在一片赞扬声中通过了考核。9 月 21 日，经原电子工业部批准后，时任第四机械工业部科技局副局长的郭平欣亲自签发通知，把“748 工程”中的汉字精密照排系统的研制任务正式下达给了北京大学，并议定由王选负责此分系统的总体设计和照排控制器的研制任务，北大的方案终于正式上马了。

1977 年年底，汉字激光照排系统的实验模拟阶段已圆满结束，下一步工作就是把实验室的技术方案变成样机。这是一场空前的硬仗。

1978 年，王选把全部时间都花在逻辑设计和工程设计上了。

照排控制机上共有 20 多块控制板，其中半数由王选具体设计。当时我国尚未实行

“对外开放”的政策,所有零部件都无法进口。由于没有大、中规模的集成电路,28块大插件板不得不采用小规模集成电路,存储器也只能采用效率不高的磁芯存储器。用落后的零部件去组成有先进思想的产品,无疑是非常困难的,而且大大加重了工作量。但是经过坚持不懈的努力,王选获得了成功。

1979年7月27日清晨,北大汉字信息处理技术研究室的机房里洋溢着紧张而又热烈的气氛。大家围在样机的四周,用期待的目光注视着它,安静的机房里只有敲击计算机键盘发出的嗒嗒声。转眼间,从激光照排机上输出了一张八开报纸的胶片,王选抑制着心跳,用苛刻的目光扫视着底片上的每一个文字。在这张八开的尺幅小报上,“汉字信息处理”6个大字赫然占据着报头的位置。这张貌似平凡的八开小报向人们宣告:北大研制的汉字精密照排系统的主体工程是成功的。尺幅小报很快就轰动了京城。

北大研制的计算机汉字编辑排系统不但在国内引起了轰动,也引起了许多国外厂商的重视。

1980年年初,继激光汉字编排系统的主体工程后,汉字终端校改系统也研制成功了。它是激光照排系统的重要组成部分,由汉字显示器、汉字键盘、汉字文字库和终端控制机等部分组成,主要用于文章的编辑校对和实现人机对话。编辑出版所需要的软件,也基本上调试完毕。

1980年夏,软件的核心部分全部调通,激光汉字编辑排版系统成功地排出了样书——《伍豪之剑》。

1981年7月,中国第一台计算机激光汉字编辑排版系统原理样机(即华光Ⅰ型机)在教育部和国家电子计算机工业总局的主持下,通过了部级鉴定。鉴定会肯定了华光Ⅰ型机在汉字信息压缩技术方面居于世界领先地位;在激光照排机的输出精度和排版软件的某些功能上达到了国际先进水平。

1983年夏天,华光Ⅱ型系统研制成功,并被新华社大胆采用,这是华光系统第一次进入试用阶段。

1985年5月,中国计算机界、新闻界和出版界的一百多名专家出席了国家经委主持的鉴定会,专家们对华光Ⅱ型计算机——激光汉字编辑排版系统进行了严格的测试审查之后郑重宣布,华光Ⅱ型编排系统是我国研制成功的一项具有国际先进水平的重大科研项目。它开创了我国印刷技术发展史上的新纪元。

1985年11月,华光Ⅱ型系统通过鉴定不过半年时间,北大在潍坊计算机公司的支持下,向用户提供了第一套华光Ⅲ型系统。不到两年的工夫,就在我国新闻出版及印刷系统售出了四十余套华光Ⅲ型激光汉字编辑排版系统。用户的反映很好,尤其是Ⅲ型系统所配备的科技排版软件。

1987年春节,王选利用春节假日完成了华光Ⅳ型并投入批量生产,在科技界和出版界赢得一片赞誉。

1988年7月,《经济日报》印刷厂又爆出一条轰动全国的新闻:经济日报印刷厂卖掉了铅字,全面废除了铅排作业,成为中国第一个甩掉铅字的印刷厂。

印刷厂的工人们发出由衷的欢呼:“永别了,熔铅炉、铸字机!”

“永别了,古老的铅排工艺!”

尽管这也是一种离别，但这里没有怀故的伤感，没有别旧的恋情。人们欢呼着告别了铅与火的历史，欢笑着跃入了电与光的时代。

王选在 1987 年和 1995 年两年获国家科技进步一等奖，获 2001 年度国家最高科学技术奖。1992 年当选中国科学院院士，1994 当选中国工程院院士。2003 年当选全国政协副主席，2006 年 2 月 13 日 11 时许在北京病逝，享年 70 岁。

第 2 章　信息存储技术

信息存储是针对所采集的信息进行科学有序的存放、保管，以便程序调用或系统使用的过程。信息存储包含三层含义：一是将所采集的信息，按照一定的规则记录在相应的信息载体上；二是将这些信息载体，按照一定的特征和内容性质组成系统有序的、可供自己或他人检索的集合体；三是应用计算机等先进的信息技术和手段，提高信息存储的效率和利用水平。

为什么要对采集的信息进行存储呢？这是因为，第一，在企业或组织需要信息的时候，能够及时地获取这些信息，并经加工处理后为控制、管理与决策服务。第二，存储的信息可以供企业或组织的全体人员共享，并可以重复使用，提高信息的利用率。第三，信息的历史性特点也要求将信息予以保存，以便从同一事物不同历史阶段的信息中分析、探讨该事物的发展规律，供管理决策时使用。而作为信息处理最主要的工具，计算机在对信息进行处理的过程中，无论是从计算机的硬件组成上还是从软件的实施过程中，都是对存储在计算机中的信息进行的。因此，信息的存储技术也是信息技术中最重要的技术之一。

在进行信息存储的时候，要解决存储介质的选择、存储容量的确定、存储速度的匹配、信息存储的安全性、信息存储的管理和信息存储的扩展性等几个主要问题。

信息的存储介质包括纸介质、缩微胶片、磁介质和光介质等。

信息的存储方式主要有传统的存储方式（直接存储）和网络存储（云存储）。

目前计算机中信息的存储设备主要有磁带、磁带库；磁盘、磁盘阵列；光盘、光盘塔、光盘库等。本章主要介绍信息的数字化存储技术，包括磁介质存储技术、光介质存储技术和网络存储技术。

2.1　信息存储技术综述

我国已故著名科学家钱学森教授曾经说过，认识一门学科要从哲学、科学、技术和应用这 4 个层次上进行。对于存储技术而言，其哲学层面上是对存储理论和方法的总体认识；在科学层面上就是存储技术的本质规律和要求；技术层面上就是利用信息的存储规律而实现的发明创造；应用层面上是利用存储技术如何解决具体的实际问题。存储技术是随着人类社会的发展而不断发展的。从早期的纸质存储发展到当今的电子存储介质，存储方式越来越多样化，存储容量越来越大，存储时间越来越长，使用方式越来越便捷。可以这么说，如果没有信息存储，就没有信息的传输，也就没有信息的处理和应用。而存储技术又是和人们日常生活中的实际需求联系在一起的。例如，在打电话的时候，对方如果没有接听怎么办？于是诞生了留言电话技术；打电话时，对方不方便接听怎么办？于是出现了短信技术。再如，由于工作的原因，错过了一场精彩的体育比赛或者精彩电视连续剧的观看怎么办？于是诞生了视频点播（VOD）技术。而这些技术实则都是基于信息的存储技术才得以实现的。由此可见,信息的存储技术在信息的整个处理过程中处于一个非常重要的地位。

2.1.1 信息存储技术的发展

人类记录信息、存储信息的技术经历了以下几个时期:

一是原始社会阶段。人们通过诸如结绳记事、石块记事等方式来存储信息。

二是文字、语言阶段。语言的使用,使之成为人类进行思想交流和信息传播不可缺少的工具。文字的出现和使用,使人类对信息的存储和传输取得了重大突破,较大地超越了时间和地域的局限。而印刷术的发明和使用,使书籍、报刊成为重要的信息储存和传播的媒体。

三是电话、广播、电视阶段。电话、广播和电视的出现,使人类进入利用电磁波传播信息的时代。

四是计算机与互联网阶段。在这一阶段,信息存储技术是一项划时代的成就。综观IT的发展史,信息存储技术已有过两次发展浪潮。第一次是以处理技术为中心,以处理器的发展为核心动力,产生了计算机工业,特别是PC工业,促使计算机迅速普及和应用;第二次是以传输技术为中心,以网络的发展为核心动力,通过互联网,人们无论在何处都可以方便地获取和传递信息。这两次浪潮极大地加速了信息数字化的进程,越来越多的信息活动转变为数字形式,使数字化信息呈爆炸性增长,从而引发了数字技术的第三次浪潮——存储技术浪潮。

实际上,数字技术在任何时候都是处理、传输和存储技术的三位一体,缺一不可。信息存储技术一直都在发展与进步,但它一直在后台,被处理技术和网络技术的光辉所掩盖,现在它终于走上了前台,成为数字化舞台的主角之一。

信息存储技术在信息处理过程中有着极其重要的地位。数据是信息的符号,数据的价值取决于信息的价值。由于越来越多有价值的关键信息转变为数据,数据的价值也就越来越高。对于很多行业甚至个人而言,保存在存储系统中的数据是最为宝贵的财富。在很多情况下,数据要比计算机系统设备本身的价值高得多,尤其是对金融、电信、商业、社保和军事等部门来说更是如此。设备坏了可以花钱再买,而数据丢失了对于企业来讲,损失将是无法估量的,甚至是毁灭性的。因此,信息存储技术系统的可靠性和可用性、数据备份和灾难恢复能力往往是企业用户首先要考虑的问题。为防止地震、火灾和战争等重大事件对数据的毁坏,关键数据还要考虑异地备份和容灾问题。

信息存储技术使得计算机的应用模式发生了变化。计算机系统结构设计中有一条重要的原理:加快经常性事件(即占用时间最多的事件)。计算机应用模式对经常性事件有决定性的作用。早期计算机仅用于计算,CPU活动是最经常的事件,加快其速度最重要;之后在网络应用中,计算机通信成为占时间最多的事件,加快网络速度就成为当务之急;目前在大部分网络应用中,存储已成为经常性事件,正如专家认为,目前的计算机瓶颈已从过去的CPU、内存、网络变为现在的存储。因此,存储是最值得加快的经常性事件。从技术的角度讲,目前存储系统的I/O率(单位时间完成任务数)和数传率(每秒传输字节数)还远不能满足高端应用的需求,存储系统需要大幅度提高其速度性能。

信息存储技术在不断发展中。人们在信息活动中不断产生数字化信息,数据量总是在不断增长,某些时候还会产生突发性增长,如多媒体应用和网络应用就产生了这种突发性增长。对于大部分应用,CPU 和网络的速度达到某个值就满足了要求,但对存储容量的需求却是没有止境的,因为永远都有新的数据产生。因此,存储系统要有良好的可扩展性。除此之外,现代企业还要求这种扩展应不中断现在的业务,这就带来了一个动态可扩展或动态可伸缩的课题。

信息存储技术要能适应全天候服务。在电子商务和大部分网络服务应用中,连续一周甚至连续一年的全天候服务已是大势所趋。这不仅意味着没有营业时间的概念,还意味着营业不能中断。国外的信息调查机构曾对各行业停机造成的损失做过大量的统计,数据表明,停机数小时对现代企业的损失是相当大的。停机超过一天,对一个企业来讲是不能忍受的,停机一周则将是毁灭性的。全天候要求存储系统具有极高的可用性和快速的灾难恢复能力,集群系统、实时备份、灾难恢复都是为全天候服务所开发的技术。

信息存储技术中的存储管理和维护必须自动化。以前的存储管理和维护工作大部分由人工完成,由于存储系统越来越复杂,对管理维护人员的素质要求也越来越高,出差错的可能性也越来越大,稍不注意就会丢失数据。现代存储系统要求具有易管理性,最好具有智能化的自动管理和维护功能。

信息存储技术要求具有多平台的互操作性和数据共享性。由于历史原因,企业中存在着多种信息平台,既有各种操作系统的服务器,又有各厂家不同型号的存储设备。多平台的互操作性和数据共享对应用的方便性、减少重复投资和保护企业的已有投资就变得非常重要。存储系统要有足够的开放性,其中信息存储技术标准和协议的制定非常重要,各厂家之间的联盟和合作也是十分必要的。因此,现代存储系统具有高可靠性、高可用性、高性能(I/O 率和数传率)、动态可扩展性、易维护性和开放性等众多方面的需求,而目前使用的存储系统还远不能满足这些需求,它对现有的存储技术提出了挑战,刺激了各种存储新技术的发展。

信息存储技术面临着实际需求的挑战。为了迎接这种挑战,学术界和工业界都投入了空前的人力及物力进行研究与开发。人们从存储机理、器件与设备、接口与通道、系统结构和存储软件等各方面进行了大量的研究。在新的存储机理方面,提高存储密度是信息存储技术界永恒的主题,而硬盘密度的提高最引人瞩目。从 1991 年开始,硬盘的密度以每年 60%的速度提高,而到 1997 年后,每年的增长则超过了 1 倍。物理学家设定的物理极限多次被突破,其他存储器要取代硬盘的说法也一次又一次被抛在一边。现在,商品化硬盘的密度已达到每平方英寸 20Gb,实验室则已达到 100Gb,比 1957 年 IBM 推出的第一台硬盘的密度提高了千万倍。这种提高得益于对存储机理的研究。巨磁阻又称特大磁电阻(Giant Magneto Resistive,GMR)磁头、加钌夹层介质、超低浮动技术和局部响应最大似然(Partial Response Maximum Likelihood,PRML)信号处理技术为密度的提高做出了主要贡献。光存储技术也在飞速进步,常规的磁光和相变存储密度不断提高。虽然光存储在面记录密度上不如硬磁盘,但它的可换性提高了其竞争优势。另外,光存储还有多层、多波长和体记录等磁记录所没有的原理优势,因而发展出多层多波长光存储、全息光存储、近场光存储等下一代超高密度存储技术，并可望在3～5年内实现实用化。

新的器件与设备不断涌现。用于手持式移动设备的闪存技术有了飞速发展，成为移动存储的主流。128MB甚至更大容量的闪存已成为商品。IBM推出的1英寸微硬盘Microdrive具有1GB的容量，是移动存储中令人印象深刻的产品，可实现手持式移动的多媒体存储。在台式机和服务器层面，硬盘仍然是绝对的主流。高端硬盘的速度有了明显的提高，1.5万转/分、5ms的硬盘已经面世，2万转/分的硬盘正在实验室中研制。用于备份的1.44MB软盘虽然还没有被完全淘汰，但在多媒体内容的备份上已完全无能为力，代替它的有众多产品，它们各有特点。从数据备份的安全角度讲，磁光盘是最好的，只是目前价格较贵。在软件的大量复制、发布和交换应用中，CD-R/DVD-R仍是最好的选择。

在接口与通道方面，最近几年取得了很大的进步，并发生了较大的变化。虽然并行接口仍是主流，ATA和SCSI两种传统并行接口的速率已分别达到133MB/s和160MB/s，但接口的串行化已成为趋势。光纤通道(FC)的硬盘已成为高端磁盘阵列的首选，应用越来越多；P1394接口的硬盘也已面世，最近还推出了USB2.0接口的移动硬盘。在SCSI-3标准中，除了并行接口外，还包括了FC、P1394和SSA三种串行接口。并行接口的主要缺点是：数据传输率难以提升，能串接的设备数目太少，接口数据线长度太短以及缺乏即插即用功能，这些在构成更大的存储系统时都成为瓶颈。因此，串行接口必然会越来越流行。此外，研究中的接口与总线还有Infiniband(InfiniBand是一种支持多并发链接的“转换线缆”技术，在这种技术中，每种链接都可以达到2.5Gb/s的运行速度)和Internet小型计算机系统接口(IP-Based Small Computer System Interface，iSCSI)。

网络存储和企业存储已经成为必然。器件和设备这一级无论发展多好，都无法满足网络和企业存储的多种需求，这就需要在系统结构和软件这一级来解决问题。与一个存储芯片在计算机主存系统中的作用一样，存储装置(最主要是硬盘)在网络存储和企业存储中仅是作为一个构件而存在的，互连的硬件和软件在此起到了最为关键的作用。磁盘阵列是最广泛应用的存储系统，它用并行带来了高性能，用冗余带来了高可用性，它也是构成更大存储系统的基础设备。按照流行的观点，一般认为在网络存储和企业信息存储技术环境中存在着三种典型结构，即开放系统的直连式存储(Direct-Attached Storage，DAS)、网络附属存储(Network Attached Storage，NAS)、SAN(网络存储，是一种高速网络或子网络，SAN存储系统提供在计算机与存储系统之间的数据传输)。在未来几年中，SAN会成为网络存储和企业存储的主角。Storage over IP光纤通道的SAN虽然有优良的结构和性能，但也存在两个很大的缺点：其一是光纤通道的互连设备极其昂贵，其二是存储设备之间的互操作性不好。而基于IP的存储(Storage over IP)就可以很好地克服这两个缺点。IP存储的主要思想是：所有的连接都采用以太网和IP协议，其主要技术有iSCSI和IP-SAN。iSCSI是IBM和Cisco建议的标准，它使数据块在以太网上传输。如果将SAN的连接设备和传输协议都换成IP，就构成了IP-SAN。其中的存储设备可以是iSCSI设备，也可以将普通存储设备通过转换器转成等效的iSCSI设备。IP-SAN采用的是普通的IP交换机等连接设备，价格比光纤通道的连接设备低得多，技术也成熟得多。另外，互操作性也会大大改观。目前IP-SAN的性能还没有FC-SAN高，但由于IP交换机的技术进步远快于FC的交换机技术，如10Gb/s以太网交换机上市会比10Gb/s光纤交换机早得多,价格也便宜得多。预计几年后,IP-SAN会成为市场的主流。

存储虚拟化(Storage Virtualization)虽然不是一个新的概念(如卷管理就是一种存储虚拟化的服务器软件),但目前具有了新的内涵,并成为存储管理中逐步走向主流的技术。它不管物理设备在何处,也不管有多少数量和多少种类的存储设备,只要在逻辑上为计算机呈现一个虚拟的存储池即可。在虚拟存储技术管理下的各种存储设备的集合,对用户来说就等效于一个本地的大硬盘。这种技术将在未来几年内走向成熟。同时,存储管理软件在存储系统中的地位越来越重要,在上述的各种技术中,很多功能都是由存储管理软件来完成的。存储管理软件主要包括存储资源管理(存储媒介、卷、文件管理)、数据备份和数据迁移、远程备份、集群系统、灾难恢复以及存储虚拟化等。存储管理提高了资源的利用率和工作效率,还提高了系统的可用性。

信息存储技术的热潮已在世界范围内兴起。在国际学术界,一些著名的大学都大力开展了存储技术和存储系统的研究工作。在工业界,几乎所有的著名IT企业都以相当大的力度推出了自己的存储系统产品,同时在存储领域出现了一大批新创业的公司。可以预见,数据存储技术在近几年将会得到更快的发展。

2.1.2 信息存储技术的过去

存储是信息跨越时间的传播。几千年前的岩画、古书,以及近代的照相技术、留声机技术、电影技术等的发明,极大丰富了人们的信息获取渠道。这些都是和存储技术的发明分不开的。从20世纪开始,信息技术发生了历史性的转移,"万物皆可数",这对人类历史将具有深刻的意义。

早期信息的存储技术主要是依靠磁性材料来实现的。这些存储方式包括磁鼓、磁带和磁盘。

磁鼓是利用铝鼓筒表面涂覆的磁性材料来存储数据的,如图2.1所示。鼓筒旋转速度很高,因此存取速度快。它采用饱和磁记录,从固定式磁头发展到浮动式磁头,从采用磁胶发展到采用电镀的连续磁介质。这些都为后来的磁盘存储器打下了基础。世界上第一台磁鼓在1953年应用于IBM701,它是作为内存储器使用的。磁鼓最大的缺点是利用率不高,一个大圆柱体只有表面一层用于存储,而磁盘的两面都利用来存储,显然利用率要高得多。因此,当磁盘出现后,磁鼓就被淘汰了。

图2.1 磁鼓

磁带是一种用于记录声音、图像、数字或其他信号的载有磁层的带状材料,是产量最大和用途最广的一种磁记录材料。通常是在塑料薄膜带基(支持体)上涂覆一层颗粒状磁性材料(如针状 $\gamma\text{-}Fe_2O_3$ 磁粉或金属磁粉)或蒸发沉积上一层磁性氧化物或合金薄膜而成的。最早曾使用纸和赛璐珞等作带基,现在主要用强度高、稳定性好和不易变形的聚酯薄膜。磁带可储存的内容多种多样的,同样地,磁带也是多种多样的。比如,用于储存视频的录像带,用于储存音频的录音带,包括 reel-to-reel tape、紧凑音频盒带(Compact Audio

Cassette)、数字音频带(DAT)、数字线性带(DLT)、8轨软片(8-Track Cartridges)等各种格式的磁带,用于计算机的磁带(在20世纪80年代曾被广泛应用,但现在已经不常用了)。磁带按用途可大致分成录音带、录像带、计算机带和仪表磁带4种。计算机磁带作为数字信息的存储具有容量大、价格低的优点,主要用于大型计算机的外存储器。在早期的微机上也曾经使用普通磁带作为外存储器,但现在已经淘汰。

磁盘(Disk)是将圆形的磁性盘片装在一个方的密封盒子里的装置。这样做的目的是为了避免把盘片表面划伤而影响存储信息。磁盘可以分为软磁盘和硬磁盘两大类。其中软盘曾经是微机上不可缺少的外存储设备,如图2.2所示。按照盘片的直径,软盘可以分为5.25英寸和3.5英寸的软盘。在20世纪80～90年代,软盘曾经风靡一时,但由于其容量小、容易受损而淡出了计算机存储器领域。而硬盘目前仍然是微机上必不可缺少的外存储器,本章将在后面详细介绍。

图2.2 软盘

2.1.3 信息存储技术的现在

当代信息技术的总轮廓归纳为三部曲:第一步,把现实各种各样信息形式的现实域转化为数字域。第二步,在数字域中进行三种简单的操作,即处理、传输、存储。第三步,再把数字域转化为现实域。

1. 存储技术特点

对于半导体存储(RAM、ROM、Flash)技术,其特点是存储速度快,但是容量小;而磁存储(硬盘、软盘、磁带)容量大,速度慢;光存储(CD、DVD、MO、PC、BD、全息)综合了两者的优点,容量大,速度快,但是还是达不到人们所希望的容量和速度。一种理想的存储技术正在探索之中,设计思想是由一种具有绝对优势的存储技术来统一现有技术,采用"固态RAM",容量将像硬盘那样大,速度像内存那样快,掉电后信息不丢失。

2. 各种存储系统组合

任何单一的存储器件和设备都无法满足目前网络对存储的需求,存储资源单元一定要组合起来,以提供大容量、高性能、低价格、高可用、高安全的存储系统为目的的存储资源(注:存储资源不是数据资源)组合。

最经典的组合是Cache和虚拟存储器(VM)的组合。Cache是指SRAM与DRAM的组合,VM是指DRAM与DISK的组合,它们看起来是又大又快又便宜的存储器。

目前用得最多的是磁盘阵列。磁盘阵列简称RAID(Redundant Arrays of Inexpensive Disks),有"价格便宜且多余的磁盘阵列"之意。其原理是利用数组方式来做磁盘组,配合数据分散排列的设计,提升数据的安全性。磁盘阵列主要针对硬盘,磁盘阵列是由很多便宜、容量较小、稳定性较高、速度较慢的磁盘组合成的一个大型的磁盘组。磁盘阵列的特点是容量大、速度快,而且最好的特点是可用性增加,即使有硬盘坏了,信息仍可用。这里把通信中的纠错理论用到磁盘中来,利用奇偶校验技术恢复数据,保证了信

图 2.3 磁盘阵列

息的安全。

若把多个磁盘阵列通过网络连接起来,用存储虚拟化软件把它们作为大的存储池,这样就有了更大规模的存储资源,存储成为中心,虚拟存储池好比是水库,服务器好比是抽水器,网络就成为水管,为人们提供信息。

还有一种新的技术,就是大规模的集群存储,是大量机器内硬盘的组合,不同于前面所讲的存储系统。如 Google 的存储信息系统 0.5s 就可以把信息提取出来。它的实现是通过多个 PC 内部硬盘空间的组合,拥有 899 个机架,每架 80 台 PC 的规模,共 79 112 台 PC,每台 2 个硬盘,就有 158 224 个硬盘,6180TB 容量。

对等存储(P2P)是把各用户的 PC 当作存储系统,大量加盟的 PC 和服务器中的存储器组合成的存储系统,提供高带宽的视频服务和其他共享服务。此外,其他组合还包括虚拟磁带库等技术。

各种组合的目的都是为了形成虚拟的大容量、高性能、低成本、高可靠、高安全的存储器。空间分布和性能相比,空间分布越小性能越高、越近性能越高;控制权与安全性相比,越集中控制安全越高。不同的组合有不同的用途,如 P2P 存储很适合公共共享资源(电影、电视、音乐),对关键的、私有的、保密的信息不适用;反之,EMC、IBM、HDS、HP 等公司的大型阵列可提供高可靠、高性能、集中控制,用来存储一般用户接触不到的关键数据。

3. 存储技术的发展

经过多年的研究,人们发现计算机硬件的发展存在以下 6 个规律。

(1) Moore 定律:微处理器内晶体管数每 18 个月翻一翻。

(2) Bell 定律:如果保持计算能力不变,微处理器的价格每 18 个月减少一半。

(3) Gilder 定律:Gilder 在 1996 年预言,在未来 25 年里,主干网的带宽将每 6 个月增加 1 倍。

(4) Metcalfe 定律:网络价值同网络用户数的平方成正比。

(5) 半导体存储器发展规律:DRAM 的密度每年增加 60%,每 3 年翻 4 倍。

(6) 硬盘存储技术发展规律:硬盘的密度每年增加约 1 倍。

存储本身又有一个新摩尔定律(1998 年由图灵奖获得者 Jim Gray 提出):从现在起,每 18 个月,新增的存储量等于有史以来的存储量之和。数据量信息如此爆炸性增长,对存储就有了非常大需求的刺激。

存储技术从原理层、器件层、设备层到系统层都有了很大进步。硬盘是发展最快的存储介质，同时也是最重要的大容量存储设备。20世纪50年代由IBM发明硬盘以来，硬盘的密度增加了100万倍，到目前为止还没有找到能与之竞争的对手。最新硬盘的产品密度超过每平方英寸100Gb，实验室密度已超过每平方英寸1Tb；主要采用了超低飞行磁头10nm、加钌超稳定介质、PRML读通道、垂直磁记录（硬盘在2006年全面转为垂直磁记录）等技术，再下一代还有光磁混合纪录等技术。人们完全有理由相信，硬盘的存储技术还会进一步提高，应用领域会进一步扩大。例如微硬盘，就可以应用在移动计算、数码相机、数码摄像机和智能手机等领域。

光存储技术也有很大的进展。目前主要有CD-ROM、DVD-ROM、DVD机DVD-RW（DVR）等。最近要产品化的技术在向高密度进军，已有蓝光DVD上市，每片可达25GB的容量，还有多层多阶光存储、近场光存储（1片可以存250GB）、全息光存储（1片可以存1TB）等。磁光混合存储技术成熟之后密度会进一步增加。

前面提到的理想的存储器固态RAM，理论上可以达到每平方英寸400Tb，实现断电不丢失信息，既可以代替硬盘也可以代替内存，和CPU结合在一起，将使计算机系统在一个单芯片上得以实现。目前固态RAM在技术上已经实现了，只是存储容量还比较低。

从处理器的发展思路来看，是从单处理器→多处理器→多计算机→网格的路线进行的。对于存储也类似，遵从硬盘→阵列→存储网→数据网格的路线发展，由软件和硬件共同实现。系统结构必须和软件相配合，如存储虚拟化软件（单一逻辑映像）、存储资源管理软件（容量、级别、性能）、存储备份、异地容灾、数据迁移软件、数据生命周期管理软件等。

对解决可用性也有了新的思路，如借鉴生物学心脏工作的原理，提出具有耗散结构的存储系统。包括美国和我国在内正在研究这样一种系统，系统中有很多硬盘，具有监测硬盘是否有坏的可能性的功能，一旦监测到硬盘可能会坏，则立刻转移数据，即在数据丢失之前就已经备份了，没有数据恢复时间，系统总是保持新鲜的不停机的状态，可用性很强。

随着异构的存储系统规模越来越大，系统越来越难管理，人为错误越来越多，管理成本越来越高。现在产生了一种新的技术叫对象技术，旨在把管理下移，令存储设备包含更多的智能，使得管理大为简化。由我国华中科技大学提出的进化存储系统，就使得存储在物理上进化，数据分布得到进化，解决了管理复杂性问题。

另外，也要考虑数据生命周期问题。一切都存下来不是一个好的办法。无限扩大容量，成本无谓增加。管理和保存无用的数据是巨大的浪费，无用信息干扰当前信息存取的性能。解决途径是向大脑学习遗忘机制，重要的信息深层记忆，不重要的浅层记忆，无用的信息忘掉。

2.1.4 信息存储技术的将来

存储器的新技术可以说五花八门，但可以把握它们的共性。数字化信息存储的要点是用二进制数码来纪录信息。因此，无论外存还是内存，它所用的材料必须有两种不同的状态，以便表示0和1这两个二进制数码。比如硬盘所用的铁磁介质有两种不同的磁化状态，闪存所用的浮闸晶体管（Floating-Gate Transistor）有两种不同的导通状态（即导通和绝缘)。各种新技术也不例外,这是它们最大的共性,而它们的差异则在于实现这种共性的具体方式彼此不同。

人们在信息存储技术中到底要追求什么呢?一个很重要的追求指标就是存储速度,而且这也是目前制约存储技术发展的一个瓶颈。在速度方面有一定长处的技术是铁电随机存储器(Ferroelectric RAM,FeRAM),它是20世纪80年代后期开始研发的。这种存储器用铁电介质的两种不同极化状态来表示0和1。由于铁电介质的极化可以用很小的外界电压,以很迅速的方式加以控制,因此铁电随机存储器的能耗很小,读写速度则很快,从理论上讲甚至可以接近内存的速度,这两项技术都明显胜过今天的硬盘和闪存,而它所允许的重复写入次数则远远高于闪存。

不过铁电随机存储器的速度与一种叫做磁阻随机存储器(Magnetoresistive RAM,MRAM)的新技术相比,却还不得不俯首称臣。磁阻随机存储器的研发始于20世纪90年代,所利用的是一种被称为"隧道磁阻"(Tunnel Magnetoresistance)的量子效应。这种量子效应发生在被一个绝缘薄层分割开的两个磁化层之间,它使得电子能在两个磁化层之间穿越,且相应的电阻取决于两个磁化层的相对磁化方向(方向相同时电阻较小)。利用这种效应,可以通过控制两个磁化层的相对磁化方向来产生两种不同的电阻状态,以表示0和1。磁阻随机存储器的读写速度之高,不仅在铁电随机存储器之上,甚至超过了普通的内存。它的这种惊人的速度优势,使它有可能代替目前的高速缓存Cache。此外,它的重复写入次数也很高。在能耗方面它虽不出众,但也比闪存强,尤其是写入能耗比闪存低。

虽然这一切看起来很美,但遗憾的是,铁电随机存储器和磁阻随机存储器有一个共同的问题,那就是存储密度远低于硬盘和闪存,从而难以做大。目前两者所能达到的最大容量都比闪存小了4个数量级左右。在如今这个信息爆炸的时代里,存储密度也是必须追求的性能,其重要性不亚于速度。那么有没有速度很快同时存储密度又很高的新技术呢?答案是肯定。如相变存储器(Phase Change Memory,PCM或PCRAM)。相变存储器也是用两种不同的电阻状态来表示0和1的,所不同的是这两种电阻状态是来自于特定介质——比如硫系玻璃(Chalcogenide Glass)的两个不同的相:晶体相和无定形(非晶体)相。相变存储器具有比硬盘和闪存高得多的读写速度,也具有很高的重复写入次数,并且在理论上可以有极高的存储密度(虽然目前实际制成的最大容量仍比闪存小两个数量级左右)。不过,相变存储器也有一些问题,其中最大的问题是对温度太敏感,这是可以预期的,因为相变是一种对温度很敏感的物理过程。此外,相变存储器的能耗较高,而且它在无定形相下的电阻会随时间缓慢增加,从而有可能破坏数据的长期稳定。

与上面这些新技术相似的技术还有很多,比如电阻式随机存储器(Resistive RAM,RRAM)、纳米存储器(Nano-RAM,NRAM)、可编程金属化单元(Programmable Metallization Cell,RMC)、千足虫存储器(Millipede Memory)等,限于篇幅不一一介绍。之所以说它们相似,是因为看上去虽然五花八门,但它们的信息存储单元基本上都是平面式分布的。如果把那些单元比喻为住人的房子,那么上述新技术所用的基本上是平房。平房再怎么先进,它的居住密度是赶不上楼房的。那么,有没有人想到过建楼房呢?答案是肯定的,比如近年来美国IBM公司就在研发一种三维的存储器,叫做赛道存储器

(Racetrack Memory)。它的工作原理是通过像赛道一样的电路将存储信息的磁性单元“滑行”到读写探头附近进行读写。这种设想有别于其他技术的地方就在于“赛道”不仅可以在平面上布置,而且可以像建高楼一样往“空中”延伸,从而获得比硬盘、闪存以及所有那些其他新技术更高的存储密度。不过,有得就有失,赛道存储器由于要将信息“滑到”探头附近才能读写,因此在速度上要逊色于前面提到的那几种新技术,只与人们今天使用的硬盘和闪存相当。当然,赛道存储器算是新生儿,它的速度瓶颈未必是不可突破的。

2.2 磁存储方式

磁存储方式分为磁盘存储技术和U盘存储技术。

2.2.1 硬盘存储技术

1956年9月,IBM的一个工程小组向世界展示了第一台磁盘存储系统IBM 350 RAMAC(Random Access Method of Accounting and Control),其磁头可以直接移动到盘片上的任何一块存储区域,从而成功地实现了随机存储,这套系统的总容量只有5MB,共使用了50个直径为24英寸的磁盘,这些盘片表面涂有一层磁性物质,它们被叠起来固定在一起,绕着同一个轴旋转。从IBM 350 RAMAC诞生至今,磁盘存储系统已经历了半个多世纪的发展。近60年来,磁盘的变化可以说非常巨大。当然,IBM 350 RAMAC与现在的硬盘有很大的差距,它只能算是硬盘的开山鼻祖。1968年IBM公司首次提出“温彻斯特”(Winchester)技术,探讨对硬盘技术做重大改造的可能性。温彻斯特技术的精髓是:“密封、固定并高速旋转的镀磁盘片,磁头沿盘片径向移动,磁头悬浮在高速转动的盘片上方,而不与盘片直接接触”,这也是现代绝大多数硬盘的原型。1973年IBM公司制造出第一台采用温彻斯特技术的硬盘,从此硬盘技术的发展有了正确的结构基础。今天高端硬盘容量虽然高达几百GB,但仍然没有脱离温彻斯特的动作模式。在1979年,IBM再次发明了薄膜磁头,为进一步减小硬盘体积、增大容量、提高读写速度提供了可能。20世纪80年代末期,IBM对硬盘发展的又一项重大贡献,即发明了磁阻(Magneto Resistive,MR),这种磁头在读取数据时对信号变化相当敏感,使得盘片的存储密度能够比以往20MB每英寸提高数十倍。1991年IBM生产的3.5英寸的硬盘使用了MR磁头,使硬盘的容量首次达到了1GB,从此硬盘容量开始进入了GB数量级。1999年9月7日,Maxtor宣布了首块单碟容量高达10.2GB的ATA硬盘,从而把硬盘的容量引入了一个新里程碑。2000年2月23日,希捷公司发布了转速高达15000rpm的Cheetah X15系列硬盘,其平均寻道时间只有3.9ms,这可算是当时世界上最快的硬盘了。

1. 硬盘的分类

硬盘是计算机中最重要的部件之一。它的种类有很多,通常按照外形和接口类型,对硬盘进行分类。除了现在最常见的台式机中使用的3.5英寸EIDE接口和笔记本电脑中用的2.5英寸硬盘等产品外,还有其他各种类型的“非主流”硬盘。目前常见的硬盘有下列10种：SCSI硬盘、活动(移动)硬盘、笔记本硬盘、液态硬盘、固态硬盘、微型硬盘、磁盘阵列、IEEE 1394接口硬盘、ST506/412接口与ESDI接口硬盘等。

1) SCSI硬盘

目前计算机中最大的速度瓶颈来自于硬盘。受制于IDE接口的局限，IDE硬盘速度的提高已趋于极限。SCSI硬盘的外观与普通硬盘(如图2.4所示)基本一致，但现在SCSI硬盘的最高转速已达到了10 000rpm，平均寻道时间在6ms左右，数据传输率可达到160MB/s，尤为关键的是SCSI盘的CPU占有率非常低，在5%左右。这些都使得SCSI硬盘的性能比IDE硬盘有较大的提高。现在7200转的SCSI盘价位已到了可接受的水平，如果经济条件许可，选用SCSI盘将有效提高计算机整机性能。除此以外，SCSI接口和EIDE接口相比还有一个很大的技术优势，那就是SCSI接口中的设备可以同时使用数据总线进行数据传输，而EIDE接口中连接在同一条数据线上的设备只能交替(占用数据线)进行传输；EIDE只能连接4块设备，而SCSI接口可以连接7～15台设备。目前SCSI硬盘接口有三种，分别是50针、68针和80针。常见到硬盘型号上标有N、W、SCA，就是表示接口针数的。N即窄口(Narrow)，50针；W即宽口(Wide)，68针；SCA即单接头(Single Connector Attachment)，80针。其中80针的SCSI盘一般支持热插拔。

2) 移动硬盘

移动硬盘(Mobile Hard disk)顾名思义是以硬盘为存储介质，计算机之间交换大容量数据，强调便携性的存储产品，如图2.5所示。市场上绝大多数移动硬盘都是以标准硬盘为基础的，而只有很少部分的是以微型硬盘(1.8英寸硬盘等)为基础的，但价格因素决定了主流移动硬盘还是以标准笔记本硬盘(图2.6)为基础的。由于采用硬盘为存储介质，因此移动硬盘对数据的读写模式与标准IDE硬盘是相同的。移动硬盘多采用USB、IEEE 1394等传输速度较快的接口，可以较高的速度与系统进行数据传输。截至2009年，主流2.5英寸品牌移动硬盘的读取速度为15～25MB/s，写入速度为8～15MB/s。移动硬盘具有以下几个特点：

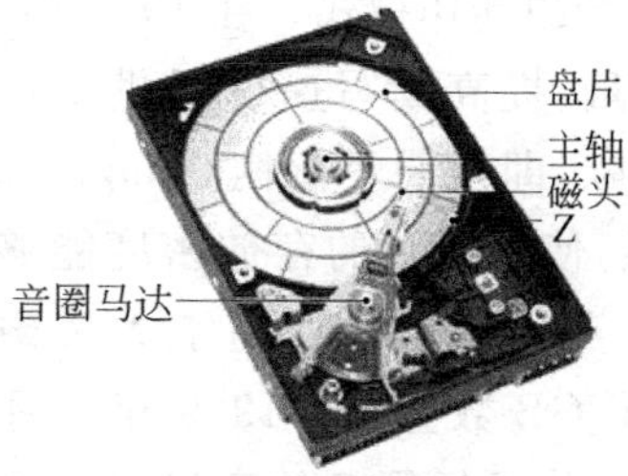

图2.4 普通硬盘

图2.5 移动硬盘

图2.6 笔记本电脑上的硬盘

一是容量大。移动硬盘可以提供相当大的存储容量，是一种较具性价比的移动存储产品。在大容量“闪盘”价格还无法被用户所接受的情况下，移动硬盘能在用户可以接受的价格范围内，提供给用户较大的存储容量和不错的便利性。市场中的移动硬盘能提供320GB、500GB、600G、640GB、900GB、1000GB(1TB)、1.5TB、2TB、2.5TB、3TB、3.5TB、4TB等的容量，最高可达12TB的容量，可以说是U盘、磁盘等闪存产品的升级版。随着硬盘技术的发展，移动硬盘将会容量越来越大，体积越来越小。

二是体积小。移动硬盘的尺寸分为1.8寸、2.5寸和3.5寸三种。2.5寸移动硬盘盒可以用于笔记本电脑硬盘，2.5寸移动硬盘盒体积小重量轻，便于携带，一般没有外置电源。移动硬盘绝大多数是USB接口的，但是，由于USB接口功能能力有限，所以移动硬盘使用的2.5寸硬盘实际上同笔记本上使用的硬盘是不一样的。笔记本要求硬盘快速启动，所以笔记本硬盘的启动电流大一些，约900mA。移动硬盘使用的盘片启动时间略长，启动电流小一些，一般700mA左右。所以，如果自己组装移动硬盘，还是需要找专门的移动硬盘版的盘芯。3.5寸的硬盘盒适用于台式电脑硬盘，体积较大，便携性相对较差。3.5寸的硬盘盒内一般都自带外置电源和散热风扇。

三是传输速度高。移动硬盘大多采用USB、IEEE 1394、eSATA接口，能提供较高的数据传输速度。不过移动硬盘的数据传输速度还在一定程度上受到接口速度的限制，尤其在USB 1.1接口规范的产品上，在传输较大数据量时，将考验用户的耐心。而USB 2.0、IEEE 1394、eSATA接口就相对好很多。USB 2.0接口的传输速率是60MB/s，IEEE 1394接口的传输速率是50～100MB/s，而eSATA达到1.5～3Gbps，在与主机交换数据时，读一个GB数量级的大型文件只需几分钟，特别适合视频与音频数据的存储和交换。

四是使用方便。主流的PC基本都配备了USB功能，主板通常可以提供2～8个USB口，一些显示器也会提供USB转接器，USB接口已成为个人电脑中的必备接口。USB设备在大多数版本的Windows操作系统中，都可以不需要安装驱动程序，具有真正的"即插即用"特性，使用起来灵活方便。但160GB以上的(所以笔记本一般160GB很高了)大容量硬盘由于转速高达7200转(笔记本多在5400转以下)，所以需要外接电源(USB供电不足)在一定程度上限制了硬盘的便携性。

五是可靠性提升。数据安全一直是移动存储用户最为关心的问题，也是人们衡量该类产品性能好坏的一个重要标准。移动硬盘以高速、大容量、轻巧便捷等优点赢得许多用户的青睐，而更大的优点还在于其存储数据的安全可靠性。这类硬盘与笔记本电脑硬盘的结构类似，多采用硅氧盘片。硅氧盘片是一种比铝、磁更为坚固耐用的盘片材质，并且具有更大的存储量和更好的可靠性，提高了数据的完整性。采用以硅氧为材料的磁盘驱动器，以更加平滑的盘面为特征，有效地降低了盘片可能影响数据可靠性和完整性的不规则盘面的数量，更高的盘面硬度使USB硬盘具有很高的可靠性。另外还具有防震功能，在剧烈震动时盘片自动停转并将磁头复位到安全区，防止盘片损坏。

3) 笔记本硬盘

笔记本电脑内部空间狭小、电池能量有限，再加上移动中的难以避免的磕碰，对其部件的体积、功耗和坚固性等提出了很高的要求。由于笔记本电脑硬盘比通常的桌面硬盘有着更高的品质要求，生产的厂家不多。当今笔记本硬盘市场85%以上的份额被Hitachi(日立)、IBM、Toshiba(东芝)和富士通这4家公司占领。笔记本硬盘最大的特点就是小巧轻便，它的直径一般仅为2.5英寸(还有1.8英寸的产品)，厚度也远低于3.5英寸硬盘。大多数产品厚度仅有9.5mm，重量尚不足百克，堪称小巧玲珑。目前笔记本电脑硬盘的发展方向就是外形更小、质量更轻、容量更大。除了常见的为2.5英寸规格，还有一种为1.8英寸规格，主要由东芝生产，随着轻薄机型的热销，1.8寸笔记本硬盘的前景也十分广阔。

4) 液态硬盘

1996年希捷(Seagate)公司生产了世界上第一台FDB(液态轴承)马达,并随后推出了首款使用液态轴承马达的硬盘产品,这就是液态硬盘。液态轴承马达(Fluid Dynamic Bearing Motors)技术过去一直被应用于精密机械工业,其技术核心是用黏膜液油轴承、以油膜代替滚珠。与传统的滚珠轴承硬盘相比,液态轴承硬盘的优势是显而易见的。一是减噪降温。避免了滚珠与轴承金属面的直接摩擦,使硬盘噪音及其发热量被减至最低;二是减震降噪。油膜可有效地吸收震动,使硬盘的抗震能力得到提高;三是减少磨损,提高硬盘的工作可靠性和使用寿命。

5) 固态硬盘

固态硬盘(Solid State Drive、IDE Flash Disk)由控制单元和存储单元(Flash芯片)组成,简单地说就是用固态电子存储芯片阵列而制成的硬盘,如图2.7所示,固态硬盘的接口规范和定义、功能及使用方法上与普通硬盘相同,在产品外形和尺寸上也与普通硬盘一致。其芯片的工作温度范围很宽(-40~85℃)。目前广泛应用于军事、车载、工控、视频监控、网络监控、网络终端、电力、医疗、航空、导航设备等领域。虽然目前成本较高,但也正在逐渐普及电脑产品组装市场。由于固态硬盘技术与传统硬盘技术不同,所以产生了不少新兴的存储器厂商。厂商只需购买NAND(一种计算机闪存设备)存储器,再配合适当的控制芯片,就可以制造固态硬盘了。新一代的固态硬盘普遍采用SATA-2接口及SATA-3接口。

图2.7 固态硬盘

固态硬盘的存储介质分为两种,一种是采用闪存(Flash芯片)作为存储介质,另外一种是采用DRAM作为存储介质。

① 基于闪存的固态硬盘(IDE Flash Disk、Serial ATA Flash Disk)。

基于闪存的固态硬盘是采用Flash芯片作为存储介质的,这也是人们通常所说的SSD。它的外观可以被制作成多种模样,例如:笔记本硬盘、微硬盘、存储卡、U盘等样式。这种SSD固态硬盘最大的优点就是可以移动,而且数据保护不受电源控制,能适应于各种环境,但是使用年限不高,适合个人用户使用。

② 基于DRAM的固态硬盘。

基于DRAM的固态硬盘采用DRAM作为存储介质,目前应用范围较窄。它仿效传统硬盘的设计、可被绝大部分操作系统的文件系统工具进行卷设置和管理,并提供工业标准的PCI和FC接口用于连接主机或者服务器。应用方式可分为SSD硬盘和SSD硬盘阵列两种。它是一种高性能的存储器，而且使用寿命很长，美中不足的是需要独立电源来保护数据安全。DRAM固态硬盘属于比较非主流的设备。

固态硬盘的发展历程如图2.1所示。

表2.1 固态硬盘的发展历程

1956	IBM公司发明的世界上第一块硬盘
1968	IBM重新提出温彻斯特技术的可行性，奠定了硬盘的发展方向
1970's	StorageTek公司(Sun StorageTek)开发了第一个固态硬盘驱动器
1989	世界上第一款固态硬盘出现
2006.3	三星率先发布一款32GB容量的固态硬盘笔记本电脑
2007.1	SanDisk公司发布了1.8寸32GB固态硬盘产品，3月又继续发布了2.5寸32GB型号
2007.6	东芝推出了其第一款120GB固态硬盘笔记本电脑
2008.9	忆正MemoRight SSD的正式发布，标志着中国企业加速进军固态硬盘行业
2009	SSD井喷式发展，各大厂商蜂拥而来，存储虚拟化正式走入新阶段
2010.2	镁光发布了全球首款SATA 6Gb/s接口固态硬盘，终于突破了SATA-2接口300MB/s的读写速度极限
2011	SSD的容量完成从32GB到256GB的跨越，读取速度高达500MB/s
2012	苹果公司在笔记本电脑上应用容量为521GB的固态硬盘

基于闪存的固态硬盘是固态硬盘的主要类别，其内部构造十分简单，固态硬盘内的主体其实就是一块PCB板，而这块PCB板上最基本的配件就是控制芯片、缓存芯片和用于存储数据的闪存芯片。目前比较常见的固态硬盘有Indilinx、SandForce、JMicron、Marvell、Samsung以及Intel等多种主控芯片。主控芯片是固态硬盘的大脑，其作用一是合理调配数据在各个闪存芯片上的负荷，二是承担了整个数据中转，连接闪存芯片和外部SATA接口。不同的主控芯片之间的能力相差非常大，在数据处理能力、算法和对闪存芯片的读取写入控制上会有非常大的不同，直接会导致固态硬盘产品在性能上差距高达数十倍。

主控芯片旁边是缓存芯片，固态硬盘和传统硬盘一样需要高速的缓存芯片辅助主控芯片进行数据处理。这里需要注意的是，目前有一些廉价的固态硬盘方案为了节省成本，省去了这块缓存芯片，这样对于使用时的性能会有一定的影响。除了主控芯片和缓存芯片以外，PCB板上其余的大部分位置都是NAND Flash闪存芯片。NAND Flash闪存芯片又分为SLC(单层单元)和MLC(多层单元)NAND闪存：①SLC全称是单层式储存(Single Level Cell)，因为结构简单，在写入数据时电压变化的区间小，所以寿命较长，传统的SLC NAND闪存可以经受10万次的读写。因为一组电压即可驱动，所以其速度表现更好，目前很多高端固态硬盘都是采用该类型的Flash闪存芯片。②MLC全称是多层式储存(Multi Leveled Cell)，它采用较高的电压驱动，通过不同级别的电压在一个块中记录两组位信息，这样就可以将原本 SLC 的记录密度理论提升一倍。作为目前在固态硬盘中应用最为广泛的 MLC NAND 闪存，其最大的特点就是以更高的存储密度换取更低的存储成本，从而可以获得进入更多终端领域的契机。不过，MLC 的缺点也很明显，其写入寿命较短，读写方面的能力也比 SLC 低。

(1) 固态硬盘的特点。

一是读写速度快。采用闪存作为存储介质，读取速度相对机械硬盘更快。固态硬盘不用磁头，寻道时间几乎为 0。持续写入的速度非常惊人，现在的固态硬盘厂商大多会宣称自家的固态硬盘持续读写速度超过了 500MB/s，这相对机械硬盘 100MB/s 的速度着实是相当可观的。固态硬盘的快绝不仅仅体现在持续读写上，随机读写速度快才是固态硬盘的终极定义，这最直接体现在绝大部分日常操作中。与之相关的还有极低的存取时间，目前机械硬盘最快也要 14ms 左右，而固态硬盘可以轻易达到 0.1ms 甚至更低。

二是物理特性。低功耗、无噪音、抗震动、低热量、体积小、工作温度范围大。固态硬盘没有机械马达和风扇，工作时噪音值为 0 分贝。基于闪存的固态硬盘在工作状态下能耗和发热量较低(但高端或大容量产品能耗会较高)。内部不存在任何机械活动部件，不会发生机械故障，也不怕碰撞、冲击、振动。典型的硬盘驱动器只能在 5～55℃范围内工作，而大多数固态硬盘可在－10～70℃工作。固态硬盘比同容量机械硬盘体积小、重量轻。这些优势机械硬盘都不具备，固态硬盘比机械硬盘还要耐用，更低温、更抗震、更便携。因此固体硬盘才能广泛应用于军事、车载、工业、医疗、航空等领域。

三是容价比低。这里指的是容量和价格的比，相比固态硬盘，机械硬盘的容价比的确低许多。曾经机械硬盘 1TB 价格在 360 元左右，平均 0.36 元/GB。目前 128GB 固态硬盘的价格在 300 左右，且价格还将持续下降。

四是寿命限制。固态硬盘闪存具有擦写次数限制的问题，这也是许多人担心其寿命短的原因所在。闪存完全擦写一次叫做 1 次 P/E，因此闪存的寿命就以 P/E 作单位。34nm 的闪存芯片寿命约是 5000 次 P/E，而 25nm 的寿命约是 3000 次 P/E。从理论上看寿命是更短了，但随着 SSD 固件算法的提升，新款 SSD 都能提供更少的不必要写入量。再如一款 120GB 的固态硬盘，要写入 120GB 的文件才算作一次 P/E。普通用户正常使用，即使每天写入 50GB，平均 2 天完成一次 P/E，那么一年就有 180 多次 P/E。不难算 3000 个 P/E 能用几年，但可以相信，到那时候随着技术的发展，固态硬盘也许早已经被新技术的硬盘所取代了。

(2) 固态硬盘与传统硬盘的对比。

一是防震抗摔性：目前的传统硬盘都是磁碟型的，数据储存在磁碟扇区里。而固态硬盘是使用闪存颗粒(即目前内存、MP3、U 盘等存储介质)制作而成的，所以 SSD 固态硬盘内部不存在任何机械部件，这样即使在高速移动甚至伴随翻转倾斜的情况下也不会影响到正常使用，而且在发生碰撞和震荡时能够将数据丢失的可能性降到最小。相较传统硬盘，固态硬盘占有绝对优势。

二是数据存储速度：从 PConline 评测室的评测数据来看，固态硬盘相对传统硬盘性能提升两倍多。

三是功耗：固态硬盘的功耗要高于传统硬盘。

四是重量：固态硬盘在重量方面更轻，与常规1.8英寸硬盘相比，重量轻20～30克。

五是噪音：由于固硬属于无机械部件及闪存芯片，所以具有发热量小、散热快等特点，而且没有机械马达和风扇，工作噪音值为0分贝，传统硬盘就要逊色很多。

六是价格：目前市场上128GB固态硬盘，价格为300元左右。而这个价钱足够买一个容量为1TB的传统硬盘了。

七是容量：固态硬盘目前最大容量仅为1.6TB(目前IBM公司已经开始测试容量为4TB的高速固态硬盘组)，和传统硬盘最大按TB容量衡量相比差距很大。

八是使用寿命：单层单元(Single Layer Cell，SLC)只有10万次的读写寿命，成本低廉的多层单元(Multi-Level Cell，MLC)，读写寿命仅有1万次；比起传统硬盘毫无优势可言。

2. 硬盘的结构及工作原理

1) 硬盘的结构

从计算机系统的结构来看，存储器分为内存储器和外存储器两大类。内存储器与CPU直接联系，负责各种软件的运行。外存储器包括软盘、硬盘、光盘、磁带机等。硬盘和软盘很相似，它们的工作原理大致相同，不同的是软盘与软盘驱动器是分开的，而硬盘与硬盘驱动器却是装在一起的。另外在使用时，二者的速度差异很大。

硬盘主要由盘片、磁头、盘片转轴及控制电机、磁头控制器、数据转换器、接口、缓存等几个部分组成。

硬盘中所有盘片都装在一个旋转轴上，每张盘片之间是平行的，在每个盘片的存储面上有一个磁头，磁头与盘片之间的距离比头发丝的直径还小，所有的磁头连在一个磁头控制器上，由磁头控制器负责各个磁头的运动。磁头可沿盘片的半径方向运动，加上盘片每分钟几千转的高速旋转，磁头就可以定位在盘片的指定位置上进行数据的读写操作。硬盘作为精密设备，为了防止尘埃在高速旋转时划伤盘片，故硬盘必须完全密封。

(1) 硬盘的外部结构。

目前市场上常见的硬盘除昆腾公司的Bigfoot(大脚)系列为5.25英寸结构外，其他都为3.25英寸产品，其中又有半高型和全高型之分。常用的3.5英寸硬盘外形大同小异，在没有元件的一面贴有产品标签，标签上是一些与硬盘相关的内容，如图2.8所示。在硬盘的一端有电源插座、硬盘主从状态设置跳线器和数据线连接插座。

图2.8 硬盘外部结构

① 接口：包括电源插口和数据接口两部分，其中电源插口与主机电源相连，为硬盘工作提供电力保证。数据接口则是硬盘数据和主板控制器之间进行传输交换的纽带，根据连接方式的差异，分为EIDE接口和SCSI接口等。

② 控制电路板：大多采用贴片式元件焊接，包括主轴调速电路、磁头驱动与伺服定位电路、读写电路、控制与接口电路等。在电路板上还有一块高效的单片机ROM芯片，其固化的软件可以进行硬盘的初始化，执行加电和启动主轴电机，加电初始寻道、定位以及故障检测等。在电路板上还安装有容量不等的高速缓存芯片。

③ 固定盖板：就是硬盘的面板，标注产品的型号、产地、设置数据等，和底板结合成一个密封的整体，保证硬盘盘片和机构的稳定运行。固定盖板和盘体侧面还设有安装孔，以方便安装。

(2) 硬盘的内部结构。

硬盘的内部结构由固定面板、控制电路板、盘头组件、接口及附件等几大部分组成，而盘头组件(Hard Disk Assembly，HAD)是构成硬盘的核心，封装在硬盘的净化腔体内，包括浮动磁头组件、磁头驱动机构、盘片及主轴驱动机构、前置读写控制电路等，如图2.9所示。

图2.9 硬盘内部结构

① 浮动磁头组件：由读写磁头、传动手臂、传动轴三部分组成。磁头是硬盘技术最重要和关键的一环，实际上是集成工艺制成的多个磁头的组合，它采用了非接触式头、盘结构，加电后在高速旋转的磁盘表面飞行，飞高间隙只有0.1～0.3μm，可以获得极高的数据传输率。现在转速5400rpm的硬盘飞高都低于0.3μm，以利于读取较大的高信噪比信号，提供数据传输存储的可靠性。

② 磁头驱动机构：由音圈电机和磁头驱动小车组成。新型大容量硬盘还具有高效的防震动机构。高精度的轻型磁头驱动机构能够对磁头进行正确的驱动和定位，并在很短的时间内精确定位系统指令指定的磁道，保证数据读写的可靠性。

③ 盘片和主轴组件：盘片是硬盘存储数据的载体，现在的盘片大都采用金属薄膜磁盘，这种金属薄膜较之软磁盘的不连续颗粒载体具有更高的记录密度，同时还具有高剩磁和高矫顽力的特点。主轴组件包括主轴部件如轴瓦和驱动电机等。随着硬盘容量的扩大

和速度的提高，主轴电机的速度也在不断提升，有的硬盘厂商开始采用精密机械工业的液态轴承电机技术。

④ 前置控制电路：前置放大电路控制磁头感应的信号、主轴电机调速、磁头驱动和伺服定位等。由于磁头读取的信号微弱，将放大电路密封在腔体内可减少外来信号的干扰，提高操作指令的准确性。

2）硬盘的工作原理

概括地说，硬盘的工作原理是利用特定的磁粒子的极性来记录数据。磁头在读取数据时，将磁粒子的不同极性转换成不同的电脉冲信号，再利用数据转换器将这些原始信号变成电脑可以使用的数据，写的操作正好与此相反。另外，硬盘中还有一个存储缓冲区，这是为了协调硬盘与主机在数据处理速度上的差异而设的。由于硬盘的结构比软盘复杂得多，所以它的格式化工作也比软盘要复杂，分为低级格式化、硬盘分区、高级格式化并建立文件管理系统。

硬盘驱动器加电正常工作后，利用控制电路中的单片机初始化模块进行初始化工作，此时磁头置于盘片中心位置，初始化完成后主轴电机将启动并以高速旋转，装载磁头的小车机构移动，将浮动磁头置于盘片表面的00道，处于等待指令的启动状态。当接口电路接收到微机系统传来的指令信号后，通过前置放大控制电路，驱动音圈电机发出磁信号，根据感应阻值变化的磁头对盘片数据信息进行正确定位，并将接收后的数据信息解码，通过放大控制电路传输到接口电路，反馈给主机系统完成指令操作。结束硬盘操作的断电状态，在反力矩弹簧的作用下浮动磁头驻留到盘面中心。

3. 硬盘的选购与技术参数

硬盘是电脑中的重要部件之一，不仅价格较贵，存储的信息更是无价之宝。因此，每个购买电脑的用户都希望选择一个性价比高、性能稳定的好硬盘，并且在一段时间内能够满足自己的存储需要。速度、容量、安全性一直是衡量硬盘最主要的三大因素。更大、更快、更安全、更廉价永远是硬盘发展的方向。选购硬盘首先应该从以下几方面加以考虑：

1）硬盘容量

硬盘的容量是非常关键的，大多数被淘汰的硬盘都是因为容量不足，不能满足日益增长的海量数据的存储需要。如果说速度慢一点还可以等待，那么空间缺乏可是更令人头痛的事。硬盘的容量多大也不为过，在资金充裕的条件下，应尽量购买大容量硬盘，这是因为容量越大，硬盘上每兆存储介质的成本就越低。

原则上说，在尽可能的范围内，硬盘的容量越大越好。一方面用户得到了更大的存储空间，能够更好地面对将来可能潜在的存储需要；另一方面容量越大硬盘上每兆存储介质的成本就越低，无形中为用户降低了使用成本。这对于那些从事图形图像处理、音频语音识别和多媒体技术应用等工作，要求海量存储空间的用户尤其重要。但是并不是对所有用户都是如此，譬如为办公室里应用于一般办公的PC配备一只超大容量的硬盘就多少有些浪费，而对于普通的家庭用户，由于资金的限制，不可能购买容量很大的硬盘，但是在当前至少也应该购买500GB以上的硬盘。

目前推动硬盘容量飞速发展的主要动力在于以下两点：

一是随着网络应用的日益发展,各地电信网络不断增容、升级,网络用户能享用到越来越大的带宽,上网速度越来越快。但随之而来的一个问题是,从网上下载的数据量也会剧增。这个数量是用传统电话线及普通 Modem 时所不敢想象的。例如,有线电视 Modem 以及卫星链路技术可提供每秒 30～40 兆位的数据传输速度。上网几十分钟,拉回数百兆的文件只是小菜一碟。有些人说这是 Internet 具有的一种"增殖效应"。根据预测,对于网上存放的任何东西(数据)来说,随着遍布全球的用户不断下载各种软件、图片、资讯、视频以及游戏,同样的东西会被数以千百次地重复下载,最终躺到用户的硬盘里。尽管他们认为这种效应会产生一些"浪费",但无法回避的一个事实是,随着家庭用户享受的带宽越来越大,大型文件的下载会变得更加容易,相应对硬盘容量的要求也越来越迫切。

二是数字媒体内容快速增长,一些存储密集型的多媒体应用也在刺激大容量驱动器的发展。这些应用包括数码电视、照片、电影以及音乐等,它们均对系统的存储能力提出了苛刻的要求。分析家预测这些应用会变得越来越流行,而且会成为持续刺激硬盘扩容的一项重要因素。下面来看看为满足这些令人激动的数码应用的要求,需要准备多大的硬盘空间。

(1) 电视：每小时 13GB(采用 miniDV 格式);

(2) 音乐：每辑 50MB(采用 MP3 格式);

(3) 电影：每部 4GB;

(4) 相片：每张 800KB(300 万像素级质量)。

因此,在选择硬盘容量时,应该根据自己的实际需要和具体的应用需求来加以选择。

2) 硬盘速度

由于硬盘的读写离不开机械运动,其速度相对于 CPU、内存、显卡等的速度来说要慢得多,从著名的"木桶效应"(注：木桶效应是指一只木桶想盛满水,必须每块木板都一样平齐且无破损,如果这只桶的木板中有一块不齐或者某块木板下面有破洞,这只桶就无法盛满水。是说一只木桶能盛多少水,并不取决于最长的那块木板,而是取决于最短的那块木板,也可称为短板效应)来看,可以说硬盘的性能决定了计算机的最终性能。

硬盘速度的快慢主要取决于转速、缓存、平均寻道时间和接口类型。在内部传输率(磁头→缓存的速率)成为瓶颈的现在,仅仅提高外部数据传输率(改进接口类型)对总体性能的影响不大。因此,可以简单地认为硬盘的速度只决定于其转速、缓存大小和平均寻道时间。

① 主轴转速：转速是影响硬盘性能最重要的因素之一,目前较为流行的主轴转速为 5400rpm 和 7200rpm 的硬盘。应优先考虑质量稳定、转速较高的硬盘。

② 平均寻道时间：平均寻道时间是指磁头从得到指令到寻找到数据所在磁道的时间,它描述硬盘读取数据的能力,以毫秒(ms)为单位。作为完成一次传输的前提,磁头首先要快速找到该数据所在的扇区,这一定位时间叫"平均寻道时间"(Average Seek Times)。这个时间越短越好,一般要选择平均寻道时间在 10ms 以下的产品。

③ 内部数据传输率：即磁头到硬盘的高速缓存之间的数据传输速度,这可以说是影响硬盘整体速度的瓶颈。如今各品牌的主流硬盘,容量差不多,平均寻道时间相差不大,

转速也多为7200转，高速缓存为2MB左右，外部数据传输率都采用Ultra DMA 100技术，可是内部数据传输率却因品牌及型号不同而呈现较大的差异。选购硬盘时不要忽视对内部数据传输率的关注。

数据传输率分为外部传输率(External Transfer Rate)和内部传输率(Internal Transfer Rate)。外部数据传输率指硬盘的缓存与系统主存之间交换数据的速度，内部数据传输率指硬盘磁头从缓存中读写数据的速度。在这项指标中常常使用Mb/s或Mb/s为单位，这是兆位/秒的意思，如果需要转换成MB/s(兆字节/秒)，就必须将Mb/s数据除以8(一字节位数)。例如最大内部数据传输率为240Mb/s，但如果按MB/s计算就只有30MB/s，远不到硬盘接口的100MB/s。因此，硬盘的内部数据传输率就成了整个系统瓶颈中的瓶颈，只有硬盘的内部数据传输率提高了，再提高硬盘的接口速度才有实在的意义。

④ 接口方式：现在常用的硬盘基本都采用的是DMA 100/133或SATA、SCSI的接口方式。要注意SCSI硬盘接口是50针、68针还是80针。其中80针的SCSI盘一般支持热插拔。

⑤ 高速缓存：高速缓存的大小对硬盘速度有较大的影响，当然是越大的越好，目前最大已达8MB以上，不应低于2MB。

⑥ 安全性：硬盘作为存放信息的主要场所，所存放信息的价值往往要远高于其产品的价值，硬盘的稳定可靠性就显得非常重要。要注意品牌的口碑及是否采用了SPS等数据保护技术。

3) 选购硬盘时需注意的其他问题

① 平均潜伏期(Average Latency)：指当磁头移动到数据所在的磁道后，等待所要的数据块继续转动(半圈或多些、少些)到磁头下的时间，单位为毫秒。

② 道至道时间(Single Track Seek)：指磁头从一磁道转移至另一磁道的时间，单位为毫秒。

③ 全程访问时间(Max Full Seek)：单位同样是毫秒，指磁头开始移动直到最后找到所需要的数据块所用的全部时间。

④ 平均访问时间(Average Access)：指磁头找到指定数据的平均时间，单位为毫秒。通常是平均寻道时间和平均潜伏时间之和。要注意的是，现在不少硬盘广告之中所说的平均访问时间大部分都是用平均寻道时间所代替的。

⑤ 突发数据传输率(Burst Data Transfer Rate)：也叫外部数据传输率(External Data Transfer Rate)，单位为MB/s。突发数据传输率指的是电脑通过数据总线从硬盘内部缓存区中读取数据的最高速率。在硬盘特性表中常以数据接口速率代替。

⑥ MTBF(连续无故障时间)：指硬盘从开始运行到出现故障的最长时间，单位是小时。一般硬盘的MTBF至少在30 000～40 000小时。这项指标在一般的硬盘产品的技术特性表中并不提供，需要时可专门上网到具体生产该款硬盘的公司网址中查询。

⑦ 单碟容量：较高的硬盘单碟容量至少可以为人们带来两大好处：一是使硬盘可以拥有更大的存储容量。3.5英寸的硬盘目前最多只能装4张盘片，如果要增加硬盘的存储空间，唯一的方法是提高盘片容量。提高盘片容量后，用同样数目的盘片可以生产出容

量更大的硬盘,能进一步控制硬盘的成本。第二大好处是可以有效地提高硬盘的内部传输率。在磁盘转速和磁头的操作速度不变的情况下,相同的时间内磁头所能访问到的磁盘区域是一定的。而盘片容量提高后,光盘上的数据密度更高,单位面积上所记载的数据量也得以提高,相应地在单位时间内磁头能够存取到的数据信息也更多。

⑧ 发热及噪音问题。硬盘的表面温度指硬盘工作时产生的温度使硬盘密封壳温度上升的情况。这项指标厂家并不提供,一般只能在各种媒体的测试数据中看到。硬盘工作时产生的温度过高将影响薄膜式磁头(包括 MR 磁头)的数据读取灵敏度,因此硬盘工作表面温度较低的硬盘有更好的数据读写稳定性。若硬盘散发的热量不能及时传导出去,硬盘就会急剧升温,一方面会使硬盘电路工作在不稳定状态,另一方面硬盘的盘片与磁头长时间在高温下工作也很容易使盘片出现读写错误和坏道,而且对硬盘使用寿命也会有一定的影响。随着技术的发展,大多数硬盘的发热量都已经变得越来越少,这一点现在不必过于担心。噪音对单个硬盘而言没有大的影响。不过在夜深人静的时候,不时听到从机箱里发出的一阵阵硬盘响声,声音太大时会让用户心烦不安。当然是越"安静"的硬盘越受欢迎。

⑨超频问题。要稳定超频,除 CPU 外,其他设备也是决定能否稳定超频的因素,硬盘就是其中之一。在很多情况下不能超频,往往是由硬盘造成的。尤其在非标准外频下,硬盘的数据传输率也会随之上升,硬盘自身承受不了,就有可能出现不正常现象,如不能启动操作系统等,更严重的还会使得数据丢失、系统被破坏。所以在对机器超频时一定要考虑到这一点。

对 66MHz 总线来说,当总线(BUS)频率超到 75MHz、83MHz 时,IDE 总线将以超负荷 13.6%、25.8%的频率运行;对 100MHz 总线来说,超到 112MHz、124MHz、133MHz 时,IDE 总线将以超负荷 12%、24%、33%的频率运行。因此超频对硬盘的考验苛刻到几乎可以致命的地步,一旦失败则可能会损坏硬盘中的数据和物理介质。在一般情况,不建议冒险做超频工作。

⑩ 假货问题。严格说硬盘产品并不存在假货的问题。但仍有一部分经销商常常在硬盘上做手脚,以对用户进行欺诈。一是将老一代的产品以新产品的价格卖给用户;二是市场上销售的硬盘,有可能由于运输或者其他环节的问题,其中的少部分在品质上有一些瑕疵(如有少量坏道),而有些经销商将这些产品卖给那些不太懂行的用户,一方面侵害了用户的合法权益,另一方面也为用户的使用埋下了隐患;三是水货问题,目前市场上有一些没有经过正常报关手续的硬盘,就是通常所说的"水货"。按理说,这些产品和那些经过正常报关手续的同型号硬盘在性能、质量上没有什么差别,但是由于其特殊的"渠道",这些产品没有可靠的质保,虽然比正规渠道的相同产品便宜一些,但是"三年质保"变成了"一年质保",有些经销商虽然也对这些产品做出了"质保三年"的承诺,但是这根本不可能得到落实,因此要避免购买这一类产品。

4. 硬盘的接口技术

1) ST-506 接口

最早的 IBM-PC 并不带有硬盘,它的 BIOS 及 DOS1.0 操作系统也不支持任何硬盘。

后来 DOS2.0 引入了子目录系统，并添加了对“大容量”存储设备的支持，于是一些公司开始出售供 IBM-PC 使用的硬盘系统，这些硬盘与一块控制卡、一个独立的电源(IBM-PC 的电源只有 63.5W，无法向硬盘供电)被一起装在一个外置的盒子里，并通过一条电缆与插在扩展槽中的一块适配器相连。为了使用这样的硬盘，必须从软驱启动，并加载一个专用设备驱动程序。

1983 年，IBM 推出了 IBM-PC 的后继产品 PC/XT，虽然 XT 仍然使用 8088CPU，但配置却要高得多，加上了一个 10MB(随后的 XTS 机型为 20MB)的内置硬盘，IBM 把原本放在盒子里的控制卡的功能集成到一块接口控制卡上，构成了人们常说的硬盘控制器。但是 XT 的 BIOS 中仍然不带有硬盘读写例程，为此接口控制卡上有一块 ROM 芯片，其中存有硬盘读写例程，这种现象一直持续到基于 80286 处理器的 PC/AT 的推出，硬盘接口控制例程终于被加入了主板的 BIOS 中。

PC/XT 和 PC/AT 机器使用的硬盘被称为 MFM 硬盘或 ST-506/412 硬盘，MFM (Modified Frequency Modulation)是指一种编码方案，而 ST-506/412 则是由希捷公司开发的一种硬盘接口，首先使用这种接口的硬盘为希捷的 ST-506 及 ST-412。ST-506 接口使用起来相当简便，它不需要任何特殊的电缆及接头，但是它支持的传输速度很低，因此到了 1987 年左右这种接口就基本上被淘汰了，采用该接口的老硬盘容量多数都低于 200MB。

2) ESDI 接口

鉴于 ST-506 接口的低速度，迈拓公司于 1983 年开发了 ESDI(Enhanced Small Drive Interface)接口。这种接口把编解码器放在了硬盘本身之中，而不是控制卡上。它的理论传输速度是 ST-506 的 2～4 倍，一般可达 10Mb/s。ESDI 接口并没有得到广泛应用，原因之一是它的成本比较高，经过了几个版本之后，它与后出现的低成本高性能的 IDE 接口相比已没有优势可言，因此在进入 20 世纪 90 年代后就逐步被淘汰掉。Windows 9x 操作系统中有一个设备驱动程序叫 ESDI_506.pdr，显然这个文件的名字来源于古老的 ESDI 和 ST-506 接口，但 ESDI_506.pdr 却是一个 IDE 接口的驱动程序。

3) IDE 与 EIDE 接口

IDE(Integrated Drive Electronics)的本意实际上是指把控制器与盘体集成在一起的硬盘驱动器，人们常说的 IDE 接口，也叫做 ATA(Advanced Technology Attachment)接口，现在 PC 使用的硬盘大多数都是 IDE 兼容的，只需用一根电缆将它们与主板或接口卡连起来就可以了。

把盘体与控制器集成在一起的做法减少了硬盘接口的电缆数目与长度，数据传输的可靠性得到了增强，硬盘制造起来变得更容易，因为厂商不需要再担心自己的硬盘是否与其他厂商生产的控制器兼容，对用户而言，硬盘安装起来也更为方便。

ATA 接口最初是在 1986 年由 CDC、康柏和西部数据共同开发的。他们决定使用 40 芯的电缆，最早的 IDE 硬盘大小为 5 英寸，容量为 40MB，康柏早期的 386 系统使用了由西部数据制造的 IDE 硬盘，后来康柏创办了 Conner 来为自己生产硬盘，但很快又把 Conner 出售了。ATA 接口的一大特点是成本低廉，非常符合 PC 的发展特点，因此很快得到了大家的认同，从 20 世纪 80 年代末期开始逐渐取代了其他老式接口，ANSI 也专门制定了 ATA-1 标准,1990 年后生产的 PC 已经普遍采用 ATA 接口了。

就在 ATA-2 成为标准之时,西部数据与希捷掀起了一场接口名称之争。西部数据提出了 EIDE(Enhanced IDE)的概念,EIDE 实际上包含了 ATA-2 和 ATAPI(ATA Packet Interface)两种标准,后者是为了让 CDROM、磁带机等其他设备使用 ATA 接口而制定的标准,因为 ATA-1 和 ATA-2 标准都只考虑了硬盘。希捷为了对付 WD 的市场策略,也提出了一个 Fast-ATA 的概念,并得到了昆腾的支持。Fast-ATA 实际上就是 ATA-2,相对而言,Fast-ATA 比 EIDE 在概念上要更为清晰一些,但是由于 CD-ROM 驱动器的迅速发展,ATAPI 标准得到了普遍应用,Fast-ATA 和 EIDE 两种称呼都经常出现在各种场合,反而产生了很多混淆。ATA 接口的最新标准是 ATA-3,与 ATA-2 相比,ATA-3 没有增加更高速率的工作模式,但改进了数据传输的可靠性,加入了一个简单的密码保护的安全方案,对电源管理方案进行了修改,并引入了 S. M. A. R. T 技术,让硬盘在出错时能够向系统报告。

4) DMA 100/133

DMA(ATA) 100/133 并不是新的接口规范,它们只是对 EIDE 接口的增强。传统的 IDE 数据传输仅仅利用了单边带的数据脉冲。DMA 100/133 则在数据传输时使用了双边带的数据脉冲。因此,使用该技术的硬盘并配合相应的芯片组,最大传输速度可以提高到 133MB/s,向下兼容采用 80 芯的线 40 针的接口,支持 CRC 错误检测修正技术。它们最大的优点在于把 CPU 从大量的数据传输中解放出来,可以把数据从 HDD 直接传输到主存而不占用更多的 CPU 资源,从而在一定程度上提高了整个系统的性能。DMA 100/133 已成为目前 E-IDE 硬盘接口事实上的标准。

当然 ATA 100/133 的数据传输率只是一个理论值,实际使用中无法达到最大值,而现在硬盘的最大内部传输率也就在 50MB/s 左右,无法充分发挥 ATA 100/133 接口的能力。

5) SATA 接口

目前大多数台式机硬盘采用的都是 Ultra ATA 100/133 并行总线接口,理论最高速率在 133MB/s,随着硬盘内部传输速率的不断提升,很快会成为硬盘性能的瓶颈。而 Serial ATA 1.0 规范将硬盘的外部传输速率提高到了 150MB/s 以上,而且随着后续版本的发展,其接口速率还可比较轻松地扩展到 600MB/s 以上,是未来高性能硬盘的必然选择。并行 ATA 接口硬盘所使用的 80-pin 数据线,在机箱内部也显得特别粗大、凌乱,它会阻碍空气的流动,进而影响到系统的散热,限制高速 CPU 等配件的性能发挥。而且并行 ATA 设计采用 12V 和 5V 电压供电,在当今电脑配件不断降低电压、减小功耗的趋势下,这也是需要改进的。Serial ATA 采用±250mV 供电,能够有效地减小系统的功耗。

串行 ATA 采用了点对点传输协议,每一个硬盘与主机通信时都独占一个通道,系统中所有的硬盘都是对等的。因此,在串行 ATA 中将不存在“主/从”盘的区别,用户也不用再费事去设置硬盘的相关跳线了。点对点传输模式还使每一个硬盘都可以独享通道带宽,这对于提高性能是有好处。

6) SCSI 接口

SCSI(Small Computer System Interface)是一种与 ATA 完全不同的接口,它不是专

门为硬盘设计的，而是一种总线型的系统接口，每个SCSI总线上可以连接包括SCSI控制卡在内的8个SCSI设备。早期PC的BIOS不支持SCSI，各个厂商都按照自己对SCSI的理解来制造产品，造成了一个厂商生产的SCSI设备很难与其他厂商生产的SCSI控制卡共同工作，加上SCSI的生产成本比较高，因此没有像ATA接口那样迅速得到普及。SCSI接口的优势在于它支持多种设备，传输速率比ATA接口高，独立的总线使得SCSI设备的CPU占用率很低，所以SCSI更多地被用于服务器等高端应用场合。

ANSI分别于1986年和1994年制定了SCSI-1和SCSI-2标准，一些厂商在这些标准的基础上开发了FastSCSI、UltraSCSI、Ultra2SCSI(LVD)和Ultra160/m等事实上的标准。希捷、IBM等厂商都有自己的SCSI硬盘系列产品，由于目标市场不同，这些SCSI硬盘的转速、缓存大小等指标要比同时期的IDE硬盘高得多。

EIDE硬盘的接口技术在不断进步时，SCSI硬盘的接口技术也在迅速发展。目前开始普遍采用Ultra2SCSI(LVD)传输模式。LVD代表低电压差分技术，16位Ultra2SCSI(LVD)接口的最高传输速率可达80MB/s，除了速度上的提升外，Ultra2SCSI(LVD)允许接口电缆的最大长度为12m，比起UltraSCSI的1.5m限制有了极大的进步，大大增强了设备配置的灵活性。Ultra160/mSCSI也被引入硬盘界，对硬盘在高计算量应用领域的性能扩展极有裨益，处理关键任务的服务器、图形工作站、冗余磁盘阵列(RAID)等设备的性能将因此得到提升。而目前的硬盘厂商为使产品适应不同领域的需求，将Ultra160/mSCSI技术与光纤界面技术集成在一块硬盘上，使硬盘的应用领域更加广阔，不但可以支持服务器、图形工作站、冗余磁盘阵列应用，还可以支持SAN等新型应用。

7) 光纤通道

光纤通道技术具有数据传输速率高、数据传输距离远以及可简化大型存储系统设计的优点。目前，光纤通道支持200MB/s的数据传输速率，可以在一个环路上容纳多达127个驱动器，局域电缆可在25m范围内运行，远程电缆可在10km范围内运行。某些专门的存储应用领域，例如小型存储区域网络(SAN)以及数码影像的应用，往往需要高达200MB/s的数据传输速率和强劲的联网能力，光纤通道技术的推出正适应了这一需求。同时，其超长的数据传输距离，大大方便了远程通信技术的实施。由于光纤通道技术的优越性，支持光纤界面的硬盘产品开始在市场上出现。这些产品一般是大容量硬盘，平均寻道时间短，适应于高速、高数据量的应用需求，将为中高端存储应用提供良好保证。从技术发展看，Ultra160/mSCSI仅仅是硬盘接口发展道路上的一环而已，200MB的光纤技术也远无止境，未来的接口技术必将使今天的人们感到瞠目结舌。

5. 硬盘的常见技术

总地来说，目前硬盘技术的发展主要集中在速度、容量及可靠性三方面。Ultra-ATA100/133接口、GMR(巨磁阻)技术和S.M.A.R.T自我监测分析和报告技术等各项技术已普遍为各大硬盘制造商所采用，这使得硬盘在传输率、单片存储容量和监测预告技术上较以往有了很大的提高。

(1) 更高的主轴电机转速。目前大多数硬盘的主轴电机转速一般都在5400转以上。理论上来说，转速越快，硬盘的速度越快。但提高转速受到散热、稳定性等多方面的制约，因此硬盘转速的提高是有限度的。E-IDE 接口硬盘大约会以 10 000rpm 为限。随着硬盘转速的提高,平均等待时间和平均寻道时间随之下降,平均寻道时间缩短到 9ms 以下,而 SCSI 的硬盘转速已提高到 15 000 转/分以上。

(2) ULTRA DSP(超级数字信号处理器)的应用。DSP 每秒可以处理数以千万条指令,处理数学运算时较一般 CPU 快 10～50 倍,MAXTOR 在硬盘厂商中率先引入了此项技术,用于缩短硬盘的平均寻道时间。采用 ULTTRA DSP 技术,其单一的 DSP 芯片可同时提供处理器及驱动接口的双重功能,减少了其他电子零件的使用,可大幅度提高硬盘的速度和可靠性。

(3) 高速缓存技术。目前在硬盘上广泛采用了多段先行读出式超高速缓存器,多段先行读出式超高速缓存器可在读出和先行读出作业中,数据被存入超高速缓存器中,主机不必通过磁盘驱动器便可以直接使用这些数据。由于每一段都可以用作一个独立的缓冲器,可以在多任务环境中大大提高系统的吞吐性能。因此,即使是 E-IDE 接口的硬盘,为了提高性能,最好也要拥有 256KB 的高速缓存。由于高速缓存可以提高硬盘性能,所以随着硬盘容量的加大,高速缓存就显得越来越重要。目前一些硬盘上已经采用了高达 8MB 的高速缓存。

(4) 硬盘内多盘片封装技术。当平均存取时间和记录密度一定时,盘片数加倍则单位区域内的容量加倍,移动磁头寻道的可能性将减小,性能将提高。一般 EIDE 接口的硬盘最多为 4 片盘。

(5) OAW(光学辅助温式技术)技术。在传统磁盘技术发展的上存在一个“超顺磁极限”。传统磁记录驱动器的面记录密度越来越大,当它达到 20～40Gb/in^2 时,磁盘上的磁介质就无法保持稳定的磁畴,这就是传统磁盘技术发展的理论极限。但信息技术发展对信息存储的要求却没有极限。OAW 技术达到的面记录密度远高于今天的硬盘驱动器,最终将突破超顺磁极限即传统磁技术的面记录密度的理论极限。OAW 技术在驱动器业界首次把光技术、磁技术和通信技术集成在一起,构成新一类的经济实惠的高容量驱动器产品。OAW 技术能突破超顺磁极所限制的驱动器性能。OAW 系统由先进的光输送系统、独特的磁头设计、全新的伺服系统等新一代记录介质子系统组成。

(6) “湿盘”(Wet Disk)技术。当要把磁盘密度进一步增大时,目前的金属薄膜盘片以及玻璃基片的“温盘技术”便无能为力了。当磁盘密度达到一定程度时,信号便会变得更加微弱,并且相邻信号之间的干扰也更为严重。要解决这个问题,只能把磁头进一步贴近盘片,但目前的磁头飞高已不到 0.08μm,要进一步令磁头靠近盘片非常困难,因为这要克服磁头抖动及盘片细微凹凸等引起的问题。为此,有人提出干脆把磁头紧贴磁盘(Contact Recording),就像录音机那样。但对盘片及磁头而言,这种接触是致命的,磁头与盘片会两败俱伤。于是一种全新的盘片——“湿盘”被提上了研发日程。“湿盘”可以最大限度地减少磁头与盘片的摩擦,但其中还有不少技术上与工艺上的问题有待解决。

(7) PRML(读取通道)技术。PRML 技术最初只用在通信方面,用以解决误码率问题。该技术引入硬盘后可有效提高数据读取及传输效率,可使硬盘容量提高 30%以上。据称第三代 PRML 读取通道可提供高达 900MB/s 的内部数据传输率。PRML 技术可使盘片存储更多的数据,因此既可提高单片硬盘的容量,又可加快数据传输率。PRML 技术应用于硬盘信号读取时，能避免因磁道过窄造成的信号干扰，大幅度地提高盘片的密度。同时由于磁盘密度的增大，磁头在相同时间内可以读取到更多的信号，使得读取速度得以提高。而通过最大相似原理的多点采样可以把磁头读取到的信号与标准信号进行对比，以得出最匹配的信号再传送出去，从而大大地提高了数据读取的准确性。PRML 技术的普遍采用，使硬盘的容量、速度、可靠性都有了不同程度的提高。

(8) GMR(巨磁阻)磁头技术。磁阻磁头的工作原理是基于磁阻效应来工作的，其核心是一小片金属材料，其电阻随磁场变化而变化。虽然其变化率不足 2%，但因为磁阻元件连着一个非常灵敏的放大器，所以可测出该微小的电阻变化。巨磁阻磁头与 MR 磁头一样，是利用特殊材料的电阻值随磁场变化的原理来读取盘片上的数据的，但是 GMR 磁头使用了磁阻效应更好的材料和多层薄膜结构，比 MR 磁头更为敏感，相同的磁场变化能引起更大的电阻值变化，从而可以实现更高的存储密度。现有的 MR 磁头能够达到的盘片密度为 3～5Gb/in^2(千兆位每平方英寸)，而 GMR 磁头可以达到 10～40Gb/in^2。目前 GMR 磁头已经成为最流行的磁头技术。

TDK 公司日前成功地试制了采用 TMR 薄膜的 TMR(Tunneling Magnetor Resisitive)磁头，并制造出硬盘设备。该 TMR 磁头的再生输出以及面密度均与 GMR 磁头相同。磁头结构与 GRM 磁头不同，但是详细信息尚未公开。

(9) 数据保护技术。

① S. M. A. R. T(自动检测、分析及报告)技术。使用 S. M. A. R. T 技术，可有效保护硬盘。硬盘出现故障是一件十分令人懊恼的事情，严重的有可能会丢失重要数据。不过，现在有一种对硬盘故障发出报警的方法，它就是自我监视、分析和报告的 S. M. A. R. T 技术。

可预测的硬盘故障是由硬盘性能逐渐恶化引起的。实际上，硬盘故障的 60%都是机械性质的，对此类故障，S. M. A. R. T 可一显身手。S. M. A. R. T 可以对数据提供有效的廉价保护，使用 S. M. A. R. T 运行的驱动器有助于减少数据丢失的风险，亦即避免了金钱和时间的损失，并且预先报警能让用户安排更换驱动器所需的停工时间。尽管 S. M. A. R. T 能有这样的帮助，但保护数据最好的方法仍是不断地定期备份。实际上，将两者结合是最好的保护方案。S. M. A. R. T 技术是硬盘厂商提供的一个规范，主要目的是预防某些设备备份失败。提高硬盘可靠性和确保数据的连续性，已成为工业标准。因此，大多数的硬盘生产商已在向支持 S. M. A. R. T 技术看齐。

② SPS 和 DPS 技术。震动保护系统(Shock Protection System，SPS)是由昆腾公司开发的，使硬盘在受到撞击时，保持磁头不受震动，磁头和磁头臂停泊在盘片上，冲击能量被硬盘其他部分吸收，这样能有效地提高硬盘的抗震性能，使硬盘在运输、使用及安装的过程中最大限度地免受震动的损坏。目前第二代保护系统(SPSⅡ)已经推出，可以更有效地防止由于外界的震动所引起的硬盘损坏。

数据保护系统(Data Protection System，DPS)可快速自动检测硬盘的每一个扇区，并在硬盘的前 300MB 空间定位存放操作系统或其他应用系统的重要部分。当系统发生问题时，DPS 可以在 90s 内自动检测并恢复系统数据，即使系统无法自举，也可以用包含 DPS 的系统软盘启动系统，再通过 DPS 自动检测并分析故障原因，尽可能保证数据不被丢失。DPS配合QDPS测试软件，可以方便、正确地检测硬盘是否有损坏。当系统发生故障后，如果硬盘能通过QDPS软件的测试，则可以排除是硬盘的问题；反之，则可以肯定是硬盘发生了故障，在质保期内可要求经销商退换。

③ ShockBlock和MaxSafe技术。ShockBlock是迈拓公司在其金钻二代硬盘上使用的防震技术，它的设计思想和昆腾的SPS相似，采用先进的设计制造工艺，在意外碰撞发生时，尽可能避免磁头和磁盘表面发生撞击，减少因此而引起的磁盘表面损坏。

MaxSafe同样也是金钻二代拥有的独特数据保护技术，它可以自动侦测、诊断和修正硬盘发生的问题，提供更高的数据完整性和可靠度。Maxsafe技术的核心是错误纠正代码(Error Correction Code，ECC)功能，它在数据传输过程中采用特殊的编码算法，加入附加的ECC检验位代码并保存在硬盘上，当数据重新读出或写入时，通过解码方式去除额外的检验位和原来保存的数据对照，如果编码和解码过程中发生错误，将重新读出数据并保持数据的完整性。

④ Seashield和DST技术。Seashield是希捷公司推出的新防震保护技术。Seashield提供了由减震弹性材料制成保护软罩，配合磁头臂及盘片间的加强防震设计，为硬盘提供了高达300GB的非操作防震能力。另一方面它也提供了印刷电路底板静电放电硬罩及其他防损害措施，以保证硬盘的可靠性。

驱动器自我测试(DriveSelfTest，DST)功能是希捷新增的数据保护技术，它内建在硬盘的固件中，提供数据的自我检测和诊断功能，在用户卸下硬盘时先进行测试诊断，避免数据无谓丢失。

⑤ 驱动器健康检测(Drive Fitness Test，DFT)技术。这是IBM公司为其PC硬盘开发的数据保护技术，它通过使用DFT程序访问IBM硬盘里的DFT微代码对硬盘进行检测，可以让用户方便快捷地检测硬盘的运转状况。

DFT微代码可以自动对错误事件进行登记，并将登记数据保存到硬盘上的保留区域中。DFT微代码还可以实时对硬盘进行物理分析，如通过读取伺服位置错误信号来计算出盘片交换、伺服稳定性、重复移动等参数，并给出图形供用户或技术人员参考。这是一个全新的观念，硬盘子系统的控制信号可以被用来分析硬盘本身的机械状况。

⑥ “热拔插”技术。热拔插SCSI连接/断接功能深受计算机网络用户的欢迎。在开启或关闭电源时，硬盘在活跃的SCSI总线上不会造成电源瞬变或数据失误的情况，因此热拔插功能特别适用于阵列应用程序，在拆机安装硬盘时，阵列仍可照常运作而不会中断。目前IBM、Compaq、HP等品牌服务器都采用了80针热拔插硬盘，并配有专用的硬盘架和电源。

⑦ 磁盘阵列(RAID)技术。它起源于集中式大、中、小型计算机网络系统中，专门为主计算机存储系统数据。随着计算机网络、Internet和Intranet的普及，磁盘阵列已向人们走来。为确保网络系统可靠地保存数据，使系统正常运行，磁盘阵列已成为高可靠性网络系统解决方案中不可缺少的存储设备。磁盘阵列由磁盘阵列控制器及若干性能近似的、按一定要求排列的硬盘组成。该类设备具有高速度、大容量、安全可靠等特点，通过冗余纠错技术保证设备可靠。RAID是由几组磁盘驱动器组成的，并由一个控制器统一管理，通过在磁盘之间使用镜像数据或数据分割及奇偶校验来实现容错要求，是一种具有较

高容错能力的智能化磁盘集合，具有较高的安全性和可靠性。RAID在现代网络系统中作为海量存储器，广泛用于磁盘服务器中。用磁盘阵列作为存储设备，可以将单个硬盘的30万小时的平均无故障工作时间(MTBF)提高到80万小时。磁盘阵列一般通过SCSI与主机相连，目前最快的Ultra Wide SCSI的通道传输速率达到80Mb/s。磁盘阵列通常需要配备冗余设备。磁盘阵列都提供了电源和风扇作为冗余设备，以保证磁盘阵列机箱内的散热和系统的可靠性。为使存储数据更加完整可靠，有些磁盘阵列还配置了电池。在阵列双电源同时掉电时，对磁盘阵列缓存进行保护，以实现数据的完整性。

⑧ SAN技术。SAN(Storage Area Network)是存储技术的发展方向之一。SAN是一种与传统存储方式不同的存储结构，在这种结构中存储设备，如磁盘阵列等是通过光纤通道等高速接口直接联到网络上，而不是像以前那样只作为服务器或主机的一部分，这样便于集中管理。SAN有更高的存储速度、更大的灵活性和更高的故障恢复能力。

SAN可以带来高的数据吞吐能力，并且可以通过光纤内部通道增加连接的距离。SAN会给服务器的硬盘分配方式带来巨大的改变。因为服务器可以共享SAN上的所有存储设备，人们考虑最多的是系统所需存储设备的类型。系统需要对镜像硬盘快速访问，因此需要增加EMC阵列。对那些无须快速访问的系统，可以从SAN上隔离出45GB的磁盘驱动器给它单独使用。但是目前还不能把所有的SAN设备连接在一起。建立SAN所需的互联设备例如路由器和集线器投资很大。

⑨ 远程镜像技术(SRDF)。现代金融机构对信息资源可持续性和高可用性提出了极端苛刻的要求。应用于这些领域中的信息技术系统，就是人们通常所说的“业务关键型应用系统”。虽然传统镜像与备份技术能够部分地解决业务关键型应用系统在高可用性方面所遇到的挑战，但是，因为传统镜像和备份技术在时空方面的局限性，使得它们根本无法保障关键业务在灾害或危机发生时仍然能够持续不断地稳定运行。

随着磁盘阵列与通信技术的飞速发展，为解决业务关键型系统可用性所面临的挑战，人们开始将着眼点转向远程镜像与数据恢复技术之上。显然，这种技术一方面要求本地和远程磁盘子系统高度智能化，另一方面，当前磁盘阵列技术的发展，正在将磁盘镜像功能的处理器负荷从处理器本身转移到智能磁盘控制器上，这种技术不但保证了人们能够做到在灾难发生的同时，实现应用处理过程的实时恢复，而且解决了在数据恢复过程中一直困扰人们的费时费力的“磁带倒带”操作，这就是所谓的智能磁盘存储子系统。此外，通信技术的发展使得实现异地间高速、稳定的数据交换成了可能。现在，恢复一个任务关键型系统的信息可能仅需几分钟，而不再是传统方式下的几十个小时甚至几天了。

远程数据镜像技术(SRDF)，实现了数据在不同环境间的实时有效复制，而无论这些环境间相距几米、几千米，还是横亘大陆。SRDF拥有两套磁盘子系统，可分别称之为R1和R2，存放实时数据拷贝的R2子系统被安置在与存放原始数据拷贝的R1子系统不同的地点。这样就确保了在数据中心发生故障时，R2系统仍然是可用的，而且与R1是同步的。

6. 硬盘的使用常识

(1) 读写过程中切忌断电。硬盘的转速大都是5400转和7200转，SCSI硬盘更在

10 000～15 000 转，在进行读写时，整个盘片处于高速旋转状态中，如果忽然切断电源，将使磁头与盘片猛烈摩擦，从而导致硬盘出现坏道甚至损坏，也经常会造成数据丢失。所以在关机时，一定要注意机箱面板上的硬盘指示灯是否已无闪烁，即硬盘已经完成读写操作之后才可以按照正常的程序关闭电脑。硬盘指示灯闪烁时，一定不可切断电源。如果是移动硬盘，最好要先执行硬件安全删除，成功后方可拔掉。

(2) 保持良好的工作环境。硬盘对环境的要求比较高，有时候严重集尘或是空气湿度过大，都会造成电子元件短路或是接口氧化，从而引起硬盘性能的不稳定甚至损坏。

(3) 防止受震动。硬盘是十分精密的存储设备，进行读写操作时，磁头在盘片表面的浮动高度只有几微米。即使在不工作的时候，磁头与盘片也是接触的。硬盘在工作时，一旦发生较大的震动，就容易造成磁头与资料区相撞击，导致盘片资料区损坏或刮伤磁盘，丢失硬盘内所储存的文件数据。因此，在工作时或关机后主轴电机尚未停顿之前，千万不要搬动电脑或移动硬盘，以免磁头与盘片产生撞击而擦伤盘片表面的磁层。此外，在硬盘的安装、拆卸过程中也要加倍小心，防止过分摇晃或与机箱铁板剧烈碰撞。同时，在办公场所应尽可能地将电脑主机和打印机放置在不同的地方，以避免打印机工作时的震动对硬盘产生影响。

(4) 减少频繁操作。如果长时间运行一个程序(如大型软件或玩游戏)，或是长期使用 BT 等下载软件，这时就要注意，因为磁头会长时间频繁读写同一个硬盘位置(即程序所在的扇区)，从而使硬盘产生坏道。另外，如果长时间使用一个操作系统，也会使系统文件所在的硬盘扇区(不可移动)处于长期读取状态，从而加快该扇区的损坏速度。当然，最好是安装两个或两个以上的操作系统交替使用，以避免对硬盘某个扇区做长期的读写操作。

(5) 恰当的使用时间。在一天中，特别是夏天高温环境下，最好不要让硬盘的工作时间超过 10 个小时，而且不要连续工作超过 8 个小时，应该在使用一段时间之后就关闭电脑，让硬盘有足够的休息时间。

(6) 定期整理碎片。硬盘工作时会频繁地进行读写操作，同时程序的增加、删除也会产生大量不连续的磁盘空间与磁盘碎片。当不连续磁盘空间与磁盘碎片数量不断增多时，就会影响到硬盘的读取效能。如果数据的增删操作较为频繁或经常更换软件，则应该每隔一定的时间(如一个月)就运行 Windows 系统自带的磁盘碎片整理工具，进行磁盘碎片和不连续空间的重组工作，将硬盘的性能发挥至最佳。对于 Linux 系统用户(Ext 文件系统)或 MACOS 用户，基本不需要清理(因为 Linux 的文件写入方式与 Windows 不同)。

(7) 使用稳定的电源供电。一定要使用性能稳定的电源，如果电源的供电不纯或功率不足，很容易就会造成资料丢失甚至硬盘损坏。

(8) 不要强制关机。强制关机会使硬盘与指针产生强烈的摩擦，长期这样，硬盘会丢失信息，所以一定要正确关机。

2.2.2 U 盘存储技术

U 盘的全称为 USB 闪存盘。英文名称是 USB Flash Disk。U 盘的 U，取自于 USB

的首字母。它是一种使用USB接口、无须物理驱动器的微型高容量移动存储产品,通过USB接口与电脑连接,实现即插即用。1999年,我国深圳的朗科科技公司研发了世界上第一个USB闪存盘,这种新型的存储设备取名为“优盘”。而之后生产的类似技术的设备由于朗科已进行专利注册,而不能再称之为“优盘”,而改称谐音的“U盘”。后来,U盘这个称呼因其简单易记而广为人知,U盘是一种十分普及的移动存储设备之一。图2.10给出了部分U盘的产品图。

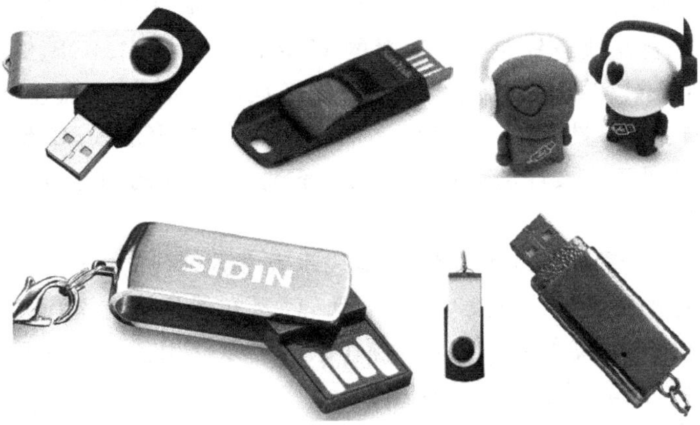

图2.10 U盘实物图

U盘是由外壳和机芯两个部分组成的。机芯包括一块印刷电路板、USB主控芯片、石英晶体振荡器、贴片电阻、电容、USB接口、贴片LED(不是所有的U盘都有)和Flash(闪存)芯片等。外壳实现机芯封装,以保护机芯。外壳按材料可以分为ABS塑料、竹木、金属、皮套、硅胶、PVC等,按设计的形状和风格可以分为卡片、笔型、迷你、卡通、商务、仿真等;按功能可以分为加密、杀毒、防水、智能等。U盘的内部结构如图2.11所示。

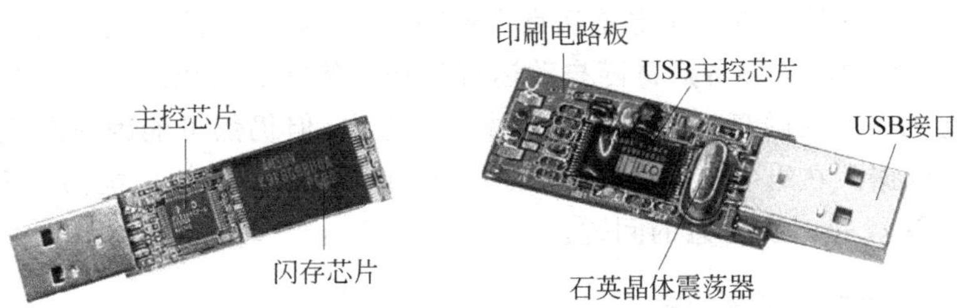

图2.11 U盘的内部结构

相较于其他便携式存储设备,U盘具有占空间小、操作速度较快(USB 1.1、USB 2.0、USB 3.0标准)、能存储较多数据等优点,并且性能较可靠(由于没有机械设备),在读写时断开而不会损坏硬件,只会丢失数据。U盘通常使用ABS塑料或金属外壳,内部含有一张小的印刷电路板,让U盘尺寸小到像钥匙圈饰物一样能够放到口袋中,或是串在颈绳上。只有USB连接头突出于保护壳外,且通常被一个小盖子盖住。大多数U盘使用标准的Type-A USB接头,这使得它们可以直接插入个人电脑上的USB端口中。

要访问U盘的数据,就必须把U盘连接到电脑,无论是直接连接到电脑内置的USB

控制器还是USB集线器都可以。只有当被插入USB端口时,U盘才会启动,而所需的电力也由USB连接供给。有些U盘(尤其是使用USB 2.0标准的高速U盘)可能需要比较多的电源,因此若接在像是内置在键盘或屏幕的USB集线器上,这些U盘将无法工作,除非将它们直接插到控制器(也就是电脑本身提供的USB端口)或是一个外接电源的USB集线器上。

U盘最大的优点就是小巧便于携带、存储容量大、价格便宜、性能可靠。U盘体积很小,仅大拇指般大小,重量极轻,一般在15克左右,特别适合随身携带,可以把它挂在胸前、吊在钥匙串上、甚至放进钱包里。一般的U盘容量有2GB、4GB、8GB、16GB、32GB、64GB等。U盘中无任何机械式装置,抗震性能极强。另外,闪存盘还具有防潮防磁、耐高低温等特性,安全可靠性很好。U盘几乎不会让水或灰尘渗入,U盘非常适合用来从某地把个人数据或是工作文件携带到另一地。不过,小尺寸的闪存盘也让它们常常被放错地方、忘掉或遗失。

U盘使用USB大量存储设备的类别,这表示大多数现代的操作系统都可以在不需要另外安装驱动程序的情况下读取及写入U盘。U盘在操作系统里面显示成区块式的逻辑单元,隐藏内部闪存所需的复杂细节。操作系统可以使用任何文件系统或是区块寻址的方式,也可以制作启动U盘来引导计算机。

与其他的闪存设备相同,U盘在I/O读写次数上也有限制。一般的U盘在正常使用状况下可以读取与写入数十万次,但当U盘变旧时,写入的动作会更耗费时间。当人们用U盘来运行应用程序或操作系统时,就必须要考虑这一点。有些程序开发者特别针对这个特性以及容量的限制,为U盘撰写了特别版本的操作系统(例如Linux)或是应用程序(例如Mozilla Firefox)。它们通常对使用空间做优化,并且将暂存盘存储在电脑的主存中,而不是U盘里。

许多U盘支持写入保护的机制。这种在外壳上的开关可以防止电脑写入或修改磁盘上的数据。写入保护可以防止电脑病毒文件写入U盘,以防止该病毒的传播。没有写保护功能的U盘,则成了多种病毒随自动运行等功能传播的途径。

U盘比起机械式的磁盘来说更能容忍外力的撞击,但仍然可能因为严重的物理损坏而故障或遗失数据。在组装电脑中,错误的USB连接端口接线也可能损坏U盘的电路。这些都是在使用U盘时要注意的问题。

1. U盘存储信息的基本原理

计算机把二进制数字信号转为复合二进制数字信号,读写到USB芯片适配接口,通过芯片处理信号分配给EEPROM存储芯片的相应地址存储二进制数据,实现数据的存储。EEPROM数据存储器,其控制原理是电压控制栅晶体管的电压高低值,栅晶体管的结电容可长时间保存电压值,断电后能保存数据的原因主要就是在原有的晶体管上加入了浮动栅和选择栅。在源极和漏极之间电流单向传导的半导体上形成储存电子的浮动栅。浮动栅包裹着一层硅氧化膜绝缘体。它的上面是在源极和漏极之间控制传输电流的选择/控制栅。数据是0或1取决于在硅底板上形成的浮动栅中是否有电子,有电子为0,无电子为1。

闪存就如同其名字一样，写入前删除数据进行初始化。具体说就是从所有浮动栅中导出电子，即将所有数据归1。只有数据为0时才进行写入，数据为1时则什么也不做。写入0时，向栅电极和漏极施加高电压，增加在源极和漏极之间传导的电子能量。这样一来，电子就会突破氧化膜绝缘体，进入浮动栅。读取数据时，向栅电极施加一定的电压，电流大时为1，电流小则定为0。浮动栅没有电子的状态(数据为1)下，在栅电极施加电压的状态时向漏极施加电压，源极和漏极之间由于大量电子的移动，就会产生电流。而在浮动栅有电子的状态(数据为0)下，沟道中传导的电子就会减少。因为施加在栅电极的电压被浮动栅电子吸收后，很难对沟道产生影响。

2. 正确使用U盘

(1) U盘一般有写保护开关，但应该在U盘插入计算机接口之前切换，不要在U盘工作状态下进行切换。

(2) U盘都有工作状态指示灯，如果是一个指示灯，当插入主机接口时，灯亮表示接通电源，当灯闪烁时表示正在读写数据。如果是两个指示灯，一般两种颜色，一个在接通电源时亮，一个在U盘进行读写数据时亮。有些U盘在系统拷贝进度条消失后仍然在工作状态，严禁在读写状态灯亮时拔下U盘。一定要等读写状态指示灯停止闪烁或灭了才能拔下U盘。

(3) 有些品牌型号的U盘为文件分配表预留的空间较小，在拷贝大量单个小文件时容易报错，这时可以停止拷贝，采取先把多个小文件压缩成一个大文件的方法解决。

(4) 为了保护主板以及U盘的USB接口，预防变形以减少摩擦，如果对拷贝速度没有要求，可以使用USB延长线(一般都随U盘赠送。如果需要买，尽量选择知名品牌，线越粗越好。但不能超过3m，否则容易在拷贝数据时出错)。注意USB延长线如果是USB1.1(USB2.0 Full Speed)的，速度会很慢。

(5) U盘的存储原理和硬盘有很大不同，不要整理碎片，否则影响使用寿命。

(6) U盘里可能会有U盘病毒，插入电脑时最好进行U盘杀毒。

(7) 新U盘买来最好做个U盘病毒免疫，可以很好地避免U盘中毒。

(8) U盘在电脑还未启动好(进入桌面以前)不要插在电脑上，否则可能造成电脑无法正常启动。

2.3 光存储方式

人的信息来源，是通过视觉、听觉、触觉等感觉器官直接或间接从信息源获取的。其中以光为信息载体的视觉信息色彩纷呈，又可包含大视场、大景深的快速运动图像，其信息的丰富程度远远超过其他的信息获取方式，因而成为人类的主要信息来源。远古人类就知道利用光来快速传递信息，例如我国商周时代就有“烽火戏诸侯”的故事。但是在很长的时期内，人们存储信息的方式一直局限于直接保存包含信息的实物(如结绳计数)或符号(如各种形式的书籍文字)。直到150多年前发明照相术，才真正开始了用光学方法存储信息的时代。

照相术通过光诱导乳胶中物质的光化学反应,改变乳胶局部透过率,从而实现信息的存储。由光学照相术发展而来的缩微照相术,由于能够高保真度地存储高分辨率图像,其保持文物、古籍等物品原貌的能力无可替代,在今天的海量信息存储领域仍然占有重要的位置。但是这种存储技术需要复杂费时的湿法处理,作为一种"离线"读写方式,难以像磁盘、光盘一样与现代通信设备以及计算机联机,因而在扩大信息交流方面存在限制。

当前,光学存储主要指与计算机和其他通信系统联机的海量存储技术。与传统的磁性存储技术(磁带、磁盘)相比,光学存储有以下特点:

(1) 存储密度高。理论估计,光学存储的面密度为 $1/\lambda^2$ 的数量级,其中 λ 是用于存储的光的波长。光学方法可以寻址记录材料的整个体积,存储的体密度可达 $1/\lambda^3$。按 $\lambda=500$nm 计算,存储密度为 1TB/cm^3 的数量级。若同时在大量可分辨的窄光谱凹陷中进行记录,存储密度还可再提高 1～3 个数量级,这是当前任何其他数据存储技术所无法匹敌的。

(2) 并行程度高。由于光束可以携带图像即二维数据页,通过对照明光束波面的二维调制,光学存储器件能广泛地提供并行输入输出和数据传输。

(3) 抗电磁干扰。外界电磁干扰的频率都远远低于光频,因此光不受外界电磁场的干扰,不同光束之间也很难互相干扰。

(4) 存储寿命长。磁存储的信息一般只能保存 2～3 年。而只要光存储介质稳定,寿命一般在 10 年以上。

(5) 非接触式读/写信息。用光读写,不会磨损和划伤存储体,这不仅延长了存储寿命,而且使存储体可以自由拆卸、移动和更换,因而可以做成真正海量的存储器。

(6) 信息价格位低。由于光学存储密度高,其信息价格位比磁记录低几十倍。

由于上述这些优点,使得自从激光器发明以来,光学存储技术就一直受到人们的关注。从原理上讲,只要材料的某种性质对光敏感,在被信息调制过的光束照射下,能产生理化性质的改变,并且这种改变能在随后的读出过程中使读出光的性质发生变化,都可以作为光学存储的介质。光学存储按存储介质的厚度可分为面存储(二维存储)和体存储(三维存储);按数据存取的方式可分为逐位存储(又称光学打点式存储)和页面并行式存储;按鉴别存储数据的方式可分为位置选择存储和频率选择存储等。目前最普遍、最成熟的光学存储技术是光盘存储,正在发展中的技术还有很多种。本节首先对光盘存储器作简单的介绍,然后重点介绍光全息存储技术的主要特点和优点,以及当前的发展态势。

2.3.1 二维光学存储技术——光盘存储

激光具有高度的单色性、方向性和相干性,经聚焦后可在记录介质中形成极微小的光照微区(直径为光波长的线度,即 1μm 以下),使光照部分发生物理、化学变化,从而使光照微区的某种光学性质(反射率、折射率、偏振特性等)与周围介质有较大的反衬度,以实现信息的存储。这就是光盘存储的原理。在信息的"写入"过程中,通常使写入激光束的强度被待存储信息(模拟量或数字量)所调制,而记录介质上有无理化性质的变化代表了信息的有无。在信息的"读出"过程中,用低强度的稳定激光束扫描信息轨道,随着光盘的高速旋转,介质表面的反射光强度(或其他性质)随存储的信息位而变化。用光电探测器检测反射光信号并加以解调，便可取出所需要的信息。光盘是在衬盘上淀积了记录介质及其保护膜的盘片，在记录介质表面沿螺旋形轨道，以记录斑的形式写入大量的信息位(参见图2.12)，因此光盘是按位存储的二维存储介质。记录轨道的密度可高达1000道/毫米以上，这种类似光栅的结构使光盘在白光照明下呈现绚丽的彩色。

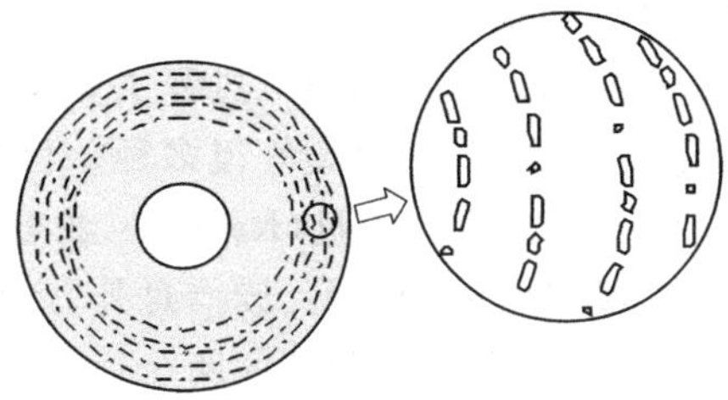

图2.12 光盘记录斑示意图

光盘存储除了具有存储密度高、抗电磁干扰、存储寿命长、非接触式读/写信息以及信息位价格低廉等优点外，还具有信息载噪比(CNR)高的突出优点。载噪比是载波电平与噪音电平之比，以分贝(dB)表示。光盘载噪比均在50dB以上，且多次读写后不降低。因此，光盘多次读出的音质和图像清晰度是磁带和磁盘所无法比拟的。另外，光盘的信息传输速率也比较高。现有的光盘每一通道的数据速率可达50Mb/s以上，通过改进光学系统和选择适当的激光波长，还可以提高数据速率。

1. 光盘的类型

作为计算机系统外部设备的数字光盘存储技术，按其功能划分主要有4种：

(1) 只读存储光盘(Read Only Memory，ROM)。

只读式存储光盘的记录介质主要是光刻胶，记录方式多数采用经声光调制的聚焦氪离子激光，将信息刻录在介质上制成母盘(参见图2.13)，然后进行大量模压复制。由于制作工艺和设备的限制，这种光盘只能用来播放已经记录在盘片上的信息，用户不能自行写入。CD只读、CD音像和LV都属此类。配备了CD-ROM驱动器的微机，也可读取大量光盘中存储的软件和多媒体信息。

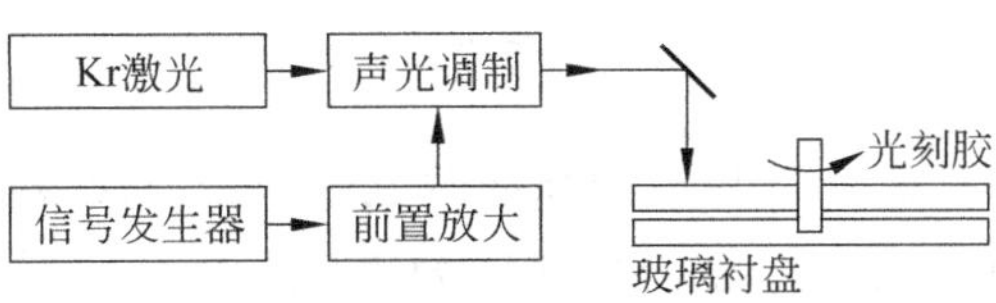

图2.13 只读光盘记录示意图

(2) 一次写入光盘(Write Once Read Many，WORM)或称Direct Read After Write (DRAW)。

一次写入光盘利用聚焦激光在介质的微区产生不可逆的物理和化学变化写入信息。这类光盘具有写、读两种功能，用户可以自行一次写入，写完即可读，但信息一经写入便不可擦除，也不能反复使用。它特别适合于文档和图像的存储和检索。

为了保证光盘能被用户写入，实现写后即读(DRAW)，记录的数据能够实时加以检验，一次写入光盘上应有的地址码(信道号、扇区号及同步信号等)都以标准格式预先刻录并复制在光盘的衬盘上。光盘的存储介质应当是无须经过中间处理的类型。除了高分辨率、高对比度、抗缺陷性能强等对光盘存储介质的共同要求外，一次写入光盘还要求介质具有较高的记录灵敏度和较好的记录阈值，并且存储介质的力、热及光学性能应与预格式化衬盘相匹配。

一次写入光盘的写入过程主要是利用激光的热效应，其记录方式有烧蚀型、起泡型、熔绒型、合金型、相变型等很多种。目前一次写入光盘已经实现商品化。

(3) 可擦重写光盘(Rewrite，或 Erasable-DRAW 即 EDAW)。

这类光盘除用来写、读信息外，还可将已经记录在光盘上的信息擦去，然后再写入新的信息。但写、擦是分开的两个过程，需要两束不同的激光和先后两个动作才能完成，即先用擦激光将某一信道上的信息擦除，然后再用写激光将新的信息写入。这种先擦后写的两步过程限制了数据的存取时间和传输速率，因而尚未应用到计算机系统的主内存即随机存取存储器(Random Access Memory，RAM)。但是这类光盘代替磁带用在海量脱机存储和图像数字存储方面已成必然。

可擦重写光盘是利用记录介质在两个稳定态之间的可逆变化来实现反复的写与擦的。光盘可擦重写技术的关键是解决新的存储介质材料。经过多年的努力，已在磁光型(热磁反转型)存储材料上得到突破而获得实用化。

磁光型存储介质具有磁各向异性，在垂直于薄膜表面方向有一易磁化轴，产生垂直磁记录磁畴。在写入信息之前，用一定强度的磁场 $H0$ 对介质进行初始磁化，使各磁畴单元具有相同的磁化方向。

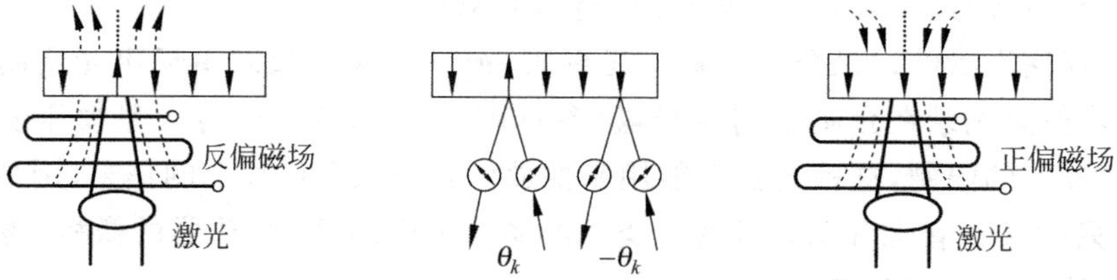

图 2.14 磁光盘的原理

当信息写入磁光盘时，磁光读写头的脉冲激光聚焦到介质表面，光照微区温度升至居里温度(T_c)或补偿温度(T_{comp})时，净磁化强度为零(退磁)。此时通过读写头中的线圈施加一反偏磁场，使微斑反向磁化。而介质中无光照的相邻磁畴，磁化方向仍保持原来的方向，从而实现磁化方向相反的反差记录。

当从磁光盘读出信息时，利用磁光克尔效应来检测微区磁畴的磁化方向，从而实现信息的读出。磁光克尔效应是克尔(Kerr)在 1877 年发现的。当线偏振光入射到磁性介质时，反射光束的偏振面会发生旋转，这个旋转角称为克尔角。若用线偏振光扫描录有信息的信道，光束经过磁化方向“向上”的微斑的反射，反射光的偏振方向会绕反射线右旋一个角度 θ_k。反之，若扫到磁化方向“向下”的微斑，反射光的偏振方向则左旋一个角度，用 $-\theta_k$ 表示，见图 2.14。实际读出时，将检偏器调整到使与 θ_k 对应的偏振光为消光位置，来自下磁化微斑的反射光不能通过检偏器到达探测器，而从上磁化微斑反射的光束则可通过 $\sin(2\theta_k)$ 的分量，探测器便有效地读出了已写入的信号。目前磁光盘的克尔角数值不大，一般只有零点几度。要获得较高的信噪比，必须进行大 θ_k 角材料的研究。

当从磁光盘擦除信息时，用原来的写入光束扫描信息道，并施加与初始 $H0$ 方向相同的偏置磁场，则微区磁畴的磁化方向又会恢复原状，从而擦除了原有的信息。由于磁畴磁化方向翻转的速率有限，故磁光光盘一般需要两次操作来写入信息，第一次是擦除原有轨道上的信息，第二次是写入新信息。

(4) 直接重写光盘(Overwrite)。

前面介绍的可擦重写磁光盘，在记录信息时往往需要两次动作，即先将信道上原有的信息擦除，然后再写入新的信息。这可以用一束激光的两次动作完成，也可用擦除光束和随后的写入光束配合完成。无论采取哪种方式，都将限制光盘数据传输速率的提高。光盘存储技术目前的研究热点，一是提高可擦重写光盘的性能，二是研究直接重写光盘。直接重写光盘可用一束激光、一次动作录入信息，也就是在写入新信息的同时自动擦除原有信息，无须两次动作。显然，这种光盘能够有效地提高数据传输率，有希望应用到计算机系统的随机存取存储器。

实现直接重写的可能途径之一，是利用激光束的粒子作用，在极短的时间内使介质完成快速晶化。这种光致晶化的可逆相变过程可以非常快。当擦除激光脉宽与写入激光脉宽相当时(20～50ns)，相变光盘可进行直接重写，从而大大缩短了数据的存取时间。近年来，国内外的大量研究工作都围绕着降低擦除时间(加快晶化速度)、提高晶态和非晶态的反衬度以及多次擦除中材料的稳定性等方面进行。

2. 光盘存储器

光盘存储器是在光盘已经设计定型、各项性能参数都已确定情况下的特定盘片的驱动器。光盘读取和检索信息的功能，要靠光盘驱动器来实现。实用的光盘驱动器虽然小巧紧凑，却是光、机、电相结合的高技术产物。它包括提供高质量读出光束和引导检索出的光信号的精密光学系统，产生信息读出信号、再现盘片格式化地址信号、检测光盘聚焦误差信号和跟踪误差信号的电子学电路，以及实现光束高精度跟踪的伺服控制系统。

这里简要介绍光盘存储器的光学系统。各类光盘存储器的光学系统大体相似，都采用半导体激光器作光源，光学头及光学系统或采用一束激光一套光路进行信息的写读(如只读存储器及一次写入存储器)；或用两个独立的光源、配置两套光路，一套用来读写，另一套用来擦除(如可擦重写存储器)。直接重写式相变光盘存储器，在信息写入的同时自动擦除原有信息，因而也只需一束激光、一套光路完成全部读、写、擦功能，故可以和一次写入存储器兼容以便制成多功能相变光盘存储器。

光学系统是围绕着以下几方面配置的：从半导体激光器发出的激光一般都有较大的发散角，为了更有效地利用光能量，首先要把半导体激光器中发出的发散光束准直成平行光束。半导体激光束的截面为椭圆，需要经过整形变成圆光束，才能最后在光盘上聚焦成圆光斑，满足读、写的要求。要采取措施使沿同一光路传播的入射到光盘的光束和从光盘反射回来的光束不致发生干涉。要防止光盘表面的反射光进入激光器，否则会在激光输出中增加显著的噪音。由于写/读光束和擦除光束都是用同一个物镜聚焦在光盘上的，因此，要高效地将经过准直以后的写/读光束和擦除光束耦合到同一光路中。

根据光盘存储介质的不同，其光学系统大致可分为单光束光学系统和双光束光学系统两类。单光束光学系统适合于只读光盘和一次写入光盘,具备信息的读、写功能。对于直接重写相变光盘原则上也可使用,只是激光器的功率及脉冲要求不同,因而激光器的驱动电路也不同。图 2.15 给出了其主要部分的示意图。

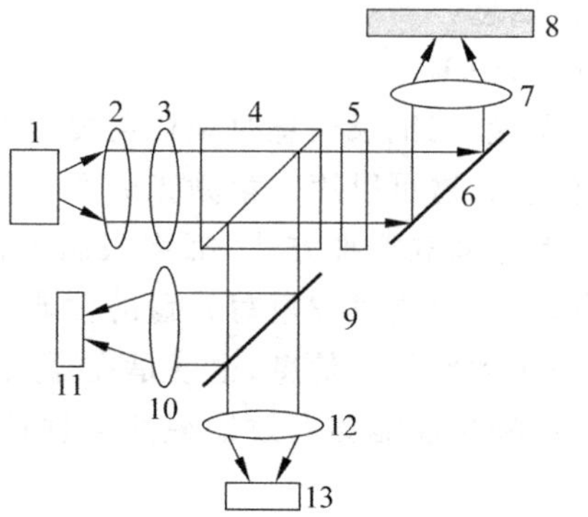

图 2.15 单光束光学系统的光路示意图

1—光源(半导体激光器) 2、3—透镜 4—偏振分束器 5—四分之一波片 6—反射镜 7—聚焦物镜 8—光盘 9—分束镜 10—透镜 11—读出探测器 12—透镜 13—聚焦、跟踪误差探测器

双光束光学系统(见图 2.16)用于可擦重写光盘。器件 1～8,10～13 构成写/读光路,器件 14～19,5～8,20～21 构成擦除光路。一些关键器件的作用如下:5——二向色反射镜,为一干涉滤光镜,只反射特定波长的入射光;11——刀口,将从光盘反射回来的激光分割为两部分,分别进入探测器 12 和 13,得到读出和聚焦、跟踪误差信号;18、19——一对正负柱面透镜,改变光束为椭圆截面,以利擦除;17——偏振分束器;1——写、读激光器(0.83μm);14——擦除激光器(0.78μm)。

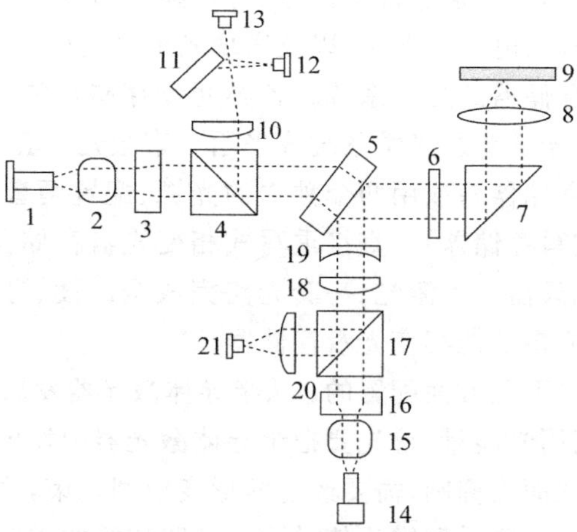

图 2.16 双光束光学系统的光路示意图

3. 光盘存储技术的进展

尽管光盘存储技术发展迅速,磁盘存储仍然是其强大的竞争对手。目前从总体上来

说，光盘的存储密度优于磁盘，主要由于磁盘的道距（约 10μm）比光盘的道距（约 1μm）大得多。但是，磁盘技术也在不断发展。至于在数据传输速率方面，光盘的性能仍然不及磁盘。光盘必须不断保持和提高在存储密度方面的优势，同时在数据速率方面赶上和超过磁盘，才能在计算机系统使用中站稳脚跟。

常规光盘存储虽然已经达到很高的面密度，但在存储密度方面与磁盘的竞争中，能否取得最终优势仍无定局。这是由于光学存储受到 $1/\lambda^2$ 的面密度限制。即使采用短波长、峰值强度烧蚀（克服衍射引起的光点尺寸限制）和先进的编码等技术，存储密度达到每平方厘米几百兆位（$<1\text{Gb/cm}^2$）就到顶了。而磁盘存储并不存在这种限制。磁性存储的面密度在物理上受到超顺磁性的限制（即当磁畴体积过于缩小时，使已磁化的磁畴保持定向排列的各向异性能量会接近磁畴的内能，而引起自发的去磁）。在过去 10 年中，硬磁盘的面密度以每年 60% 的速率递增，并且也将很快逼近超顺磁性极限（约为 40Gb/in^2 或 6.2Gb/cm^2）。磁盘和光盘都无法将信息存储在材料的整个体积，多层光盘虽然能提高存储容量，但允许的层数毕竟有限。同时，磁盘和光盘的机械运动寻址方式和按位存储的本质，限制了数据传输率的进一步提高。

计算机处理能力的快速增长以及为了满足多媒体（文本、声音和图像）娱乐和处理对存储容量和传输速率的渴求，导致了对体积光学存储的高度兴趣。为了充分利用存储材料的整个体积以提高存储的体密度和存储容量，有必要将光学存储从平面式的二维光盘存储扩展到体积式的三维存储。

2.3.2 三维光学存储——体全息存储技术

高中物理中所讲的“全息照相”技术利用了人类掌握的激光技术，让用户拍摄出完整的三维影像成为可能，真实反映了拍摄物体的全部信息，而不是过去只体现物体一面的二维数据。在基础原理上，体全息存储与全息照相完全相同，同样是利用了光的干涉原理。与其他存储技术不同，全息存储技术并不仅仅利用介质表面，它通过在整个存储介质内记录干涉图案来存储数据，这些干涉图案是由两束激光在某种晶体上相交来改变材料的光学特性所形成的。体全息存储是最早研究的光存储技术之一，主要原理是利用存储材料（$Fe:LiNO_3$，Polymer 等）的光折变特性存储信息，并利用相应的输入输出器件（SLM，CCD）实现信息的记录和读出。

体全息存储具有以下的优点：

（1）高存储容量。由于体全息存储所具有的严格的布拉格选择性，体全息存储可很容易地实现大量信息的多重存储。通过改变激光角度、波长或相位，可以在同一体积上存储多幅信息页。每一页能存储百万数据位，理论上可以在 1 角硬币的体积上存储上千页，容积密度理论极限为 $1/\lambda^3$，即约 1012b/cm^3，其中 λ 为光波波长。

（2）高的数据传输速率和快的读出时间。在体全息存储技术中，数据按“页面”方式并行读写，与传统存储技术中按“位”操作的串行方式显著不同。以页为单位存储和利用内在的并行性恢复数据，读出数率可高达 1Gb/s，而仅仅受到 I/O 设备（SLM、探测器阵列）和电子通道的限制。此外，体全息存储可以用无惯性的非机械式的光束偏转（例如声光、电光偏转器)或波长选择等手段来寻址,不像磁和传统光盘存储中必须的机电式动臂机构,因而体全息存储器具有极快的数据读出速率,读出时间有可能达到 1ms 到 10μs 的范围。另外,没有旋转存储系统中的延迟时间,存取速度可以更快。而且不需要通过其他存储位置实现随机访问。

(3) 高可靠性。无论是磁存储还是传统的光盘存储,如果存储媒体损坏了,存放在该部分的信息便丢失了。然而,体全息存储与按位存储的磁盘和传统光盘不同,体全息存储的是波动干涉图(Wave-Interference Pattern)。每一位的信息都分布在整个体积中,故记录介质局部的缺陷和损伤不会引起信息的丢失。即使媒体部分损坏,仍能读出全部数据,不过清晰度有所降低。另外体全息存储的信息可长期保存下来,不像半导体存储器断电后数据便会丢失。

(4) 具有内容寻址功能。更为重要的一点是,由于体全息存储器是对二维图像直接读写的,因而它天然地具有快速的内容相关寻址功能。如果在读出时不用同参考光相同的光,而改由携带某幅图像(或其部分)的物光照射角度复用存储的多重全息图,那么将会读出一系列不同方向的"参考光",各光的强度大小代表对应存储图像与输入图像之间的相似程度。用强度最大的参考光就可以在不知道地址的情况下读出与搜索模式最匹配的数据页。利用此关联特性,可以实现内容寻址操作,该功能在基于图像相关运算的军事目标快速识别、医用图像处理、车辆自动导航、卫星星图匹配定位、大型数据库的检索与管理等应用中有着十分重要的地位。

2.4 网络存储方式

2.4.1 网络存储综述

自 20 世纪末开始,存储技术的发展进入"存储网络"(Storage Network)时代。传统的直接存储(DAS)技术是几十年前网络还未出现,而且数据量有限时使用的存储技术。随着当今存储容量的不断扩展,各种存储需求不断产生,DAS 已经不能满足现有的存储需求。网络附加存储(NAS)和存储局域网络(SAN)这两种主要的网络存储形态已经逐步代替 DAS,成为主流的存储技术。网络存储将存储设备从应用服务器中分离出来,进行集中管理。图 2.17 就给出了一种邮件服务系统中提供的网络存储。网络存储技术具有以下特点:

(1) 存储设备与主机之间是多对多的关系;

(2) 在逻辑上是完全一体的,存储网络可以实现数据的集中管理;

(3) 面向网络应用,容易扩充,伸缩性强;

(4) 共享存储系统。

网络存储技术中的关键技术是网络的带宽。

网络存储与传统存储相比较具有以下几个方面的优势:

(1) 存储系统具有独立性;

(2) 数据共享较为容易实现;

(3) 高速的数据传输；

(4) 更大的存储容量；

(5) 中心化数据管理；

(6) 多种多样的存储介质。

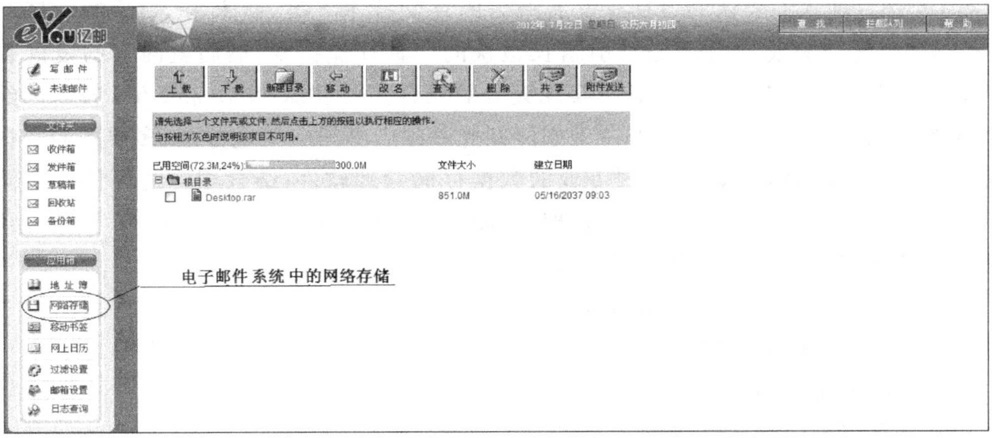

图 2.17 邮件服务系统中提供的网络存储功能

网络附着存储(Network Attached Storage,NAS)即将存储设备通过标准的网络拓扑结构(如以太网)连接到一群计算机上。NAS是部件级的存储方法,它的重点在于帮助解决迅速增加存储容量的需求。

IPVS网络存储为最近兴起的基于互联网IP地址访问的存储方式。简单的工作原理为：IPVS网络视频存储设备经过互联网络,对终端设备IP地址的访问,从而进行终端设备视频及其他多种信息的存储。IPVS网络视频存储采用磁盘阵列的方式进行数据存储保护,在传统NAS存储系统的基础上提供了更加可靠的数据保护,同时增强了设备的访问灵活性。IPVS网络存储侧重于存储数据的安全保护,同时提供非常方便的扩容策略。

存储区域网络(Storage Area Network,SAN)通过光纤通道连接到一群计算机上。在该网络中提供了多台主机连接,但并非通过标准的网络拓扑(见图2.18)。

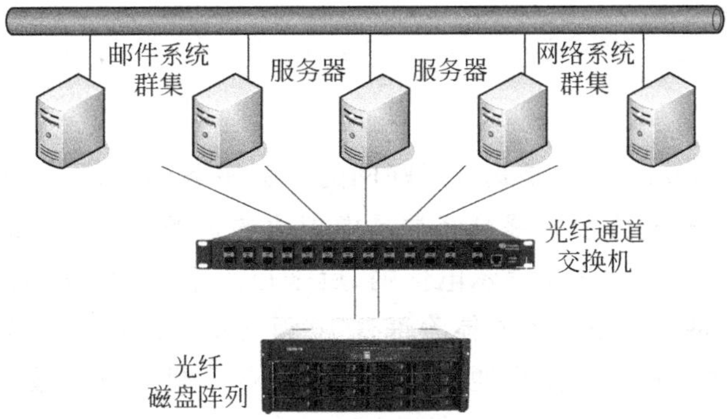

图 2.18 SAN 结构图

SAN专注于企业级存储的特有问题,主要用于存储量大的工作环境。当前企业存储方案遇到问题的两个根源是：数据与应用系统紧密结合所产生的结构性限制，以及目前小型计算机系统接口(SCSI)标准的限制。大多数分析都认为SAN是未来企业级的存储方案，这是因为SAN便于集成，能改善数据可用性及网络性能，而且还可以减轻存储管理作业。

SAN是目前人们公认的最具有发展潜力的存储技术方案，而未来SAN的发展趋势将是开放、智能与集成。NAS是目前增长最快的一种存储技术，然而就两者的发展趋势而言，在应用层面上SAN和NAS将实现充分的融合。可以说，NAS和SAN技术已经成为当今数据备份的主流技术，关键在于如何在此基础上开发完善全方位、多层次的数据备份系统，在分布式网络环境下，通过专业的数据存储管理软件，结合相应的硬件和存储设备，来对全网络的数据备份进行集中管理，从而实现自动化的备份、文件归档、数据分级存储以及灾难恢复等功能。SAN的优点是：

(1) 统一性。形散神不散，在逻辑上是完全一体的。

(2) 实现数据集中管理，因为它们才是企业真正的命脉。

(3) 容易扩充，即伸缩性很强。

(4) 具有容错功能，能够对整个网络实现冗余，无单点故障。

网络存储的应用可以说从网络信息技术诞生的那天就已经开始，应用的领域随着信息技术的发展而不断增加。提供网络存储的主要有：

ISP。ISP的全称是Internet Service Provider，即互联网服务提供商；目前国内主要的ISP商家有中国电信，中国联通，中国移动，中国教育与科研网，中国科学院网等。

ICP。ICP是Internet Content Provider的缩写，意为“Internet内容提供商”，即提供Internet信息搜索、整理加工等服务，如新浪、搜狐等。

ASP：ASP是Application Service Provider的缩写，意为“网络应用服务商”，主要为企事业单位进行信息化建设、开展电子商务提供各种基于Internet的应用服务。

NSP：NSP是Network Storage Provider的缩写，意为“网络存储服务商”，主要为企业、个人提供网络存储、传输、处理等服务的商家，如DBank数据银行、IDC企业。

2.4.2 云存储技术

1. 云计算

云计算(Cloud Computing)是基于互联网的相关服务的增加、使用和交付模式，通常涉及通过互联网来提供动态易扩展且经常是虚拟化的资源。云是网络、互联网的一种比喻说法。过去在图中往往用云来表示电信网，后来也用来表示互联网和底层基础设施的抽象。因此，云计算甚至可以让人们体验每秒10万亿次的运算能力，可以模拟核爆炸、预测气候变化和市场发展趋势。用户通过电脑、笔记本、手机等方式接入数据中心，按自己的需求进行运算。

对云计算的定义有多种说法。对于到底什么是云计算，至少可以找到100种解释。目前广为人们接受的是美国国家标准与技术研究院(NIST)的定义：云计算是一种按使用量付费的模式，这种模式提供可用的、便捷的、按需的网络访问，进入可配置的计算资源共享池（资源包括网络、服务器、存储、应用软件、服务等），这些资源能够被快速提供，只需投入很少的管理工作，或与服务供应商进行很少的交互。

关于云计算本书在最后一章的“信息处理新技术”中将会详细介绍。

2. 云存储

云存储是在云计算概念上延伸和发展出来的一个新的概念，是指通过集群应用、网格技术或分布式文件系统等功能，将网络中大量各种不同类型的存储设备通过应用软件集合起来协同工作，共同对外提供数据存储和业务访问功能的一个系统。当云计算系统运算和处理的核心是大量数据的存储和管理时，云计算系统中就需要配置大量的存储设备，云计算系统就转变成为一个云存储系统，所以云存储是一个以数据存储和管理为核心的云计算系统。简单来说，云存储就是将储存资源放到云上供人存取的一种新兴方案。使用者可以在任何时间、任何地方，通过任何可连网的装置连接到云上方便地存取数据。

图 2.19 给出了云存储的一个实例：百度云。

图 2.19　百度云

就如同云状的广域网和互联网一样，云存储对使用者来讲，不是指某一个具体的设备，而是指一个由许许多多个存储设备和服务器所构成的集合体。使用者使用云存储，并不是使用某一个存储设备，而是使用整个云存储系统带来的一种数据访问服务。所以严格来讲，云存储不是存储，而是一种服务。

云存储的核心是应用软件与存储设备相结合，通过应用软件来实现存储设备向存储服务的转变。

3. 云存储的结构模型

云存储系统的结构模型由 4 层组成。

1）存储层

存储层是云存储最基础的部分。存储设备可以是 FC（光纤通道）存储设备，可以是

NAS和iSCSI等IP存储设备，也可以是SCSI或SAS等DAS存储设备。云存储中的存储设备往往数量庞大且分布在不同地域，彼此之间通过广域网、互联网或者FC(光纤通道)网络连接在一起。存储设备之上是一个统一存储设备管理系统，可以实现存储设备的逻辑虚拟化管理、多链路冗余管理，以及硬件设备的状态监控和故障维护。

2) 基础管理

基础管理层是云存储最核心的部分，也是云存储中最难实现的部分。基础管理层通过集群、分布式文件系统和网格计算等技术，实现云存储中多个存储设备之间的协同工作，使多个存储设备可以对外提供同一种服务，并提供更大、更强、更好的数据访问性能。

3) 应用接口

应用接口层是云存储最灵活多变的部分。不同的云存储运营单位可以根据实际业务类型，开发不同的应用服务接口，提供不同的应用服务。比如视频监控应用平台、IPTV和视频点播应用平台、网络硬盘引用平台，远程数据备份应用平台等。

4) 访问层

任何一个授权用户都可以通过标准的公用应用接口来登录云存储系统，享受云存储服务。云存储运营单位不同，云存储提供的访问类型和访问手段也不同。

4. 实施云存储的前提技术

1) 宽带网络的发展

真正的云存储系统将会是一个多区域分布、遍布全国、甚至于遍布全球的庞大公用系统，使用者需要通过ADSL、DDN等宽带接入设备来连接云存储。只有宽带网络得到充足的发展，使用者才有可能获得足够大的数据传输带宽，实现大量容量数据的传输，真正享受到云存储服务，否则只能是空谈。

2) Web 2.0技术

Web 2.0技术的核心是分享。只有通过Web 2.0技术，云存储的使用者才有可能通过PC、智能手机、移动多媒体等多种设备，实现数据、文档、图片和视音频等内容的集中存储和资料共享。

3) 应用存储的发展

云存储不仅仅是存储，更多的是应用。应用存储是一种在存储设备中集成了应用软件功能的存储设备，它不仅具有数据存储功能，还具有应用软件功能，可以看作服务器和存储设备的集合体。应用存储技术的发展可以大量减少云存储中服务器的数量，从而降低系统建设成本，减少系统中由服务器造成单点故障和性能瓶颈，减少数据传输环节，提供系统性能和效率，保证整个系统的高效稳定运行。

4) 集群技术、网格技术和分布式文件系统

云存储系统是一个多存储设备、多应用、多服务协同工作的集合体，任何一个单点的存储系统都不是云存储。

既然是由多个存储设备构成的，不同存储设备之间就需要通过集群技术、分布式文件系统和网格计算等技术，实现多个存储设备之间的协同工作，多个存储设备可以对外提供同一种服务，提供更大更强更好的数据访问性能。如果没有这些技术的存在，云存储就不

可能真正实现，所谓的云存储只能是一个一个的独立系统，不能形成云状结构。

5) CDN内容分发、P2P技术、数据压缩技术

CDN内容分发系统、P2P技术和数据加密技术保证云存储中的数据不会被未授权的用户所访问。同时，通过各种数据备份和容灾技术保证云存储中的数据不会丢失，保证云存储自身的安全和稳定。如果云存储中的数据安全得不到保证，想来也没有人敢用云存储，否则，保存的数据不是很快丢失了，就是全国人民都知道了。

6) 存储虚拟化技术、存储网络化管理技术

云存储中的存储设备数量庞大且分布多在不同地域，如何实现不同厂商、不同型号甚至于不同类型(如FC存储和IP存储)的多台设备之间的逻辑卷管理、存储虚拟化管理和多链路冗余管理将会是一个巨大的难题。这个问题得不到解决，存储设备就会是整个云存储系统的性能瓶颈，结构上也无法形成一个整体，而且还会带来后期容量和性能扩展难等问题。

云存储中的存储设备数量庞大、分布地域广所造成的另外一个问题就是存储设备运营管理问题。虽然这些问题对云存储的使用者来讲根本不需要关心，但对于云存储的运营单位来讲，却必须要通过切实可行和有效的手段来解决集中管理难、状态监控难、故障维护难、人力成本高等问题。因此，云存储必须要具有一个高效的类似于网络管理软件一样的集中管理平台，可实现云存储系统中所有存储设备、服务器和网络设备的集中管理和状态监控。

5. 云存储的分类

云存储可分为以下三类：

1) 公共云存储

像亚马逊公司的Simple Storage Service(S3)和Nutanix公司提供的存储服务一样，它们可以低成本提供大量的文件存储。供应商可以保持每个客户的存储、应用都是独立的、私有的。其中以Dropbox为代表的个人云存储服务是公共云存储发展较为突出的代表，国内比较突出的代表有搜狐企业网盘、百度云盘、移动彩云、金山快盘、坚果云、酷盘、115网盘、华为网盘、360云盘、新浪微盘、腾讯微云和cStor云存储等。

公共云存储可以划出一部分用作私有云存储。一个公司可以拥有或控制基础架构，以及应用的部署，私有云存储可以部署在企业数据中心或相同地点的设施上。私有云可以由公司自己的IT部门管理，也可以由服务供应商管理。

2) 内部云存储

这种云存储和私有云存储比较类似，唯一的不同点是它仍然位于企业防火墙内部。至2014年，可以提供私有云的平台有：Eucalyptus、3A Cloud、minicloud安全办公私有云、联想网盘等。

3) 混合云存储

这种云存储把公共云和私有云/内部云结合在一起。主要用于按客户要求的访问，特别是需要临时配置容量的时候。从公共云上划出一部分容量配置一种私有云或内部云，可以帮助公司面对迅速增长的负载波动，或者在高峰时会很有帮助。尽管如此，混合云存

储带来了跨公共云和私有云分配应用的复杂性。

思考题

1. 简要说明信息存储技术的发展过程以及发展趋势。
2. 请简要说明硬盘的工作原理。
3. 固态硬盘与传统硬盘相比有哪些优缺点?
4. 请简要说明U盘的组成结构和存储信息的基本原理。
5. 与传统的磁性存储技术对比,光学存储技术具有哪些特点?
6. 什么是网络存储?网络存储的方式有哪些?
7. 简述云存储系统的4层结构模型。

把中国带入信息时代的人——王永民

王永民,汉族,教授级高级工程师,如图2.20所示。1943年12月生于河南召县贫农家庭。通诗文、书法、篆刻和音乐。现任中国民营科技实业家协会副理事长、北京王码电脑公司、北京王码网公司总裁。他发明的五笔字型汉字输入法,开创了电脑汉字输入的新纪元,他是"把中国带入信息时代的人",被誉为"当代毕升"。

图2.20 王永民

1962年,王永民以南阳地区高考第一名的成绩考入中国科技大学无线电电子学系微波天线和激光技术专业学习。大学毕业之后,王永民来到辽宁盘锦,在解放军309农场锻炼,种水稻。两年后,王永民转而去了四川,也即解放军1242研究所。1242研究所是国内第一个搞大规模集成电路的研究所,原人大常委会副委员长李铁映就在这个研究所里,他当时是第五研究室主任。但天有不测风云。4月25日王永民报到入职研究所,结果一个月后的5月25日,因亚急性肝坏死被送往重庆第四军医大学住院治疗,一住就是一年,可以说在1242所里王永民基本上就没有真正工作过。

1977年10月,王永民离开待了8年、病了6年的四川永川国防科委某军事部门,回到家乡河南南阳。离开时,这位中国科技大学的高才生伤感地填了一首词,"无才西蜀图相仕,有志南阳学躬耕。"学不了诸葛亮在西蜀成就一番大业,就学诸葛亮在南阳做点实事吧。

回到南阳,王永民被分到地区科委工作。当时,日本人发明的汉字照相排版植字机很流行,南阳引进一台,但这台机器的汉字输入时不能校对,出错就要重新照相制版,很麻烦。川光仪器厂花9万元做出了"幻灯式"键盘来解决这个问题,但地区科委负责这个项目的王永民对这个"幻灯式"键盘越看越不顺眼,他请问川光仪器厂的总工:"谁能记住24个幻灯片每个胶片上究竟放的是哪273个字,你的姓又在24个幻灯片中的哪个胶片上?"

总工被激怒了："王永民给我当徒弟，还得再学三年！""王永民是川光厂不受欢迎的人"。

"与其说这是一次羞辱，还不如说这是一次发动。人遇到一种羞辱，遇到一种打击，就会产生一种反作用力。我就要比一比，到底是你，还是我王永民讲科学，我一定要发明一个键盘取代你的东西。"

当时，南阳科委给王永民拨了3000元，让他搞试验。王永民要做键盘，首先要找到一种好的输入方案才行。于是，他跑到上海、苏州、杭州的科委情报所翻阅国内外相关资料。当时，王永民能够看到的输入法有王安99键的三角编码法以及国外各种各样的大键盘。"有单字的大键盘，也有主辅键的大键盘，一个键上有9个字，然后这边有9个辅键用来选字。此方案比较流行，中国科技情报所用的就是这种主辅键方案。王安的方案我不赞成，拼音的方法，音读不准以及不认识的汉字怎么办？"

王永民得知郑州有人在研究拆分汉字的输入方案，就跑去对发明人说："我用你的方案做键盘，你把资料给我，我来把你的方案实现。"发明人说："我要把资料都给了你，我还有什么"。碰了一鼻子灰的王永民在1980年找到了《英华大辞典》的主编郑易里先生，俩人一谈，谈得很投机，郑教授说："我算是搞对象找对人了。"王永民把郑易里请到南阳住进南阳最好的宾馆，郑易里汉字编码是94个键方案，当时郑易里只有一张字根图，王永民雇了十几个小姑娘，把《现代汉语词典》中的11 000个汉字全部抄到11 000张卡片上，然后根据字根图编码。编完卡片一检查，有800对重码，而且，该方案还要分上下档键，等于188键。

找了半天，没有找到好的汉字输入方案，王永民决定自己来做。从此，王永民踏上了压缩键位的艰难历程。138键、90键、75键、62键。1980年7月15日，王永民把键位压缩到了62个，重码只有26对。"到这，我不再搞编码了，我认为我已经成功了。"此时，武汉开了一个汉字编码会议，王永民在会上公布了62键方案，立即引起轰动，被评为国内最好的4个方案之一，王永民大受鼓舞。

编码做好了，王永民开始着手采购集成电路，画电路图。电路机壳设计是王永民的长项，"我进入了一个自由王国，很快把键盘做出来了。"

1981年，键盘通过鉴定，将要投入使用时，发现这个键盘缺少编辑功能键，王永民被迫拓展键盘。"设计功能键，把我累着了。要测试功能键的代码，还要研究它的电路，要弄清楚它出来的是什么信号，我的编码信号还要和它匹配，这是一件很麻烦的事。"焦头烂额的王永民突然想到："为什么要自己做功能键，如果能用原装键盘上的功能键该有多好。以前，只想着怎样把标准键盘上的功能键搬到汉字键盘上来，为什么不能把汉字搬到标准键盘上去呢？我数了数标准键盘中间有48个键可用。62键和48键也就是一步之遥，如果我能把62键变成48键，那么，我就可以用标准键盘了，就用不着费尽心力设计什么键盘了。"王永民在总结怎样跨出这关键一步时说，"没有走投无路寝食不安的焦心烦恼，就不可能产生突破。"从此做键盘的王永民，不再想着怎么做键盘了，尽管画电路图设计键盘是王永民的强项，尽管王永民的键盘已经花了一两万元做了出来，尽管为着这个62键方案，王永民已经编了几万张卡片，但王永民此时决定放弃。62键方案变48键方案首先要解决重码问题。王永民找来0号描图纸，横向排150个字根，纵向排150个字根，第一位的编码字全都填在第一张纸上，第二位的编码字填到第二张纸上，第三位的编码字填到第三张纸上，然后把三张纸摞在一起，放在玻璃板上，下面用6个日光灯照射，这样所有的GB字谁和谁重码，谁和谁不重码，谁和谁相容，谁和谁不相容，谁和谁相关，谁和谁离散，全都看得一清二楚。原来改动一个字根，要把一万来张卡片全翻一遍，使用这种方法，很快就能知道：哪些字根能放在一个键上，哪些字根不能放在一个键上。比如说，"木"和"三点水"，就不能放在一个键上，因为这个键后加个"工"，是江也是杠。这种用来检查重码的方法，现在看来比较土，但是这种方法对于没有计算机的王永民来说着实帮了大忙。"我现在愿意花十万块钱买回我这三张纸。"

实现了48键，王永民又做成了40键，这时他又想向26键冲刺，"但怎么做都做不成。"

1982年的6月2日，当时任河南省副省长兼科委主任的罗干把王永民从南阳叫到了自己的办公室里。王永民给他介绍了半个小时，"他一听就明白。他问我需要多少钱，我想了半天，告诉他我需要16万5千元。"王永民笑着对我们说："没零不成账。"罗干就问管科委经费的田处长还有多少机动经费，回答还有10万元，罗干当时拍板："全给永民了。""在此之前，南阳科委第一次给了我3000元，第二次给了6000元，我穷得整天吃烧饼。"赶巧，这时日本在郑州展示计算机，送给了河南省科委三台计算机，其中最好的一台PC8801，罗干当即批给了王永民。

搞了4年计算机汉字编码的王永民没有计算机。"一种方案的设计未必需要计算机，这就好像画一个楼房的图纸不要砖头一样的道理。我很清楚，我给出代码，通过数码管显示出来，比如625 335，代码就能抓到字，只要这个码唯一就行。"但有了计算机的王永民也把计算机当作宝贝，整天摸，今天算个这，明天算个那，然而这台PC并不能帮助王永民把汉字输入计算机，当时PC上还没有汉字系统。

1982年隆冬，王永民带着优化了的36键方案来到保定，准备在保定华北终端厂上机试验。王永民他们花7万元定购了一台ZD2000汉字终端，他们的附带要求是在这个终端上实现自己的编码方案。华北终端厂年青的工程师王金梁用Z80编程，花了两个星期时间把36键方案在ZD2000汉字终端上实现了。当王永民用键盘通过自己的编码把汉字敲进计算机的时候，眼泪都出来了。但36键方案因为字根占用了数字键，输入数字时，需要换档，很麻烦。"我是追求完美的人，上机成功那天，我就决定否定它！但否定36键方案不是一件容易的事，已经做了那么多工作，而且已经上机成功，一切又要从头做起，有没有这种能力？我给罗干立过军令状，一年为期，拿出成果，后面还要编写科委的成果管理软件，还有很多事要做；再则，即使用36键方案，也可以敲锣打鼓到河南省科委报喜，肯定没有问题，36键方案已经是国内第一了。"

王永民披着大衣，在房间里踱来踱去，然后确定要做26键方案，不但要做而且还要在保定的旅馆里现做！

王永民他们冒着风雪跑到保定印刷厂切卡片。在旅社的地板上，重新抄，重新编，先编一级字3755个，做了一个礼拜，重码90多对。又用了一个礼拜做二级字，整个重码240多对。原来36键六笔字型方案重码很少，只有40多对，但减少10个键，把数字键解放了出来，多一些重码值得。

1983 年元月，农历腊月二十四，五笔字型第一次在 ZD2000 上实现了。临行前三天，王永民又说要加上 500 条词组。

1983 年 8 月 29 号，河南省科委组织鉴定会，来自这个行业的国内一流的专家几乎都来了，评价非常高。郑易里激动地讲了一句话："从今天开始，汉字输入不能与西文相比的时代一去不复返了，这个发明的巨大意义，一时还难以估计。"

功夫不负有心人。王永民以五年之功研究并发明被国内外专家评价为"其意义不亚于活字印刷术"的"五笔字型"（王码），以多学科最新成果之运用、集成和创造，提出"形码设计三原理"，首创"汉字字根周期表"，发明了 25 键 4 码高效汉字输入法和字词兼容技术，在世界上首破汉字输入电脑每分钟 100 字大关并获美、英、中三国专利。

1984 年，王永民荣获"五一劳动奖章""国家级专家""全国优秀科技工作者"等称号。1988 年 4 月成为国务院特别命名的十名"全国劳动模范"之一。

王码是我国自主创新的重大高科技成果，获得了"国家技术发明奖"；国际上微软、IBM、Casio 等 20 多家著名公司购买其专利和使用权。

二十多年来，王永民教授是中国汉字信息处理技术领域成就斐然、德才兼备的学科带头人。鉴于他对祖国的科学事业做出了杰出的贡献，党和国家领导人胡锦涛、温家宝、李长春、罗干、李克强等曾多次接见，国家邮政总局发行了纪念邮票"当代毕升——王永民"，在曾任中科院院长路甬祥院士主编的《科学改变人类生活的 100 个瞬间》一书中，王永民被誉为"把中国带入信息时代的人"。

2003 年国家邮政总局发行了纪念邮票"当代毕升——王永民"。

王永民现任中国科协委员、中国民营科技实业家协会副理事长、北京王码电脑总公司总裁。

阳光、空气和王码，是中国三大免费使用的东西。虽然王码的普及率很高，但是，王永民并没有从中间拿到一分钱，支持王码集团持续发展的资金主要来源于国外，"中国的计算机发展比较晚，需要我们这些人做出无私的奉献。但是，外国人想用，对不起，拿钱来"。

王永民不仅是一位著名的科学家，同时还是一名企业家、管理者，还是一名文学爱好者。他不仅有较高的智商，更有较高的情商。2003 年，在纪念五笔字型发明 20 周年的时候，王永民出了一本诗词选，在书的最后，他用"三维介绍"的方式来描述自己的智商水平："悟性极好。7 岁时悄悄替妈妈擀面条。没挨过打。高中学业 6 门功课平均 99.75 分。1962 年中国科技大学在河南招 10 名学生，榜上有名。接受采访时不用导演不要稿，知道该说什么不该说什么。擅长简短生动地汇报工作，并能埋头把事情办得比领导期望的还要好。每到一处都深得'一把手'厚爱，从不例外。"

王永民是个"工作狂"，一天只睡 5 个小时。生活简朴、住宿平常，是王永民的另一个特点。无论是五星级的饭店还是只放一张床的小屋，王永民都能安然入睡。小时候过惯了穷日子的他如今回老家，他还是认为自己能脱下鞋子下田种地；他是出类拔萃的演说家，能够将自己所从事的事业通过演说的方式让更多的人了解并接受，并且将自己的事业上升到中国文化的高度，无论是在哪里做报告，不管是中南海，还是北大清华，王永民演讲时"从来没有人走动"。

第3章　信息表示技术

所有信息在现代计算机内部都是采用二进制数的形式加以存储的。尽管信息的外在形式多种多样,但基本形式总括起来不外乎是文本、图像、视频和声音这几种常见形式。自然界里并不是所有信息都可以数字化的。本章主要介绍了可数字化的信息在计算机内部是如何表示和存储的。信息的表示是利用计算机对信息进行加工和处理的前提和必要条件。

3.1　数的进制与转换

3.1.1　进制

进位制计数法是一种记数的方式,也称进位记数法或位值计数法,可以用有限的数字符号代表所有的数值。使用数字符号的个数称为基数(Radix)或底数,基数为 n,即可称 n 进位制,简称 n 进制。人们生活中最常用的是十进制,通常使用 10 个阿拉伯数字 0～9 进行记数。

对于任何一个数,可以用不同的进位制来表示。例如:十进数 57(10),可以用二进制表示为 111001(2),也可以用五进制表示为 212(5),还可以用八进制表示为 71(8)、用十六进制表示为 39(16),但它们所代表的数值都是一样的。

数制也称计数制,是指用一组固定的符号和统一的规则来表示数值的方法。在计算机学科中主要涉及 4 种不同的进制:十进制(人们日常生活中数的进制)、二进制(信息的机内表示)、八进制和十六进制(方便信息的描述和书写)。由于物理条件的限制,在目前的计算机中,所有信息都是采用二进制数的形式加以表示和处理的。因此,计算机在处理某种信息的时候,必须先将其转换成二进制形式数据后才能交由计算机进行处理、存储和传输。

在不同的数制当中,有两条原则是共同的。对于 N 进制数来说,一是"逢 N 进 1"。如十进制是逢 10 进 1,即每当低位满 10 时,需向高位进 1。再如,二进制是逢 2 进 1。二进制的 1+1 是等于 10,因为逢 2 要向高位进 1。二是"N 进制的数有 N 个数字"。十进制的数有 10 个数字 0,1,2,…,9;二进制的数有两个数字 0,1。学习数制时,掌握这两个原则对于理解相应的进制数是很有帮助的。

1. 十进制

十进制数是人们日常生活中应用最为广泛的进制数。先以十进制数为例,阐述数的进位制。

例如:十进制数 123.45 是由数字 1,2,3,4,5 以及小数点组成的。其中,1 代表 1 个

100,2 代表两个 10,3 代表 3 个 1,4 代表 4 个 0.1,5 代表 5 个 0.01。也就是说,123.45 所表示的值的大小为

$$1\times10^2+2\times10^1+3\times10^0+4\times10^{-1}+5\times10^{-2}=123.45$$

由上例不难理解十进制数表示的以下规则。

(1) 十进制有十个数字:0,1,2,3,4,5,6,7,8,9;

(2) 十进制的运算规则是"逢 10 进 1""借 1 当 10";

(3) 十进制数是由(1)中的 10 个数字再加上小数点"."和正负(+、-)号组成的。

由此可以得出 R 进制数的规则:

(1) R 进制有 R 个数字:$\{0,1,2,\cdots,R-1\}$,若数字不够用,可以采用英文字母代表(如十六进制中,前面 10 个数字是,0,1,2,…,9;后面的 6 个是 A,B,C,D,E,F,分别表示数字 10,11,12,13,14,15);

(2) R 进制的运算规则是"逢 R 进 1""借 1 当 R";

(3) R 个数字和小数点(.)和正负号(+、-)号组成任意数值的 R 进制数。

如 R 进制数 $X=K_nK_{n-1}\cdots K_1K_0.K_{-1}K_{-2}\cdots K,K_i\in\{0,1,2,\cdots,R-1\}$表示的值是

$$X=K_n\times R^n+K_{n-1}R_{n-1}+\cdots+K_1\times R^1+K_0\times R^0+K_{-1}\times R^{-1}+K_{-2}\times R^{-2}+\cdots+K_{-m}\times R^{-m}$$

其中,数字下标是以小数点为基准的位置序号,小数点左侧是从 0 开始依次递增 1 的,小数点右侧是从 -1 开始依次递减 1 的。

在 R 进制数中,每一位数字 K_i 所代表的值不仅和这个数字有关,而且还和它所在位置的位权 R^i 有关。上述规则适用于基数 R 大于 1 的情况。

2. 二进制

所有的信息在计算机内部是采用二进制数的形式表示的。这是因为,第一,二进制数的物理实现比较容易。计算机是由逻辑电路组成的,逻辑电路通常只有两个状态,开关的接通与断开,这两种状态正好可以用 1 和 0 表示。第二,二进数的运算律简单。两个二进制数和、积运算组合各有三种,运算规则简单,有利于简化计算机内部结构,提高运算速度。第三,适合逻辑运算。逻辑代数是逻辑运算的理论依据,二进制只有两个数码,正好与逻辑代数中的"真"和"假"相吻合。(常常是用 1 表示真值,用 0 表示假值)。第四,易于进行转换,二进制与十进制数易于互相转换。第五,用二进制表示数据具有抗干扰能力强,可靠性高等优点。因为每位数据只有高低两个状态,当受到一定程度的干扰时,仍能可靠地分辨出它是高还是低。

二进制数有两个数字 0 和 1,遵循"逢 2 进 1"的规则。在二进制中,加法运算规则是:0+0=0;0+1=1;1+1=10。乘法规则是:0×0=0;0×1=0;1×1=1。二进制表示的时候用圆括号括起来并在右下角标注 2 或直接在二进制后面加上字母 B(二进制数的英语单词 Binary number 首字母)。如二进制数 1010.11 可以表示为$(1010.11)_2$或者表示为 1010.11B。

3. 八进制

八进制数中,有 8 个数字 0,1,2,3,4,5,6,7;运算规律是逢 8 进 1,借 1 当 8。八进数

的表示方法也有两种,一种是和二进制类似,用圆括号括起来,在右下角标注 8,另一种是在八进制数后加大写字母 Q(因为八进制的英语单词是 Octal,但若用 O 则容易与数字 0 相混淆,故用 Q)。

4. 十六进制

十六进制(Hex Number System)中有 16 个数字,分别是 0,1,2,3,4,5,6,7,8,9,A,B,C,D,E,F。十六进制是计算机中数据的又一种表示方法。同人们日常中的十进制表示法不一样。十六进制中的 16 个数字与十进制的对应关系是:0～9 对应十进制中的 0～9;A～F 对应十进制中的 10～15。由于十六进制的位权值较大,表示信息时所占的位短,因此,十六进制经常用于计算机信息的书写表示上。十六进制数的表示方式一是用圆括号括起来,在右下角标注 16,另一种是在十六进数后加大写字母 H(十六进制数的英文单词中第一个字母为 H)。

十进制与二进制、八进制和十六进制的对应关系如表 3.1 所示。

表 3.1 十进制与二进制、八进制和十六进制的对应关系

十进制	二进制 B	八进制 Q	十六进制 H
0	0	0	0
1	1	1	1
2	10	2	2
3	11	3	3
4	100	4	4
5	101	5	5
6	110	6	6
7	111	7	7
8	1000	10	8
9	1001	11	9
10	1010	12	A
11	1011	13	B
12	1100	14	C
13	1101	15	D
14	1110	16	E
15	1111	17	F

3.1.2 进制转换

在目前的计算机中,所有的信息都是采用二进制数表示的。对于数值型数据也不例外。但人们在日常生活中常用的是十进制数。因此，有必要熟练地掌握十进制和二进制数之间的相互转换。同时，考虑到八进制、十六进制数的作用和地位，也有必要掌握其与十进制、二进制数之间的相互转换方法。十进制、二进制、八进制和十六进制 4 种不同进制之间的相互转换共有 12 种，但主要掌握二进制与十进制、二进制与八进制以及二进制和十六进制之间的相互转换就够了，因为其他数制之间的转换可以通过上述转换得到。比如八进制转十进制，就可以先用八进制转换成二进制，再用二进制转换为十进制得到其结果。

1. 二进制、八进制、十六进制转换成十进制

将二进制、八进制和十六进制的数转换成十进制数的最直接的方法就是将其按权展开，然后求和。

例如，$1011011.11B = 1\times2^6 + 0\times2^5 + 1\times2^4 + 1\times2^3 + 0\times2^2 + 1\times2^1 + 1\times2^0 + 1\times2^{-1} + 1\times2^{-2} = 91.75$

$123.45Q = 1\times8^2 + 2\times8^1 + 3\times8^0 + 4\times8^{-1} + 5\times8^{-2} = 64 + 16 + 3 + 0.5 + 0.078\,125 = 83.578\,125$

$1AB.8H = 1\times16^2 + 10\times16^1 + 11\times16^0 + 8\times16^{-1} = 256 + 160 + 11 + 0.5 = 427.5$

2. 十进制转换成二进制

将十进制数转换成二进制可以分为整数和小数两个部分的转换。十进制整数转换成二进制数的规则是“除 2 取余直到商为 0 止，再逆置”，十进制小数转换成二进制小数的规则是“乘 2 取整，直到小数部分为 0 止，再顺排”。举例如下：

例如：将 123.75 转换成二进制数。

第一步，用竖式除法，将 123 转换成二进制整数，得 123=1111011B。(方法是：被 2 除，直到商为 0 止，然后将所得余数自下而上排)。

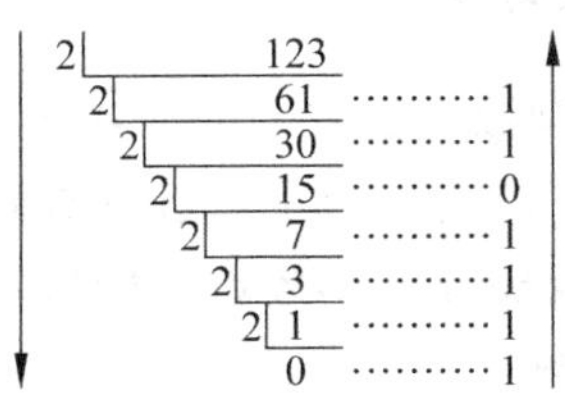

第二步，将 0.75 转换成二进制小数，得 0.75=0.11B。

第三步，合并，得转换后的结果：123.75=1111011.11B。

注：

(1) 若小数部分不能为 0，则可以取近似值。

(2) 将不太大的十进制整数转化成二进制数时，也可以采用“凑合法”，具体做法是：先将其减去一个最大的 2 的幂值，得到相应位置上的二进制数，然后重复。

例如：将 718 转换成二进制数。

与 718 最靠近的 2 的幂值是 $512=2^9$，718－512=206，与 206 最靠近的 2 的幂值是

$128=2^7$,$206-128=78$,与 78 最靠近的 2 的幂值是 $64=2^6$,$78-64=14$,与 14 最靠近的 2 的幂值是 $8=2^3$,$14-8=6$,与 6 最靠近的 2 的幂值是 $4=2^2$,$6-4=2$。因此 718 转换成二进制数是：718＝1011001110B。

(3) 实际生活中还可以借助于系统中的有关工具(如 Windows 中的计算器)进行转换。

3. 二进制和八进制的相互转换

根据数学关系，即 $2^3=8$,$2^4=16$,而八进制和十六进制是用这关系衍生而来的，即用三位二进制表示一位八进制，用四位二进制表示一位十六进制数。对于二进制整数转换成八进制数，从低位到高位将二进制数的每三位分为一组，若不够三位时，在高位左面添0,补足三位，然后将每三位二进制数用一位八进制数字替换，把二进制小数部分从小数点开始，自左向右每三位一组，不足部分在后面补 0,然后将每三位二进制数用一位八进制数字替换即可完成。例如：

将二进制数 1101001B 转换成八进制数，则

```
001  101  001  B
 |    |    |
 1    5    1   Q
```

故 1101001B＝151Q。

八进制数转换成二进制数：只要将每位八进制数用三位二进制数替换，即可完成转换，例如，把八进制数 643.503Q,转换成二进制数，则

```
 6    4    3 .   5    0    3Q
 |    |    |     |    |    |
110  100  011.  101  000  011B
```

即 643.503Q＝110100011.101000011B。

4. 二进制和十六进制的相互转换

(1) 二进制数转换成十六进制数：由于 2 的 4 次方等于 16,所以依照二进制与八进制的转换方法，将二进制数的每 4 位用一个十六进制数码来表示，整数部分以小数点为界点从右往左每 4 位一组转换，小数部分从小数点开始自左向右每 4 位一组进行转换。

(2) 十六进制转换成二进制数。

如果将十六进制数转换成二进制数，只要将每一位十六进制数用 4 位相应的二进制数表示，即可完成转换。

例如：将 163.5BH 转换成二进制数，则

```
  1    6    3.    5    BH
  |    |    |     |    |
0001 0110 0011. 0101 1011B
```

故 163.5BH＝101100011.01011011B。

3.1.3 二进制数据的运算

1. 二进制数据的算术运算

二进制的算术运算规律和十进制基本相似。其中最常用的算术运算是加法运算和乘法运算。

二进制加法有4种情况：0+0=0,0+1,1+0=1,1+1=10(逢2进1)。

例如：1101B+1011B=11000B。

$$\begin{array}{r} 1101 \\ +1011 \\ \hline 11000 \end{array}$$

二进制乘法也有4种情况：0×0=0,0×1=0,1×0=0,1×1=1。

例如：1101B×101=1000001B。

$$\begin{array}{r} 1101 \\ \times\quad 101 \\ \hline 1101 \\ 0000 \\ 1101 \\ \hline 1000001 \end{array}$$

2. 二进制数据的逻辑运算

逻辑变量之间的运算称为逻辑运算。二进制数1和0在逻辑上可以代表“真”与“假”、“是”与“否”、“有”与“无”。这种具有逻辑属性的变量就称为逻辑变量。

计算机的逻辑运算与算术运算的主要区别是：逻辑运算是按位进行的，位与位之间不像加减运算那样有进位或借位的联系。

逻辑运算主要包括三种基本运算：逻辑加法(又称“或”运算)、逻辑乘法(又称“与”运算)和逻辑否定(又称“非”运算)。此外，“异或”运算也很有用。

(1) 逻辑加法(“或”运算)。

逻辑加法通常用符号+或∨来表示(程序语言中用常用OR、||表示)。逻辑加法运算规则如下：

$$0+0=0,\quad 0\vee 0=0$$
$$0+1=1,\quad 0\vee 1=1$$
$$1+0=1,\quad 1\vee 0=1$$
$$1+1=1,\quad 1\vee 1=1$$

从上式可见，逻辑加法有“或”的意义。也就是说，在给定的逻辑变量中，只要有一个为1，其逻辑加的结果为1；两者都为1则逻辑加为1(而不是10!)。

(2) 逻辑乘法("与"运算)。

逻辑乘法通常用符号×或∧或·来表示(程序语言中常用 AND 或 && 表示)。逻辑乘法运算规则如下:

$$0\times0=0,\quad 0\wedge0=0,\quad 0\cdot0=0$$
$$0\times1=0,\quad 0\wedge1=0,\quad 0\cdot1=0$$
$$1\times0=0,\quad 1\wedge0=0,\quad 1\cdot0=0$$
$$1\times1=1,\quad 1\wedge1=1,\quad 1\cdot1=1$$

不难看出,逻辑乘法有"与"的意义。它表示只当有参与运算的逻辑变量都同时取值为 1 时,其逻辑乘积才等于 1。

(3) 逻辑否定(非运算)。

逻辑非运算又称逻辑否运算。运算符是¬或在逻辑变量上方加一横线。(程序语言中常用!、NOT 表示)其运算规则为:

$\overline{0}=1$,$\neg 0=1$,非 0 等于 1。

$\overline{1}=0$,$\neg 1=0$,非 1 等于 0。

(4) 异或逻辑运算(半加运算)。

异或运算通常用符号⊕表示,其运算规则为:

$0\oplus0=0$,0 同 0 异或,结果为 0。

$0\oplus1=1$,0 同 1 异或,结果为 1。

$1\oplus0=1$,1 同 0 异或,结果为 1。

$1\oplus1=0$,1 同 1 异或,结果为 0。

即两个逻辑变量相异,输出才为 1。

3.2 数值型数据在计算机中的表示

计算机中常用的数值型数据的表示形式有两种,一种是定点数,另一种是浮点数。一般来说,定点数表示的数值范围较小,但要求的处理硬件比较简单。而浮点数表示的数值范围较大,但要求的处理硬件比较复杂。有一点需要明确的是,计算机中的数值型数据和生活中的数值型数据是有着很大区别的。主要体现在,第一,不论是定点数还是浮点数,计算机中的数都是有范围限制的;第二,计算机中的数不具有连续性。也就是说,在计算机中有可能在两个数之间就没有数存在了;第三,计算机中的数是有类型的,在使用之前一般都需要先声明后才可以使用(在程序设计语言中有详细说明)。

3.2.1 信息在计算机中的表示

所有的信息在冯·诺依曼计算机中都是采用二进制数的形式加以表示的。计算机的基本功能是对数进行运算和处理。在计算机中通过数字化编码技术,对所表示的数值、文字、符号及控制信息等进行数字编码,这种数字化表示方法不仅要适合于人的自然习惯,同时要满足机器中所用器件、线路的工作状态以及数据可靠传输与易于校验纠错等方面的要求。一个具有两种不同的稳定状态且能相互转换的器件，就可以用来表示一位二进制数，所以表示二进制的器件易于制造且工作可靠，并且二进制数的运算规则也最简单，因此目前计算机中均采用二进制数来表示各种信息以及进行信息处理。

从物理表示实现的角度来看，在周围的世界里，表示两种不同的物理状态的元器件比比皆是。如开关的开闭、电容的充电与放电等。同时，在计算机中采用二进制数的形式还在于二进制数本身。由于二进制数的运算比较简单，二进制与十进制的转换不复杂且容易通过算法加以实现，同时采用二进制数还可以很方便地表示逻辑值（真值和假值）等，因此，在计算机中采用二进制数的理由就不言自明了。

在计算机中，其内部所处理的信息都是数字化的信息。计算机内部的信息可以分为数据信息和指令信息。数据信息是计算机的处理对象，可以分为数值型数据和非数值型数据。指令信息是规定计算机完成某种操作的信息，是计算机实现各种控制的依据。

3.2.2 带符号数的表示

计算机中处理的数值型数据可以是带符号的数据，也可以是不带符号的数据。对于有符号的数，计算机中通常约定某一位表示符号（一般是最高位），通常用数字 0 表示正号，用数字 1 表示负号。把这种在计算机中使用的、连同数符一起数字化的数称为机器数，把机器数的绝对值称为机器数的真值。在机器数中，最高位为符号位。由于机器数的位数与机器的字长有关，因此，机器数的大小和精度也受到机器字长的影响。在机器数中，表示机器数的方式有三种：原码、补码和反码。

1. 原码

原码（True Form）是一种计算机中对数字的二进制定点表示方法。原码表示法在数值前面增加了一位符号位（即最高位为符号位）：正数该位为 0，负数该位为 1，其余位表示数值的大小。

采用原码表示带符号数的优点是简单直观，容易理解。例如，如果用 8 位的二进制数表示一个数，那么+10 的原码就是 10 转换成二进制数 7 位的二进制数：0001010，然后把最高位（8 位中的符号位）置为 0 即得到：00001010，而−10 的原码就是 10001010。

使用原码的缺点：一是 0 的表示法不唯一：+0 的原码是 00000000，−0 的原码是 10000000；二是原码不能直接进行运算，有可能会产生问题。例如，在数学上，1+(−1)=0，如果用原码进行运算：00000001+10000001=10000010，转换为十进制数就是−2 了，这显然是错误的。所以原码的符号位不能直接参与运算，必须和其他位分开，这就增加了硬件的开销和复杂性。

1）小数的原码

$$[x]_{原} = \begin{cases} x, & 0 \leqslant x < 1 \\ 1-x, & -1 < x \leqslant 0 \end{cases}$$

例如，$X=+0.1011$，$[X]_{原}=0.1011$，$X=-0.1011$，$[X]_{原}=1.1011$。

2）整数的原码

$$[x]_{原}=\begin{cases}x, & 0\leqslant x<2^{n-1}\\ 2^{n-1}-x, & -2^{n-1}<x\leqslant 0\end{cases}$$

也就是说，当 x 为正整数时，$[x]_{原}=x$，正数的原码就是它本身；当 x 为负整数时，$[x]_{原}=2^{n-1}-x$。

例如，13 的原码是 00001101，－13 的原码是 $2^7-(-13)=10000000+00001101=10001101$。

2. 补码

由于原码表示的数无法直接进行运算，加之原码表示的数有可能不唯一（如 0），因此，在计算机中数值一律用补码（Two's Complement）来表示和存储。这是因为，使用补码可以将符号位和数值位统一处理，同时加法和减法也可以统一处理（将减法运算转化为加法运算）。此外，补码与原码的相互转换，其运算过程是相同的，不需要额外的硬件电路，这样可以节约设备的成本。补码的设计目的是：

① 使符号位能与有效值部分一起参加运算，从而简化运算规则。

② 使减法运算转换为加法运算，进一步简化计算机中运算器的线路设计。所有这些转换都是在计算机的最底层进行的，而在使用的汇编语言、C 等其他高级语言中使用的都是原码。

1）补码的求法

对于整数而言，正整数的补码就是它本身；负整数的补码，符号位不变，数值位各位取反（原来是 1 的改为 0，原来是 0 的改为 1），最后整个数再加上 1。

例如，在 8 位的二进制中，＋9 的补码是 00001001，－15 的补码是：－15 的原码是 10001111，符号位不变，其余各位取反，得 11110000，再加上 1，得 11110001。

＋0 的补码：原码是 00000000，补码就是它本身：00000000。

－0 的补码：原码是 10000000，除符号位外各位取反：11111111，再加上 1：100000000，在 8 位二进制中，最高位（第九位）的 1 被截取，得：－0 补码＝00000000。由此可见，在补码表示法中，0 的补码是唯一的。

对于小数的补码，正小数的补码同样也是它本身，但要在其右侧补足相应位数的 0，负小数的补码是符号位保持 1 不变，数值位从右边数第一个 1 及其右边的 0 保持不变，左边按位取反。

补码转化为原码：已知一个数的补码，求原码的操作其实就是对该补码再求补码：

① 如果补码的符号位为 0，表示是一个正数，其原码就是补码。

② 如果补码的符号位为 1，表示是一个负数，那么求给定的这个补码的补码就是要求的原码。

例如，已知一个补码为 11111001，则原码是 10000111（－7）。因为符号位为 1，表示是一个负数，所以该位不变，仍为 1。其余 7 位 1111001 取反后为 0000110；再加 1，所以是 10000111。

2）补码的绝对值

在计算机中，如果直接将补码转换为十进制，则得到的结果并不是真值。例如，－65的补码是10111111，若直接将10111111转换成十进制，发现结果并不是－65，而是191。事实上，在计算机内，如果是一个二进制数，其最左边的位是1，则可以判定它为负数，并且是用补码表示的。若要得到一个负二进制补码的真值（原来的数值），只要对其求补码，就可得到。

例如：二进制值10111111（－65的补码）。

各位取反（除符号位）：11000000，再加上1：11000001（－65），这才是原来的数值。

3）补码的运算

（1）补码的加法：$[X+Y]_{补}=[X]_{补}+[Y]_{补}$

例如，$X=+0110011$，$Y=10101001$，求$[X+Y]_{补}$。

$$[X]_{补}=00110011,\quad [Y]_{补}=11010111$$

$$[X+Y]_{补}=[X]_{补}+[Y]_{补}=00110011+11010111=00001010$$

注：因为计算机中运算器的位长是固定的（定长运算），上述运算中产生的最高位进位将丢掉，所以结果不是100001010，而是00001010。

（2）补码的减法：$[X-Y]_{补}=[X]_{补}-[Y]_{补}=[X]_{补}+[-Y]_{补}$

例如，1－1（十进制）：

1的原码为00000001，转换成补码：00000001。

－1的原码为10000001，转换成补码：11111111。

1＋（－1）＝0。

00000001＋11111111＝00000000，00000000转换成十进制为0。

再如，－7－（－10）（十进制），改为加法形式：－7－（－10）＝－7＋[－（－10）]。

－7的补码：11111001。

－（－10）的补码：－10的原码为10001010，－（－10）的原码为00001010，

－（－10）的补码就是其原码，为00001010。

－7 － （－10）＝ －7 ＋ 10 ＝ 3。

11111001＋00001010 ＝ 00000011，转换成十进制为3。

3. 反码

反码表示法规定：正数的反码与其原码相同；负数的反码是对其原码逐位取反，但符号位除外。例如，原码10010，其反码是11101（10010，1为符号码，故为负数）。

由上述讨论，不难得出以下结论：

（1）二进制数中，两数的补码之和等于两数和的补码。

（2）补码＝反码＋1。

（3）反码＝原码除符号位外其他数值取反（即该数的绝对值取反），即0变1，1变0。

（4）任何正数的原码、反码、补码的形式完全相同（即都是自身，不变）。

（5）在计算机中，有符号的数都是采用补码来表示的。

（6）在计算的时候，符号位也参与运算。

3.2.3 定点数的表示

所谓定点数是指小数点位置固定不变的数。定点是确定小数点的意思。在计算机中,通常用定点数来表示整数与纯小数,分别称为定点整数与定点小数。

定点整数:一个数的最高二进制位是数符位,用以表示数的符号(通常是用0代表正数,用1代表负数);而小数点的位置默认为在最低(即最右边)的二进制位的后面,但小数点不单独占一个二进制位,如图3.1所示。其中最高的0表示这是一个正数,其值为1001010010001010001B。最后一位1的后面表示小数点的位置。

因此,在一个定点整数中,数符位右边的所有二进制位数表示的是一个整数值。

定点小数:一个数的最高二进制位是数符位,用来表示数的符号;而小数点的位置默认为在数符位后面,不单独占一个二进制位,如图3.2所示。它所代表二进制数是+0.1001010010001010001B。

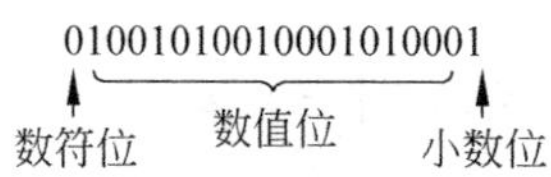

图3.1 定点整数

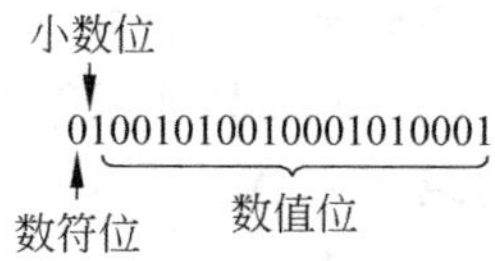

图3.2 定点小数

因此,在一个定点小数中,数符位右边的所有二进制位数表示的是一个纯小数。

3.2.4 浮点数的表示

在计算机中,定点数通常只用于表示整数或纯小数。而对于既有整数部分又有小数部分的数,由于其小数点的位置不固定,一般采用浮点数表示。

在计算机中所说的浮点数就是指小数点位置不固定的数,浮点意为小数点的位置是浮动的,不确定的。一般地,一个既有整数部分又有小数部分的十进制数 D 可以表示成 $D=\pm R\times 10^{\pm N}$ 的形式,其中 R 为一个纯小数,N 为一个整数。

例如,一个十进制数123.456可以表示成:$0.123\,456\times 10^{3}$,十进制小数0.001 234 56可以表示成 $0.123\,456\times 10^{-2}$。纯小数 R 的小数点后第一位一般为非零数字。

类似地,对于既有整数部分又有小数部分的二进制数也可以表示成 $D=\pm R\times 2^{\pm N}$ 的形式,其中 R 为一个二进制定点小数,称为 D 的尾数;N 为一个二进制定点整数,称为 D 的阶码,它反映了二进制数 D 的小数点的实际位置。为了使有限的二进制位数能表示出最多的数字位数,定点小数 R 的小数点后的第一位(即符号位的后面一位)一般为非零数字(即为1)。

一个机器浮点数由阶码和尾数及其符号位组成。其中尾数用定点小数表示,给出的有效数字的位数决定了浮点数的表示精度;阶码用整数形式表示,指明小数点在数据中的位置,同时也决定了浮点数的表示范围。

为提高数据的表示精度,当尾数的值不为0时,其绝对值应≥0.5,即尾数域的最高有效位应为1,否则以修改阶码并同时左右移小数点的办法,使其变成这一表示形式,这种形式称为"浮点数的规格化表示"。

当浮点数的尾数为0时,不论其阶码为何值,或者当阶码的值遇到比它能表示的最小值还小时,不管其尾数为何值,计算机都把该浮点数看成零值,通常也称为"机器零"。

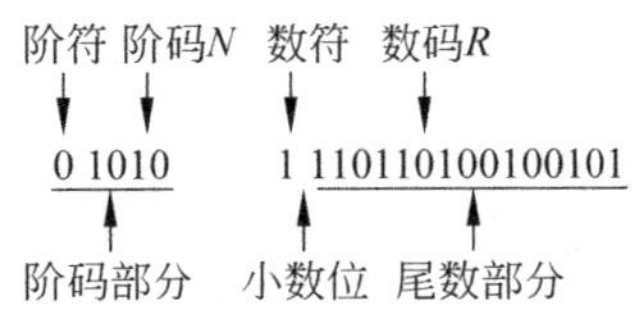

图 3.3 浮点数的表示

在计算机中,通常用一串连续的二进制位来存放二进制浮点数,它的一般结构如图3.3所示。

3.3 文本信息在计算机中的表示

将现实世界里的文本信息输入计算机中,首先要解决的问题是将文本信息数字化,也就是用一组二进制数的形式加以表示,这是文本输入的前提条件。将信息数字化的过程也称为信息的编码。

计算机中常用的字符编码有ASCII(美国标准信息交换码)和EBCDIC(扩展的BCD交换码)。

3.3.1 西文字符的编码

ASCII:美国(国家)信息交换标准(代)码,一种使用7个或8个二进制位进行编码的方案,最多可以给256个字符进行编码。ASCII于1968年提出,用于在不同计算机硬件和软件系统中实现数据传输标准化,在大多数小型机和全部的个人计算机中都使用此码。ASCII划分为两个集合:128个字符的标准ASCII和附加的128个字符的扩充ASCII。标准ASCII为7位二进制数,扩充的ASCII为8位二进制数。

目前使用最广泛的西文字符集及其编码是ASCII字符集和ASCII(ASCII是American Standard Code for Information Interchange的缩写),它同时也被国际标准化组织(International Organization for Standardization,ISO)批准为国际标准。

基本的ASCII字符集共有128个字符,其中有96个可打印字符,包括常用的字母、数字、标点符号等,另外还有32个控制字符。标准ASCII使用7个二进位对字符进行编码,对应的ISO标准为ISO646标准。表3.2给出了基本ASCII字符集及其编码。

表 3.2 基本 ASCII 字符集及编码表

缩写/字符	ASCII 编码	Dec	解释	缩写/字符	ASCII 编码	Dec	解释
NUL	0 000 0000	0	空字符	EOT	0 000 0100	4	传输结束
SOH	0 000 0001	1	标题开始	ENQ	0 000 0101	5	请求
STX	0 000 0010	2	正方开始	ACK	0 000 0110	6	收到通知
ETX	0 000 0011	3	正文结束	BEL	0 000 0111	7	响铃

续表

缩写/字符	ASCII 编码	Dec	解　　释	缩写/字符	ASCII 编码	Dec	解　　释
BS	0 000 1000	8	退格	4	0 011 0100	52	
HT	0 000 1001	9	水平制表符	5	0 011 0101	53	
LF	0 000 1010	10	换行键	6	0 011 0110	54	
VT	0 000 1011	11	垂直制表符	7	0 011 0111	55	
FF	0 000 1100	12	换页键	8	0 011 1000	56	
CR	0 000 1101	13	回车键	9	0 011 1001	57	
SO	0 000 1110	14	切换停止	：	0 011 1010	58	冒号
SI	0 000 1111	15	切换启用	；	0 011 1011	59	分号
DLE	0 001 0000	16	数据链路转义	＜	0 011 1100	60	小于号
DC1	0 001 0001	17	设备控制 1	＝	0 011 1101	61	等于号
DC2	0 001 0010	18	设备控制 2	＞	0 011 1110	62	大于号
DC3	0 001 0011	19	设备控制 3	？	0 011 1111	63	问号
DC4	0 001 0100	20	设备控制 4	EM	0 001 1001	25	介质中断
NAK	0 001 0101	21	拒绝接收	SUB	0 001 1010	26	替补
SYN	0 001 0110	22	同步空闲	ESC	0 001 1011	27	溢出
ETB	0 001 0111	23	传输块结束	FS	0 001 1100	28	文件分割符
CAN	0 001 1000	24	取消	GS	0 001 1101	29	分组符
‘	0 010 0111	39	单引号	RS	0 001 1110	30	记录分隔符
（	0 010 1000	40	左圆括号	US	0 001 1111	31	单元分隔符
）	0 010 1001	41	右圆括号	空格	0 010 0000	32	
＊	0 010 1010	42	星号	！	0 010 0001	33	感叹号
＋	0 010 1011	43	加号	“	0 010 0010	34	双引号
，	0 010 1100	44	逗号	＃	0 010 0011	35	＃号
—	0 010 1101	45	连接符	＄	0 010 0100	36	美元
．	0 010 1110	46	点号	％	0 010 0101	37	百分号
／	0 010 1111	47	除号/斜杠	＆	0 010 0110	38	连接号
0	0 011 0000	48		N	0 100 1110	78	
1	0 011 0001	49		O	0 100 1111	79	
2	0 011 0010	50		P	0 101 0000	80	
3	0 011 0011	51		Q	0 101 0001	81	

续表

缩写/字符	ASCII 编码	Dec	解　　释	缩写/字符	ASCII 编码	Dec	解　　释
R	0 101 0010	82		I	0 100 1001	73	
S	0 101 0011	83		J	0 100 1010	74	
T	0 101 0100	84		K	0 100 1011	75	
U	0 101 0101	85		L	0 100 1100	76	
V	0 101 0110	86		M	0 100 1101	77	
W	0 101 0111	87		g	0 110 0111	103	
X	0 101 1000	88		h	0 110 1000	104	
Y	0 101 1001	89		i	0 110 1001	105	
Z	0 101 1010	90		j	0 110 1010	106	
[	0 101 1011	91		k	0 110 1011	107	
\	0 101 1100	92		l	0 110 1100	108	
]	0 101 1101	93		m	0 110 1101	109	
^	0 101 1110	94		n	0 110 1110	110	
_	0 101 1111	95	下划线	o	0 110 1111	111	
`	0 110 0000	96		p	0 111 0000	112	
a	0 110 0001	97		q	0 111 0001	113	
b	0 110 0010	98		r	0 111 0010	114	
c	0 110 0011	99		s	0 111 0011	115	
d	0 110 0100	100		t	0 111 0100	116	
e	0 110 0101	101		u	0 111 0101	117	
f	0 110 0110	102		v	0 111 0110	118	
@	0 100 0000	64		w	0 111 0111	119	
A	0 100 0001	65		x	0 111 1000	120	
B	0 100 0010	66		y	0 111 1001	121	
C	0 100 0011	67		z	0 111 1010	122	
D	0 100 0100	68		{	0 111 1011	123	
E	0 100 0101	69		|	0 111 1100	124	
F	0 100 0110	70		}	0 111 1101	125	
G	0 100 0111	71		~	0 111 1110	126	
H	0 100 1000	72		DEL	0 111 1111	127	删除

字母和数字的ASCII的记忆是非常简单的。只要记住了一个字母或数字的ASCII(例如记住A为65,a为97,0的ASCII为48),知道相应的大小写字母之间的差为32,就可以推算出其余字母、数字的ASCII。常见的ASCII大小规则是:

(1) 数字0~9比字母要小,如7<F;

(2) 数字0比数字9要小,并按0到9顺序递增,如3<8;

(3) 字母A比字母Z要小,并按A到Z顺序递增,如A<Z;

(4) 同个字母的大写字母比小写字母要小32,如A<a。

作为计算机专业的读者,最好掌握ASCII中的所有字符编码,这不仅有利于其他课程的学习,也有利于一些软件的学习和使用。

虽然标准ASCII是7位编码,但由于计算机基本处理单位为字节(1Byte=8bit),所以一般仍以一个字节来存放一个ASCII字符。每一个字节中多余出来的一位(最高位)在计算机内部通常保持为0(在数据传输时正好可以用作奇偶校验位)。

由于标准ASCII字符集字符数目有限,在实际应用中往往无法满足要求。为此,国际标准化组织又制定了ISO 2022标准,它规定了在保持与ISO 646兼容的前提下将ASCII字符集扩充为8位代码的统一方法。ISO(国际标准化组织)陆续制定了一批适用于不同地区的扩充ASCII字符集,每种扩充ASCII字符集分别可以扩充128个字符,这些扩充字符的编码均为高位为1的8位代码(即十进制数128~255 ,称为扩展ASCII)。

EBCDIC:广义二进制编码的十进制交换码(Extended Binary Coded Decimal Interchange Code, EBCDIC)是IBM公司于1963~1964年推出的字符编码表,根据早期打孔机式的二进化十进数(Binary Coded Decimal,BCD)排列而成。EBCDIC是IBM为它更大型的操作系统而开发的。它是在IBM-S/390的IBMOS/390操作系统上使用的文本文件的编码。在一个EBCDIC的文件里,每个字母或数字字符都被表示为一个8位的二进制数(一个0、1字符串)。共有256个可能的字符被定义(字母、数字和一些特殊字符)。

EBCDIC的缺点是英文字母不是连续排列的,中间出现多次断续,这给编写程序的人带来了一些困难。

3.3.2 中文字符的编码

1. GB 2312编码

ASCII的提出,有效地解决了西文文字的信息化问题,但对于汉字字符却完全不适用。为了满足我国在计算机中使用汉字的需要,我国国家标准总局发布了一系列的汉字字符集国家标准编码,统称为GB码,或称国标码。其中最有影响的是于1980年发布的《信息交换用汉字编码字符集　基本集》,标准号为GB 2312—1980,因其使用非常普遍,也常被称为国标码。GB 2312编码通行于我国内地,新加坡等地也采用此编码。几乎所有的中文系统和国际化的软件都支持GB 2312。

GB 2312是一个简体中文字符集,由6763个常用汉字和682个全角的非汉字字符组成。其中汉字根据使用的频率分为两级。一级汉字 3755 个，二级汉字 3008 个。由于字符数量比较大，GB 2312 采用了二维矩阵编码法对所有字符进行编码。首先构造一个 94 行 94 列的方阵，每一行称为一个“区”，每一列称为一个“位”，然后将所有字符依照表 3.3 的规律填写到方阵中。这样所有的字符在方阵中都有一个唯一的位置，这个位置可以用区号、位号组合表示，称为字符的区位码。如第一个汉字“啊”出现在第 16 区的第 1 位上，其区位码为 1601。因为区位码与字符的位置是完全对应的，因此区位码与字符之间也是一一对应的。这样所有的字符都可通过其区位码转换为数字编码信息。GB 2312 字符的排列分布情况如表 3.4 所示。

表 3.3　区位码表

	区号 / 位号	01	02	03	04	……	91	92	93	94
字符数字等	01		、	。	·	……	←	↑	↓	〓
	02	i	ii	iii	iv	……	Ⅺ	Ⅻ		
	03					……				
	04					……				
	……					……				
一级汉字	16	啊	阿	埃	挨	……	胞	包	褒	剥
	17	薄	雹	保	堡	……	丙	秉	饼	炳
	18					……				
	……					……				
	55	住	注	祝	驻	……				
二级汉字	56	亍	丌	兀	丐	……	佧	攸	佚	佝
	57	佟	佗	伲	伽	……	冫	冱	冽	冼
	……					……				
	87	鳌	鳍	鳎	鳌	……	鼷	鼽	鼾	齄
空白	88					……				
	……					……				
	94					……				

表 3.4　GB 2312 字符编码分布表

区　　号	字符类型
01	中文标点、数学符号以及一些特殊字符
02	各种各样的数学序号
03	全角西文字符
04	日文平假名
05	日文片假名
06	希腊字母表

续表

区　号	字符类型
07	俄文字母表
08	中文拼音字母表
09	制表符号
10～15	无字符
16～55	一级汉字(以拼音字母排序)
56～87	二级汉字(以部首笔画排序)

GB 2312 字符在计算机中的存储是以其区位码为基础的，其中汉字的区码和位码分别占一个存储单元，每个汉字占两个存储单元。由于区码和位码的取值范围都是 1～94，这样的范围与西文的存储表示产生了冲突。例如汉字“珀”在 GB 2312 中的区位码为 7174，其二字节表示形式为 71、74；而两个西文字符 G 和 J 的存储码也是 71、74。这种冲突将导致在解释编码时到底表示的是一个汉字还是两个西文字符的二义性，系统将无法进行判断。

为了避免与西文的存储发生冲突，GB 2312 字符在进行存储时，通过将原来的每个字节第 8 位设置为 1 来与西文字符加以区别，如果第 8 位为 0，则表示西文字符，否则表示 GB 2312 中的字符。实际存储时，采用了将区位码的每个字节分别加上 A0H(十进制 16)的方法转换为存储码，计算机存储规则是此编码的补码，而且是位码在前，区码在后。例如汉字“啊”的区位码为 1601，其存储码为 B0A1H，其转换过程为：

区位码	区码转换	位码转换	存储码
1001H	10H＋A0H＝B0H	01H＋A0H＝A1H	B0A1H

GB 2312 编码用两个字节(8 位二进制)表示一个汉字，所以理论上最多可以表示 256×256＝65 536 个汉字。但这种编码方式也仅仅在我国行得通，如果网页使用 GB 2312 编码，那么很多人在外国浏览该网页时就可能无法正常显示，因为其浏览器不支持 GB 2312 编码。当然，在浏览国外网页(比如日本)时，也会出现乱码或无法打开的情况，因为浏览器没有安装日文的编码表。

2. GBK 编码

GBK 编码即汉字内码扩展规范，K 为扩展的汉语拼音中“扩”字的声母。英文全称为 Chinese Internal Code Specification。GBK 编码标准兼容 GB 2312，共收录汉字 21 003 个、符号 883 个，并提供 1894 个造字码位，集简、繁体字于一库。GBK 是对 GB2 312—80 的扩展。GB 2312 的出现，基本满足了汉字的计算机处理需要，但对于人名、古汉语等方面出现的罕用字，GB 2312 不能处理，这导致了后来 GBK 及 GB 18030 汉字字符集的出现。

GBK 采用双字节表示，总体编码范围为 8140～FEFE，首字节为 81～FE，尾字节为 40～FE，剔除 xx7F 一条线。总计 23 940 个码位，共收入 21 886 个汉字和图形符号，其中汉字(包括部首和构件)21 003 个，图形符号 883 个。Windows 3.2 和苹果的 iOS 均以 GB 2312 为基本汉字编码，后来的 Windows 中文版均以 GBK 为基本汉字编码。

有些汉字用五笔字型和拼音输入法都打不出来，如溙（五笔 IDWI），须调出 GBK 字符集才能打出这个字。极品五笔中可右击输入法图标→设置→属性，选中 GBK 字符集。

字符有单字节和双字节编码，00～7F 范围内是一位，和 ASCII 保持一致，此范围内严格上说有 96 个字符和 32 个控制符号。

之后的双字节中，前一字节是双字节的第一位。总体上说第一字节的范围是 81～FE（也就是不含 80 和 FF），第二字节的一部分领域在 40～7E，其他领域在 80～FE。

3. Big5 编码

在我国台湾、香港与澳门地区，使用的是繁体中文字符集。而我国 1980 年发布的 GB 2312 面向简体中文字符集，并不支持繁体汉字。在这些使用繁体中文字符集的地区，一度出现过很多不同厂商提出的字符集编码，这些编码彼此互不兼容，造成了信息交流的困难。为了统一繁体字符集编码，1984 年，中国台湾地区五大厂商宏碁、神通、佳佳、零壹以及大众一同制定了一种繁体中文编码方案，因其来源被称为五大码，英文写作 Big5，后来按英文翻译回汉字后，普遍被称为大五码。

大五码是一种繁体中文汉字字符集，其中繁体汉字 13 053 个，808 个标点符号、希腊字母及特殊符号。大五码的编码码表直接针对存储而设计，每个字符统一使用两个字节存储表示。第 1 字节范围为 81H～FEH，避开了与 ASCII 的冲突，第 2 字节范围是 40H～7EH 和 A1H～FEH。因为 Big5 的字符编码范围与 GB 2312 字符的存储码范围存在冲突，所以在同一正文不能对两种字符集的字符同时支持。

Big5 编码的分布如表 3.5 所示。Big5 字符主要部分集中在三个段内：标点符号、希腊字母及特殊符号；常用汉字；非常用汉字。其余部分保留给其他厂商支持。

Big5 编码推出后，得到了繁体中文软件厂商的广泛支持，在使用繁体汉字的地区迅速普及使用。目前，Big5 编码在中国台湾、香港、澳门地区及其他海外华人圈中普遍使用，成为了繁体中文编码的事实标准。在互联网中检索繁体中文网站，所打开的网页中，大多都是通过 Big5 编码产生的。

表 3.5 Big5 字符编码分布表

编码范围	符号类别
8140H～A0FEH	保留(用作造字区)
A140H～A3BFH	标点符号、希腊字母及特殊符号
A3C0H～A3FEH	保留(未开放用于造字区)
A440H～C67EH	常用汉字(先按笔画，再按部首排序)
C6A1H～C8FEH	保留(用作造字区)
C940H～F9D5H	非常用汉字(先按笔画，再按部首排序)
F9D6H～FEFEH	保留(用作造字区)

4. Unicode 编码

如上所述，世界上存在着多种字符的编码方式，同一个二进制数字可以被解释成不同的符号。因此,要想打开一个文本文件,不但要知道它的编码方式,还要安装对应的编码表,否则就可能无法读取或出现乱码。为什么电子邮件和网页都经常会出现乱码,就是因为信息的提供者和信息的读取者使用了不同的编码方式。

如果有一种编码,将世界上所有的符号都纳入其中,无论是英文、日文、还是中文等,大家都使用这个编码表,就不会出现编码不匹配现象了。每个符号对应一个唯一的编码,乱码问题就不存在了。这种编码就是 Unicode 编码。

Unicode 是一个很大的集合,现在的规模可以容纳 100 多万个符号。每个符号的编码都不一样,比如,U+0639 表示阿拉伯字母 Ain,U+0041 表示英语的大写字母 A,"汉"这个字的 Unicode 编码是 U+6C49。

Unicode 固然统一了编码方式,但是它的效率不高,比如 UCS-4(Unicode 的标准之一)规定用 4 个字节存储一个符号,那么每个英文字母前都必然有三个字节是 0,这对存储和传输来说都很耗资源。

为了提高 Unicode 的编码效率,出现了 UTF-8 编码。UTF-8 可以根据不同的符号自动选择编码的长短。比如英文字母可以只用 1 个字节就够了。

UTF-8 的编码是这样得出来的,以"汉"这个字为例:

"汉"字的 Unicode 编码是 U+00006C49,然后把 U+00006C49 通过 UTF-8 编码器进行编码,最后输出的 UTF-8 编码是 E6B189。

3.3.3 BCD 码

BCD(Binary Coded Decimal)码也称为二进码十进数或二-十进制代码,其编码方法是:用 4 位二进制数来表示 1 位十进制数中的 0~9 这 10 个数码。BCD 码是一种二进制的数字编码形式,用二进制编码来表示十进制代码。BCD 码这种编码形式使二进制和十进制之间的转换得以快速进行。这种编码技巧最常用于会计系统的设计里,因为会计制度经常需要对很长的数字串做准确的计算。相对于一般的浮点式记数法,采用 BCD 码既可保存数值的精确度,又可节省电脑做浮点运算时所耗费的时间。此外,对于其他需要高精确度的计算,BCD 编码亦很常用。

BCD 码可分为有权码和无权码两类:有权 BCD 码有 8421 码、2421 码、5421 码,其中 8421 码是最常用的;无权 BCD 码有余 3 码、格雷码(注意:格雷码并不是 BCD 码)等。

8421 码:8421 BCD 码是最基本和最常用的 BCD 码,它和 4 位自然二进制码相似,各位的权值为 8、4、2、1,故称为有权 BCD 码。和 4 位自然二进制码不同的是,它只选用了 4 位二进制码中的前 10 组代码,即用 0000~1001 分别代表它所对应的十进制数,余下的 6 组代码不用。

表 3.6 0~9 的各种 BCD 码

十进制数	8421 码	5421 码	2421 码	余 3 码	余 3 循环码
0	0000	0000	0000	0011	0010
1	0001	0001	0001	0100	0110

续表

十进制数	8421码	5421码	2421码	余3码	余3循环码
2	0010	0010	0010	0101	0111
3	0011	0011	0011	0110	0101
4	0100	0100	0100	0111	0100
5	0101	1000	1011	1000	1100
6	0110	1001	1100	1001	1101
7	0111	1010	1101	1010	1111
8	1000	1011	1110	1011	1110
9	1001	1100	1111	1100	1010

5421码和2421码：5421 BCD码和2421 BCD码为有权BCD码，它们从高位到低位的权值分别为5、4、2、1和2、4、2、1。这两种有权BCD码中，有的十进制数码存在两种加权方法，例如，5421 BCD码中的数码5，既可以用1000表示，也可以用0101表示；2421 BCD码中的数码6，既可以用1100表示，也可以用0110表示。这说明5421 BCD码和2421 BCD码的编码方案都不是唯一的。

余3码：余3码是8421 BCD码的每个码组加3(0011)形成的。常用于BCD码的运算电路中。

Gray码(格雷码，非BCD码)：Gray码也称循环码，其最基本的特性是任何相邻的两组代码中，仅有一位数码不同，因而又叫单位距离码。

各种BCD码的比较：8421编码直观，好理解；5421码和2421码中大于5的数字都是高位为1,5以下的高位为0；余3码是8421码加上3，有上溢出和下溢出的空间；格雷码相邻两个数有三位相同，只有一位不同。

3.4 图像和视频信息在计算机中的表示

作为当今信息的主要形式之一，图像和视频信息有着十分重要的作用和地位。其表示的信息内容更为直观、更为丰富。目前图像和视频信息在媒体、广告、新闻、工业生产、自动控制、军事、交通、安全等多个领域中广为使用。图像和视频信息的处理涉及平面设计、动漫、计算机辅助设计、虚拟现实、数字图像处理、人工智能、多媒体信息检索等多个计算机学科研究领域。将图像和视频信息数字化，是进行图像和视频信息处理的前提。

3.4.1 图像编码技术

由于在图像中包含了大量的信息，加之图像中的信息形式千变万化，图像大小不一，颜色多种多样，这都给图像信息编码带来了很大的困难。图像编码也称为图像压缩，是指在满足一定图像质量的条件下，用尽可能少的数据量来表示图像信息。图像编码技术的历史可以追溯到20世纪60年代。近半个世纪以来，由于大规模集成电路技术和计算机技术的迅猛发展,加上离散数学理论的创立和完善以及社会各方面应用需要的不断增长,图像编码技术的理论和方法得到进一步完善,取得了很多成果,已经越来越受到人们的普遍重视。

1. 图像编码的基本理论

对编码技术进行比较系统的研究始于香农(Shannon)的信息论,从此理论出发可以得到数据压缩的两种基本途径。一种是设法改变信源的概率分布,使其尽可能地非均匀,再用最佳编码方法使平均码长逼近信源熵。使用此途径的压缩方法其效率一般以其熵为上界,压缩比饱和于 10∶1,如 Huffman 编码、算术编码、行程编码等。另一种是联合信源的冗余度也寓于信源间的相关性之中,去除它们之间的相关性,使之成为不相关或基本不相关的信源,如预测编码、变换域编码、混合编码等,但也大都受信息熵的约束。总体上可以概括为熵编码、预测编码、变换编码,也称为三大经典编码方法。

随着人们对传统压缩编码方法的深入研究和应用,逐渐发现传统方法的许多缺点。如高压缩比时恢复图像会出现方块效应,人眼视觉系统(HVS)的特性不易被引入算法中等。为了克服这些缺点,1985 年 M. Kunl 等人提出了第二代图像压缩编码的概念。经过近二十年的发展,在这一框架下人们提出了几种新的编码方法:分形编码、小波变换编码和基于模型的编码方法等。于是,对数据压缩技术的研究就突破了传统 Shannon 理论的框架,使得压缩效率得以极大提高。

虽然表示图像需要大量的数据,但是图像中的信息是高度相关的,或者说存在冗余信息,去掉这些信息后可以有效压缩图像,同时不会损害图像的有效信息。数字图像的冗余主要表现为以下几种形式:空间冗余、时间冗余、视觉冗余、信息熵冗余、结构冗余和知识冗余。图像数据的这些冗余信息为图像压缩编码提供了依据和可能。图像编码的目的就是充分利用图像中存在的各种冗余信息,特别是空间冗余、时间冗余以及视觉冗余,以尽量少的比特数来表示图像。利用各种冗余信息,压缩编码技术能够很好地解决在将模拟信号转换为数字信号后所产生的带宽需求增加的问题,它是使数字信号走上实用化的关键技术之一。

图像编码主要使利用图像信号的统计特性以及人类视觉的生理学及心理学特性,对图像信号进行高效编码,即研究数据压缩技术,目的是在保证图像质量的前提下压缩数据,便于存储和传输,以解决数据量大的矛盾。一般来说,图像编码的目的有三个:①减少数据存储量;②降低数据率以减少传输带宽;③压缩信息量,便于特征提取,为后续的图像识别做准备。

根据图像的编码理论和思想,目前人们研究图像编码技术的热情有增无减。事实上,对于文本信息、声音信息的研究早已成熟,而有关图像编码和处理的理论、技术和方法仍然是广大计算机工作者的研究热点。有人说有关图像处理的技术是计算机中的"朝阳"领域,吸引了众多的计算机技术研究人员。

可以从以下 4 个方面来评价一个图像编码技术:

1) 算法的编码效率

算法的编码效率通常有几种表现形式:平均码字长度(R),图像的压缩比(rate,r),

每秒钟所需的传输比特数(b/s),图像熵与平均码长之比(η)。

2) 编码图像的质量

图像质量评价可分为客观质量评价和主观质量评价。最常用的客观质量评价指标是均方误差(MSE)和峰值信噪比(PSNR)。主观质量评价是指由一批观察者对编码图像进行观察并打分,然后综合所有人的评价结果,给出图像的质量评价。客观质量评价能够快速有效地评价编码图像的质量,但符合客观质量评价指标的图像不一定具有较好的主观质量。主观质量能够与人的视觉效果相匹配,但其评判过程缓慢费时。

3) 算法的适用范围

特定的图像编码算法具有其相应的适用范围,并不是对所有图像都有效的。一般来说,大多数基于图像信息统计特性的压缩算法具有较广的适用范围,而一些特定的编码算法的适用范围较窄,如分形编码主要用于自相似性高的图像。

4) 算法的复杂度

算法的复杂度即指完成图像压缩和解压缩所需的运算量和硬件实现该算法的难易程度。优秀的压缩算法要求有较高的压缩比,压缩和解压缩快,算法简单,易于硬件实现,还要求解压缩后的图像质量较好。选用编码方法时一定要考虑图像信源本身的统计特性,多媒体系统的适应能力,应用环境以及技术标准。

2. 常见的数字图像编码技术

目前,常用的图像编码技术主要有经典图像编码技术(熵编码、预测编码、变换编码和混合编码)、分型编码、模型编码、小波变换编码等。

1) 熵编码

熵编码是纯粹基于信号统计特性的编码技术,是一种无损编码(解码所得到的图像与编码前的图像相同)。熵编码的基本原理是给出现概率较大的符号赋予一个短码字,而给出现概率较小的符号赋予一个长码字,从而使得最终的平均码长很小。常见的熵编码方法有行程编码、霍夫曼编码和算术编码等。

(1) 行程编码(Run-Length Encoding,RLE)。

行程编码又称行程长度编码,是一种熵编码,该编码属于无损压缩编码,对于二值图有效。其基本原理是:将具有相同值的连续串用其串长和一个代表值来代替,使符号长度少于原始数据的长度。该连续串就称为行程,串长称为行程长度。

例如:555555777773332222111111 的行程编码为(5,6)(7,5)(3,3)(2,4)(1,7)。可见,行程编码的位数远远少于原始字符串的位数。

行程编码分为定长和不定长编码两种。定长编码是指编码的行程长度所用的二进制位数固定,而变长行程编码是指对不同范围的行程长度使用不同位数的二进制位数进行编码。使用变长行程编码需要增加标志位来表明所使用的二进制位数。

行程编码比较适合二值图像的编码,一般用于量化后出现大量零系数连续的场合,用行程来表示连零码。行程编码对传输差错很敏感,一位符号出错就会改变行程编码的长度,使整个图像出现偏移,因此,一般要用行同步、列同步的方法,把差错控制在一行一列之内。

行程编码适用于那些包含很少灰度级的图像,对单一颜色背景下物体的图形图像可以达到很高的压缩比,但对其他类型的图像压缩比就很低。在最坏的情况下,行程甚至可将文件的大小加倍。如串 12345 的行程编码为(1,1)、(2,1)、(3,1)、(4,1)、(5,1),长度为原来长度的 2 倍。

(2) 霍夫曼编码。

霍夫曼(Huffman)编码是 1952 年为文本文件而建立的,是一种熵编码,属于无损压缩编码。该方法完全依据字符出现的概率来构造码字,对频繁出现的字符使用较短的码字,而对出现次数较少的字符使用较长的码字。在具有相同信源概率分布的前提下,它的平均码字长度是最短的。变长最佳编码定理是霍夫曼编码的理论基础。

静态霍夫曼编码使用一棵在压缩之前就建好的编码树,它是根据可能的字符出现的概率来生成的。相反,动态霍夫曼编码是在编码过程中建立它的编码树。具体方法是,在分配码字长度时,首先将其中概率最小的两个符号的概率求和,并把它看作一个新组合符号的概率,再与其他符号按概率递降顺序排列,重复上述做法,直到最后只剩下两个符号的概率为止。然后开始以相反顺序逐步进行编码,每一步有两个概率分支,各赋予一个二进制的码。可以对概率小的赋编码为 0,则概率大的就赋 1,也可以反过来赋编码。这种统计方法能够达到更高的压缩比,而且此方法有效简单,编码效率高。但这是以增大编码和解码的时间为代价的。

霍夫曼编码具有以下特点:

① 编出来的码都是异字头码,保证了码的唯一可译性。

② 由于编码长度可变。因此译码时间较长,使得霍夫曼编码的压缩与还原相当费时。

③ 编码长度不统一,硬件实现有难度。

④ 对不同信号源的编码效率不同,当信号源的符号概率为 2 的负幂次方时,达到 100%的编码效率;若信号源符号的概率相等,则编码效率最低。

⑤ 由于 0 与 1 的指定是任意的,故由上述过程编出的最佳码不是唯一的,但其平均码长是一样的,故不影响编码效率与数据压缩性能。

(3) 算术编码。

算术编码是 20 世纪 80 年代发展起来的一种熵编码方法,其基本原理是将被编码的数据序列表示成 0 和 1 之间的一个间隔(也就是一个小数范围),该间隔的位置与输入数据的概率分布有关。信息越长,表示间隔就越小。因而表示这一间隔所需的二进制位数就越多。算术编码有两种模式:一种是基于信源概率统计特性的固定编码模式,另一种是针对未知信源概率模型的自适应模式。

算术编码适合于由相同的重复序列组成的文件,算术编码接近压缩的理论极限。这种方法是将不同的序列映像到 0 到 1 之间的区域内,该区域表示成可变精度(位数)的二进制小数,越不常见的数据要的精度越高(更多的位数),这种方法比较复杂,因而不经常使用。

2) 预测编码

预测编码基于图像数据的空间或时间冗余特性,用已传输的像素对当前的像素进行预测，然后对预测误差进行量化和编码。如果预测比较准确，误差就会很小。在同等精度要求的条件下，就可以用比较少的比特进行编码，达到压缩数据的目的。预测编码可以分为一维预测(行内预测)、二位预测(帧内预测)和三维预测(帧间预测)。

常用的预测编码压缩方法有脉冲编码调制(Pulse Code Modulation，PCM)、差分脉冲编码调制(Differential Pulse Code Modulation，DPCM)、自适应差分脉冲编码调制(Adaptive Differential Pulse Code Modulation，ADPCM)等。

(1) 差分脉冲编码调制。

在PCM系统中，原始的模拟信号经过采样后得到的每一个样值都被量化成为数字信号。为了压缩数据，可以不对每一样值都进行量化，而是预测下一样值，并量化实际值与预测值之间的差值，这就是DPCM(差分脉冲编码调制)。1952年贝尔(Bell)实验室的C. C. Cutler取得了差分脉冲编码调制系统的专利，奠定了真正实用的预测编码系统的基础。

在图像信号中应用DPCM时，用作预测的像素和被预测的像素可以在同一行，也可以在不同行(同一帧)，甚至在不同帧，分别称为一维预测、二维预测和三维预测。

DPCM的优点是算法简单，硬件容易实现，缺点是对信道噪声很敏感，会产生误差扩散。即某一位码出错，对图像一维预测来说，将使该像素以后的同一行各个像素都产生误差；而对二维预测，该码引起的误差还将扩散到以下各行。这样将使图像质量大大下降。同时，DPCM的压缩率也比较低。随着变换编码的广泛应用，DPCM的作用已很有限。

(2) 自适应差分脉冲编码调制。

进一步改善量化性能或压缩数据率的方法是采用自适应量化或自适应预测，即自适应脉冲编码调制(ADPCM)。它的核心思想是：①利用自适应的思想改变量化阶的大小，即使用小的量化阶去编码小的差值，使用大的量化阶去编码大的差值。②使用过去的样本值估算下一个输入样本的预测值，使实际样本值和预测值之间的差值总是最小。

① 自适应量化。

在一定量化级数下减少量化误差或在同样的误差条件下压缩数据，根据信号分布不均匀的特点，希望系统具有随输入信号的变化区间足以保持输入量化器的信号基本均匀的能力，这种能力叫作自适应量化。

自适应量化必须有对输入信号的幅值进行估值的能力，有了估值才能确定相应的改变量。若估值在信号的输入端进行，称前馈自适应；若在量化输出端进行，称反馈自适应。信号的估值必须简单，占用时间短，才能达到实时处理的目的。

② 自适应预测

预测参数的最佳化依赖信源的特征，要得到最佳预测参数显然是一件烦琐的工作。而采用固定的预测参数往往又得不到较好的性能。为了能使性能较佳，又不至于有太大的工作量，可以采用自适应预测。

为了减少计算工作量，预测参数仍采用固定的，但此时有多组预测参数可供选择，这些预测参数可根据常见的信源特征求得。编码时具体采用哪组预测参数需根据特征来自适应地确定。为了自适应地选择最佳参数，通常将信源数据分区间编码，编码时自动地选择一组预测参数，使该实际值与预测值的均方误差最小。随着编码区间的不同，预测参数自适应地变化,以达到准最佳预测。

3) 变换编码

变换编码是将空间域里描述的图像,通过某种变换(常用的是二维正交变换,如离散余弦变换、K-L变换等),映射到另一变换域中,使变换后的系数之间的相关性降低。图像变换本身并不能压缩数据,但变换后图像的大部分能量只集中到少数几个变换系数上,采用适当的量化方法和熵编码才可以有效地压缩图像。

(1) K-L变换(Karhunen-Loeve Transform)。

K-L变换是一种最佳正交变换。它是用数据本身的相关矩阵对角化后完成的,这种变换将产生完全不相关的变换系数。如果图像数据之间是高度相关的,经过K-L变换后的系数将出现多个零值,同时某些系数的值会很小。

K-L变换的变换矩阵是由图像数据本身求得的。不同的图像数据有不同的变换矩阵,由此造成反变换矩阵的不唯一性。另外K-L变换矩阵的构造计算量很大,因而它不是一种实用的变换方法,通常作为评价其他线性变换的比较基准。

(2) 离散余弦变换(Discrete Cosine Transform,DCT)。

K-L变换算法复杂度较高,所以在实际编码工作中,人们常用离散余弦变换。对大多数图像信源来说,DCT变换是现行编码方法中最接近K-L变换的方法。

DCT先根据变换系数的能量分布,将整个图像分成$N\times N$像素块,然后对这$N\times N$像素块逐一进行DCT变换。其中变换后幅值较大的图像系数大多集中在图像块的左上角。与其他系数相比,这些低频系数包括了图像的大部分内容,具有的能量最大,在变换图像中的地位最重要,应使它们的量化误差最小。另外,大多数图像的高频分量较小,对图像质量影响甚微,加上人眼对高频成分的失真不太敏感,可以使用更粗的量化,一般采用设定阈值的方法,置小于阈值的变换系数为零,由此传送变换系数所用的码率要大大小于传送图像像素所用的码率,从而大大提高了编码效率。经区域编码和阈值编码后,变换图像的系数大部分为零,必须采用有效的方法将非零系数和零系数组织起来,在带有最少冗余的同时保证最大的连零系数出现概率,在DCT图像编码中,可以对变换系数采用"Z"字形扫描。

4) 混合编码

混合编码是指综合了熵编码、变换编码或预测编码的编码方法,如JPEG标准和MPEG标准等。

5) 分形编码

分形编码是在数学家Manddbmt建立的分形几何理论的基础上发展起来的一种编码方法。分形编码最大限度地利用了图像在空间域上的自相似性,通过消除图像的几何冗余来压缩数据。M. Barnsley将迭代函数系统(IFS)用于描述图像的自相似性,并将其用于图像编码。

对分形定义的一般描述如下:

(1) 分形应有精细的结构,有任意小比例的细节;

(2) 它是如此的不规则,以致其局部和整体都不能用传统的几何语言来描述;

(3) 分形通常有某种自相似的形式,可能是近似的或是统计的;

(4) 其“分形维数”一般大于其拓扑维数，并且通常能以非常简单的方法定义，由迭代方法产生。

分形编码的方法是利用图形处理技术，如颜色分割、边缘检测、频谱分析等将原始图像分割成若干子图像，然后为每个子图像寻找迭代函数，子图像以迭代函数的形式存储。由于这样的迭代函数一般只需要几个数据表示即可，所以分形压缩可以达到较高的压缩比。

分形编码是一种新颖、独特的压缩方法。它充分考虑自然景物的特点。其优点是：压缩比取决于图像分割后所产生的子块的大小，子块取得越大，压缩比越高；由于分形变换可把图像划分成大得多、形状复杂得多的分区，故压缩比不受分辨率的影响。缺点有：分形编码是非对称的，压缩时计算量较大，所需时间较长，但解压缩速度很快；随被压缩图像增大，运算量增长过快。

6) 模型编码

基于模型的图像编码技术是近几年发展起来的一种很有前途的低比特率编码方法。它利用了计算机视觉和计算机图形学中的方法和理论，其基本出发点是在编解码两端分别建立起相同的模型，针对输入的图像提取模型参数，或根据模型参数重建图像。模型编码方法的核心是建模和提取模型参数，其中模型的选取、描述和建立是决定模型编码质量的关键因素。为了对图像数据建模，一般要求对输入图像要有某些先验知识。

根据使用的模型的不同，模型编码可以分为语义基编码和物体基编码。

基于模型的图像编码方法是利用先验模型来抽取图像中的主要信息，并以模型参数的形式表示它们，因此可以获得很高的压缩比。然而在模型编码方法的研究中还存在很多问题：①模型法需要先验知识，不适合一般的应用；②对不同的应用所建模型是不一样的；③在线框模型中控制点的个数不易确定，还未找到有效的方法能根据图像内容来选取；④由于利用模型法压缩后复原图像的大部分是用图形学的方法产生的，因此看起来不够自然；⑤传统的误差评估准则不适合用于对模型编码的评价。

7) 小波变换编码

小波变换编码是随着小波变换理论的研究而提出的一种编码方式。小波变换的本质是多分辨率或多尺度地分析信号，非常适合视觉系统对频率感知的对数特性。因此，小波变换编码很适合于图像信号的处理。小波变换编码一方面具有传统编码方法的一些优点，能够很好地消除统计冗余，另外它的多分辨率特性提供了利用人眼视觉特性的很好机制，而且变换后的图像数据能够保持原图像在各种分辨率下的精细结构，为进一步去除其他形式的冗余提供了便利。小波变换编码的核心问题是要对子带图像进行小波分解系数的量化和编码。低频子带图像包含原图像的大部分能量，即包含图像的基本特性。它在图像重构算法中起主导作用，对重建图像的质量有很大影响，因此这部分信号应精确保留。

高频子图像的系数分布符合广义高斯分布，对其系数进行粗量化编码较为有效，同时也完全符合人的视觉特性。根据对人眼视觉系统的研究可知，人眼视觉灵敏度具有明显的低通特性，而且对不同方向上的敏感度也不一样，尤其是对倾斜方向的刺激不太敏感，如人眼对对角线方向子图像系数误差敏感度较低，因此可对对角线方向子图像进行粗量化高压缩。

小波变换后的能量主要集中在低频系数分量，而其他高频系数分量大多为零值，这为高倍率压缩提供了可能。通过选择合适的具有平滑特性的小波基，就可消除重建图像中出现的方块效应，减小量化噪声，获得较好的重建图像质量。

用小波分析方法对图像进行编码时，主要涉及三个方面的问题：图像边界的扩展、小波基的选取和小波系数的组织。

小波变换编码压缩方法可分为以下两大类：基于传统的图像编码方法和基于分形理论的小波变换图像编码方法。

基于传统的图像编码方法包括：零树小波编码、基于塔式网络矢量量化的小波变换编码、基于LBG算法的小波变换编码、基于标量量化的小波变换编码等。

由于不同分辨率级子图像之间存在着相似性，利用此相似性可提高压缩比。J. M. Shapiro采用零树自嵌套编码方法，对小波分解系数进行了压缩，在PSNR=27.54dB的情况下，获得压缩比为128∶1。这是最著名的一种小波变换图像编码压缩方法。该方法的优点是：与传统的DCT编码相比，它既可以克服方块效应，又可以在低比特率下获得较好的图像主观质量。缺点是：由于它对各子带采用相同的门限量化，因此不能充分利用人眼的视觉特性，限制了图像压缩比的进一步提高。对此，A. Said等人提出了改进算法。

针对分形图像编码尚存在的缺点，如编码算法的耗时、自然图像不一定具有严格的分形结构而无法达到预期的高压缩比、高压缩倍率时的方块效应等，有人提出了基于小波变换的分形编码。它具有以下特点：①采用平滑小波可去除传统分形变换中存在的方块效应；②小波表示使图像的四叉树分割十分自然；③可将零树算法看成该算法的一个特例。图像经过金字塔形离散小波变换后的系数在小波域内可组成分层树状数据结构小波树。这些跨越不同分辨率的小波树之间存在一定的相似性，可通过分形变换来描述。基于小波变换的分形压缩过程就是一个由分层树状结构的顶部开始一层层地向下预测其余系统的过程，而这个由上至下、由粗至细的预测过程是通过分形编码来实现的。从已有的研究结果可看到，小波变换编码已获得了较好的编码效果，是现代图像压缩技术研究的热点之一，也是十分有前途的一种方法。

自20世纪80年代以来，图像编码技术已经逐步进入了较大范围的应用阶段。但由于没有统一的压缩算法和码流格式，在图像信息交流中遇到了很多困难，鉴于这一状况，国际电信联盟(ITU)和国际标准化组织(ISO)近年来已经制定并在继续制定一系列静止和活动图像编码的国际标准，这些标准和建议是在相应领域工作的各国专家合作研究的成果和经验总结。由于这些国际标准的出现，图像编码尤其是视频图像编码压缩技术得到了飞速发展。目前，按照这些标准做的硬件、软件产品和专用集成电路已经在市场上大量涌现，对现代图像通信的迅速发展及开拓图像编码新的应用领域(如多媒体通信、数字高清晰度电视传输等)发挥了重要作用。目前已批准了JPEG、H.261和MPEG等标准。

为了适应新形势下的图像处理技术的需要，图像编码的技术还在不断发展。预测编码、变换编码和矢量量化编码等经典的编码技术因其方法简单、实用依然得到广泛利用。此外，这些编码方法都在不断地发展和完善。例如在变换编码技术中，为了把多分辨力分析方法应用到图像编码中来,近年来许多人致力于子带编码、塔形编码、子波编码等新的变换编码方法的研究,为图像编码技术注入了新的活力。在对经典的编码技术的研究中,人们结合应用一些新的技术如采用神经网络方法求解子波变换系数和实现矢量量化器等。新的编码技术在提高经典编码技术的压缩比或改善恢复图像的质量方面均有显著提高。

3.4.2 视频编码技术

所谓视频编码方式就是指通过特定的压缩技术,将某个视频格式的文件转换成另一种视频格式文件的方式。目前视频流传输中最为重要的编解码标准有国际电联的H.261、H.263,运动静止图像专家组的M-JPEG和国际标准化组织运动图像专家组的MPEG系列标准,此外在互联网上被广泛应用的还有Real-Networks的RealVideo、微软公司的WMT以及Apple公司的QuickTime等。

MPEG(Moving Picture Exports Group)是活动图像专家组的缩写,于1988年成立,是为数字视频/音频制定压缩标准的专家组,目前已拥有300多名成员,包括IBM、Sun、BBC、NEC、Intel、AT&T等世界知名公司。MPEG组织最初得到的授权是制定用于"活动图像"编码的各种标准,随后扩充为"及其伴随的音频"及其组合编码。后来针对不同的应用需求,解除了"用于数字存储媒体"的限制,成为现在制定"活动图像和音频编码"标准的组织。MPEG组织制定的各个标准都有不同的目标和应用,目前已提出MPEG-1、MPEG-2、MPEG-4、MPEG-7和MPEG-21标准。

视频图像数据有极强的相关性,也就是说有大量的冗余信息。其中冗余信息可分为空域冗余信息和时域冗余信息。压缩技术就是将数据中的冗余信息去掉(去除数据之间的相关性),压缩技术包含帧内图像数据压缩技术、帧间图像数据压缩技术和熵编码压缩技术。

使用帧间编码技术可去除时域冗余信息,它包括以下三部分。

(1) 运动补偿:运动补偿是指通过先前的局部图像来预测、补偿当前的局部图像,它是减少帧序列冗余信息的有效方法。

(2) 运动表示:不同区域的图像需要使用不同的运动矢量来描述运动信息。运动矢量通过熵编码进行压缩。

(3) 运动估计:运动估计是从视频序列中抽取运动信息的一整套技术。

在通用的视频压缩标准中都使用基于块的运动估计和运动补偿。

使用帧间编码技术和熵编码技术可以去空域冗余信息,主要有:

(1) 变换编码。帧内图像和预测差分信号都有很高的空域冗余信息。变换编码将空域信号变换到另一正交矢量空间,使其相关性下降,数据冗余度减小。

(2) 量化编码。经过变换编码后,产生一批变换系数,对这些系数进行量化,使编码器的输出达到一定的位率。这一过程会导致精度的降低。

(3) 熵编码:熵编码是无损编码。它对变换、量化后得到的系数和运动信息,进行进一步的压缩。

由于视频信息的多样性以及通用性，相关国际组织建立了有关视频编码的压缩标准。常用的国际音视频压缩标准有：

(1) H. 261。H. 261 标准是为综合业务数字网(Integrated Services Digital Network，ISDN)设计的，主要针对实时编码和解码设计，压缩和解压缩的信号延时不超过150ms，码率 $p\times 64$kb/s($p=1\sim 30$)。H. 261 标准主要采用运动补偿的帧间预测、DCT 变换、自适应量化、熵编码等压缩技术。支持两种图像扫描格式：QCIF 和 CIF。

(2) H. 263。H. 263 标准是低码率的图像编码国际标准，它一方面以 H. 261 为基础，以混合编码为核心，其基本原理框图和 H. 261 十分相似，原始数据和码流组织也相似；另一方面，H. 263 也吸收了 MPEG 等其他一些国际标准中有效、合理的部分，如半像素精度的运动估计、PB 帧预测等，使它性能优于 H. 261。H. 263 使用的位率可小于 64kb/s，且传输比特率可不固定(变码率)。H. 263 支持多种分辨率：SQCIF(128×96)、QCIF、CIF、4CIF、16CIF。

与 H. 261 有关的国际标准：H. 320，窄带可视电话系统和终端设备；H. 221，视听电信业务中 64～1920kb/s 信道的帧结构；H. 230，视听系统的帧同步控制和指示信号；H. 242，使用 2Mb/s 数字信道的视听终端系统。

与 H. 263 有关的国际标准：H. 324，甚低码率多媒体通信终端设备；H. 223，甚低码率多媒体通信复合协议；H. 245，多媒体通信控制协议；G. 723. 1. 1，传输速率为 5. 3kb/s 和 6. 3kb/s 的语音编码器。

(3) JPEG：国际标准化组织于 1986 年成立了联合图片专家小组(Joint Photographic Expert Group，JPEG)，主要致力于制定连续色调、多级灰度、静态图像的数字图像压缩编码标准。常用的基于离散余弦变换(DCT)的编码方法，是 JPEG 算法的核心内容。

① MPEG-1/2。

MPEG-1 标准用于数字存储体上活动图像及其伴音的编码，其数码率为 1. 5Mb/s。MPEG-1 的视频原理框图和 H. 261 的相似。MPEG-1 视频压缩技术的特点是：随机存取；快速正向/逆向搜索；逆向重播；视听同步；容错性；编/解码延迟。MPEG-1 视频压缩策略是：为了提高压缩比，帧内/帧间图像数据压缩技术必须同时使用。帧内压缩算法与 JPEG 压缩算法大致相同，采用基于 DCT 的变换编码技术，用以减少空域冗余信息。帧间压缩算法，采用预测法和插补法。预测误差可在通过 DCT 变换编码处理后，进一步压缩。帧间编码技术可减少时间轴方向的冗余信息。

MPEG-2 被称为“21 世纪的电视标准”，它在 MPEG-1 的基础上作了许多重要的扩展和改进，但基本算法和 MPEG-1 相同。

② MPEG-4。

MPEG-4 标准并非是 MPEG-2 的替代品，它着眼于不同的应用领域。MPEG-4 的制定初衷主要针对视频会议、可视电话超低比特率压缩(小于 64kb/s)的需求。在制定过程中，MPEG 组织深深感受到人们对媒体信息，特别是对视频信息的需求由播放型转向基于内容的访问、检索和操作。MPEG-4 与前面提到的 JPEG、MPEG-1/2 有很大的不同，它为多媒体数据压缩编码提供了更为广阔的平台，它定义的是一种格式、一种框架，而不是具体算法，它希望建立一种更自由的通信与开发环境。于是 MPEG-4 新的目标就定义为：支持多种多媒体的应用，特别是多媒体信息基于内容的检索和访问，可根据不同的应用需求，现场配置解码器。编码系统也是开放的，可随时加入新的有效的算法模块。应用范围包括实时视听通信、多媒体通信、远地监测/监视、VOD、家庭购物/娱乐等。

③ JVT：新一代的视频压缩标准。JVT 是由 ISO/IEC MPEG 和 ITU-T VCEG 成立的联合视频工作组(Joint Video Team)，致力于新一代数字视频压缩标准的制定。JVT 标准在 ISO/IEC 中的正式名称为：MPEG-4 AVC(part10)标准；在 ITU-T 中的名称为 H.264(早期被称为 H.26L)。

④ H.264/AVC。

H.264 集中了以往标准的优点，并吸收了以往标准制定中积累的经验，采用简洁设计，使它比 MPEG4 更容易推广。H.264 创造了多参考帧、多块类型、整数变换、帧内预测等新的压缩技术，使用了更精细的分像素运动矢量(1/4、1/8)和新一代的环路滤波器，使得压缩性能大大提高，系统更加完善。H.264 主要有以下几大优点：高效压缩。与 H.263+和 MPEG4 SP 相比，减小 50%的比特率；延时约束方面有很好的柔韧性；容错能力；编/解码的复杂性、可伸缩性；解码全部细节：没有不匹配；高质量应用；网络友善。

1. 常用字的视频文件类型

(1) ASF：ASF 是 Advanced Streaming Format 的缩写，意思是"高级流格式"。ASF 是 Microsoft 为了和现在的 Real Player 竞争而发展出来的一种可以直接在网上观看视频节目的文件压缩格式。由于它使用了 MPEG-4 的压缩算法，所以压缩率和图像的质量都很不错。因为 ASF 是以一个可以在网上即时观赏的视频"流"格式存在的，所以它的图像质量要比 VCD 差一些，但比同是视频"流"格式的 RAM 格式要好。

(2) nAVI：nAVI 是 newAVI 的缩写，是一个名为 ShadowRealm 的地下组织发展起来的一种新视频格式。它是由 Microsoft ASF 压缩算法修改而来的(并不是想象中的 AVI)，视频格式追求的是压缩率和图像质量，所以 nAVI 为了追求这个目标，改善了原始的 ASF 格式的一些不足，让 nAVI 可以拥有更高的帧率(Frame Rate)。当然，这是以牺牲 ASF 的视频流特性作为代价的。概括来说，nAVI 就是一种去掉视频流特性的改良型 ASF 格式。

(3) AVI：AVI 是 Audio Video Interleave 的缩写。AVI 具有兼容性好、调用方便、图像质量高等优点，缺点是这类视频文件的容量较大。

(4) MPEG：MPEG 是 Motion Picture Experts Group 的缩写，它包括 MPEG-1、MPEG-2 和 MPEG-4(注意，没有 MPEG-3，熟悉的 MP3 只是 MPEG Layer3)。MPEG-1 被广泛应用在 VCD 的制作和一些视频片段下载的网络应用上，可以说 99%的 VCD 都是用 MPEG1-格式压缩的(注意 VCD2.0 并不是说明 VCD 是用 MPEG-2 压缩的)，使用 MPEG-1 的压缩算法，可以把一部 120 分钟长的电影(非视频文件)压缩到 1.2GB 左右大小。MPEG-2 则应用在 DVD 的制作(压缩)方面，同时在一些 HDTV(高清晰电视广播)和一些高要求视频编辑、处理上也有相当的应用面。使用 MPEG-2 的压缩算法压缩一部 120 分钟长的电影(非视频文件)可以压缩到 4～8GB 的大小(当然，其图像质量等性能方面的指标 MPEG-1 是无法相比的)。MPEG-4 是一种新的压缩算法，使用这种算法的

ASF格式可以把一部120分钟长的电影(未视频文件)压缩到300MB左右的视频流,可供在网上观看。其他的DIVX格式也可以压缩到600MB左右,但其图像质量比ASF要好很多。

(5) DIVX:DIVX视频编码技术是一种对DVD造成威胁的新生视频压缩格式。它由Microsoft MPEG-4v3修改而来,使用MPEG-4压缩算法,同时打破了ASF的种种协定而发展出来。

(6) QuickTime:QuickTime(MOV)是Apple(苹果)公司创立的一种视频格式,在很长的一段时间里,它都是只在苹果公司的MAC上存在。后来才发展到支持Windows平台,它无论是在本地播放还是作为视频流格式在网上传播,都是一种优良的视频编码格式。到目前为止,它的最新版本是7.75.80.95。

(7) Real Video:Real Video(RA、RAM)格式由一开始就是定位在视频流应用方面的,也可以说是视频流技术的始创者。它可以在用56K Modem拨号上网的条件实现不间断地播放视频,当然,其图像质量和MPEG2、DIVX等是不可相比的。

(8) RMVB:RMVB格式是在流媒体的RM影片格式上升级延伸而来的。VB的意思是"可改变之比特率",是Variable Bit Rate,也可写为VBR。在播放以往常见的RM格式的电影时,可以在播放器左下角看到225kb/s字样,这就是比特率。影片的静止画面和运动画面对压缩采样率的要求是不同的,如果始终保持固定的比特率,会造成浪费。RMVB则打破了原先RM格式那种平均压缩采样的方式,在保证平均压缩比的基础上,设定了一般为平均采样率两倍的最大采样率值。将较高的比特率用于复杂的动态画面(歌舞、飞车、战争等),而在静态画面中则灵活地转为较低的采样率,合理地利用了比特率资源,使RMVB在牺牲少部分察觉不到的影片质量的情况下最大限度地压缩了影片的大小,最终拥有了近乎完美的接近于DVD品质的视听效果。

2. 常见的视频编码

(1) Microsoft RLE:一种8位的编码方式,能支持到256色。压缩动画或者是计算机合成的图像等具有大面积色块的素材可以使用它来编码,是一种无损压缩方案。

(2) Microsoft Video 1:用于对模拟视频进行压缩,是一种有损压缩方案,最高仅达到256色,它的品质就可想而知了,一般还是不要使用它来编码AVI了。

(3) Microsoft H.261和H.263 Video Codec:用于视频会议的Codec,其中H.261适用于ISDN、DDN线路,H.263适用于局域网,不过一般机器上这种Codec是用来播放的,不能用于编码。

(4) Intel Indeo Video R3.2:所有的Windows版本都能用Indeo Video 3.2播放AVI编码。它压缩率比Cinepak大,但需要回放的计算机要比Cinepak得快。

(5) Intel Indeo Video 4和5:常见的有4.5和5.10两种版本,质量比Cinepak和R3.2要好,可以适应不同带宽的网络,但必须有相应的解码插件才能顺利地将下载作品进行播放。适合于装了Intel公司MMX以上CPU的机器,回放效果优秀。如果一定要用AVI的话,推荐使用5.10,在效果几乎一样的情况下,它有更快的编码速度和更高的压缩比。

(6) Intel IYUV Code：使用该方法所得的图像质量极好，因为此方式是将普通的RGB色彩模式变为更加紧凑的YUV色彩模式。如果想将AVI压缩成MPEG-1，用它得到的效果比较理想，只是它生成的文件太大。

(7) Microsoft MPEG-4 Video Code：常见的有1.0、2.0、3.0三种版本，都是基于MPEG-4技术，其中3.0并不能用于AVI的编码，只能用于生成支持“视频流”技术的ASF文件。

(8) DivX- MPEG-4 Low-Motion/Fast-Motion：实际上与Microsoft MPEG-4 Video Code差不多，只是Low-Motion采用的是固定码率，Fast-Motion采用的是动态码率，后者压缩成的AVI几乎只是前者的一半大，但质量要差一些。Low-Motion适用于转换DVD以保证较好的画质，Fast-Motion用于转换VCD以体现MPEG-4短小精悍的优势。

(9) DivX 3.11/4.12/5.0：实际上就是DivX，原来DivX是为了打破Microsoft的ASF规格而开发的，现在开发组摇身一变成了Divxnetworks公司，所以不断推出新的版本，最大的特点就是在编码程序中加入了1-pass和2-pass的设置，2-pass相当于两次编码，以最大限度地在网络带宽与视觉效果中取得平衡。

3. 视频传输中的码率及计算公式

1) 码率

码率就是数据传输时单位时间传送的数据位数，一般用的单位是kb/s即千位每秒。通俗一点的理解就是取样率，单位时间内取样率越大，精度就越高，处理出来的文件就越接近原始文件，但是文件体积与取样率是成正比的，所以几乎所有的编码格式重视的都是如何用最低的码率达到最少的失真。

2) 码率的计算公式

基本的计算公式是：文件大小=时间×码率/8。这里时间单位是秒，码率除以8，是转化为字节数。

3) 关于码率的几点原则

(1) 码率和质量成正比，但是文件大小也和码率成正比；

(2) 码率超过一定数值，对图像的质量没有多大影响；

(3) DVD的容量有限，无论是标准的4.3GB，还是超刻或是D9都有极限。

4) 视频码率

Kb/s：Kb/s指的是网络速度，也就是每秒钟传送多少个千位的信息(K表示千位，Kb表示的是多少千个位)，为了在直观上显得网络的传输速度较快，一般公司都使用Kb(千位)来表示，如果是KB/s，则表示每秒传送多少千字节。1KB/s=8Kb/s。ADSL上网时的网速是512Kb/s，如果转换成字节，就是512/8=64KB/s(即64千字节每秒)。视频码率通常也是用Kb/s来量度的。

3.4.3 压缩编码技术

随着多媒体技术和通信技术的不断发展，多媒体娱乐、信息高速公路等领域不断对信息数据的存储和传输提出了更高的要求,也给现有的有限带宽带来了严峻的考验。特别是具有庞大数据量的数字图像通信,更难以快速传输和存储,这极大地制约了图像通信的发展。因此,图像压缩技术受到了人们越来越多的关注。图像压缩的目的就是把原来较大的图像用尽量少的字节表示和传输,并且要求复原图像有较好的质量。利用图像压缩,可以减轻图像存储和传输的负担,使图像在网络上实现快速传输和实时处理。

图像压缩编码技术可以追溯到 1948 年提出的电视信号数字化,到今天已经有五十多年的历史了。在此期间出现了很多种图像压缩编码方法,特别是到了 20 世纪 80 年代后期以后,由于小波变换理论、分形理论、人工神经网络理论、视觉仿真理论的建立,图像压缩技术得到了前所未有的发展,其中分形图像压缩和小波图像压缩是当前研究的热点。

1. 压缩编码的概念及分类

先考虑一个问题,这就是为什么要对图像进行压缩。这是因为图像信息的数据量实在是太大了。例如,一张 A4(210mm×297mm)幅面的照片,若用中等分辨率(300dpi)的扫描仪按真彩色扫描,共有(300×210/25.4)×(300×297/25.4)个像素,每个像素占 3 个字节,其数据量为 26MB,数据量之大可见一斑。如今在互联网上,传统基于字符界面的应用已被能够浏览图像信息的 WWW(World Wide Web)方式所取代。WWW 尽管漂亮,但是也带来了一个问题:图像信息的数据量太大了,本来就已经非常紧张的网络带宽变得更加不堪重负,使得 World Wide Web 变成了 World Wide Wait。总之,大数据量的图像信息会给存储器的存储容量、通信干线信道的带宽以及计算机的处理速度增加极大的压力。单纯靠增加存储器容量,提高信道带宽以及计算机的处理速度等方法来解决这个问题是不现实的。同时,图像中含有大量的冗余信息,在不至于引起视觉效果的变化情况下,对图像进行压缩就成为必要和可能。

图像的压缩是有理论基础的。其重要理论基础之一就是信息论。从信息论的角度来看,压缩就是去掉信息中的冗余,即保留不确定的信息,去掉确定的信息(可推知的),也就是用一种更接近信息本质的描述来代替原有冗余的描述,这个本质的东西就是信息量(即不确定因素)。

压缩可分为两大类:第一类压缩过程是可逆的,也就是说,从压缩后的图像能够完全恢复出原来的图像,信息没有任何丢失,称为无损压缩;第二类压缩过程是不可逆的,无法完全恢复出原图像,信息有一定的丢失,称为有损压缩。选择哪一类压缩,要折中考虑,尽管希望能够无损压缩,但是通常有损压缩的压缩比(即原图像占的字节数与压缩后图像占的字节数之比,压缩比越大,说明压缩效率越高)比无损压缩的高。

图像压缩一般通过改变图像的表示方式来达到,因此压缩和编码是分不开的。图像压缩的主要应用是图像信息的传输和存储,可广泛地应用于广播电视、电视会议、计算机通信、传真、多媒体系统、医学图像、卫星图像等领域。

压缩编码的方法有很多,主要分成像素编码、预测编码、变换编码和其他编码 4 类。

(1) 像素编码。编码时对每个像素单独处理,不考虑像素之间的相关性。在像素编码中常用的几种方法有:脉冲编码调制(Pulse Code Modulation,PCM);熵编码(Entropy Coding);行程编码(Run Length Coding,RLC);位平面编码(Bit Plane Coding)。

(2) 预测编码。通过去除相邻像素之间的相关性和冗余性,只对新的信息进行编码。例如灰度图像因为像素的灰度是连续的,所以在一片区域中,相邻像素之间灰度值的差别可能很小。如果只记录第一个像素的灰度,其他像素的灰度都用它与前一个像素灰度之差来表示,就能起到压缩的目的。如 248,2,1,0,1,3,实际上这 6 个像素的灰度是 248,250,251,251,252,255。表示 250 需要 8 个比特,而表示 2 只需要两个比特,这样就实现了压缩。常用的预测编码有 Δ 调制(Delta Modulation,DM);微分预测编码(Differential Pulse Code Modulation,DPCM)等。

(3) 变换编码。是将给定的图像变换到另一个数据域(如频域)上,使得大量的信息能用较少的数据来表示,从而达到压缩的目的。变换编码有很多,如离散傅里叶变换(Discrete Fourier Transform,DFT);离散余弦变换(Discrete Cosine Transform,DCT);离散哈达玛变换(Discrete Hadamard Transform,DHT)等。

(4) 其他的编码方法也有很多,如混合编码(Hybird Coding)、矢量量化(Vector Quantize,VQ)、LZW 算法。

值得注意的是,近些年来出现了很多新的压缩编码方法,如使用人工神经元网络(Artificial Neural Network,ANN)的压缩编码算法、分形(Fractl)、小波(Wavelet)、基于对象(Object Based)的压缩编码算法、基于模型(Model-Based)的压缩编码算法(应用在 MPEG4 及未来的视频压缩编码标准中)。

2. 常见的压缩编码技术

1) JPEG 压缩技术

负责开发静止图像压缩标准的"联合图片专家组"(Joint Photographic Expert Group,JPEG),于 1989 年 1 月形成了基于自适应 DCT 的 JPEG 技术规范的第一个草案,其后经多次修改,至 1991 年形成 ISO 10918 国际标准草案,并在一年后成为国际标准,简称 JPEG 标准。

JPEG 算法中首先对图像进行分块处理,一般分成互不重叠的、相同大小的块,再对每一块进行二维离散余弦变换。变换后的系数基本不相关,且系数矩阵的能量集中在低频区,根据量化表进行量化,量化的结果保留了低频部分的系数,去掉了高频部分的系数。量化后的系数按 zigzag("之"形)扫描重新组织,然后进行哈夫曼编码。JPEG 的优点是:①形成了国际标准;②具有中端和高端比特率上的良好图像质量。JPEG 的不足是:①由于对图像进行分块,在高压缩比时产生严重的"方块效应";②系数进行量化,是有损压缩;③压缩比不高,压缩比小于 50。

2) JEPG2000 压缩技术

JPEG2000 是由 ISO/IEC JTCISC29 标准化小组负责制定的全新静止图像压缩标准。一个最大改进是它采用小波变换代替了余弦变换。2000 年 3 月的东京会议,确定了彩色静态图像的新一代编码方式——JPEG2000 图像压缩标准的编码算法。JPEG2000 的编码过程主要分为预处理、核心处理和位流组织。预处理部分包括对图像分片、直流电平(DC)位移和分量变换。核心处理部分由离散小波变换、量化和熵编码组成。位流组织部分则包括区域划分、码块、层和包的组织。

JPEG2000格式的图像压缩比可在现有的JPEG基础上再提高10%～30%，而且压缩后的图像显得更加细腻平滑。对于目前的JPEG标准，在同一个压缩码流中不能同时提供有损和无损压缩，而在JPEG2000系统中，通过选择参数能够对图像进行有损和无损压缩。现在网络上的JPEG图像下载时是按“块”传输的，而JPEG2000格式的图像支持渐进传输，这使用户不必接收整个图像的压缩码流。由于JPEG2000采用小波技术，可随机获取某些感兴趣的图像区域(ROI)的压缩码流，对压缩的图像数据进行传输、滤波等操作。

JPEG2000标准适用于各种图像的压缩编码。其应用领域将包括Internet、传真、打印、遥感、移动通信、医疗、数字图书馆和电子商务等。JPEG2000图像压缩标准将成为21世纪的主流静态图像压缩标准。

3) 分形图像压缩

1988年，Barnsley通过实验证明分形图像压缩可以得到比经典图像编码技术高几个数量级的压缩比。1990年，Barnsley的学生A. E. Jacquin提出局部迭代函数系统理论后，使分形用于图像压缩在计算机上自动实现成为可能。

分形图像压缩把原始图像分割成若干个子图像，然后每一个子图像对应一个迭代函数，子图像以迭代函数存储，迭代函数越简单，压缩比也就越大。同样解码时只要调出每一个子图像对应的迭代函数反复迭代，就可以恢复出原来的子图像，从而得到原始图像。主要的分形图像编码技术有尺码编码方法、迭代函数系统方法、A-E-Jacquin的分形方法等。

虽然分形图像压缩在图像压缩领域还不占主导地位，但是分形图像压缩既考虑局部与局部，又考虑局部与整体的相关性，适合于自相似或自仿射的图像压缩，而自然界中存在大量的自相似或自仿射的几何形状，因此它的适用范围很广。

除了以上几种常用的图像压缩方法以外，还有NNT(数论变换)压缩、基于神经网络的压缩方法、Hibert扫描图像压缩方法、自适应多相子带压缩方法等。

4) 视频压缩编码技术

视频压缩的目标是在尽可能保证视觉效果的前提下减少视频数据率。视频压缩比一般指压缩后的数据量与压缩前的数据量之比。由于视频是连续的静态图像，因此其压缩编码算法与静态图像的压缩编码算法有某些共同之处。但是运动的视频还有其自身的特性，因此在压缩时还应考虑其运动特性才能达到高压缩的目标。在视频压缩中常需用到以下的一些基本概念。

(1) 有损和无损压缩：在视频压缩中有损和无损的概念与静态图像中基本类似。无损压缩也即压缩前和解压缩后的数据完全一致。多数无损压缩都采用RLE行程编码算法。有损压缩意味着解压缩后的数据与压缩前的数据不一致。在压缩的过程中要丢失一些人眼和人耳所不敏感的图像或音频信息，而且丢失的信息不可恢复。几乎所有高压缩比的算法都采用有损压缩，这样才能达到低数据率的目标。丢失的数据率与压缩比有关，压缩比越大，丢失的数据越多，解压缩后的效果一般越差。此外，某些有损压缩算法采用多次重复压缩的方式，这样还会引起额外的数据丢失。

(2) 帧内和帧间压缩：帧内压缩也称为空间压缩。当压缩一帧图像时，仅考虑本帧的数据而不考虑相邻帧之间的冗余信息，这实际上与静态图像压缩类似。帧内一般采用有损压缩算法，由于帧内压缩时各个帧之间没有相互关系，所以压缩后的视频数据仍可以以帧为单位进行编辑。帧内压缩一般达不到很高的压缩。

采用帧间压缩是基于许多视频或动画的连续前后两帧具有很大的相关性，或者说前后两帧信息变化很小的特点。也即连续的视频其相邻帧之间具有冗余信息，根据这一特性，压缩相邻帧之间的冗余量就可以进一步提高压缩量，减小压缩比。帧间压缩也称为时间压缩，它通过比较时间轴上不同帧之间的数据进行压缩。帧间压缩一般是无损的。帧差值算法是一种典型的时间压缩法，它通过比较本帧与相邻帧之间的差异，仅记录本帧与其相邻帧的差值，这样可以大大减少数据量。

(3) 对称和不对称编码：对称性是压缩编码的一个关键特征。对称意味着压缩和解压缩占用相同的计算处理能力和时间，对称算法适合于实时压缩和传送视频，如视频会议应用就以采用对称的压缩编码算法为好。而在电子出版和其他多媒体应用中，一般是把视频预先压缩处理好，然后再播放，因此可以采用不对称编码。不对称或非对称意味着压缩时需要花费大量的处理能力和时间，而解压缩时则能较好地实时回放，也即以不同的速度进行压缩和解压缩。一般地说，压缩一段视频的时间比回放(解压缩)该视频的时间要多得多。例如，压缩一段三分钟的视频片断可能需要10多分钟的时间，而该片断实时回放时间只有三分钟。

目前有多种视频压缩编码方法，但其中最有代表性的是MPEG数量级字视频格式和AVI数字视频格式。

3.5 声音信息在计算机中的表示

声音是由物体振动产生，最初发出振动(震动)的物体叫做声源。声音以波的形式振动(震动)传播。声音是声波通过任何物质传播形成的运动。声波振动内耳的听小骨，这些振动被转化为微小的电子脑波，它就是人们觉察到的声音。物体在一秒钟之内振动的次数叫做频率，单位是赫兹，用字母Hz表示。人的耳朵可以听到20～20 000Hz的声音，最敏感的是1000～3000Hz的声音。

与数字声音几个相关的概念如下。

(1) 响度(loudness)：人主观上感觉声音的大小(俗称音量)，由“振幅”(amplitude)和人离声源的距离决定，振幅越大响度越大，人和声源的距离越小，响度越大(单位：分贝即dB)。

(2) 音调(pitch)：声音的高低(高音、低音)，由“频率”(frequency)决定，频率越高音调越高。频率的单位为Hz(赫兹，hertz)，人耳听觉范围为20～20 000Hz。20Hz以下称为次声波，20 000Hz以上称为超声波。

(3) 频率：是每秒经过一给定点的声波数量，它的测量单位为赫兹，是以海因里希·鲁道夫·赫兹的名字命名的。1千赫(kHz)或1000赫表示每秒经过一给定点的声波有1000个周期，1兆赫(MHz)就是每秒钟有1 000 000个周期，等等。

(4) 音色(timbre)：又称音品，波形决定了声音的音色。声音因物体不同材料的特性而具有不同的特性,音色本身是一种抽象的东西,但波形是对音色直观的表现。音色不同,则波形不同。典型的音色波形有方波、锯齿波、正弦波、脉冲波等。不同的音色通过波形是完全可以分辨的。

(5) 乐音:有规则的让人愉悦的声音。

(6) 噪声:从物理学的角度看,由发声体做无规则振动时发出的声音;从环境保护的角度看,凡是干扰人们正常工作、学习和休息的声音,以及对人们要听的声音起干扰作用的声音都可以称为噪声。

音调、响度、音色是乐音的三个主要特征,人们就是根据它们来区分声音的。当两个物体碰撞后振动产生声音时,若两者的振动频率比为不可化简的复杂比,如 201∶388,那么人们分辨出来会觉得这个声音刺耳;相反,若两者振动频率比为可化简的简单比,如 3∶7,那么人们分辨出来会觉得很动听(由古希腊科学家毕达哥拉斯发现)。

3.5.1 数字音频

声音有多种分类的方法。按用途可以分为语音、音乐和效果声;按音源可以分为自然界的可闻声和由计算机通过专门的设备合成的语音或音乐;按照其表示形式可分为模拟声音和数字声音。计算机处理的声音类型又可分为带宽为 300～3400Hz、专指人的说话声音[话音或语音(speech)]和带宽可达到 20Hz～20kHz 的全频带声音(如音乐声、风雨声、汽车声等)。声音按照频率可以分为次声波、超声波和音频。次声波(subsonic)是频率低于 20Hz 的信号。超声波(ultrasonic)是频率高于 20kHz 的信号。音频(Audio)是频率范围是 20Hz～20kHz 的声音信号,是人耳能听到的声音信号。次声波和超声波之间的音频称为可听声波,属于多媒体音频信息范畴。

1. 声音质量的量度

评价声音质量可以从主观质量量度和客观质量量度(即音频信号的技术指标,如频带宽度、动态范围和信噪比等)两个方面进行量度。在语音评价过程中,主观的质量评价较客观的质量评价更为恰当。

(1) 客观评价指标主要有:

频带宽度。声音信号是由许多频率不同的分量信号组成的复合信号。复合信号的频率范围称为频带宽度。频带越宽,包含的音频信号越丰富,通常将音质定义为 4 个等级标准:CD 级(频率范围为 10Hz～22kHz)、FM 广播级(频率范围为 20Hz～15kHz)、AM 广播级(频率范围为 50Hz～7kHz)、电话级(频率范围为 200Hz～3.4kHZ)。

动态范围:声音的动态范围是指音频信号的最大强度与最小强度之比。动态范围越大,说明音频信号的相对变化范围越大,则音响效果越好。声音的动态范围如表 3.7 所示。

表 3.7 声音的动态范围

音质效果	AM 广播	FM 广播	数字电话	CD-DA
动态范围/dB	40	60	50	100

信噪比：信噪比是有用信号与噪声之比的简称。噪声可分为环境噪音和设备噪声。通常信噪比分为系统输入信号的信噪比 SNR(in)和系统输出信号的信噪比 SNR(out)。信噪比越大，声音质量越好。信噪比的计算公式如下：

$$\mathrm{SNR}=\frac{\text{有用信号的平均功率}}{\text{噪声的平均功率}}$$

(2) 主观量度：人的感觉机理对声音的量度最有决定意义。感觉上的、主观上的测试是评价声音质量不可缺少的部分。当然，可靠的主观量度值是较难获得的。

声音质量级别如表 3.8 所示。

表 3.8 声音质量级别

分数	质量级别	失真级别
5	优(Excellent)	无察觉
4	良(Good)	(刚)察觉但不讨厌
3	中(Fair)	(察觉)有点讨厌
2	差(Poor)	讨厌但不反感
1	劣(Bad)	极讨厌(令人反感)

2. 声音数字化的步骤

由于音频信号是一种连续变化的模拟信号，而计算机只能处理和记录二进制的数字信号。因此，由自然音源而得的音频信号必须经过一定的变化和处理，变成二进制数据后才能送到计算机进行再编辑和存储。声音数字化的过程也就是将模拟信号转换成数字信号的过程。脉冲编码调制(Pulse Code Modulation，PCM)是一种模数转换的最基本的编码方法。它把模拟信号转换成数字信号的过程称为模/数转换，主要包括：

取样(sampling)。在时间上进行离散化处理，即每隔相等的一段时间在声音信号波形曲线上采集一个信号样本。

量化(quantization)。对采样后的声音信号幅值进行离散化处理。如果幅度的划分是等间隔的，就称为线性量化，否则就称为非线性量化。

编码(encoding)。将采样和量化后的数字化声音信息以二进制形式并按照一定的数据格式进行表示。

声音数字化的步骤如图 3.4 所示。

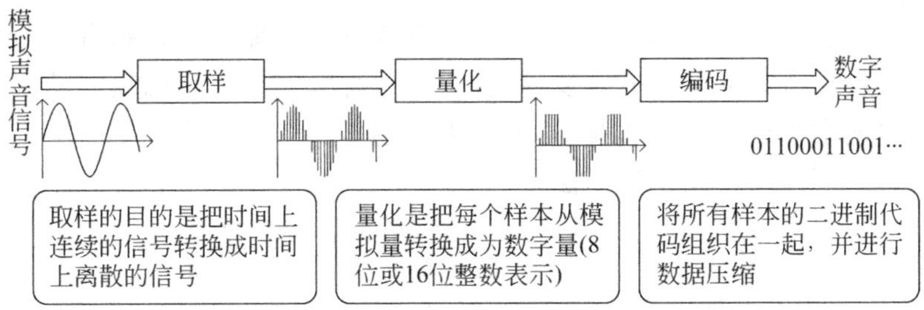

图 3.4 声音的数字化

3. 数字音频技术的指标

(1) 采样频率：采样频率是指一秒钟内采样的次数。采样频率的选择应该遵循奈奎斯特(Nyquist)采样理论(如果对某一模拟信号进行采样，则采样后可还原的最高信号频率只有采样频率的一半，或者说只要采样频率高于输入信号最高频率的两倍，就能从采样信号系列重构原始信号)。根据该采样理论，CD 激光唱盘的采样频率为 44kHz，可记录的最高音频为 22kHz，这样的音质与原始声音相差无几，也就是人们常说的超级高保真音质。通信系统中数字电话的采用频率通常为 8kHz，与原 4kHz 带宽的声音一致。

(2) 量化位数：量化是对模拟音频信号的幅度轴进行数字化，它决定了模拟信号数字化以后的动态范围。由于计算机按字节运算，一般的量化位数为 8 位和 16 位。量化位越高，信号的动态范围越大，数字化后的音频信号就越可能接近原始信号，但所需要的存储空间也越大，如表 3.9 所示。

表 3.9　量化位与动态范围的关系

量化位	等份	动态范围/dB	应　用
8	256	48～50	数字电话
16	65 536	96～100	CD-DA

(3) 声道数：声道数指的是一次同时产生的声波组数。

单声道：缺乏位置感。

双声道(立体声)：声音在录制过程中被分配到两个独立的声道，但所占的空间比单声道多一倍。这种技术在音乐欣赏中尤为有用，目前仍然是许多音响产品遵循的技术标准。

四声道环绕：规定了 4 个发音点(前左、前右，后左、后右)，同时建议增加一个低音音箱，以加强对低频信号的回放处理(4.1 声道音箱系统广泛流行的原因)。

5.1 声道：运用于各类传统影院和家庭影院中，一些知名的声音录制压缩格式，都以 5.1 声音系统为技术蓝本。5.1 声道中增加了一个中置单元，负责传送低于 80Hz 的声音信号，在欣赏影片时有利于加强人声，把对话集中在整个声场的中部，增加整体效果。

7.1 声道：它在 5.1 的基础上增加了中左和中右两个发音点。当然由于成本比较高，目前尚未普及。

(4) 编码算法：编码的作用一是采用一定的格式来纪录数字数据，二是采用一定的算法来压缩数字数据以减少存储空间和提高传输效率。压缩算法包括有损压缩和无损压缩；有损压缩指解压后数据不能完全复原，要丢失一部分信息。压缩编码的基本指标之一就是压缩比，它通常小于 1。压缩越多，信息丢失越多、信号还原后失真越大。根据不同的应用，应该选用不同的压缩编码算法。

$$\text{数字音频压缩比} = \frac{\text{压缩后的音频数据量}}{\text{压缩前的音频数据量}}$$

(5) 数据率及数据文件格式：数据率为每秒比特数，它与信息实时传输有直接关系，而其总数据量又与存储空间有直接关系。

3.5.2 声音的表示技术

1. 数字音频压缩编码的理论基础

在声音信号中，如果不对其进行一定的压缩，则数据量颇为惊人。例如，在5.1声道环绕立体声中，每秒钟的数据量是：6×48kHz×16b=4.608Mb/s。庞大的数据量给传输带宽和存储设备带来了巨大的压力。另外，语音信号存在多种多样的冗余。这可分别从时间域和频率域描述。从时间域分析：幅度的非均匀分布。语音中的小幅度样本出现的概率高，信息主要集中在低功率上；采样数据间的相关。相邻的语音信号间有很强的相关性，研究表明，当采样率为8kHz时，相邻样值之间的相关系数大于0.85，如果采样率提高，相关性将更强；周期间的相关。浊音语音段具有准周期性，反映在波形上出现图形的重复，即信息冗余；语音间隙。实际语音通信中，存在通话间隙，通话分析表明，全双工话路的典型效率约为通话时间的40%，即静止系数为0.6；长时自相关。除了样本间、同期间的相关外，在较长的时间间隔上，语音信号也存在相关，统计表明，8 kHz采样时的平均相关系数高达0.9；从频率域分析：非均匀的长时功率谱密度。从相当长的时间内统计平均，语音信号的功率谱呈现强烈的非平坦性，这说明语音信号对给定的频段利用得不充分，存在固定的冗余度；语音特有的短时功率谱密度。语音信号的短时功率谱在某些频率上出现峰值，而在另一些频率上出现谷值，这些峰值频率是能量较大的频率，称为共振峰(Formant)，语音特征主要由前三个共振峰频率决定，随着频率的增高，对整个功率谱的影响会快速递减。语音压缩的第二个依据是人的听觉生理和心理特性对语音的感知。其影响主要表现在：第一，人的听觉系统(Human Auditory System，HAS)对声音具有掩蔽效应(Mask Effect)，即一个强的声音能够抑制另一个同时存在且相对较弱的声音，利用这一性质可以抑制与信号同时存在的量化噪声。第二，对不同频段的声音的敏感程度不同。人的听觉对低频段比较敏感，而对高频段不太敏感，这主要是因为浊音的周期和共振峰在这里。第三，人耳对语音信号的相位变化不敏感。人耳的听觉不像人的视觉对感知的信号相位那样敏感，一定程度的相位失真对听觉来说是可以容忍的。人耳听不到或感官极不灵敏的语音信号都可以认为是冗余，可以利用这些特性进行语音数据压缩。

2. 数字声音的压缩编码

现代通信的重要标志是实现数字化，而要实现数字化首先得把模拟信号转变为数字信号，这种变换对语音信号来说就是语音编码。为了提高语音编码和语音信号数字传输的有效性，通常还要进行语音压缩编码，语音压缩编码技术有多种，归纳起来大致可分为三类：波形编码、参数编码和混合编码。

1）波形编码

最早的语音编码系统采用波形编码方法，这种方法主要是基于语音信号的波形，力图使合成语音与原始语音的波形误差最小。由于语音信号的全部信息都蕴含在原始波形里，所以这种方法编码后的合成语音质量非常好，且适应能力强，抗信道干扰性能好。所采用的压缩方法一般是基于各种有效的数学变换,通过将波形从一个域变换为另一个更易于提取特征参数的域来达到对变换后的参数进行量化编码的目的的。在数学上,这实质上是一个曲线拟合或数据近似的问题。主要的编码器有:脉冲编码调制(PCM)、自适应增量调制(ADM)、自适应差分编码(ADPCM)、自适应预测编码(APC)、自适应子带编码(ASBC)、自适应变换编码(ATC)。波形编码的性能和压缩比特率取决于所用的变换方法的性能。由于语音波形的动态范围很大,目前所用的变换算子的作用又有限。因此,波形编码的比特率不能压得很低,一般在 16kb/s 以上,如果低于 16kb/s,则性能就下降很快。近年来蓬勃发展的小波变换,尽管具有分层的思想、"显微镜"的功能、与图像的视觉感知相吻合,但用于语音编码效果并不理想。这是因为与人的听觉感知不相吻合。国际电报电话咨询委员会 CCITT(现已并入国际电信联盟)于 1972 年制定的 G.711 64kb/s 的脉冲编码调制和 ITU 在 1984 年公布的 G.721 32kb/s 自适应差分脉冲编码调制编码器标准等都属于这一类编码器。

2) 参数编码

参数编码始于 1939 年美国人 Homer Dudey 发明的声码器,它是根据语音信号的特征参数来编码的,所以又叫"声码器技术"。这种编码方法是通过对人的发声生理过程的研究,建立一个模拟其发声的数学模型来达到提取其特征参数进行量化编码的目的的。它力图使合成语音具有尽可能的可懂性,保持原语音的语意,而合成语音的波形与原始语音的波形可能有相当大的差别。由于它是以滤波器为主来构造语音产生模型的,发送的只是滤波器的参数和相关的特征值,可以将比特率压得很低,但合成的语音质量不是很好。这种方法在低速率声码器中普遍采用。主要声码器有通道声码器、共振峰声码器、同态声码器、线性预测(LPC)声码器等。其中 LPC 声码器是典型的参数编码方法、具有均方误差最小的特点。

3) 混合编码

20 世纪 80 年代后期,综合波形编码和参数编码的混合编码算法成为主流,这种算法也假定了一个语音产生模型,但同时又使用与波形编码相匹配的技术将模型参数编码,吸收了两者的优点。所谓混合编码有两层含义:一是激励的混合,更精确地表示残差信号;二是编码方式的混合,综合波形编码和参数编码的优点,从而获得更高的质量。根据这种方法进行编码的有 1982 年 Bishnu S. Atal 和 Joel R. Remde 提出的多脉冲激励线性预测编码(MPLPC),码率在 9.6~16kb/s 的范围内,1985 年 Ed. F. Deprettere 和 PeterKroon 首先提出的规则脉冲激励语音编码(RPE-LPC),1985 年 Manfred R. Schroeder 和 Bishnu S. Aral 提出了用矢量量化技术对激励信号进行编码的码激励线性预测编码(CELP),在 4.8~16kb/s 的范围内可获得质量相当高的合成语音。近年来码激励线性预测(CELP)编码作为一种优秀的中、低速率方案得到了很好的重视和研究,在降低复杂度、增强 CELP 性能、提高语音质量等方面取得了许多新的进展。1989 年,Motorola 的 8kb/s 矢量和激励线性预测编码(VSELP)成为北美第一种数字蜂窝式移动通信网的语音编码标准,与美国政府标准 4.8kb/s CELP 语音编码器基本相同。美国政府制定了 FS-1016 4.8kb/s 的 CELP 保密电话网的标准之后,提出了制定半速率 2.4kb/s 声码器的新课题。

3. 数字波形声音压缩编码

1) 波形声音的主要参数

经过数字化的波形声音是一种使用二进制表示的串行比特流(bitstream),它遵循一定的标准或规范进行编码,其数据是按时间顺序组织的。波形声音的主要参数包括:取样频率,量化位数,声道数目,使用的压缩编码方法以及数码率(bit rate)。数码率也称为比特率,简称码率,它指的是每秒钟的数据量。数字声音未压缩前,其计算公式为

$$\text{波形声音的码率} = \text{取样频率} \times \text{量化位数} \times \text{声道数}$$

2) 全频带声音的压缩编码

波形声音经过数字化之后数据量很大,特别是全频带声音。以CD盘片上所存储的立体声高保真的全频带数字音乐为例,1小时的数据量大约是635MB。为了降低存储成本和提高通信效率(降低传输带宽),对数字波形声音进行数据压缩是十分必要的。

波形声音的数据压缩也是完全可能的。其依据是声音信号中包含大量的冗余信息,再加上还可以利用人的听觉感知特性。目前有许多波形声音的压缩算法。一个好的声音数据压缩算法通常应做到压缩倍数高、声音失真小、算法简单、编码器/解码器的成本低。

全频带数字声音的第一代编码技术采用的是PCM(脉冲编码调制),它主要是依据声音波形本身的信息相关性进行数据压缩的,代表性的应用是CD唱片。

第二代全频带声音的压缩编码不但充分利用声音信息本身的相关性,而且还充分利用人耳的听觉特性,即使用"心理声学模型"来达到大幅度压缩数据的目的,这种压缩编码方法称为感知声音编码(Perceptual Audio Coding)。

编码过程一般分为三个阶段,第一阶段通过时间/频率变换和心理声学分析,揭示原始声音中与人耳感知无关的信息,第二阶段通过量化和编码予以抑制,第三阶段再使用熵编码消除声音信息中的统计冗余。

第二代几种典型全频带声音的压缩编码方法主要有国际标准MPEG和工业标准Dolby AC-3,其中的MPEG-1声音压缩编码是国际上第一个高保真声音数据压缩的国际标准。它分为三个层次:层1(Layerl)的编码较简单,主要用于数字盒式录音磁带;层2(Layer2)的算法复杂度中等,其应用包括数字音频广播(DAB)和VCD等;层3(Layer3)的编码最复杂,主要应用于因特网上的高质量声音的传输。最近几年流行起来的MP3音乐就是一种采用MPEG-1层3编码的高质量数字音乐,它能以10倍左右的压缩比降低高保真数字声音的存储量,使一张普通CD光盘上可以存储大约100首MP3歌曲。

MPEG-2的声音压缩编码采用与MPEG-1声音相同的编译码器,层1、层2和层3的结构也相同,但它能支持5.1声道和7.1声道的环绕立体声。

杜比数字AC-3(Dolby Digital AC-3)是美国杜比公司开发的多声道全频带声音编码系统,它提供的环绕立体声系统由5个全频带声道加1个超低音声道组成,6个声道的信息在制作和还原过程中全部数字化,信息损失很少,细节十分丰富,具有真正的立体声效果,在数字电视、DVD和家庭影院中广泛使用。

为了在因特网环境下开发数字声音的实时应用,例如网上的在线音频广播,实时音乐点播(边下载边收听),必须做到按声音播放的速度从(窄带)因特网上连续接收数据。这

一方面要求数字声音压缩后数据量要小,另外还要使声音数据的组织适合于流式(streaming)传输。实现上述要求的媒体就称为“流媒体”。为此而开发的声音流媒体有Real Networks公司的RA(Real Audio)数字音频,微软公司的WMA(Windows Media Audio)数字音频等,它们都能直接从网络上播放音乐,而且可以随网络带宽的不同而调节声音的质量,在保证大多数人听到流畅声音的前提下,令带宽较富裕的听众获得较好的音质。

3) 数字语音的压缩编码

语音是人们说话时肺部的受压空气沿着声道通过声门发出时产生的。语音信号的带宽只有300～3400 Hz,是一种特殊的波形声音,再加上它是人们交换信息的主要媒体,因此对数字语音进行专门的压缩编码处理,既十分必要也完全可能。

数字语音可以采用像全频带声音那样的基于感觉模型的压缩方法(称为波形编码),例如国际电信联盟ITU G.711和G.721采用的都是这样的方法。前者是PCM编码,后者是ADPCM(自适应差分脉冲编码调制)。它们的码率虽然比较高(分别为64kb/s和32kb/s),但能保证语音的高质量,且算法简单、易实现,在固定电话通信系统中得到了广泛应用。由于它们采用波形编码,便于计算机编辑处理,所以在多媒体文档中也被广泛使用。例如多媒体课件中教员的讲解,动画演示中的配音,游戏中角色之间的对白等。

数字语音的另一类压缩编码方法称为参数编码或模型编码。它使用一种所谓“声源—滤波器”模型来模拟人的发声过程,从原始的语音波形信号中使用线性预测方法提取语音生成的参数,把这些参数作为该语音压缩编码的结果,因此码率很低,而且声音质量也较差,一般只应用于保密通信。

第三类语音压缩编码方法是上述两种方法的结合,称为混合编码。它们利用原始语音波形信号提取上述“声源—滤波器”模型中的声道参数与激励信号,并使使用这种激励信号产生的波形尽可能接近于原始语音的波形。采用此类方法后,码率在4.8kb/s到16kb/s之间,它既能达到高的压缩比,又能保证较好的语音质量。目前的移动通信和IP电话中,语音信号大多采用这种混合编码方法。

思考题

1. 请将十进制125.5,转换成二进制、八进制、十六进制。
2. 原码、补码、反码有什么不同?分别求出−15的原码、补码和反码。
3. 简述计算机中文本信息常用的编码方法。
4. 图像编码技术有哪些?图像编码的目的是什么?
5. 在视频压缩编码中,请简要说明什么是有损和无损压缩、帧内和帧间压缩、对称和不对称编码。
6. 常用的压缩编码技术有哪些?各有什么特点?
7. 简要说明数字音频压缩编码方式。
8. 5.1声道与7.1声道中的音箱如何布置?

世界上第一台VCD的发明者——姜万勐

姜万勐，男，1954年出生，大学本科，教授级高工，如图3.5所示。姜万勐从事电子信息技术行业30余年，在数字压缩、数字编码、解码等数字技术方面有很深的造诣，是中国广播电视行业系统内著名的专家。任全国光盘委员会委员、全国录制设备标准委员会委员。1993年，创立万燕公司，当年的万燕创造了中国之最，是家电产品中唯一由中国自己创立的产品，是世界首台VCD、彩色字幕机、电视自动播控制系统及音视频设备的发明人、设计者、VCD市场的启蒙者。姜万勐使影碟机产业化，至今仍保持着在家电产品中唯一由中国自己创立的产品纪录。

图3.5 姜万勐

姜万勐在大学毕业后被分到安徽电视台搞技术工作，姜万勐将自己概括为“索尼的维修工”。1987年，他从“教授卖馅饼”中得到启示，创办安徽现代电视技术研究所。他看到我国电视设备的核心技术大都掌握在外国人手里，中国企业每年都要为此花大把大把的银子，他感到心痛。

20世纪80年代，改革开放的春风催人奋进。身为安徽省现代电视技术研究所工程师的姜万勐，和中国千千万万立志创业的知识分子一样，要“走出去看看”。

1992年4月，美国国际广播电视技术展览会在美国拉斯维加斯举办。这是当时世界上规模最大的电视技术博览会。时为安徽现代集团总经理的姜万勐带着自己的同事赴美观展。

展会上，在一个$2m^2$的展台前，美国C-CUBE公司的员工正在介绍他们研发的MPEG(图像解压缩)芯片，引起了姜万勐极大的关注。知识分子特有的敏感和探索追求的天性，使得姜万勐一连三天像着了魔似的围着这个展台转来转去。对这项不起眼的技术他浮想联翩，产生了认识上的飞跃：用MPEG技术可以把图像和声音同时存储在一张小光盘上，制成音像视听产品VCD(Video Compact Disc)。广播电视业由此可结束磁带录像机一统天下的历史，而开创光盘记录的全新时代。

这一开创性的构想，激励着姜万勐上下求索。

展会上，姜万勐与C-CUBE公司董事长孙燕生相见。说来也巧，孙燕生是美籍华人，两人一见如故。姜万勐道出自己的构想和兴趣，双方一拍即合，决定合力打造应用MPEG技术的消费电子产品。

回国后，姜万勐抓紧立题。为此他认真地做了市场调研，预测视听产品VCD机年销量可达200万台。在该项目的可行性报告中，姜万勐阐明：这是本世纪消费电子领域里中国可能领先的唯一机会。

1993年3月18日，姜万勐与孙燕生共同投资1700万美元，成立了万燕公司，意在用美国的MPEG技术研制视听新品。“万燕”公司取名为姜万勐和孙燕生两人名字中的第二个字组合而成。

任何一项技术用于新品研发都不会一帆风顺。为实现研制中的技术突破，姜万勐一路走来,激情难眠。他发挥极大的聪明才智,经过反复试验,终于世界上第一台VCD机(见图3.6)于1993年9月4日研制成功,并通过了国家鉴定。这是消费电子产品有史以来我国唯一领先世界的成果,吸引着世人的眼球。

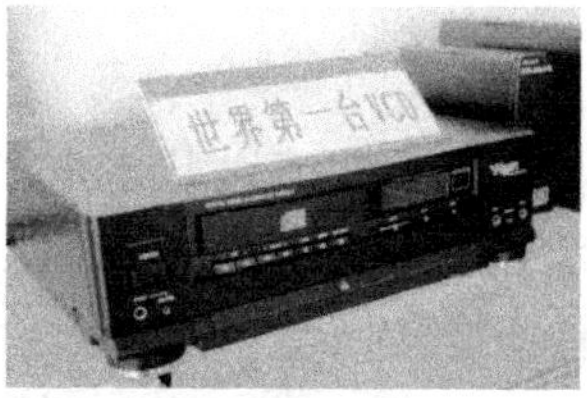

图3.6 世界上第一台VCD机

在安徽省现代电视技术研究所科技成果展览室里,人们可以看到世界第一台VCD机真品。它令人欣喜,也让人心里沉甸甸。它的命运竟是昙花一现。

1993年9月,万燕第一批1000台VCD机下线。它完全符合此前国际上正式颁布的图像压缩标准(MPEG-1)。万燕要大展宏图了。1994年一年中,万燕生产了几万台VCD机。此时的姜万勐一手向市场推销产品,大打广告,一手收购了11家音像出版社的版权,推出了97种卡拉OK光盘,让消费者尽情享用VCD提供的丰盛的视听大餐。由于不懈的努力,万燕VCD机迅速占领市场100%的份额,万燕VCD机初战成功。

智者千虑必有一失。姜万勐"失"的可太多太大了。想到用MPEG技术研制音像视听产品这一点,以及成功研制出的VCD机都是他的自主知识产权,理应申请专利保护,但他认为在法律不健全的情况下,收取专利费是不可能的而放弃了。当他看到万燕第一批1000台VCD机几乎都被国内外家电公司买去解剖做样机时,他只能痛心和无奈。

随后的1995年,各路仿制的VCD机大举进军市场,广告也铺天盖地,仅砸向央视的就年近10亿元。价格战持续升温,竞争成疯狂厮杀态势。

到了1996年,全国VCD机销量超过600万台,而万燕VCD机的市场占有率不足3%,已失去了统领市场的地位。仅三年,万燕VCD机从绚丽辉煌就无可奈何花落去了。

姜万勐可以说是中国当代最具代表性的知识分子创业和电子产品研发企业的一个典型案例。姜万勐和万燕公司的沉浮告诉人们:

一是处处留心皆学问在。如果当初姜万勐去美国考察时,没有对MPEG-1处理芯片所带来的影响引起思考,那是不可能让他成为世界上第一台VCD的发明人的。

二是要树立知识产权的保护意识。在校学习期间要重视有关知识产权法律、法规的学习,对自己或者团队所做的研发成果加强保护,申请有关的专利、软件著作权加以保护。如果当初万燕公司做好知识产权保护工作的话,现在他们也许是世界上多媒体产品制作的著名大公司了。

三是当代大学生在毕业之后,可以选择自主创业,要有专业理想、要专注自己的工作领域、要跟踪所在学科的最新进展。

第 4 章　信息加工技术

信息加工是信息处理过程中最为重要的一个环节。在计算机科学技术中，信息加工是对收集来的信息进行去伪存真、去粗取精、由表及里、由此及彼的加工过程。它是在原始信息的基础上，生产出价值含量高、方便用户利用的二次信息的活动过程。这一过程将使信息增值。只有在对信息进行适当处理的基础上，才能产生新的、用以指导决策的有效信息或知识。有关信息加工的技术可谓日新月异，信息的多样性带来了信息加工技术的多样性。本章主要介绍有关文本信息、图像信息、声音信息、视频信息和网络信息的常用加工处理技术。

4.1　文本加工技术

4.1.1　文字处理软件

目前使用最为广泛的字处理软件是 Microsoft Office 下的 Word 2013 和 WPS 2013。这两款文字加工处理软件，一外一中，几乎涵盖了文字处理的输入、编辑、美化、显示输出及其他辅助功能。图 4.1 是微软公司的 Office 的启动界面，图 4.2 是其中文字处理软件 Word 2013 的启动界面，图 4.3 是金山电脑公司的办公软件 WPS 的启动界面。

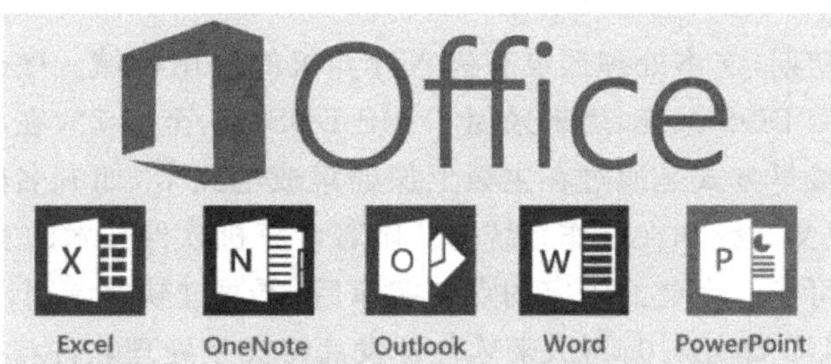

图 4.1　Office 2013

图 4.2　Word 2013 启动界面

图 4.3　WPS 2013 启动界面

1. 计算机文字处理的发展历程

在计算机发展初期，文本处理还没有进入计算机的应用领域。微机早先用的操作系统是 IBM 公司的 PC DOS 系统，后来采用了 MS DOS1.0 至 6.22，在早期的操作系统下实现对汉字处理的最早方式是通过在主板上加插集成电路卡，如有名的汉王集团开发的汉卡，通过硬件实现文字叠加在操作系统上。随着计算机软件技术的发展，通过软件方式实现文字处理成为可能。在建立汉字的点阵字库后，再通过软件调用。其中，有名的汉字操作系统有 213H、UC DOS2.0；再后来软件开发商将文字处理软件与字库合并在一个软件系统中，就有了鼎鼎有名的金山 WPS、希望 UC DOS 等；在这期间，有的操作系统改进商将字库与操作系统合并，直接将字库做在了操作系统中，就有了 PC DOS7.0 等操作系统，配套的单文字处理软件有 CCED 等；同时，字处理系统中的点阵字库又发展为矢量字库，主要用在 Windows 3.x 系统中；最后在 Windows 95 诞生后，微软将矢量字库嵌入系统，实现了对字符的无级缩放，随着 Windows 系统更新换代使用至今。

2. 计算机文字处理软件

随着计算机应用的发展，计算机文字处理软件得到了人们的广泛重视。在我国计算机的普及推广中，文字处理曾经起到了重要作用。特别是在第二次计算机普及的浪潮中，全国上下掀起了学电脑打字的热潮，无论男女老幼，大家都学习电脑打字，一方面普及了计算机的基础知识，另一方面又为人们广泛应用计算机打下了坚实的基础。根据计算机文字处理软件的使用和流行情况，把常用的计算机文字处理软件分别介绍如下。

(1) WordStar(简称 WS，文字处理之星)，是 20 世纪 80 年代较为流行的一款文字处理软件。其汉化的版本被称为中文之星，曾是我国汉字处理的主要软件。

(2) CCED。CCED 最早问世于 1988 年，首创中文字表编辑的概念，以其方便的中文制表而著称。是一款将文字编辑、表格制作、数据运算、排版打印以及数据库报表输出等多项功能融为一体的综合性文字处理软件。这一民族品牌文字处理软件曾在联邦软件销售排行榜上始终名列前 5 名之内。目前在 Windows 下的版本是 CCED2000。

(3) WPS(Word Processing System)。WPS 的中文意思是文字处理系统，是金山软件公司开发的一种办公软件。最初出现于 1989 年，在微软 Windows 系统出现以前，DOS 系统盛行的年代，WPS 曾是我国最流行的文字处理软件，现在 WPS 最新正式版为 WPS 2013，另外 WPS 2012 专业版也已面世。

WPS 于 1988 年诞生自一个叫求伯君(详见本书中人物介绍)的 24 岁年轻人之手，市场占有率一度超过 90%，这个产品也成就了这名年轻人。在我国大陆，金山软件公司在政府采购中多次击败微软公司，我国很多政府机关部门、企业都装有 WPS Office 办公软件。此外 WPS 还推出了 Linux 版、Android 版，是跨平台办公软件。自 2012 年起，WPS 开始使用 Qt 框架(Qt 是 1991 年由奇趣科技开发的一个跨平台的 C++ 图形用户界面应用程序框架)进行开发。

WPS Office 是一款套装办公软件，可以实现办公软件中最常用的文字、表格、演示等多种功能。内存占用低，运行速度快，体积小巧。具有强大的插件平台支持，免费提供海量在线存储空间及文档模板，支持阅读和输出 PDF 文件，全面兼容微软 Office 97～2010 格式(doc/docx/xls/xlsx/ppt/pptx 等)。

在 2013 年 5 月 17 日发布了 WPS 2013 版本，更快更稳定的 V9 引擎，启动速度提升 25%；更方便更省心的全新交互设计，大大增强了用户易用性；随意换肤的 WPS，4 套主题随心切换；协同工作更简单，PC、Android 设备无缝对接。

(4) Word。Word 是 Microsoft 公司的办公软件 Office 下的一款文字处理软件。1983 年 10 月，微软公司正式推出基于 Xenix 和 MS DOS 的 Word 1.0，1989 发布基于 Windows 的 Word 版本。随后陆续发布了比较有影响的 Word 97、Word 2000、Word 2003、Word XP、Word 2007、Word 2010、Word 2013。目前的最新版本是 Word 2013。

Word 具有以下功能和特点：

① 所见即所得(what you see is what you get)。用 Word 处理加工文本信息，具有编辑的文档打印出来的效果和屏幕上所显示的一样。这样不仅方便了用户的使用，而且节省文本信息加工处理的时间，提高了工作效率。

② 友好的操作界面。Word 的操作界面简单，提供了十分丰富的文本编辑工具，使得用户操作十分便捷。工具按钮形象直观，一目了然。支持键盘、鼠标、菜单、命令操作，适用各类人员使用。

③ 多媒体集成。Word 不仅可以支持图文混排，同时还可以把声音、动画、视频等对象很方便地插入编辑的文本中。此外 Word 还提供了对艺术字、绘图、数学公式、表格等

对象的编辑工作。

④ 智能化功能。Word 提供了诸如字数统计、拼写和语法检查、自动编写摘要、自动编号、自动更正等智能化文本加工功能。一方面使得文本处理更加方便,另一方面可以实现对文本的分析和加工。

⑤ 模板和向导。Word 提供了大量而且丰富的模板,使得用户在编辑某些文本时,很快建立相应的格式,提高了文本加工的速度。同时,Word 还允许用户自定义模板,为用户建立某一类经常需要的、适合于具体工作要求的特殊文档(如公司合同、日课表等)而提供了快捷有效的方法。

⑥ 帮助功能。Word 软件的帮助功能详细而丰富,Word 软件提供的形象而方便的帮助,使得用户遇到问题时,能够找到解决问题的方法。为用户自学提供了方便。

⑦ Web 工具支持。因特网(Internet)是当今计算机应用最广泛、最普及的一个方面,Word 软件提供了 Web 的支持,用户根据 Web 页向导,可以快捷而方便地制作出 Web 页(通常称为网页),还可以用 Word 软件的 Web 工具栏,迅速地打开、查找或浏览包括 Web 页和 Web 文档在内的各种文档。

⑧ 兼容性强。Word 软件可以支持许多种格式的文档,也可以将 Word 编辑的文档以其他格式保存,这为 Word 软件和其他软件的信息交换提供了极大的方便。用 Word 可以编辑邮件、信封、备忘录、报告、网页等。

⑨ 打印功能强大。Word 软件提供了打印预览功能,具有对打印机参数的强大支持性和配置性。

⑩ 文件格式的变更。随着 Office 系列软件的不断升级,如 Office 2007 等最新版本的推出,其 Word、PowerPoint、Excel 的文件格式分别由 doc、ppt、xls 变更为 docx、pptx、xlsx。docx 格式的 Word 文档在 Word 2003 及以下版本中不能直接打开。Microsoft 官方已经提供了解决方案,那就是 Office 文档兼容插件 FileFormatConverters.exe,下载后直接安装,就可以在 Office 2003 里打开后缀为 docx 的新版 Word 文档了。

Word 2013 还增加 PDF 重新排列(PDF Reflow)功能,当使用者开启 PDF 档案后,可将原本固定的 PDF 版面重新针对屏幕排版,就像自己在 Word 建立 PDF 文件一样。Word 2013 还增加线上影片功能,可在 Word 文件中嵌入影片观看。

4.1.2 OCR 技术

光学字符识别(Optical Character Recognition,OCR)是指电子设备(例如扫描仪或数码相机)检查纸上打印的字符,通过检测暗、亮的模式确定其形状,然后用字符识别方法将形状翻译成计算机文字的过程。即对文本资料进行扫描,然后对图像文件进行分析处理,获取文字及版面信息的过程。如何除错或利用辅助信息来提高识别正确率,是 OCR 最重要的课题,智能字符识别(Intelligent Character Recognition,ICR)的名词也因此而产生。衡量一个 OCR 系统性能好坏的主要指标有:拒识率、误识率、识别速度、用户界面的友好性,产品的稳定性,易用性及可行性等。

1. OCR的发展简史

OCR的概念是在1929年由德国科学家Tausheck最先提出来的，后来美国科学家Handel也提出了利用技术对文字进行识别的想法。而最早对印刷体汉字识别进行研究的是IBM公司的Casey和Nagy，1966年他们发表了第一篇关于汉字识别的文章，采用了模板匹配法识别了1000个印刷体汉字。

早在20世纪六七十年代，世界各国就开始有关于OCR的研究了。在研究初期，多以文字识别方法的研究为主，且识别的文字仅为0～9这10个数字。以同样拥有方块文字的日本为例，1960年左右开始研究OCR的基本识别理论，初期以数字为对象，直至1965～1970年开始有一些简单的产品，如印刷文字的邮政编码识别系统，识别邮件上的邮政编码，帮助邮局完成区域分信作业。因此，至今邮政编码一直是各国所倡导的地址书写方式。

20世纪70年代初，日本的学者开始研究汉字识别，并做了大量的工作。我国在OCR技术方面的研究工作起步较晚，在20世纪70年代才开始对数字、英文字母及符号的识别进行研究，20世纪70年代末开始进行汉字识别的研究。到1986年，我国的汉字识别研究工作进入了一个实质性的阶段，不少研究单位相继推出了中文OCR产品。早期的OCR软件，由于识别率及产品化等多方面的因素，未能达到实际要求。同时，由于硬件设备成本高，运行速度慢，也没有达到实用的程度。只有少数部门，如信息部门、新闻出版单位等使用OCR软件。1986年以后，我国的OCR研究有了很大的进展，在汉字建模和识别方法上都有所创新，在系统研制和开发应用中都取得了丰硕的成果，不少单位相继推出了中文OCR产品。进入20世纪90年代以后，随着平台式扫描仪的广泛应用，以及我国信息自动化和办公自动化的普及，大大推动了OCR技术的进一步发展，使OCR的识别正确率、识别速度满足了广大用户的要求。

2. OCR的软件结构

由于扫描仪的普及与广泛应用，OCR软件只需提供与扫描仪的接口，利用扫描仪驱动软件即可。因此，许多扫描仪的API和附件中往往附带OCR软件。OCR软件主要是由下面几个部分组成：

图像输入、预处理：对于不同的图像格式，有着不同的存储格式，不同的压缩方式，目前有OpenCV，CxImage等开源项目。预处理主要包括二值化、噪声去除和倾斜较正等。

二值化：对摄像头拍摄的图片，大多数是彩色图像，彩色图像所含的信息量巨大，对于图片内容，可以简单地分为前景与背景。为了让计算机更快、更好地识别文字，需要先对彩色图进行处理，使图片只有前景信息与背景信息，可以简单地定义前景信息为黑色，背景信息为白色，这就是二值化图像。

噪声去除：对于不同的文档，对噪声的定义可以不同，根据噪声的特征进行去噪，就叫做噪声去除。

倾斜较正：由于一般用户在拍照文档时，都比较随意，因此拍照出来的图片不可避免地产生倾斜，这就需要文字识别软件进行较正。

版面分析：将文档图片分段落、分行的过程就叫做版面分析。由于实际文档具有多样性和复杂性，因此，目前还没有一个固定的、最优的切割模型。

字符切割：由于拍照条件的限制，经常造成字符粘连、断笔，这极大地限制了识别系统的性能，因此需要文字识别软件具有字符切割的功能。

字符识别：有关字符识别的研究已经好长时间了，比较早的识别方法有模板匹配，后来以特征提取为主。由于文字的位移、笔画的粗细以及断笔、粘连、旋转等因素的影响，使得有关字符特征提取的难度较大。

版面恢复：人们希望识别后的文字，仍然像原文档图片那样排列着，段落不变，位置不变，顺序不变，然后输出到 Word 文档或 PDF 文档等，这一过程就叫做版面恢复。

后处理、校对：根据特定语言上下文的关系，对识别结果进行校正的工作称为后处理。

3. OCR 的工作流程

一个 OCR 识别系统的目的很简单，就是要把图像做一个转换，使图像内的图形继续保存，表格内的资料及图像内的文字一律变成计算机中的文本，使之能达到图像资料的储存量减少、识别出的文字可再使用及分析，当然也可节省因键盘输入的人力与时间。

从图像到结果输出，须经过图像输入、图像前处理、文字特征抽取、比对识别、最后经人工校正将识别错的文字进行更正，最后将结果输出。

图像输入：要经过 OCR 处理的标的物须透过光学仪器，如扫描仪、传真机或任何摄影器材，将图像转入计算机。随着技术的发展，扫描仪等输入装置已制作得越来越精致，轻薄短小、品质也较高，这对 OCR 有着相当大的帮助。扫描仪的高分辨率使得获得的图像更清晰，扫描速度的提高更是提高了 OCR 的处理效率。

图像预处理：图像预处理是 OCR 系统中解决问题最多的一个模块，通过该模块的工作可以得到一个信息量小但非常适合于 OCR 处理的二值图像，或者是灰度图像、彩色图像，可以独立出一个个的文字图像。图像预处理包括图像正规化、去除噪声、图像矫正等图像处理，及图文分析、文字行与字分离的文件前处理。在图像处理方面，在理论和技术方面都已经成熟。图像预处理须先将图片、表格及文字区域分离出来，甚至可将文章的编排方向、文章的提纲及内容主体区分开，而文字的大小及文字的字体亦可如原始文件一样判断出来。

文字特征抽取：单以识别率而言，特征抽取可以说是 OCR 系统的核心。用什么特征、怎么抽取，直接影响到识别的好坏，所以在 OCR 研究初期，特征抽取的研究报告特别多。而特征可说是识别的筹码，可以简单地分为两类：第一类是统计的特征。如文字区域内的黑/白点数比。当文字区分成好几个区域时，这一个个区域的黑/白点数比之集合，就构成了空间的一个数值向量。在比对时可以采用基本的数学方法。第二类特征为结构的特征。如文字图像细线化后，取得字的笔画端点、交叉点之数量及位置，或以笔画段为特征，配合特殊的比对方法。目前广为使用的手写输入软件的识别方法多以此种结构的方法为主。

对比数据库：当输入的文字得到相应的特征后，不管是用统计或结构的特征，都须有一个比对数据库或特征数据库来进行比对。数据库的内容应包含所有要识别的字符集文字，根据与输入文字一样的特征抽取方法所得的特征群组。

对比识别：这是可充分发挥数学运算理论的一个模块。根据不同的特征特性，选用不同的数学距离函数来进行比对识别。较有名的比对方法有欧氏空间的比对方法、松弛比对法(Relaxation)、动态程序比对法(Dynamic Programming，DP)以及类神经网络的数据库建立及比对、隐马尔可夫(Hidden Markov Model，HMM)等著名的方法。为了使识别的结果更稳定，也有一些专家系统(Experts System)被提出，利用各种特征比对方法的相异互补性，使识别出的结果具有更高的可信度。

字词后处理：由于OCR的识别率不可能达到百分之百，如果要加强比对的正确性及可信度，消除错误识别或自动更正识别错误，就必须要进行字词后处理工作。字词后处理也是OCR系统中必要的一个模块。字词后处理就是在比对后的识别文字与其可能的相似候选字群中，根据前后的识别文字找出最合乎逻辑的词，做出自动更正。

字词数据库：为字词后处理所建立的词库。

人工校正：人工校正是OCR中的最后关卡。由于OCR识别的结果不可能达到100%正确，其中还有极少数的字符识别错误或者拒绝识别，因此，为了保证识别的高可靠性，在OCR中增加了人工校正这一模块功能。该模块是一种人机交互方式，操作人员可以对照原来的图像文件，将识别结果进行快速校正。但人工校正会占用系统运行的工作时间，影响到OCR系统的工作效率。

结果输出：有些OCR用户只要将识别出来的文本文件中的部分文字加以应用，此时需要使输出的文本文件与输入的文件一模一样，所以在结果输出时需要有原文重现的功能，要能与Office中的组件相结合。其实无论怎么变化，都是要对输出文档格式进行变化。如果需要还原成原文一样的格式，则在识别后，需要进行人工排版，耗时耗力。

4. 中文字符的识别

资料录入：文献资料的数字化录入，一般分为纯图像方式、目录文本与正文图像方式、全文本方式和全文索引方式等4种方式。

识别过程：①书本级。要确定是中文还是英文，是简体字还是繁体。②版式级。是竖排还是横排，有无分栏。③行切分与字切分。④识别。真正的OCR识别过程，是将图像信息还原成文本信息。⑤后处理。通过人工干预的方式进行识别后的处理。识别过程主要集中在前4个阶段。

影响识别结果的决定因素有：①图片的质量。一般建议150dpi以上。②颜色。一般对彩色识别很差，黑白的图片较高，因此建议OCR的输入为黑白TIF格式的图像。③字体。最重要的就是字体，如果是手写的，识别率很低。

国内OCR识别简体差错率为万分之三左右，如果要求更高的精度需要投入更大的人工干预。繁体字的识别由于繁体字库的不统一性(民国时期的字库和现在的繁体字库不统一)，导致识别困难，在人工干预下，精度能达到90%以上(图文清晰的情况下)。

5. 使用OCR识别的技巧

(1) 分辨率的设置是文字识别的重要前提。一般来讲,扫描仪提供较多的图像信息,识别软件比较容易得出识别结果。但也不是扫描分辨率设得越高识别正确率就越高。选择300dpi或400dpi的分辨率,适合大部分文档扫描。注意文字原稿的扫描识别,设置扫描分辨率时千万不要超过扫描仪的光学分辨率,不然会得不偿失。下面是部分典型设置,仅供参考。

① 1、2、3号字的文章段,推荐使用200dpi;

② 4、小4、5号字的文章段,推荐使用300dpi;

③ 小5、6号字的文章段,推荐使用400dpi;

④ 7、8号字的文章段,推荐使用600dpi。

(2) 扫描时适当地调整好亮度和对比度值,使扫描文件黑白分明。这对识别率的影响最为关键,扫描亮度和对比度值的设定以观察扫描后的图像中汉字的笔画较细但又不断开为原则。进行识别前,先看看扫描得到的图像中的文字质量如何,如果图像存在黑点或黑斑或文字线条很粗很黑,分不清笔画,说明亮度值太小了,应该增加亮度值再试试;如果文字线条凹凸不平,有断线甚至图像中的汉字轮廓严重残缺,说明亮度值太大了,应减小亮度后再试。

(3) 选好扫描软件。选择一款好的适合自己的OCR软件是做好文字识别工作的基础,一般不要使用扫描仪自带的OEM软件,OEM的OCR软件功能少、效果差,有的甚至没有中文识别。

此外,还必须选择一个图像处理软件。由于OCR软件并不能识别所有的扫描仪,因此,有可能有些扫描仪扫出来的图像并不能直接送到OCR中。同时,利用图像软件的扫描接口,可以把扫描出来的图像进行处理,这样方便于OCR的工作。

(4) 如果要进行识别的文本是带有格式的,如粗体、斜体、首行缩进等,部分OCR软件识别不出来,会丢失格式或出现乱码。如果必须扫描带有格式的文本,事先要确保使用的识别软件是否支持文字格式的扫描。也可以关闭样式识别系统,使软件集中注意力查找正确的字符,不再顾及字体和字体格式。

(5) 在扫描识别报纸或其他半透明文稿时,背面的文字透过纸张混淆文字字形,对识别会造成很大的障碍。遇到该类扫描,只要在扫描原稿的背面附盖一张黑纸,扫描时,增加扫描对比度,即可减少背面模糊字体的影响,提高识别正确率。

(6) 一般文本扫描原稿都为黑、白两色原稿,但是在扫描设置时却常将扫描模式设为灰度模式。特别是在原稿质量较差时,使用灰度模式扫描,并在扫描软件处理完后再继续识别,这样会得到较好的识别正确率。值得注意的是,OCR识别软件可以自己确定阈值,几个百分点的阈值差异,可能就会影响识别的正常进行。当然,得到的图像文件的大小会比黑白文件大很多。在进行大批量文稿扫描时,必须对原稿进行测试,找到最佳的阈值百分比。

(7) 遇到图文混排的扫描原稿,首先明确使用的识别软件是否支持自动分析图文这一功能。如果支持,在进行这类扫描件识别时,OCR软件会自动计算出文本的内容、位置和先后顺序。文字部分可以按照标注的顺序正常识别。

(8) 手动选取扫描区域会有更好的识别效果。设置好参数后,先预览一下,然后开始选取扫描区域。不要将要用的文章全部选在一个区域内,因为现在的文章排版为了追求更好的视觉效果,使用图文混排的较多,扫成一幅图像会影响 OCR 识别。因此,要根据实际情况将版面分成 N 个区域。怎么划分区域呢?每一区域内的文字字体、字号最好一致,没有图形、图像,每一行的宽度一致,遇到长短不一时,再细分,一般一次最多可扫描 10 个选区。根据不同情况,合理地设置识别区域的顺序。虽然这一过程有些繁杂,但这是提高识别率的有效手段。注意各识别区域不能有交叉,做到一切觉得完好以后再进行识别。这样一般的识别率会在 95%以上,对于识别不正确的文字进行校对后,就可以进入相应的文字处理软件进行所需的处理了。

(9) 在放置扫描原稿时,待扫描的文字材料一定要摆放在扫描起始线正中,以最大限度地减小由于光学透镜导致的失真。同时应保护扫描仪玻璃的干净和不受损害。文字有一定角度的倾斜,或者是原稿文字部分为不正规排版,必须在扫描后使用旋转工具进行纠正,否则 OCR 识别软件会将水平笔画当做斜笔划处理,识别正确率会下降很多。建议尽量将扫描原稿放正,用工具旋转纠正会降低图像质量,使字符识别更加困难。

(10) 先"预览"整体版面。选定要扫描的区域,再用"放大预览"工具,选择一小块进行放大显示到全屏幕,观察其文字的对比度,文字的深浅浓度,据情况调整阈值的大小,要求最终文字清晰,不浓(文字成团),不淡(文字断笔画),一般阈值为 80 左右为宜,最后再扫描。

(11) 用工具擦掉图像污点,包括原来版面中不需要识别的插图、分隔线等,使文字图像中除了文字没有一点多余的东西,这样可以大大提高识别率并减少识别后的修改工作。

(12) 如果要扫描印刷质量稍微差一些的文章(如报纸),扫描的结果将不会黑白分明,会出现大量的黑点,而且在字体的笔画上也会出现粘连现象,这两种情况是汉字识别的大忌,将严重影响汉字识别的正确率。为获得较好的识别结果,必须仔细进行色调调节,反复扫描多次才能获得比较理想的结果。另外由于报纸很薄且大部分纸质不高,导致扫描仪上盖板不能完全压住报纸(有缝隙),所以一般情况下报纸的扫描识别效果没有杂志的效果好。解决办法是在报纸上压一至两本 16K 的杂志,可以达到较好的效果。

4.1.3 机器翻译技术

机器翻译(Machine Translation),又称为自动翻译,是利用计算机把一种自然源语言转变为另一种自然目标语言的过程,一般指自然语言之间句子和全文的翻译。它是自然语言处理(Natural Language Processing)的一个分支,与计算语言学(Computational Linguistics)、自然语言理解(Natural Language Understanding)之间存在着密不可分的关系。

机器翻译的研究是建立在语言学、数学和计算机科学这三门学科的基础之上的。语言学家提供适合于计算机进行加工的词典和语法规则,数学家把语言学家提供的材料形式化和代码化,计算机科学家给机器翻译提供软件手段和硬件设备,并进行程序设计。缺少上述任何一个方面,机器翻译就不能实现。机器翻译效果的好坏,也完全取决于这三个方面的共同努力。

机器翻译的研究历史可以追溯到20世纪三四十年代。20世纪30年代初,法国科学家G.B.阿尔楚尼提出了用机器来进行翻译的想法。1933年,苏联发明家П.П.特罗扬斯基设计了把一种语言翻译成另一种语言的机器,并在同年9月5日登记了他的发明。但是,由于当时的技术水平还很低,他的翻译机并没有制成。1946年,第一台现代电子计算机ENIAC诞生不久,信息论的先驱、美国科学家W. Weaver和英国工程师A. D. Booth在讨论电子计算机的应用范围时,于1947年提出了利用计算机进行语言自动翻译的想法。1949年,W. Weaver发表《翻译备忘录》,正式提出机器翻译的思想。走过60年的风风雨雨,机器翻译经历了一条曲折而漫长的发展道路,学术界一般将其划分为以下4个阶段:

(1) 开创期(1947—1964)。

1954年,美国乔治敦大学(Georgetown University)在IBM公司的协同下,用IBM-701计算机首次完成了英俄机器翻译试验,向公众和科学界展示了机器翻译的可行性,从而拉开了机器翻译研究的序幕。

我国开始机器翻译研究也较早。在1956年,国家就把这项研究列入了全国科学工作发展规划,课题名称是"机器翻译、自然语言翻译规则的建设和自然语言的数学理论"。1957年,中国科学院语言研究所与计算技术研究所合作开展俄汉机器翻译试验,翻译了9种不同类型的较为复杂的句子。

从20世纪50年代开始到20世纪60年代前半期,机器翻译研究呈不断上升的趋势。美国和苏联两个超级大国出于军事、政治、经济的目的,均为机器翻译项目提供了大量的资金支持,而欧洲国家由于地缘政治和经济的需要也对机器翻译研究给予了相当大的重视,机器翻译一时出现热潮。这个时期机器翻译虽然刚刚处于开创阶段,但已经进入了乐观的繁荣期。

(2) 受挫期(1964—1975)。

1964年,为了对机器翻译的研究进展做出评价,美国科学院成立了语言自动处理咨询委员会(Automatic Language Processing Advisory Committee,ALPAC),开始了为期两年的综合调查分析和测试。

1966年11月,该委员会公布了一个题为《语言与机器》的报告(简称ALPAC报告),该报告全面否定了机器翻译的可行性,并建议停止对机器翻译项目的资金支持。这一报告的发表给了正在蓬勃发展的机器翻译当头一棒,机器翻译研究陷入了近乎停滞的僵局。无独有偶,在此期间,我国爆发了十年"文化大革命",基本上这些研究也停滞了。机器翻译步入萧条期。

(3) 恢复期(1975—1989)。

进入20世纪70年代后,随着科学技术的发展和各国科技情报交流的日趋频繁,国与国之间的语言障碍显得更为严重,传统的人工作业方式已经远远不能满足需求,迫切地需要计算机来从事翻译工作。同时,计算机科学、语言学研究的发展,特别是计算机硬件技术的大幅度提高以及人工智能在自然语言处理上的应用,从技术层面上推动了机器翻译研究的复苏，机器翻译项目又开始发展起来，各种实用的以及实验的系统被先后推出，例如 Weinder 系统、EURPOTRA 多国语翻译系统、TAUM-METEO 系统等。

而我国在"十年浩劫"结束后也重新振作起来，机器翻译研究被再次提上日程。784 工程给予了机器翻译研究足够的重视，20 世纪 80 年代中期以后，我国的机器翻译研究发展进一步加快，首先研制成功了 KY-1 和 MT/EC863 两个英汉机译系统，表明我国在机器翻译技术方面取得了长足的进步。

(4) 新时期(1990—现在)。

随着 Internet 的普遍应用，世界经济一体化进程的加速以及国际社会交流的日渐频繁，传统的人工作业方式已经远远不能满足迅猛增长的翻译需求，人们对于机器翻译的需求空前增长，机器翻译迎来了一个新的发展机遇。国际性的关于机器翻译研究的会议频繁召开，我国也取得了前所未有的成就，相继推出了一系列机器翻译软件，例如"译星"、"雅信"、"通译"、"华建"等。在市场需求的推动下，商用机器翻译系统迈入了实用化阶段，走进了市场，来到了用户面前。

整个机器翻译的过程可以分为原文分析、原文译文转换和译文生成三个阶段。在具体的机器翻译系统中，根据不同方案的目的和要求，可以将原文译文转换阶段与原文分析阶段结合在一起，而把译文生成阶段独立起来，建立相关分析独立生成系统。在这样的系统中，原语分析时要考虑译语的特点，而在译语生成时则不考虑原语的特点。在进行多种语言对一种语言的翻译时，宜采用这样的相关分析独立生成系统。也可以把原文分析阶段独立起来，把原文译文转换阶段同译文生成阶段结合起来，建立独立分析相关生成系统。在这样的系统中，原语分析时不考虑译语的特点，而在译语生成时要考虑原语的特点，在进行一种语言对多种语言的翻译时，宜采用这样的独立分析相关生成系统。还可以把原文分析、原文译文转换与译文生成分别独立开来，建立独立分析独立生成系统。在这样的系统中，分析原语时不考虑译语的特点，生成译语时也不考虑原语的特点，原语译语的差异通过原文译文转换来解决。在进行多种语言对多种语言的翻译时，宜采用这样的独立分析独立生成系统。

机器翻译技术可以分为以下三种：

一是基于规则(Rule-Based)的机器翻译系统。

机译系统可划分为基于规则(Rule-Based)和基于语料库(Corpus-Based)两大类。前者由词典和规则库构成知识源；后者由经过划分并具有标注的语料库构成知识源，既不需要词典也不需要规则，以统计规律为主。机译系统是随着语料库语言学的兴起而发展起来的，世界上绝大多数机译系统都采用以规则为基础的策略，一般分为语法型、语义型、知识型和智能型。不同类型的机译系统由不同的成分构成。抽象地说，所有机译系统的处理过程都包括以下步骤：对源语言的分析或理解，在语言的某一平面进行转换，按目标语言结构规则生成目标语言。技术差别主要体现在转换平面上。

(1) 词汇型。从美国乔治敦大学的机器翻译试验到 20 世纪 50 年代末的系统，基本上属于这一类机器翻译系统。它们的特点是：①以词汇转换为中心，建立双语词典。翻译时，文句加工的目的在于立即确定相应于原语各个词的译语等价词；②如果原语的一个词对应于译语的若干个词，机器翻译系统本身并不能决定选择哪一个，而只能把各种可能的选择全都输出；③语言和程序不分，语法的规则与程序的算法混在一起，算法就是规则。由于第一类机器翻译系统的上述特点，它的译文质量是极为低劣的，并且设计这样的系统是一种十分琐碎而繁杂的工作，系统设计成之后没有扩展的余地，修改时牵一发而动全身，给系统的改进造成极大的困难。

(2) 语法型。研究重点是词法和句法，以上下文无关文法为代表，早期系统大多数都属这一类型。语法型系统包括源文分析模块、源语言到目标语言的转换模块和目标语言生成模块三个部分。源文分析模块对输入的源文加以分析，这一分析过程通常又可分为词法分析、语法分析和语义分析。通过上述分析可以得到源文的某种形式的内部表示。转换模块用于实现将相对独立于源文表层表达方式的内部表示转换为与目标语言相对应的内部表示。目标语言生成模块实现从目标语言内部表示到目标语言表层结构的转化。20世纪60年代以来建立的机器翻译系统绝大部分是这一类机器翻译系统。它们的特点是：①把句法的研究放在第一位，首先用代码化的结构标志来表示源文语句的结构，再把源语的结构标志转换为译语的结构标志，最后构成译语的输出文句；②对于多义词必须进行专门的处理，根据上下文关系选出恰当的词义，不允许把若干个译文词一揽子列出来；③语法与算法分开，在一定的条件之下，使语法处于一定类别的界限之内，使语法能由给定的算法来计算，并可由这种给定的算法描写为相应的公式，从而不改变算法也能进行语法的变换，这样语法的编写和修改就可以不考虑算法。第2类机器翻译系统不论在译文的质量上还是在使用的方便上，都比第1类机器翻译系统大大地前进了一步。

(3) 语义型。研究重点是在机译过程中引入语义特征信息，以 Burtop 提出的语义文法和 Charles Fillmore 提出的格框架文法为代表。语义分析的各种理论和方法主要解决形式和逻辑的统一问题。利用系统中的语义切分规则，把输入的源文切分成若干个相关的语义元成分，再根据语义转化规则，如关键词匹配，找出各语义元成分所对应的语义内部表示。系统通过测试各语义元成分之间的关系，建立它们之间的逻辑关系，形成全文的语义表示。处理过程主要通过查语义词典的方法实现。语义表示形式一般为格框架，也可以是概念依存表示形式。最后机译系统通过对中间语义表示形式的解释，形成相应的译文。20世纪70年代以来，有些机器翻译者提出了以语义为主的第3类机器翻译系统。引入语义平面之后，就要求在语言描写方面作一些实质性的改变，因为在以句法为主的机器翻译系统中，最小的翻译单位是词，最大的翻译单位是单个句子，机器翻译的算法只考虑对一个句子的自动加工，而不考虑分属不同句子的词与词之间的联系。第3类机器翻译系统必须超出句子范围来考虑问题，除了义素、词、词组、句子之外，还要研究大于句子的句段和篇章。为了建立第3类机器翻译系统，语言学家要深入研究语义学，数学家要制定语义表示和语义加工的算法，在程序设计方面，也要考虑语义加工的特点。

(4) 知识型。目标是给机器配上人类常识，以实现基于理解的翻译系统，以 Tomita 提出的知识型机译系统为代表。知识型机译系统利用庞大的语义知识库，把源文转化为中间语义表示，并利用专业知识和日常知识对其加以精练，最后把它转化为一种或多种译文输出。

(5) 智能型。目标是采用人工智能的最新成果，实现多路径动态选择以及知识库的自动重组技术，对不同句子实施在不同平面上的转换。这样就可以把语法、语义、常识几个平面连成一有机整体，既可继承传统系统优点，又能实现系统自增长的功能。这一类型的系统以中国科学院计算所开发的 IMT/EC 系统为代表。

二是基于语料库(Corpus-Based)的机器翻译系统。

不同于基于规则的机译系统由词典和语法规则库构成翻译知识库，基于语料库的机译系统是以语料的应用为核心的，由经过划分并具有标注的语料库构成知识库。基于语料库的方法可以分为基于统计(Statistics-based)的方法和基于实例(Example-based)的方法。

(1) 基于统计的机器翻译。

基于统计的机器翻译方法把机器翻译看成一个信息传输过程，用一种信道模型对机器翻译进行解释。这种思想认为，源语言句子到目标语言句子的翻译是一个概率问题，任何一个目标语言句子都有可能是任何一个源语言句子的译文，只是概率不同，机器翻译的任务就是找到概率最大的句子。具体方法是将翻译看作对原文通过模型转换为译文的解码过程。因此，统计机器翻译又可以分为以下几个问题：模型问题、训练问题、解码问题。所谓模型问题，就是为机器翻译建立概率模型，也就是要定义源语言句子到目标语言句子的翻译概率的计算方法。而训练问题是要利用语料库来得到这个模型的所有参数。所谓解码问题，则是在已知模型和参数的基础上，对于任何一个输入的源语言句子，去查找概率最大的译文。

实际上，用统计学方法解决机器翻译问题的想法并非是 20 世纪 90 年代的全新思想，1949 年 W. Weaver 在那个机器翻译备忘录就已经提出了使用这种方法，只是由于乔姆斯基(N. Chomsky)等人对此种方法的批判，这种方法很快就被放弃了。批判的理由主要是一点：语言是无限的，基于经验主义的统计描述无法满足语言的实际要求。

另外，限于当时的计算机速度，统计的价值也无从谈起。如今的计算机不论从速度还是从容量方面都有了大幅度的提高，昔日大型计算机才能完成的工作，今日小型工作站或个人电脑就可以完成了。此外，统计方法在语音识别、文字识别、词典编纂等领域的成功应用也表明这一方法在语言自动处理领域还是很有成效的。

统计机器翻译方法的数学模型是由 IBM 的研究人员提出的。在著名的文章《机器翻译的数学理论》中提出了 5 种由词到词的统计模型，称为 IBM 模型 1 到 IBM 模型 5。这 5 种模型均源自信源/信道模型，采用最大似然法估计参数。由于当时(1993 年)计算条件的限制，无法实现基于大规模数据的训练。其后，由 Stephan Vogel 提出了基于隐马尔可夫模型的统计模型也受到重视，该模型被用来替代 IBM Model 2。在这时的研究中，统计模型只考虑了词与词之间的线性关系，没有考虑句子的结构。这在两种语言的语序相差较大时效果可能不会太好。如果在考虑语言模型和翻译模型时将句法结构或语义结构考虑进来，应该会得到更好的结果。在此文发表后 6 年，一批研究人员在约翰·霍普金斯大学的机器翻译夏令营上实现了 GIZA 软件包。Franz Joseph Och 随后对该软件进行了优化，加快训练速度。特别是 IBM Model 3 到 5 的训练。同时他提出了更加复杂的 Model 6。Och 发布的软件包被命名为 GIZA＋＋，直到现在，GIZA＋＋还是绝大部分统计机器翻译系统的基石。针对大规模语料的训练，已有 GIZA＋＋的若干并行化版本存在。

基于词的统计机器翻译的性能却由于建模单元过小而受到限制。因此，许多研究者开始转向基于短语的翻译方法。Franz-Josef Och 提出的基于最大熵模型的区分性训练方法使统计机器翻译的性能极大提高。在此后数年,该方法的性能远远领先于其他方法。一年后 Och 又修改最大熵方法的优化准则,直接针对客观评价标准进行优化,从而诞生了今天广泛采用的最小错误训练方法(Minimum Error Rate Training)。

另一项促进统计机器翻译进一步发展的重要发明是自动客观评价方法,为翻译结果提供了自动评价的途径,从而避免了烦琐与昂贵的人工评价。最为重要的评价是 BLEU 评价指标。绝大部分研究者仍然使用 BLEU 作为评价其研究结果的首要的标准。

Moses 是维护较好的开源机器翻译软件,由爱丁堡大学研究人员组织开发,其发布使得以往烦琐复杂的处理简单化。

Google 的在线翻译已为人熟知,其背后的技术即为基于统计的机器翻译方法,基本运行原理是通过搜索大量的双语网页内容,将其作为语料库,然后由计算机自动选取最为常见的词与词的对应关系,最后给出翻译结果。不可否认,Google 采用的技术是先进的,但它还是经常闹出各种“翻译笑话”。其原因在于:基于统计的方法需要大规模双语语料,翻译模型、语言模型参数的准确性直接依赖于语料的多少,而翻译质量的高低主要取决于概率模型的好坏和语料库的覆盖能力。基于统计的方法虽然不需要依赖大量知识,直接靠统计结果进行歧义消解处理和译文选择,避开了语言理解的诸多难题,但语料的选择和处理工程量巨大。因此通用领域的机器翻译系统很少以统计方法为主。

(2) 基于实例的机器翻译。

与统计方法相同,基于实例的机器翻译方法也是一种基于语料库的方法,其基本思想由日本著名的机器翻译专家长尾真提出,他研究了外语初学者的基本模式,发现初学外语的人总是先记住最基本的英语句子和对应的日语句子,然后做替换练习。参照这个学习过程,他提出了基于实例的机器翻译思想,即不经过深层分析,仅仅通过已有的经验知识,通过类比原理进行翻译。其翻译过程是首先将源语言正确分解为句子,再分解为短语碎片,接着通过类比的方法把这些短语碎片译成目标语言短语,最后把这些短语合并成长句。对于实例方法的翻译系统而言,其主要知识源就是双语对照的实例库,不需要什么字典、语法规则库之类的东西,核心的问题就是通过最大限度的统计,得出双语对照实例库。

基于实例的机器翻译对于相同或相似文本的翻译有非常显著的效果,随着例句库规模的增加,其作用也越来越显著。对于实例库中的已有文本,可以直接获得高质量的翻译结果。对与实例库中存在的实例十分相似的文本,可以通过类比推理,并对翻译结果进行少量的修改,构造出近似的翻译结果。

这种方法在初推之时,得到了很多人的推崇。但一段时期后,问题出现了。由于该方法需要一个很大的语料库作为支撑,语言的实际需求量非常庞大。但受限于语料库规模,基于实例的机器翻译很难达到较高的匹配率,往往只有限定在比较窄的或者某个专业的领域时,翻译效果才能达到使用要求。因而到目前为止,还很少有机器翻译系统采用纯粹的基于实例的方法,一般都是把基于实例的机器翻译方法作为多翻译引擎中的一个,以提高翻译的正确率。

翻译笔技术:扫描翻译笔,就是通过扫描技术(一般采用红外线扫描),将印刷字体扫描到笔里,通过笔内的 OCR 进行识别,再通过笔内的内置翻译软件,实现翻译功能。扫描翻译笔可以分为脱机扫描笔和联机扫描笔。

(1) 脱机扫描笔。这种扫描笔一般属于顶级的扫描翻译笔，它由红外线扫描头、OCR识别引擎、翻译软件、内存等组成。脱机扫描笔一般是指翻译笔，或者翻译笔和摘录笔，可以实现即扫即译即记忆功能。附带摘抄的扫描翻译笔可以通过扫描技术，一般的识别率都在97%以上，因此可以进行准确高速的扫描识别。由于联机扫描笔的功能也同时具有脱机扫描笔的功能，因此扫描笔可以利用自带的大容量的内存，将扫描的文字直接存储在笔里面，然后再传送到电脑。

(2) 联机扫描笔。

联机扫描笔，顾名思义就是摘录笔。通过与电脑连接，将扫描后的内容发送到电脑中，实现不用手写输入，直接用扫描代替(1分钟大概可以传送700字，而打字一般60～80字)。

笔式微型扫描笔出现于1995年，它源于以色列军工技术，由以色列Wizcom公司生产，该企业是全球独家的脱机扫描翻译笔的生产厂商，也是全球领先的微电子技术厂商，在光学字符和光电子是全球范围内权威的企业之一，在世界的影响不同一般。我国的汉王、思维和蒙恬等公司作为该产品的OEM客户流入我国。Wizcom的翻译笔曾经作为以色列人民对中国的友好感情，以国礼的方式，赠送给我国官方。

4.1.4 智能文本处理技术

由于文本信息在整个信息领域中占有十分重要的作用和地位，加之文本信息的比重较大，多年来人们对文本信息的智能处理进行了大量的研究，取得了众多的研究成果。其主要处理技术包括文本的分类、聚类、标引、抽取和检索技术。

1. 文本自动分类技术

文本分类是将大量的文本文档划分为若干组，每组代表一个类别，使得各个类别代表不同的概念主题。计算机文本分类通常是一个有指导的学习过程。它根据一个已经被标注的训练文档集合，找到文档特征和文档类别之间的关系模型，然后利用这种学习得到的关系模型对新的文档进行类别判断。形式化地，文本自动分类就是根据每个文本文档 d_j 的文本特征由计算机自动地为序偶 $\langle d_j, c_i \rangle$，$\langle D, C \rangle$ 赋一个二元布尔值True或False。将布尔值True赋予序偶 $\langle d_j, c_i \rangle$ 就意味着决定将文本文档 d_j 分配到类别 c_i 中，相反地将布尔值False赋予序偶，就意味着决定不将文本文档 d_j 分配到类别 c_i 中。文本分类的基础技术有文本的预处理、文本的表示、分类方法及效果评估等。

文本的自动分类是在预定义分类体系下，根据文本的特征，将给定文本分配到一个或多个特定类别的过程。随着文本自动分类技术的逐步成熟，文本自动分类技术在信息过滤、情报处理、数字图书馆等领域已经有着广泛应用。文本分类的前提是已经对文本进行了表示和标引。其中涉及有关向量空间模型(VSM)、局部保持索引(LPI)和隐含语义索引(LSI)等方法进行文本表示；用信息增益、互信息、χ^2 统计量、期望交叉熵、单词权、单词贡献度等来作为文本特征；用Rocchio线性分类器、基于实例的 k 最近邻分类器(k-

Nearest Neighbor,kNN)和基于推广实例的分类器(Generalized Instance Set,GIS)、朴素贝叶斯分类器(Naive Bayes,NB)、决策树分类器(Decision Trees,DT)、基于支持向量机的分类器(SupportVector Machines,SVM)等来作为分类器。

2. 文本聚类技术

文本聚类的主要作用是:可以作为多文档自动文摘等自然语言处理应用的预处理步骤;对用户感兴趣的文档聚类,能够挖掘用户的兴趣模式以用于信息过滤和主动推荐等信息服务。对搜索引擎返回的结果进行聚类,然后按目录树的形式提供给用户,可以使用户快速找到所需要的信息;聚类技术还可以用来改善文本分类的结果或者找出潜在的主题;聚类技术在数字图书馆服务、文档集合的自动整理等方面也有着重要的作用。如对个人邮件进行分类,对个人短信息自动分类处理等。

聚类是根据数据的不同特征,将其划分为不同的数据类。它的目的是使得属于同一类别的个体之间的距离尽可能地小,而不同类别上的个体间的距离尽可能地大。聚类方法包括统计方法、机器学习方法、神经网络方法和面向数据库的方法等。

文本聚类主要是依据著名的聚类假设:同类的文档相似度较大,而不同类的文档相似度较小。作为一种无监督的机器学习方法,它在给定的某种相似性量度下把对象集合进行分组,使彼此相近的对象分到同一个组内。文本聚类根据文档的某种联系或相关性对文档集合进行有效的组织、摘要和导航,方便人们从文档集中发现相关的信息。文本聚类方法通常先利用向量空间模型把文档转换成高维空间中的向量,然后对这些向量进行聚类。由于中文文档没有词的边界,所以一般先由分词软件对中文文档进行分词,然后再把文档转换成向量,通过特征抽取后形成样本矩阵,最后再进行聚类。文本聚类的输出一般为文档集合的一个划分。聚类由于不需要训练过程,以及不需要预先对文档手工标注类别,因此具有一定的灵活性和较高的自动化处理能力,已经成为对文本信息进行有效组织、摘要和导航的重要手段。

3. 自动标引技术

简单地说,标引就是给出能反映文献特征的标识过程。在检索系统中,标引处于承上启下的地位。它既是文献存入检索系统的依据,又是从检索系统中查出文献的依据。从这个意义上讲,标引是沟通文献作者与文献使用者之间的桥梁。因此,标引技术可以说是整个检索系统的关键之一。标引的目的是为快速、准确地检索所需文献提供方便,因而在检索系统中标引质量的优劣直接影响到检索的效率。另外,通过标引所给出的一些主题信息虽不如文摘那样完整,但标引仍具有十分重要的作用。G. Perrin 曾经指出:“从文献中获得一些短语有时显得比一些句子更为重要,因为这些短语不光是代表句子和语言文章意思的单元,而且还是人们进行读、写和思考的单元。如人们在检索过程中,通过对几个单词或短语的迅速浏览来决定该文献的重要程度。”从这段话看,不难体会到标引的意义。

标引有两种方法。一种是手工标引,一种是自动标引。手工标引需要专业人员进行长时间的文献阅读,然后才可以进行文本的标引,其速度慢、误差大,主观因素影响标引效果较多，不适用于信息社会的需求。因此，各种自动标引系统应运而生。

自动标引的方法主要有三种：统计法、语言法、人工智能法。

统计法是自动标引各类方法中使用历史最长的一种。该方法最早的理论根据是齐夫(Zipf)的“省力法则”(Principle of Least Effort)。即将某一篇较长的文章(约500字以上)中每个词出现的频率按照递减顺序排列起来(高频词在前，低频词在后)，并用自然数给这些词编上等级序号，频次最高的是1级，其次是2级，3级……如果用f表示词在文献中出现的频次，用r表示词的等级序号，则有$f\times r=c$(c为常数)。Luhn在Zipf定律的基础上，提出了自动抽词的基本思想，即一篇文献中一个词出现的频率是这个词的重要性的有效测度。将词的出现频率按等级排列，以一定的标准排除高频词与低频词，剩下的就是最能代表文献主题内容的词了。

既然标引的对象是由自然语言构成的文献，人们便从语言学的角度去探索自动标引的方法。语言法包括句法分析和语义分析两种方法。句法分析(Syntactical Analysis)是从语法角度上确定句子中每个词的作用(如主语还是谓语)和词之间的相互关系(如是修饰还是被修饰)而实现的。句法分析一般通过与事先准备好的解析规则或语法相比较而实现。经验证明，这一自动标引方法从整体上讲效果欠佳。语义分析(Semantic Analysis)是分析词在特定的上下文中的确切含义。目前利用语义分析的方法进行标引的研究还不多。学术界对从语言学角度研究自动标引的做法颇有争议，反对者的主要理由包括：语言法的使用限制多，语言学领域的研究成果对促进自动发展帮助甚微。

人工智能是计算机科学的一个分支，它专门研究怎样用机器理解和模拟人类特有的智能系统的活动，探索人们如何运用已有的知识、经验和技能去解决问题。实现自动标引的目的是让机器从事标引工作中的脑力劳动，即让计算机模拟标引员完成标引文献的工作。因此，人们把人工智能法运用于自动标引研究既顺应自然，又带来新的活力。有不少人认为，人工智能法代表着自动标引研究的未来。

4. 信息抽取技术

信息抽取技术是指从一段文本中抽取指定的事件、事实等信息，形成结构化的数据并存入一个数据库，供用户查询和使用的过程。也就是从文本中抽取用户感兴趣的事件、实体和关系，被抽取出来的信息以结构化的形式描述，然后存储在数据库中，为情报分析和检测、比价购物、自动文摘、文本分类等各种应用提供服务。广义上信息抽取技术的抽取对象并不局限于文本，其他形式存在的信息也可以作为信息抽取的对象，而抽取的结果则变为相应的结构化数据。信息抽取技术的最终目的就是开发实用的信息抽取系统，从自由文本中抽取、分析信息，从而得到有用的、用户感兴趣的信息。信息抽取技术在军事、经济、医学、科学研究等领域有着极大的应用空间。

与信息抽取密切相关的一项研究是信息检索(Information Retrieval，IR)技术。但是信息抽取与信息检索又有区别，其主要区别如表4.1所示。

表4.1 信息抽取与信息检索的区别

比较项	信息检索	信息抽取
实现功能	从大量文档中找到用户所需要的文档或文档列表	从大量文档中直接获得用户所感兴趣的事实信息
处理技术	利用统计及关键词匹配技术,无须对文本进行深入分析处理	利用自然语言处理技术,对文本中的句子及篇章进行分析处理
领域相关	否	是

虽然信息抽取与信息检索有区别,但两种技术是互补的。在海量文本的处理过程中,信息抽取系统往往是以信息检索系统的输出为输入的,而信息抽取技术又可以用来提高信息检索系统的性能。

信息抽取技术的研究对象主要分为三种:①结构化文本(Structured Text)。它是指按照一定格式严格生成的文本,如数据库中的文本信息等。对此类文本的信息抽取非常容易,准确率也非常高。②自由文本(Free Text)。它是指文字合乎于自然语法规则的文本,如新闻报道、科技文献、政府文件等。③半结构化文本(Semi-structured Text)。它是介于结构化文本和自由文本之间、文本的文字不完全符合自然语法规则的文本。这类文本一般比较简短,没有固定的形式,如电报报文、分析报表、简短广告文等。随着 Internet 的普及,出现了大量的网页,其中需要运用 NLP(自然语言处理)技术才能实现信息抽取的网页也属于非结构化文本。处理这类文本的信息抽取技术叫 Web 信息抽取技术,目前已经成为了信息抽取技术的一个重要分支。

4.2 图像加工技术

4.2.1 图像编辑技术

图像编辑是图像处理的一个重要部分,相关的编辑技术也是图像处理的基本技术。对图像的编辑是实现图像信息加工和处理的前提。对图像的编辑主要包括对图像的几何处理(平移、放大、缩小、旋转、裁剪、合成、镜像等)、图像的质量编辑(对比度、亮度调整等)。

要实现对图像的编辑工作,目前主要有两种方式。一是通过程序设计语言来实现,二是借助于常用的图像编辑软件来进行。对于图像处理的高级应用,人们一般用设计程序的方式。其基本思想是通过程序设计语言,先将要进行编辑的图像信息读入程序中(如存储到数组里),然后根据具体的编辑要求,利用程序处理方式来实现对图像的编辑。这种方式特点是图像编辑效率高,编辑工作没有人机交互,编辑过程完全自动化,一般运用在有关图像处理的应用系统里,采用这一方式只能是由计算机专业人员来完成。而对于图像处理的一般应用,如对照片进行编辑,人们一般通过一些图像编辑软件来实现。这些图像处理软件主要有:微软 Windows 操作中所附带的画图、美图网的美图秀秀、Adobe 公司的 Photoshop、Illustrator、CorelDraw、Matlab 等。这些图像编辑软件的特点是简单易学,使用方便,能基本上满足人们日常生活中对图像编辑的需要。图 4.4～图 4.7 给出了这些常用软件的用户界面。

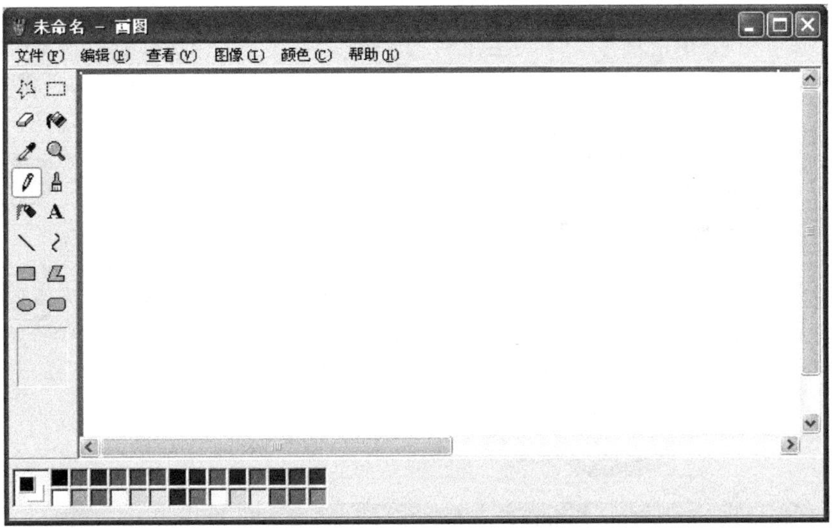

图 4.4　画图软件的用户界面

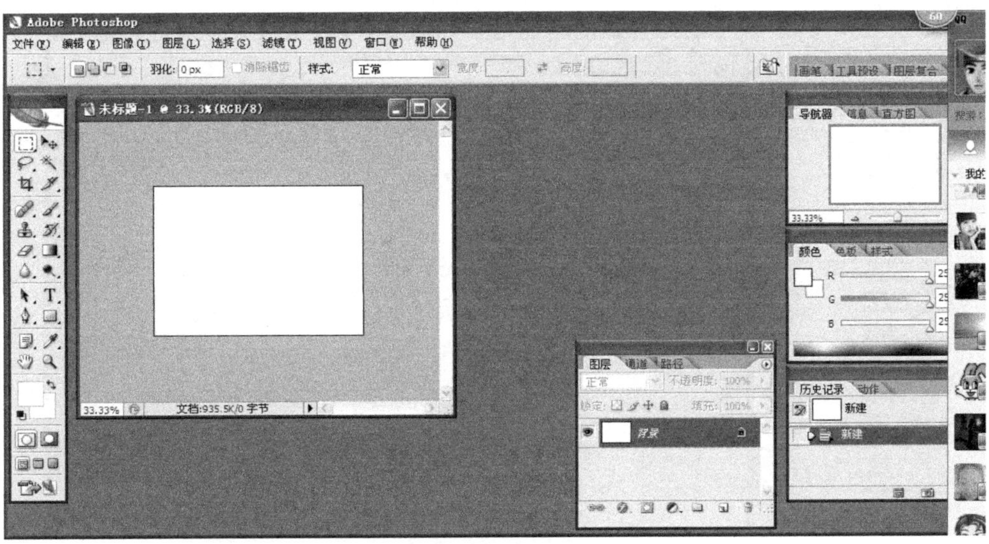

图 4.5　Photoshop 软件的用户界面

其中,Windows 的画图软件最为简单,读者都能掌握使用。但由于只是一个附带软件,其功能较少,只能应用于对图像的简单编辑工作(如平移、放大、缩小、裁剪、填充等)。

Photoshop 图像编辑功能相对较为专业。有关图像编辑的功能齐全,操作简单。Photoshop 简称 PS,是由 Adobe Systems 开发和发行的图像处理软件。Photoshop 主要处理以像素所构成的数字图像。使用其众多的编辑与绘图工具,可以有效地进行图片编

图 4.6　美图秀秀软件的用户界面

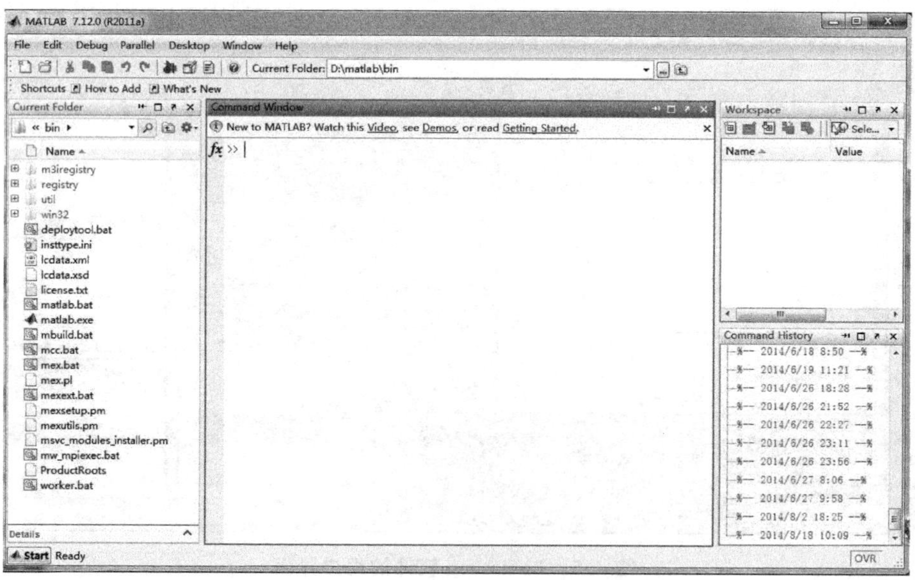

图 4.7　Matlab 软件的用户界面

辑工作。PS 有很多功能,在图像、图形、文字、视频、出版等各方面都有涉及。PS 的主要应用有:①专业处理。Photoshop 的专长在于图像处理,而不是图形创作。图像处理是对已有的位图图像进行编辑加工处理以及运用一些特殊效果,其重点在于对图像的处理加工;图形创作软件是按照自己的构思创意,使用矢量图形来设计图形。②平面设计。平面设计是 Photoshop 应用最为广泛的领域,无论是图书封面,还是招帖、海报,这些平面印刷品都需要 Photoshop 软件对图像进行处理。③广告摄影。广告摄影作为一种对视觉要求非常严格的工作，其最终成品往往要经过 Photoshop 的修改才能得到满意的效果。④影像创意。影像创意是 Photoshop 的特长，通过 Photoshop 的处理可以将不同的对象组合在一起，使图像发生变化。⑤网页制作。网络的普及促使更多人需要掌握 Photoshop，因为在制作网页时 Photoshop 是必不可少的网页图像处理软件。⑥后期修饰。在制作建筑效果图包括许多三维场景时，人物与配景包括场景的颜色常常需要在 Photoshop 中增加并调整。⑦视觉创意。视觉创意与设计是设计艺术的一个分支，此类设计通常没有非常明显的商业目的，但由于其为广大设计爱好者提供了广阔的设计空间，因此越来越多的设计爱好者开始学习 Photoshop，并进行具有个人特色与风格的视觉创意。⑧界面设计。界面设计是一个新兴的领域，受到越来越多的软件企业及开发者的重视。在当前还没有用于做界面设计的专业软件，因此绝大多数设计者使用的都是 PS。

Matlab 是 matrix&laboratory 两个词的组合，意为矩阵工厂（矩阵实验室），是由美国 MathWorks 公司发布的、主要面对科学计算、可视化以及交互式程序设计的计算环境。它将数值分析、矩阵计算、科学数据可视化以及非线性动态系统的建模和仿真等诸多强大功能集成在一个易于使用的 Windows 环境中，为科学研究、工程设计以及必须进行有效数值计算的众多科学领域提供了一种全面的解决方案，并在很大程度上摆脱了传统非交互式程序设计语言（如 C、FORTRAN）的编辑模式，代表了当今国际科学计算软件的先进水平。

由于数字图像在计算机中都是采用矩阵的形式加以存储的，而 Matlab 又是进行矩阵处理的利器，所以，利用 Matlab 可以实现对数字图像的处理工作。Matlab 可以处理二值图像（黑白图像，存储像素值为 0 和 1）、灰度图像、索引图像和 RGB 图像（图像的三个分量均采用一个矩阵存储）等。在 Matlab 中，通过调用相关的函数，即可以完成图像类型的转换（如 im2bw 函数可以实现灰度图像到二值图像的转换）、imadd() 函数可以实现图像的叠加、imsubstract() 实现图像的相减、resizing() 实现图像的缩放、rotation() 实现图像的旋转等。

Matlab 的数字图像处理功能强大，适合于采用程序方式下的图像处理工作，因此，在有关联机下的数字图像处理应用系统中有着极其广泛的应用。

Matlab 非常适用于理工科各专业学生的学习和运用，是一个理工科学生不可缺少的工具性软件，它在各种数学计算中非常有效。

4.2.2 图像变换与图像处理技术

1. 图像变换

在数字图像处理系统中，对于图像采集设备所捕获的图像一般是不直接交给图像处理系统进行处理的，而是要经过“预处理”这一环节。这样做的原因，一是因为对原始图像直接进行处理时，数据量较大，而且图像中的干扰信息或者称之为“噪音”较多，会影响到系统的处理速度；二是因为原始图像中的有用信息需要经过位置调整才能更有效地进行提取特征。因此必须要对原始图像进行变换处理。

图像变换技术可以分为在时域上变换和空域变换。在空域上的变换一般情况比较简单,主要包括图像的放大与缩小、图像的旋转、图像的二值化(将灰度图像或彩色图像变换成黑白图像,每一个像素只须用一个 bit 加以存储和表示)等。但如果仅把图像在空域上进行变换,不仅要耗费大量的计算机系统资源,处理后的图像供图像分析使用的特征信息不够多,而且对于一些实时控制系统来说,往往不能满足要求。这是由于图像阵列很大,直接在空间域中进行处理,涉及的计算量很大。因此,往往采用各种图像变换的方法,如傅里叶变换、沃尔什变换、离散余弦变换等间接处理技术,将空间域的处理转换为时域处理,这样不仅可减少计算量,而且可获得更有效的处理(如傅里叶变换可在频域中进行数字滤波处理)。

实现图像在时域上变换的手段有数字和光学两种形式,它们分别对应二维离散和连续函数运算。数字变换在计算机中进行,提高运算速度是这种方式的关键。常用的有三种变换方法。

① 傅里叶变换:它是应用最广泛和最重要的变换。它的变换核是复指数函数,转换域图像是原空间域图像的二维频谱,其"直流"项与原图像亮度的平均值成比例,高频项表征图像中边缘变化的强度和方向。为了提高运算速度,计算机中多采用傅里叶快速算法。图像经过离散傅里叶变换前后如图 4.8 所示。

(a) 原图

(b) 离散傅里叶变换后的频域图

图 4.8 图像经过离散傅里叶变换前后

② 沃尔什-阿达玛变换:它是一种便于运算的变换。变换核是值+1 或−1 的有序序列。这种变换只需要做加法或减法运算,不需要像傅里叶变换那样做复数乘法运算,所以能提高计算机的运算速度,减少存储容量。这种变换已有快速算法,能进一步提高运算速度。

③ 离散卡夫纳-勒维变换:它是以图像的统计特性为基础的变换,又称霍特林变换或本征向量变换。变换核是样本图像的协方差矩阵的特征向量。这种变换用于图像压缩、滤波和特征抽取时在均方误差意义下是最优的。但在实际应用中往往不能获得真正的协方差矩阵,所以不一定有最优效果。它的运算较复杂且没有统一的快速算法。

除上述变换外,余弦变换、正弦变换、哈尔变换和斜变换也在图像处理中得到了应用。

2. 图像增强和复原

图像增强和复原的目的是为了提高图像的质量，如去除噪声，提高图像的清晰度等。图像增强不考虑图像降质的原因，突出图像中所感兴趣的部分。如强化图像高频分量，可使图像中的物体轮廓清晰，细节明显；强化低频分量可减少图像中的噪声影响等。图像复原要求对图像降质的原因有一定的了解，一般讲应根据降质过程建立"降质模型"，再采用某种滤波方法，恢复或重建原来的图像。

3. 图像分割

图像分割是数字图像处理中的关键技术之一。图像分割是将图像中有意义的特征部分提取出来，其有意义的特征有图像中的边缘、区域等，这是进一步进行图像识别、分析和理解的基础。虽然目前已研究出不少边缘提取、区域分割的方法，但还没有一种普遍适用于各种图像的有效方法。因此，对图像分割的研究还在不断深入之中，是目前图像处理中研究的热点之一。

4. 图像描述

图像描述是图像识别和理解的必要前提。作为最简单的二值图像可采用其几何特性描述物体的特性，一般图像的描述方法采用二维形状描述，它有边界描述和区域描述两类方法。对于特殊的纹理图像可采用二维纹理特征描述。随着图像处理研究的深入发展，已经开始进行三维物体描述的研究，提出了体积描述、表面描述、广义圆柱体描述等方法。

4.2.3 图像理解和识别技术

一个图像识别系统大体上可以分成三个部分：①图像的获取部分；②图像的加工和处理；③图像理解和识别。

1. 图像匹配技术

要判定搜索图像中是否存在某一目标物，可以事先将该目标物从标准图像中分割提取出来，以矩阵形式表示成代表该目标物的样板，该样板就称做模板。根据该模板与一幅图像的各部分的相似度，判定其是否存在，并求得目标物在图像中的位置，这一操作就叫模板匹配。模板匹配最基本的原则就是通过计算相关函数来找到它在被搜索图像中的位置(坐标)。匹配的方法包括基于模板的相关匹配、基于特征的最近匹配等。基于模板的相关匹配方法比较简单，就是把模板和图像中的对象进行一一比较，如果其误差值小于一定的阈值，则认为匹配成功，图像识别完成，如果直到将图像比较完成，图像中都没有与模板相近的内容，则匹配失败，或者说图像中没有所要查找的目标。一般来说，图像的模板匹配的计算量大，匹配效率和精度都很低。在实际应用中的多数场合，人们关心的并不是目标物所在区域的所有像素，而是目标物的特征，因此，基于特征的匹配技术就得到了广泛的应用。常用的匹配特征有特征点、字符串、形状数、惯量等效椭圆等。最常用的特征点是图像中的一些特殊点,例如边缘点、交界点和拐点等。具体匹配方法有基于形状数的匹配方法和基于字符串的匹配方法。

2. 图像的分类

根据各自在图像信息中所反映的不同特征,把不同类别的目标区分开来的图像处理方法称为图像分类。图像分类是利用计算机对图像进行定量分析,把图像或图像中的每个像元或区域划归为若干个类别中的某一种,以代替人的视觉判别。

图像分类就是根据提取出的目标物特征(一般用特征向量表示),利用分类技术进行分类。图像的分类方法可以分为统计方法和结构方法,实际中常用统计方法。统计分类方法可以分为监督分类法和非监督分类法。监督分类法是根据预先已知类别名的训练样本,求出各类在特征空间中的分布,然后利用它对未知数据进行分类的方法。非监督分类法,也叫聚类分析法,要根据模式之间的相似性进行类别划分,将相似性强的模式划分为同一个类别。

也可以从图像空间和特征空间两个方面对图像进行分类。

图像空间的分类方法是指利用图像的灰度、颜色、纹理、形状和位置等底层特征对图像进行分类。例如:利用灰度直方图特征对图像进行分类;利用纹理特征对图像进行分类;采用纹理、边缘和颜色直方图混合特征对图像进行分类。这些分类都采用SVM(支持向量机)作为分类器。还可以用矩阵表示图像,矩阵元素是相应像素的灰度值,然后用SVD和PCA方法抽取图像特征,BP网络作为分类器。图像空间的分类方法的共同缺点是数据量大,计算复杂性高,但分类精度一般比较理想。

特征空间的分类方法,首先是将原图像经过某种变换如K-L变换、小波变换等变换到特征空间,然后在特征空间提取图像的高层特征以实现图像的分类。这类分类方法尤以纹理图像分类和遥感图像分类最多。特征空间的分类方法可降低数据维数,降低计算复杂性,但问题相关性较强,与特征提取的方法和效果有很大关系。

图像分类(识别)属于模式识别的范畴,其主要内容是图像经过某些预处理(增强、复原、压缩)后,进行图像分割和特征提取,从而进行判决分类。图像分类常采用经典的模式识别方法,有统计模式分类和句法(结构)模式分类,近年来新发展起来的模糊模式识别和人工神经网络模式分类在图像识别中也越来越受到重视。

4.2.4 图像分析技术

图像分析一般是利用数学模型并结合图像处理的技术来分析底层特征和上层结构,从而提取具有一定智能性的信息。

图像分析技术是指用模式识别和人工智能方法对物景进行分析、描述、分类和解释的技术,又称景物分析或图像理解。20世纪60年代以来,在图像分析方面已有许多研究成果,从针对具体问题和应用的图像分析技术逐渐向建立一般理论的方向发展。图像分析同图像处理、计算机图形学等研究内容密切相关,而且相互交叉重叠。但图像处理主要研究图像传输、存储、增强和复原;计算机图形学主要研究点、线、面和体的表示方法以及视觉信息的显示方法;图像分析则着重于构造图像的描述方法,更多地是用符号表示各种图像,而不是对图像本身进行运算,并利用各种有关知识进行推理。图像分析与关于人的视觉的研究也有密切关系,对人的视觉机制中的某些可辨认模块的研究可促进计算机视觉能力的提高。

图像分析(Image Analysis)和图像处理(Image Processing)有着密切的关系,两者有一定程度的交叉,但是又有所不同。图像处理侧重于信号处理方面的研究,如图像对比度的调节、图像编码、去噪以及各种滤波的研究。而图像分析更侧重于研究图像的内容,包括但不局限于使用图像处理的各种技术,它更倾向于对图像内容的分析、解释和识别。因而图像分析和计算机科学领域中的模式识别、计算机视觉关系更密切一些。

图像分析基本上有4个过程。①图像输入：把实际景物转换为适合计算机处理的表达形式,对于三维景物也是把它转换成二维平面图像进行处理和分析。②分割：从景物图像中分解出物体和它的组成部分,组成部分又由图像基元构成。把物景分解成这样一种分级构造,需要应用关于景物中对象的知识。一般可以把分割看成一个决策过程,它的算法可分为像点技术和区域技术两类。像点技术是用阈值方法对各个像点进行分类,例如通过像点灰度和阈值的比较求出文字图像中的笔画。区域技术是利用纹理、局部地区灰度对比度等特征检出边界、线条、区域等,并用区域生长、合并、分解等技术求出图像的各个组成成分。此外,为了进一步考察图像整体在分割中的作用,还研究出松弛技术等方法。③识别：对图像中分割出来的物体给以相应的名称,如自然物景中的道路、桥梁、建筑物或工业自动装配线上的各种机器零件等。一般可以根据形状和灰度信息用决策理论和结构方法进行分类,也可以构造一系列已知物体的图像模型,把要识别的对象与各个图像模型进行匹配和比较。④解释：用启发式方法或人机交互技术结合识别方法建立物景的分级构造,说明景物中有些什么物体,物体之间存在什么关系。在三维景物的情况下,可以利用物景的各种已知信息和物景中各个对象相互间的制约关系的知识。例如,从二维图像中的灰度阴影、纹理变化、表面轮廓线形状等推断出三维景物的表面走向;也可根据测距资料,或从几个不同角度的二维图像进行景深的计算,得出三维景物的描述和解释。

图像分析研究的领域一般包括：基于内容的图像检索(Content Based Image Retrieval,CBIR);人脸识别(Face Recognition,FR);情感识别(Emotion Recognition,ER);光学字符识别(Optical Character Recognition,OCR);手写体识别(Handwriting Recognition,HR);医学图像分析(Biomedical Image Analysis,BIA);视频对象提取(Video Object Extraction,VOE)等。

4.3 声音加工技术

4.3.1 数字音频编辑技术

对于通过声音获取设备所得到的数字声音通常要进行诸如裁剪、降噪、切分、合成等工作,以保证所采集的声音信息具有清晰、动听等效果。目前常用的数字音频编辑软件主要有美国 Adobe Systems 公司(前 Syntrillium Software Corporation)的 Adobe Audition(原来名称为 Cool Edit Pro)、德国公司 Nero Burning Rom(光盘烧录系统)中附带的数字音频波形编辑器 Nero Wave Editor、MEPMedia MP3 Editor 等。

Adobe Audition 是一款非常优秀的多轨数字音频专业级处理软件,可以在 Windows 98、Windows NT、Windows ME、Windows 2000、Windows XP 操作系统下运行,目前的最高版本是 3.0。Adobe Audition 主要用于波形音频的录音、编辑、特效处理和后期合成,在国内外有很多广播电台和电视台在处理音频时使用这个软件。

Adobe Audition 具有单轨和多轨两种音频编辑模式。在多轨音频编辑模式下,具备可以同时处理和缩混 128 音轨立体声音频文件的能力。音频处理简单快捷,除本身自带的几十种音频处理效果外,还支持各种 DirectX 效果插件,同时支持 SMPTE 及 MIDI 时间码的同步功能。主要用来处理波形音频文件,但也支持 MIDI 音频与波形音频的缩混。

Adobe Audition 可支持多种音频格式的文件,如. wav、. MP3 等,它不但提供了从 CD 音乐光盘中提取音乐的命令,也提供了从数字视频文件(. avi、. mpg、. wmv、. dat)中提取音频的命令。Adobe Audition 具有强大的音频编辑功能,这些编辑功能是通过菜单命令或工具栏命令来实现的。常用的编辑功能包括音频事件的复制、粘贴、混合粘贴、删除静音、节拍查找、采样参数变换、音频格式转换等。图 4.9 是 Cool Edit Pro 单轨音频编辑用户界面。

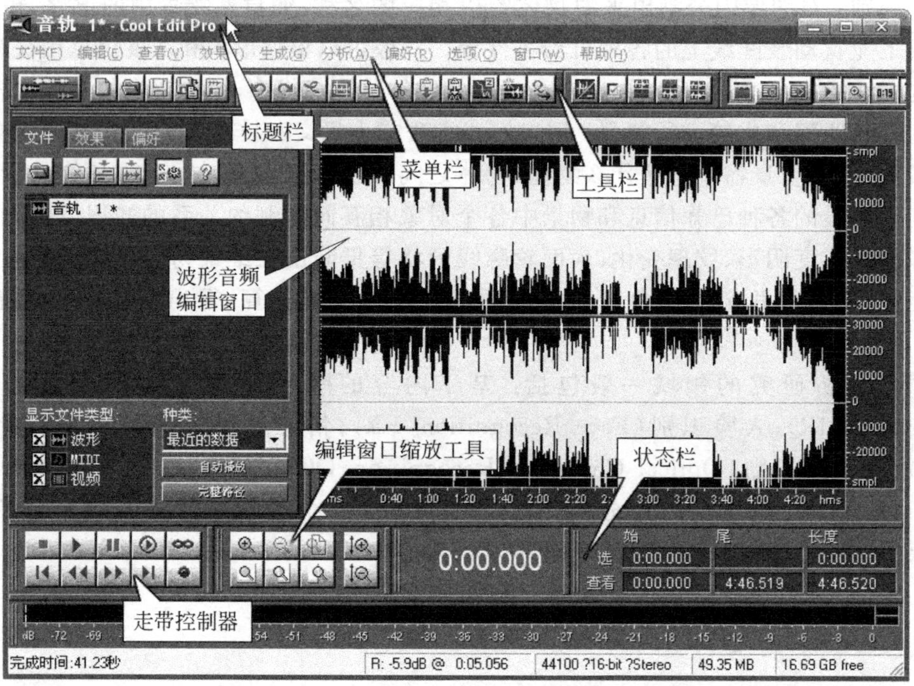

图 4.9 Cool Edit Pro 单轨音频编辑用户界面

Nero Wave Editor 是 Nero Burning Rom 中附带的数字音频波形编辑器,具备录音、音频编辑软件、格式转换等功能。它内置了很多音频特效插件、滤镜以供快速的音频文件编辑。Nero Wave Editor 功能强大，而且是目前最好的 MP3Pro 编码软件，支持多位率和可变位率的 MP3Pro 编码。用此软件生成的 MP3Pro 文件，既不损失音质，又能使容量节约。在 Nero Wave Editor 中，任何格式音频文件都可以由它直接转成 MP3Pro(当然需要有相应格式的编解码器)。用它切割 APE 文件以及 Ram(RM)与其他格式间的转换。转换的同时可以进行各种润色或修改，非常方便。Nero Wave Editor 的工作界面如图 4.10 所示。

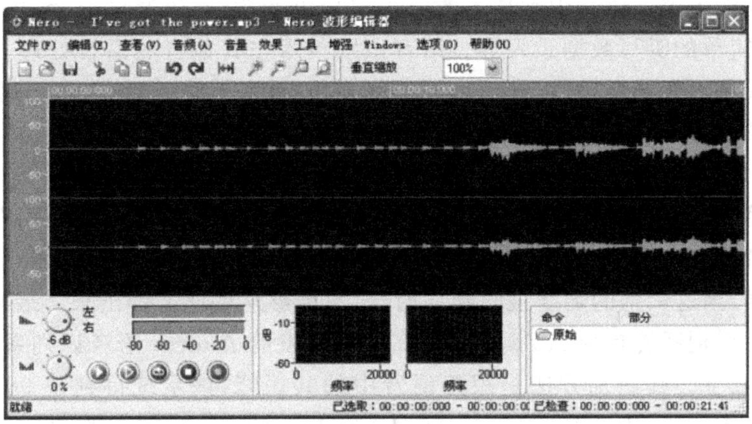

图 4.10 Nero Wave Editor 的工作界面

MEPMedia MP3 Editor 是一个全功能的数字音频编辑软件，提供多种音频录音、混音、编辑、分析和效果处理。它为日常用户提供了一个直观、易于使用的界面。在制作网站、PowerPoint 演示、Flash 动画中，MEPMedia MP3 Editor 都可以使作品提升一个水平。图 4.11 给出了该软件的工作界面。

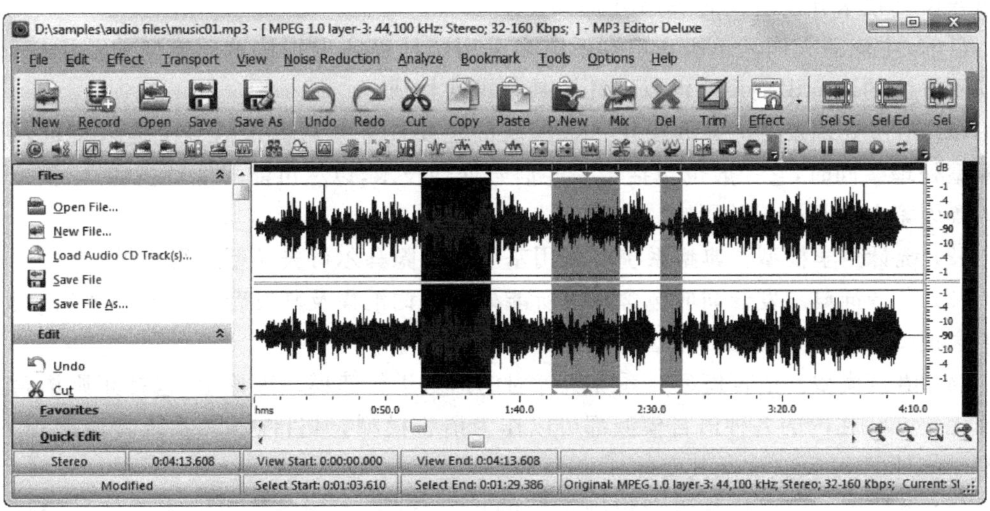

图 4.11 MEPMedia MP3 Editor 的用户界面

4.3.2 语音识别技术

语音识别技术,也被称为自动语音识别(Automatic Speech Recognition,ASR),其目标是将人类语音中的词汇内容转换为计算机可读的输入,例如按键、二进制编码或者字符序列。与说话人识别及说话人确认不同,后者尝试识别或确认发出语音的说话人而非其中所包含的词汇内容。语音识别技术的应用包括语音拨号、语音导航、室内设备控制、语音文档检索、简单的听写数据录入等。语音识别技术与其他自然语言处理技术如机器翻译及语音合成技术相结合,可以构建出更加复杂的应用,例如语音到语音的翻译。语音识别技术所涉及的领域包括:信号处理、模式识别、概率论和信息论、发声机理和听觉机理、人工智能等。

早在计算机发明之前,自动语音识别的设想就已经被提上了议事日程,早期的声码器可被视作语音识别及合成的雏形。20世纪20年代生产的Radio Rex玩具狗可能是最早的语音识别器,当这只狗的名字被呼唤的时候,它能够从底座上弹出来。最早的基于电子计算机的语音识别系统是由AT&T贝尔实验室开发的Audrey语音识别系统,它能够识别10个英文数字。其识别方法是跟踪语音中的共振峰,该系统得到了98%的正确率。到20世纪50年代末,伦敦学院(College of London)的Denes已经将语法概率加入语音识别中。20世纪60年代,人工神经网络被引入了语音识别。这一时代的两大突破是线性预测编码(Linear Predictive Coding,LPC)及动态时间规整(Dynamic Time Warp)技术。语音识别技术最重大的突破是隐马尔可夫模型(Hidden Markov Model,HHM)的应用。从Baum提出相关数学推理,经过Labiner等人的研究,卡内基梅隆大学的李开复最终开发出了第一个基于隐马尔可夫模型的大词汇量语音识别系统Sphinx。此后严格来说语音识别技术并没有脱离HMM框架。

目前,主流的大词汇量语音识别系统多采用统计模式识别技术。典型的基于统计模式识别方法的语音识别系统由以下几个基本模块构成:

(1) 信号处理及特征提取模块。该模块的主要任务是从输入信号中提取特征,供声学模型处理。同时,它一般也包括了一些信号处理技术,以尽可能降低环境噪声、信道、说话人等因素对特征造成的影响。

(2) 统计声学模型。典型系统多采用基于一阶隐马尔可夫模型进行建模。

(3) 发音词典。发音词典包含系统所能处理的词汇集及其发音。发音词典实际提供了声学模型建模单元与语言模型建模单元间的映射。

(4) 语言模型。语言模型对系统所针对的语言进行建模。理论上,包括正则语言、上下文无关文法在内的各种语言模型都可以作为语言模型,但目前各种系统普遍采用的还是基于统计的N元文法及其变体。

(5) 解码器。解码器是语音识别系统的核心之一,其任务是对输入的信号,根据声学、语言模型及词典,寻找能够以最大概率输出该信号的词串。

语音识别是一门交叉学科,语音识别正逐步成为信息技术中人机接口的关键技术。语音识别技术与语音合成技术结合使人们能够甩掉键盘,通过语音命令进行操作。语音技术的应用已经成为一个具有竞争性的新兴高技术产业。

我国的语音识别研究工作起步于20世纪50年代，但近年来发展很快。研究水平也从实验室逐步走向实用。从1987年开始执行国家863计划后，国家863智能计算机专家组为语音识别技术研究专门立项，每两年滚动一次。我国语音识别技术的研究水平已经基本上与国外同步，在汉语语音识别技术上还有自己的特点与优势，并达到国际先进水平。中科院自动化所、声学所、清华大学、北京大学、哈尔滨工业大学、上海交通大学、中国科技大学、北京邮电大学、华中科技大学等科研机构都有实验室进行过语音识别方面的研究，其中具有代表性的研究单位为清华大学电子工程系与中科院自动化研究所模式识别国家重点实验室。

语音识别系统可以根据对输入语音的限制加以分类：

(1) 从说话者与识别系统的相关性考虑。可以将识别系统分为三类：①特定人语音识别系统。这类语音识别系统仅考虑对于专人的话音进行识别；②非特定人语音系统。这类系统识别的语音与人无关，通常要用大量不同人的语音数据库对识别系统进行学习；③多人的识别系统。这类系统通常能识别一组人的语音，或者成为特定组语音识别系统，该系统仅要求对要识别的那组人的语音进行训练。

(2) 从说话的方式考虑。也可以将识别系统分为三类：①孤立词语音识别系统。孤立词识别系统要求输入每个词后要停顿；②连接词语音识别系统。连接词输入系统要求对每个词都清楚发音，一些连音现象开始出现；③连续语音识别系统。连续语音输入是自然流利的连续语音输入，大量连音和变音会出现。

(3) 从识别系统的词汇量大小考虑。也可以将识别系统分为三类：①小词汇量语音识别系统。通常包括几十个词的语音识别系统。②中等词汇量的语音识别系统。通常包括几百个词到上千个词的识别系统。③大词汇量语音识别系统。通常包括几千到几万个词的语音识别系统。随着计算机与数字信号处理器运算能力以及识别系统精度的提高，识别系统根据词汇量大小进行分类也不断进行变化。目前是中等词汇量的识别系统到将来可能就是小词汇量的语音识别系统。这些不同的限制也确定了语音识别系统的难度。

一般来说，语音识别的方法有三种：基于声道模型和语音知识的方法、模板匹配的方法以及利用人工神经网络的方法。

(1) 基于语音学和声学的方法。

该方法起步较早，在语音识别技术提出的开始，就有了这方面的研究，但由于其模型及语音知识过于复杂，现阶段没有达到实用的阶段。

通常认为常用语言中有有限个不同的语音基元，而且可以通过其语音信号的频域或时域特性来区分。该方法分为两步实现：

第一步：分段和标号。

把语音信号按时间分成离散的段，每段对应一个或几个语音基元的声学特性，然后根据相应声学特性对每个分段给出相近的语音标号。

第二步：得到词序列。

根据第一步所得的语音标号序列中得到一个语音基元网格，从词典得到有效的词序列，也可结合句子的文法和语义同时进行。

(2) 模板匹配的方法。

模板匹配的方法发展比较成熟,目前已达到了实用阶段。在模板匹配方法中,要经过4个步骤:特征提取、模板训练、模板分类、判决。常用的技术有三种:动态时间规整(DTW)、隐马尔可夫(HMM)理论、矢量量化(VQ)技术。

① 动态时间规整(DTW)。

语音信号的端点检测是进行语音识别中的一个基本步骤,它是特征训练和识别的基础。所谓端点检测就是在语音信号中的各种段落(如音素、音节、词素)的始点和终点的位置,从语音信号中排除无声段。在早期,进行端点检测的主要依据是能量、振幅和过零率。但效果往往不明显。20世纪60年代日本学者Itakura提出了动态时间规整算法(Dynamic Time Warping,DTW)。算法的思想就是把未知量均匀地升长或缩短,直到与参考模式的长度一致。在这一过程中,未知单词的时间轴要不均匀地扭曲或弯折,以使其特征与模型特征对正。

② 隐马尔可夫法(HMM)。

隐马尔可夫法(HMM)是20世纪70年代引入语音识别理论的,它的出现使得自然语音识别系统取得了实质性的突破。HMM方法现已成为语音识别的主流技术,目前大多数大词汇量、连续语音的非特定人语音识别系统都是基于HMM模型的。HMM是对语音信号的时间序列结构建立统计模型,将其看作一个数学上的双重随机过程:一个是用具有有限状态数的Markov链来模拟语音信号统计特性变化的隐含的随机过程,另一个是与Markov链的每一个状态相关联的观测序列的随机过程。前者通过后者表现出来,但前者的具体参数是不可测的。人的言语过程实际上就是一个双重随机过程,语音信号本身是一个可观测的时变序列,是由大脑根据语法知识和言语需要(不可观测的状态)发出的音素的参数流。可见HMM合理地模仿了这一过程,很好地描述了语音信号的整体非平稳性和局部平稳性,是较为理想的一种语音模型。

③ 矢量量化(VQ)。

矢量量化(Vector Quantization)是一种重要的信号压缩方法。与HMM相比,矢量量化主要适用于小词汇量、孤立词的语音识别中。其过程是:将语音信号波形的k个样点的每一帧,或有k个参数的每一参数帧,构成k维空间中的一个矢量,然后对矢量进行量化。量化时,将k维无限空间划分为M个区域边界,然后将输入矢量与这些边界进行比较,并被量化为"距离"最小的区域边界的中心矢量值。矢量量化器的设计就是从大量信号样本中训练出好的码书,从实际效果出发寻找到好的失真测度定义公式,设计出最佳的矢量量化系统,用最少的搜索和计算失真的运算量,实现最大可能的平均信噪比。

矢量量化的核心思想可以这样理解:如果一个码书是为某一特定的信源而优化设计的,那么由这一信息源产生的信号与该码书的平均量化失真就应小于其他信息的信号与该码书的平均量化失真,也就是说编码器本身存在区分能力。

在实际的应用过程中,人们还研究了多种降低复杂度的方法,这些方法大致可以分为两类:无记忆的矢量量化和有记忆的矢量量化。无记忆的矢量量化包括树状搜索的矢量量化和多级矢量量化。

(3) 神经网络的方法。

利用人工神经网络的方法是20世纪80年代末期提出的一种新的语音识别方法。人工神经网络(ANN)本质上是一个自适应非线性动力学系统,模拟了人类神经活动的原理,具有自适应性、并行性、鲁棒性、容错性和学习特性,其强大的分类能力和输入/输出映射能力在语音识别中都很有吸引力。但由于存在训练、识别时间太长的缺点,目前仍处于实验探索阶段。由于ANN不能很好地描述语音信号的时间动态特性,所以常把ANN与传统识别方法结合,分别利用各自的优点来进行语音识别。

4.3.3 语音合成技术

语音合成技术是利用计算机和一些专门装置模拟人来制造语音的技术。语音合成和语音识别技术是实现人机语音通信,建立一个有听、讲能力的口语系统所必需的两项关键技术。使电脑具有类似于人一样的说话能力,是当今时代信息产业的重要竞争市场。和语音识别相比,语音合成技术相对说来要成熟一些,并已开始向产业化方向成功迈进,大规模应用指日可待。

语音合成,又称文语转换(Text To Speech,TTS)技术,能将任意文字信息实时转化为标准流畅的语音朗读出来,相当于给机器装上了人工嘴巴。它涉及声学、语言学、数字信号处理、计算机科学等多个学科技术,是中文信息处理领域的一项前沿技术,解决的主要问题就是如何将文字信息转化为可听的声音信息,也即让机器像人一样开口说话。人们所说的"让机器像人一样开口说话"与传统的声音回放设备(系统)有着本质的区别。传统的声音回放设备(系统),如磁带录音机,是通过预先录制声音然后回放来实现"让机器说话"的。这种方式无论是在内容、存储、传输或者方便性、及时性等方面都存在很大的限制。而通过计算机语音合成则可以在任何时候将任意文本转换成具有高自然度的语音,从而真正实现让机器"像人一样开口说话"。

语音合成技术是随着计算机技术和数字处理技术的发展而发展起来的。语音合成可分为三个层次,分别是"文字到语音"的合成(Text To Speech);"概念到语音"的合成(Concept To Speech);"意向到语音"的合成(Intention To Speech)。要合成出高质量的语音,不仅要对语言进行理解,还必须遵循人类语言的一些表达规则,如语义学规则、词汇规则、语音学规则。

1. 常用的语音合成方法

常用的语音合成方法有:参数合成法,基音同步叠加法,基于数据库的语音合成方法。

参数合成法是通过调整合成器参数实现语音合成的。美国DEC公司的DECtalk就采用这种方法,通过标准的接口和计算机联网或单独接到电话网上提供清晰的、不同音色的语音信息服务,但整体合成语音的音质较差。

基音同步叠加法是对时域波形拼接实现语音合成的,在音色和自然度方面相比参数合成法有很大程度的提高。

基于数据库的语音合成方法是采用预先录制各种可能语境下的语音单元并保存在数据库中,建立一个庞大的语音数据库。再从数据库中选择并拼接出各种语音内容。由于声音来源于自然音,因此清晰度和自然度都非常高。

2. 语音合成的技术

(1) 波形编辑合成。以语句、短语、词或音节为合成单元,经数据压缩,组成一个合成语音库。重放时根据待输出的信息,在语料库中取出相应单元的波形数据,串接或编辑在一起,经解码还原出语音。这种合成方式,也叫录音编辑合成,合成单元越大,合成的自然度越好,系统结构简单,价格低廉,但合成语音的数码率较大,存储量也大,因而合成词汇量有限。

(2) 参数分析合成。以音节、半音节或音素为合成单元。首先对所有合成单元的语音进行分析,提取语音参数,经编码后组成一个合成语音库;输出时根据待合成的语音信息,从语音库中取出相应的合成参数,经编辑和连接,顺序送入语音合成器。在合成器中,通过合成参数的控制,将语音波形重新还原出来。

(3) 规则合成。通过语音学规则来产生目标语音。规则合成系统存储的是较小的语音单位。当输入字母符号时,合成系统利用规则自动地将它们转换成连续的语音波形。

3. 文语转换系统

文语转换系统是将文字内容转换为语音输出的语音合成系统。文本分析器根据发音字典,将输入的文本字符串分解为带有属性标记的词和读音符号,再根据语义规则和语音规则,为每一个词、每一个音节确定重音等级和语句结构及语调,以及各种停顿等。这样文字串就转变为符号代码串。采用前面介绍的合成技术的一种或者是几种的结合,合成出输出语音。

4. 语音合成技术特点

1) 自然度

自然度是语音合成技术需要解决的重要问题。语音合成技术目前能够准确地表达单词、词组和简单的语句。但是对于大的段落或篇章,就会出现自然度差的问题。提高自然度需要从语言学方面进行深入研究,需要自然语言理解上的突破。

2) 清晰度

清晰度是语音质量的重要因素。常用的语音合成技术都已有效地解决了清晰度问题,尤其采用语音数据库技术,声音来源于自然音,因此清晰度得到了有力的保障。

3) 表现力

表现力是语音合成技术的发展目标。目前的语音合成技术能够实现以朗读风格将书面语言转换成口语输出,但是无法赋予感情色彩。需要加强合成语音的表现力。只有通过对自然语言的理解,实现对输出语音的韵律进行有效控制,调整语气、语调的变化,才能使得语音合成技术更加具有生命力。

4）复杂度

要提高语音合成的质量，除了要研究语言学之外，还需要解决与之相关的许多技术问题，例如磁盘存储技术、数据压缩技术、数据库技术等。这些问题极大地增加了语音合成技术的复杂度。此外，多种文语合成的需求，也为语音合成技术增加了一定的复杂度。

5. 语音合成系统应用

目前，语音合成技术开始广泛应用于金融、邮电、工商、政府机关、交通、教育、游戏等领域。此外还有一些教育娱乐软件、普通话教学软件、游戏软件中都使用了语音合成技术。

4.4 视频加工技术

4.4.1 视频非线性编辑技术

与文本信息一样，对于视频信息也需要进行一定的编辑加工处理。由于视频信息的复杂性，有关视频编辑的技术要远比文本信息的编辑工作复杂得多。传统线性视频编辑是按照信息记录顺序，从磁带中重放视频数据来进行编辑的，需要较多的外部设备，如放像机、录像机、特技发生器、字幕机，工作流程十分复杂。随着数字视频的广泛应用，传统的视频编辑方式已经不能满足其发展的要求了，因此，非线性编辑技术应运而生。

1. 非线性编辑技术简介

非线性编辑是相对于传统上以时间顺序进行线性编辑而言的。非线性编辑借助计算机来进行数字化制作，几乎所有的工作都在计算机内完成，不再需要那么多的外部设备，对素材的调用也是瞬间实现的，而不用反反复复在磁带上寻找，突破单一的时间顺序编辑限制，可以按各种顺序排列，具有快捷简便、随机的特性。非线性编辑只要上传一次就可以多次编辑，信号质量始终不会变低，所以节省了设备、人力，提高了效率。非线性编辑需要专用的编辑软件、硬件，现在绝大多数的电视电影制作机构都采用了非线性编辑系统。

那么什么是非线性编辑呢？有人说这一概念是从电影剪辑中借用而来的，事实确实如此。今天的非线性编辑被赋予了很多新的含义。从狭义上讲，非线性编辑是指剪切、复制和粘贴素材无须在存储介质上重新安排它们。而传统的录像带编辑、素材存放都是有次序的，必须反复搜索，并在另一个录像带中重新安排它们，因此称为线性编辑。从广义上讲，非线性编辑是指在用计算机编辑视频的同时，还能实现诸多的处理效果，例如特技、字幕等。

非线性编辑系统是指把输入的各种视音频信号进行A/D(模/数)转换，采用数字压缩技术将其存入计算机硬盘中。非线性编辑没有采用磁带，而是使用硬盘作为存储介质，记录数字化的视音频信号。由于硬盘可以满足在1/25s(PAL)内完成任意一幅画面的随机读取和存储，因此可以实现视音频编辑的非线性性。

2. 非线性编辑的步骤

任何一个非线性编辑的工作流程,都可以简单地看成输入、编辑、输出这样三个步骤。当然,由于不同软件功能的差异,其使用流程还可以进一步细化。以 Premiere Pro 为例,其使用流程主要分成以下 5 个步骤:

(1) 素材采集与输入。采集就是利用 Premiere Pro 将模拟视频、音频信号转换成数字信号并存储到计算机中,或者将外部的数字视频存储到计算机中,成为可以处理的素材。输入主要是把其他软件处理过的图像、声音等,导入 Premiere Pro 中。

(2) 素材编辑。素材编辑就是设置素材的入点与出点,以选择最合适的部分,然后按时间顺序组接不同素材的过程。

(3) 特技处理。对于视频素材,特技处理包括转场、特效、合成叠加。对于音频素材,特技处理包括转场、特效。令人震撼的画面效果,就是在这一过程中产生的。而非线性编辑软件功能的强弱,往往也体现在这方面。配合某些硬件,Premiere Pro 还能够实现特技播放。

(4) 字幕制作。字幕是节目中非常重要的组成部分,包括文字和图形两个方面。Premiere Pro 中制作字幕很方便,几乎没有无法实现的效果,并且还有大量的模板可以选择。

(5) 输出和生成。节目编辑完成后,就可以输出回录到录像带上;也可以生成视频文件,发布到网上、刻录 VCD 和 DVD 等。

3. 非线性编辑的优缺点

从非线性编辑系统的作用来看,它能集录像机、切换台、数字特技机、编辑机、多轨录音机、调音台、MIDI 创作、时基等设备于一身,几乎包括了所有的传统后期制作设备。这种高度的集成性,使得非线性编辑系统的优势更为明显。因此,它能在广播电视界占据越来越重要的地位,一点也不令人奇怪。概括地说,非线性编辑系统具有信号质量高、制作水平高、节约投资、保护投资、网络化等方面的优势。

(1) 信号质量高。使用传统的录像带编辑节目,素材磁带要磨损多次,而机械磨损也是不可弥补的。另外,为了制作特技效果,还必须"翻版",每"翻版"一次,就会造成一次信号损失。最终为了质量的考虑,人们往往不得不忍痛割爱,放弃一些很好的艺术构思和处理手法。而在非线性编辑系统中,这些缺陷是不存在的。无论怎么处理或者怎么编辑,无论拷贝多少次,信号质量将始终如一。当然,由于信号的压缩与解压缩编码,多少存在一些质量损失,但与"翻版"相比,损失大大减小。一般情况下,采集信号的质量损失小于转录损失的一半。由于系统只需要一次采集和一次输出,非线性编辑系统能保证能得到相当于模拟视频第二版质量的节目带,而使用模拟编辑系统,绝对不可能有这么高的信号质量。

(2) 制作水平高。使用传统的编辑方法,为制作一个十来分钟的节目,往往要面对长达四五十分钟的素材带,反复进行审阅比较,然后将所选择的镜头编辑组接,并进行必要的转场、特技处理。这其中包含大量的机械重复劳动。而在非线性编辑系统中,大量的素材都存储在硬盘上，可以随时调用，不必费时费力地逐帧寻找。素材的搜索极其容易，不用像传统的编辑机那样来回倒带。用鼠标拖动一个滑块，能在瞬间找到需要的那一帧画面，搜索、打点易如反掌。整个编辑过程就像文字处理一样，既灵活又方便。同时，多种多样、花样翻新、可自由组合的特技方式，使制作的节目丰富多彩，将制作水平提高到了一个新的层次。

(3) 设备寿命长。非线性编辑系统对传统设备的高度集成，使后期制作所需的设备降至最少，有效地节约了投资。而且由于是非线性编辑，只需要一台录像机，在整个编辑过程中，录像机只需要启动两次，一次输入素材，一次录制节目带。这样就避免了磁鼓的大量磨损，使得录像机的寿命大大延长。

(4) 便于升级。影视制作水平的提高，总是对设备不断地提出新的要求，这一矛盾在传统编辑系统中很难解决，因为这需要不断投资。而使用非线性编辑系统，则能较好地解决这一矛盾。非线性编辑系统所采用的，是易于升级的开放式结构，支持许多第三方的硬件、软件。系统功能的增加只需要通过软件的升级就能实现。

(5) 网络化。网络化是计算机的一大发展趋势，非线性编辑系统可充分利用网络方便地传输数码视频，实现资源共享，还可利用网络上的计算机协同创作，对于数码视频资源的管理、查询，更是易如反掌。在一些电视台中，非线性编辑系统都在利用网络发挥着更大的作用。

当然，非线性编辑也存在一些不足。由于非线性编辑系统的操作与传统方式大不相同，视频编辑显得比较“专业化”；受硬盘容量限制，记录内容有限；实时制作受到技术制约，特技等内容不能太复杂；图像信号压缩有损失，以及必须预先把素材装入非线性编辑系统之中，等等。

因此，复杂的视频制作宜选用非线性编辑，新闻片制作宜选用线性编辑，现场直播、现场直录宜选用线性编辑。

4. 非线性编辑系统的组成

非线性编辑的实现，要靠软件与硬件的支持，这就构成了非线性编辑系统。一个非线性编辑系统从硬件上看，可由计算机、视频卡或 IEEE 1394 卡、声卡、高速 AV 硬盘、专用板卡(如图形加速卡)以及外围设备构成。为了直接处理高档数字录像机获取的信号，有的非线性编辑系统还带有 SDI 标准的数字接口，以充分保证数字视频的输入、输出质量。其中，视频卡用来采集和输出模拟视频，也就是承担 A/D 和 D/A 的实时转换。从软件上看，非线性编辑系统主要由非线性编辑软件以及二维动画软件、三维动画软件、图像处理软件和音频处理软件等外围软件构成。随着计算机硬件性能的提高，视频编辑处理对专用器件的依赖越来越小，软件的作用则更加突出。因此，掌握像 Premiere Pro 之类的非线性编辑软件，就成为了关键。

非线性编辑系统的出现与发展，一方面使影视制作的技术含量在增加，越来越专业化，另一方面，也使影视制作更为简便，越来越大众化。就如今的计算机配置来讲，一台家用电脑加装 IEEE 1394 卡，再配合 Premiere Pro 就可以构成一个非线性编辑系统。因此，每个人都可以将感性的 DV 编辑成一部部理性的数字作品，成为自己表达情怀、审视社会、挥洒想象的一种新手段。

非线性编辑系统是计算机技术和电视数字化技术的结晶。它使电视制作的设备由分散到简约,制作速度和画面效果均有很大提高。由于非线性编辑系统特别适合蒙太奇影视编辑的手法和意识流的思维方式,它赋予了电视编导和制作人员以极大的创作自由度。

5. 非线性编辑视频

在电视的发展过程中,视频节目的后期制作经历了物理剪辑、电子编辑和数码编辑等发展阶段。如今,随着非线性编辑系统的出现和普及,节目制作面临重大的变革。非线性编辑引入了磁盘记录和存储、图形用户界面(GUI)和多媒体等新的技术和手段,使电视节目制作即将向数字化方向迈进一大步。

(1) 文件。在非线性编辑系统中,所有素材都以文件的形式存储在记录媒体(硬盘、光盘和U盘)中,并以树状目录的结构进行管理。每个文件被分成标准大小的数据块,通过链表进行快速访问。在这一基础上,非线性编辑系统的快速定位编辑点的功能才能充分发挥。编辑工作中主要用到两种文件:素材文件和工作文件。工作文件包括用来记录编辑状态的项目(工程)文件和管理素材的库文件等;素材文件可粗略分为静态图像、音频、视频、字幕和图形文件等几大类。素材文件中除了可记录画面和声音数据以外,还能够保存素材的名称、类别、大小、长度及存储位置等信息,极大地方便了节目的制作和素材的管理。

(2) 图像。通常可以用多种格式保存数字化的彩色静态图像文件,而且不同格式的图像可互相转换。图像文件资源极其丰富,兼容性也比较好,一般可在不同的非线性编辑系统之间交换。编辑中较常用的是录制三维动画的TARGA格式、平面图像处理用的TIFF格式和彩色位图图像BITMAP格式的文件。

(3) 图形。字幕文件是计算机内部生成的矢量图形文件,它与图像文件的主要区别在于,任何时候都可以对文字和图形对象进行修改,调整其大小、位置、色彩和层间覆盖关系。图形文件不像图像文件一样,记录屏幕上每个像素点的色彩信息,而是记录关键点的坐标、颜色和填充属性等参数,因此在磁盘上占用的空间比较小。

(4) 音频。录入非线性编辑系统中的声音多数以不压缩的采样波形文件的形式保存。在音频数字化时,模数转换的采样频率和采样深度影响系统中存储的声音信号的质量和音频素材所占用的磁盘空间。采样频率越高,采样深度越大,录制的声音质量就越好,相应占用的存储空间也越大。多数电视台播出时采用单声道的电视伴音信号,一般采样频率为22kHz以上,采样深度16比特即可满足要求。随着对伴音质量要求的提高,部分电视台已过渡到使用立体声音频信号进行部分节目的播出,相应地需要选择CD质量的声音处理方式,即以44.1kHz的频率采样,记录成16比特的立体声信号。

(5) 视频。一般用分辨率、帧速率和色彩数等参数作为描述数字视频信号的指标。分辨率反映画面的清晰度。分辨率为384×288的电视图像与分辨率为384×576的电视图像的画面质量有明显的区别。电视节目后期制作中,要求图像分辨率为720×576或768×576(PAL制)。PAL制电视节目的帧速率为25fps(帧每秒);制作多媒体光盘出版物(CDTITLES)时一般选15fps的帧速率。电影和NTSC制式电视的帧速率分别为

24fps和30/29.97fps。描述每一像素的字节数决定了最多可同屏显示多少种颜色，一般为256色、65 536色和16 777 216色(即真彩色)。色彩数越多，能表现的彩色层次越丰富。

6. 视频节目制作过程

(1) 素材准备。在使用非线性编辑系统编辑节目之前，一般需要向系统中输入素材。大多数非线性编辑系统是实时地把磁带上的视音频信号转录到磁盘上的，这比传统编辑增加了额外的操作时间。某些非线性编辑系统例如BETACAMSX和DVCAM、DVCPRO可以通过QSDI等数字接口实现素材的4倍速上载，这在一定程度上提高了编辑效率。在输入素材时，应该根据不同系统的特点和不同的编辑要求，决定使用的接口方式和压缩比，一般要遵循以下原则：①应尽量使用数字接口例如QSDI接口、CSDI接口、SDI接口和DV接口。如果用作放像机的磁带录像机或非线性编辑系统没有数字接口，可使用分量信号接口、S-Video接口或复合信号接口。②对同一种压缩方法来说，压缩比越小，图像质量越高，相应地占用的存储空间越大。③采用不同压缩方式的非线性编辑系统，录制视频素材时的压缩比可能不同，但也可能获得同样的图像质量。例如，BETACAM-SX系统的压缩比是10：1，但由于采用的是MPEG24：2：2P@ML的压缩方法，其图像质量要好于采用3：1M-JPEG方法压缩的AVIDMC1000系统。

(2) 节目制作。非线性编辑的特点集中体现在以下编辑环节：①素材浏览。在查看存储在磁盘上的素材时，非线性编辑系统具有极大的灵活性。可以用正常速度播放，也可以快速重放、慢放和单帧播放，播放速度可无级调节，也可以反向播放。②编辑点定位。在确定编辑点时，非线性编辑系统的最大优点是可以实时定位，既可以手动操作进行粗略定位，也可以使用时码精确定位编辑点。不需要像磁带编辑系统那样花费大量时间卷带搜索，这大大地提高了编辑效率。③素材长度调整。在调整素材长度时，非线性编辑系统通过时码编辑实现精确到帧的编辑，同时吸取了电影剪接简便直观的优点，可以参考编辑点前后的画面进行直接手工剪辑。④素材的组接。非线性编辑系统中各段素材的相互位置可以随意调整。编辑过程中，可以在任何时候删除节目中的一个或多个镜头，或向节目中的任一位置插入一段素材，也可以实现磁带编辑中常用的插入和组合编辑。⑤素材的复制和重复使用。非线性编辑系统中使用的素材全都以数字格式存储，因此在拷贝一段素材时，不会像磁带复制那样引起画面质量的下降。当然，在编辑过程中，一般没有必要复制素材，因为同一段素材可以在一个节目中反复使用，而且无论使用多少次，都不会增加占用的存储空间。⑥软切换。在剪辑多机拍摄的素材或同一场景多次拍摄的素材时，可以在非线性编辑系统中采用软切换的方法模拟切换台的功能。首先保证多轨视频精确同步，然后选择其中的一路画面输出，切点可根据节目要求任意设定。⑦联机编辑和脱机编辑。大多数非线性编辑系统采用联机编辑方式工作，这种编辑方式可充分发挥非线性编辑的特点，提高编辑效率，但同时也受到素材硬盘存储容量的限制。如果使用的非线性编辑系统支持时码信号采集和EDL(编辑决策表)输出，则可以采用脱机方式处理素材量较大的节目。非线性编辑系统中有三种脱机编辑的方法：第一种方法是先以较低的分辨率和较高的压缩比录制尽可能多的原始素材，使用这些素材编好节目后将EDL表输出，在高档磁带编辑系统中进行合成;第二种方法根据草编得到的 EDL 表,重新以全分辨率和小压缩比对节目中实际使用的素材进行数字化,然后让系统自动制作成片;第三种脱机编辑的方法在输入素材阶段首先以最高质量进行录制,然后在系统内部以低分辨率和高压缩比复制所有素材,复制的素材占用的存储空间较小,处理速度也比较快,在它的基础上进行编辑可以缩短特技的处理时间。草编完成后,用高质量的素材替换对应的低质量素材,然后再对节目进行正式合成。⑧特技。在非线性编辑系统中制作特技时,一般可以在调整特技参数的同时观察特技对画面的影响,尤其是软件特技,还可以根据需要扩充和升级,只需拷入相应的软件升级模块就能增加新的特技功能。⑨字幕。字幕与视频画面的合成方式有软件和硬件两种。软件字幕实际上使用了特技抠像的方法进行处理,生成的时间较长,一般不适合制作字幕较多的节目。但它与视频编辑环境的集成性好,便于升级和扩充字库;硬件字幕实现的速度快,能够实时查看字幕与画面的叠加效果,但一般需要支持双通道的视频硬件来实现。较高档的非线性编辑系统都带有硬件字幕,可实现中英文字幕与画面的实时混合叠加,其使用方法与字幕机类似。⑩声音编辑。大多数基于 PC 的非线性编辑系统能直接从 CD 唱盘、MIDI 文件中录制波形声音文件,波形声音文件可以非常直接地在屏幕上显示音量的变化,使用编辑软件进行多轨声音的合成时,一般也不受总的音轨数量的限制。⑪动画制作与合成。由于非线性编辑系统的出现,动画的逐帧录制设备已基本被淘汰。非线性编辑系统除了可以实时录制动画以外,还能通过抠像实现动画与实拍画面的合成,极大地丰富了节目制作的手段。

(3) 非线性编辑节目输出。非线性编辑系统可以用三种方法输出制作完成的节目。①输出到录像带上。这是联机非线性编辑最常用的输出方式,对连接非线性编辑系统的录像机和信号接口的要求与输入时的要求相同。为保证图像质量,应优先考虑使用数字接口,其次是分量接口、S-Video 接口和复合接口。②输出 EDL 表。如果对画面质量要求很高,即使以非线性编辑系统的最小压缩比处理仍不能满足要求,可以考虑在非线性编辑系统上进行草编,输出 EDL 表至 DVW 或 BVW 编辑台进行精编。这时需要注意 EDL 表格式的兼容性,一般非线性编辑系统都可以选择多种 EDL 表的格式输出。③直接用硬盘播出。这种输出方法可减少中间环节,降低视频信号的损失,但必须保证系统的稳定性或准备备用设备,同时对系统的锁相功能也有较高的要求。

非线性编辑已经成为电视节目编辑的主要方式,由于其数字化的记录方式,强大的兼容性,相对较少的投资等特点,已被广泛应用。多用于大型文艺晚会、电视杂志型节目以及电视、电视剧片头、宣传片的制作。多个非线性编辑系统通过网线联网后,可以成为一个独立的资源平台,不仅能起到资源共享的作用,同时还能为音像资料的保存工作节约相当的成本。现今许多电视台,电视节目制作公司在节目制作、播出时,通过非线性编辑技术已经实现了无磁带编辑,无母带播出。

4.4.2 视频监控技术

视频监控(Cameras and Surveillance)是安全防范系统中的重要组成部分。传统的监控系统包括前端摄像机、传输线缆、视频监控平台。摄像机可分为网络数字摄像机和模拟摄像机,可作为前端视频图像信号的采集。它是一种防范能力较强的综合系统。视频监控以其直观、准确、及时和信息内容丰富而广泛应用于许多场合。近年来,随着计算机、网络以及图像处理、传输技术的飞速发展,视频监控技术也有了长足的发展。随着移动通信技术和互联网的快速发展,目前一些监控系统可以使用智能手机作为主机,同时对图像进行自动识别、存储和自动报警。视频数据通过3G/4G/Wi-Fi传回控制主机(也可以是智能手机),主机可对图像进行实时观看、录入、回放、调出及储存等操作,从而实现移动互联的视频监控。

完整的视频监控系统是由摄像、传输、控制、显示、记录登记5大部分组成的。摄像机通过网络线缆或同轴视频电缆将视频图像传输到控制主机,控制主机再将视频信号分配到各监视器及录像设备,同时可将需要传输的语音信号同步录入到录像机内。通过控制主机,操作人员可发出指令,对云台(摄像机)上、下、左、右的动作进行控制及对镜头进行调焦变倍的操作,并可通过视频矩阵实现在多路摄像机进行切换。

一个视频监控系统的硬件一般包括摄像机、光圈镜头、硬盘录像机、矩阵、控制键盘和监视器等,辅助设备包括支架、摄像机罩、连接线、接头等。

视频监控系统可分为两大类:网络数字视频监控系统和模拟信号视频监控(嵌入式硬盘录像机系统)。目前这两类系统都在广为使用。

视频监控系统发展了短短二十几年时间,从模拟监控到火热的数字监控再到方兴未艾的网络视频监控,发生了翻天覆地的变化。在IP技术逐步统一全球的今天,有必要重新认识视频监控系统的发展历史。从技术角度出发,视频监控系统发展划分为第一代模拟视频监控系统(CCTV),到第二代基于"PC+多媒体卡"数字的视频监控系统(DVR),到第三代完全基于IP网络的视频监控系统(IPVS)。

第一代视频监控是传统的模拟闭路视频监控系统(CCTV)。CCTV依赖摄像机、线缆、录像机和监视器等专用设备。例如,摄像机通过专用同轴电缆输出视频信号,电缆连接到专用模拟视频设备,如视频画面分割器、矩阵、切换器、卡带式录像机(VCR)及视频监视器等。模拟CCTV存在许多局限性:①有限的监控能力。只支持本地监控,受到模拟视频电缆传输长度和电缆放大器的限制。②有限的可扩展性。系统通常受到视频画面分割器、矩阵和切换器输入容量的限制。③录像负载重。用户必须从录像机中取出或更换新录像带保存,且录像带易于丢失、被盗或无意中被擦除。④录像质量不高是主要限制因素。录像质量随拷贝数量的增加而降低。

第二代视频监控是当前"模拟/数字"监控系统(DVR)。"模拟/数字"监控系统是以数字硬盘录像机DVR为核心的半模拟/半数字方案,从摄像机到DVR仍采用同轴缆输出视频信号,通过DVR同时支持录像和回放,并可支持有限IP网络访问。由于DVR产品五花八门,没有统一的标准,所以这一代系统是非标准的封闭系统。DVR系统仍存在许多不足:①复杂布线。"模拟/数字"方案仍需要在每个摄像机上安装单独视频缆线,导致布线复杂性。②有限的可扩展性。DVR的典型限制是一次最多只能扩展16个摄像机。③有限的可管理性。需要外部服务器和管理软件来控制多个DVR或监控点。④有限的远程监视/控制能力。不能从任意客户机访问任意摄像机。只能通过DVR间接访问摄像机。⑤磁盘发生故障风险与RAID冗余和磁带相比,"模拟/数字"方案录像没有保护,易于丢失。

第三代视频监控是未来完全IP视频监控系统(IPVS)。完全IP视频监控系统与前面两种方案相比有着显著的区别。IPVS的优势是摄像机内置Web服务器,并直接提供以太网端口。这些摄像机生成JPEG或MPEG-4数据文件,可供任何经授权客户机从网络中的任何位置访问、监视、记录并打印,而不是生成连续模拟视频信号形式的图像。全IP视频监控系统的巨大优势是:①简便性。所有摄像机都通过经济高效的有线或者无线以太网的方式连接到网络,能够利用现有局域网的基础设施。可使用5类网络线缆或无线网络方式传输摄像机输出图像以及水平、垂直、变倍(PTZ)控制命令(甚至可以直接通过以太网供电)。②强大的中心控制。一台工业标准服务器和一套控制管理应用软件就可运行整个监控系统。③易于升级与全面可扩展性。能轻松添加更多个摄像机。中心服务器将来能够方便升级到更快速处理器、更大容量磁盘驱动器以及更大带宽等。④全面实现远程监视。任何经授权客户机都可直接访问任意摄像机。可通过中央服务器访问监视图像。⑤坚固冗余存储器。可同时利用SCSI、RAID以及磁带备份存储技术永久保护监视图像不受硬盘驱动器故障的影响。

第四代视频监控是基于云计算的视频监控。云监控实现了视频监控接入互联网的飞跃,把视频监控的价值充分发挥,应用更加灵活。

视频监控系统的主要组成有:

(1)采集系统。视频采集系统主要由各观测点的摄像机组成,主要完成视频图像信号采集。

(2)云台镜头。云台镜头控制系统主要由云台和控制器组成。用于完成在监控中心遥控摄像机的观测位置的变动和观测点图像的放大、缩小处理。

(3)信号传输。信号传输分有线传输和无线传输,并且传输方式和传输线材对信号影响较大。传输系统主要包括电源信号的传输、视频信号的传输和控制信号的传输三部分。

(4)视频处理。视频处理系统主要完成对视频信号的数字化处理、图像信号的显示、图像信号的存储及图像信号的远程传输。监控系统中一般采用硬盘录像及远程传输系统实现对所有采集点的显示、录像和回放以及远程浏览。

(5)其他部分。①监控前端:用于采集被监控点的监控信息,并可以配备报警设备。监控前端可分为两类,一是普通摄像头+视频服务器。普通摄像头可以是模拟摄像头,也可以是数字摄像头。原始视频信号传到视频服务器,经视频服务器编码后,以TCP/IP协议通过网络传至其他设备。二是网络摄像头。网络摄像头是集摄像、视频编码、Web服务于一体的高级摄像设备,内嵌了TCP/IP协议栈,可以直接连接到网络。②管理中心:承担所有前端设备的管理、控制、报警处理、录像、录像回放、用户管理等工作。各部分功能分别由专门的服务器各司其职。③监控中心:用于对所辖区域进行集中监控,包括电视墙、监控客户终端群。一个监控系统中可以有一个或多个监控中心。④PC客户端:在监控中心之外,也可以由PC接到网络上进行远程监控。⑤无线网桥:无线网桥用于接入无线数据网络,并访问互联网。通过无线网桥,可以将IP网上的监控信息传至无线终端,也可以将无线终端的控制指令传给IP网上的视频监控管理系统。常用的无线网络技术有蓝牙、Wi-Fi、ZigBee等。

当前对于监控系统而言，用户对其功能的需求已经体现出多元化与系统化，主要表现在以下几个方面的要求：

(1) 远程访问。传统的视频监控一般在小范围内进行，而用户普遍要求访问地点不受地域限制，能随时随地访问被监控地点。

(2) 多人同时访问同一个监控点。传统上一个监控点一般是被一个监控中心(用户)所访问的，而当今同一个监控点很可能会同时被多个用户所访问，并且这些用户之间可能毫无关系。用户访问的复杂化将要求系统强化对访问权限的管理。

(3) 监控点趋向分散，监控趋向集中。属于同一用户的监控点越来越分散，不受地域所限，而对这些分散的监控点，需要集中的管理与控制。

(4) 要求监控系统具有开放性和扩展性。同一系统应当支持多种不同类型的监控设备，用户数、被监控点的数量可以方便地增减。

(5) 海量数据存储。网络化使得传统的本地录像功能可以转移到远程服务器上来实现，使得海量数据存储成为可能。同时，也要求系统具备更强的存储、检索和备份等功能。

(6) 信息安全。系统的复杂化，用户的多元化，加上视频监控本身的业务特点必然要求系统对信息安全提供有力的保证。

(7) 智能视频监控。未来的视频监控系统将不仅仅局限于被动地提供视频画面，更要求系统本身有足够的智能，能够识别不同的物体，发现监控画面中的异常情况，以最快和最佳的方式发出警报和提供有用信息，从而更加有效地协助安全人员处理危机，并最大限度地降低误报和漏报现象，成为应对袭击和处理突发事件的有力辅助工具。智能视频监控还可以应用在交通管理、客户行为分析、客户服务等多种非安全相关的场景，以提高用户的投资回报。

对于视频监控系统，根据系统各部分功能的不同，整个视频监控系统划分为7层：表现层、控制层、处理层、传输层、执行层、支撑层、采集层。当然，由于设备集成化越来越高，对于部分系统而言，某些设备可能会同时以多个层的身份存在于系统中。

(1) 表现层。表现层是最直观感受到的，它展现了整个视频监控系统的品质。如监控电视墙、监视器、高音报警喇叭、报警自动驳接电话等都属于这一层。

(2) 控制层。控制层是整个视频监控系统的核心，是系统中技术水平最明确的体现。通常控制方式有模拟控制和数字控制两种。模拟控制是早期的控制方式，其控制台通常由控制器或者模拟控制矩阵构成，适用于小型局部视频监控系统，这种控制方式成本较低，故障率较小。但对于中大型视频监控系统而言，这种方式就显得操作复杂且无任何价格优势，这种情况下企事业单位更为明智的选择应该是采用数字控制。数字控制是将工控计算机作为监控系统的控制核心，它将复杂的模拟控制操作变为简单的鼠标单击操作，将巨大的模拟控制器堆叠缩小为一个工业控制计算机，将复杂而数量庞大的控制电缆变为一根串行电话线。它将中远程视频监控变为事实、为Internet远程监控提供可能。但数字控制也不是那么十全十美的，控制主机的价格十分昂贵、模块浪费的情况、系统可能出现全线崩溃的危机、控制较为滞后等问题仍然存在。

(3) 处理层。处理层也称为音视频处理层，它将传输层送过来的音视频信号加以分配、放大、分割等处理,有机地将表现层与控制层加以连接。音视频分配器、音视频放大器、视频分割器、音视频切换器等设备都属于这一层。

(4) 传输层。传输层相当于视频监控系统的血脉。在小型视频监控系统中,最常见的传输层设备是视频线、音频线,对于中远程监控系统而言,常使用的是射频线、微波,对于远程监控而言,通常使用 Internet 这一廉价载体。值得一提的是,新出现的传输层介质——网线/光纤。大多数人在数字安防监控上存在一个误区,他们认为控制层使用的数字控制的视频监控系统就是数字视频监控系统,其实不然。纯数字视频监控系统的传输介质一定是网线或光纤。信号从采集层出来时,就已经调制成数字信号,数字信号在已趋成熟的网络上传输,理论上是无衰减的,这就保证了远程监控图像的无损失显示,这是模拟传输无法比拟的。当然,高性能的回报也需要高成本的投入,这是纯数字视频监控系统无法普及最重要的原因之一。

(5) 执行层。执行层是控制指令的命令对象,在某些时候它和后面所说的支撑层、采集层不太好截然分开,一般认为受控对象即为执行层设备,如云台、镜头、解码器、球等。

(6) 支撑层。顾名思义,支撑层用于后端设备的支撑,保护和支撑采集层、执行层设备。它包括支架、防护罩等辅助设备。

(7) 采集层。采集层是整个视频监控系统品质好坏的关键因素,也是系统成本开销最大的地方。它包括镜头、监控摄像机、报警传感器等。

目前,数字视频监控发展较快。与传统的模拟监控相比,数字监控具有许多优点:

① 便于计算机处理。由于对视频图像进行了数字化,所以可以充分利用计算机的快速处理能力,对其进行压缩、分析、存储和显示。通过视频分析,可以及时发现异常情况并进行联动报警,从而实现无人值守。

② 适合远距离传输。数字信息抗干扰能力强,不易受传输线路信号衰减的影响,而且能够进行加密传输,因而可以在数千公里之外实时监控现场。特别是在现场环境恶劣或不便于直接深入现场的情况下,数字视频监控能达到亲临现场的效果。即使现场遭到破坏,也照样能在远处得到现场的真实记录。

③ 便于查找。在传统的模拟监控系统中,当出现问题时需要花大量时间观看录像带才能找到现场记录;而在数字视频监控系统中,利用计算机建立的索引,在几分钟内就能找到相应的现场记录。

④ 提高了图像的质量与监控效率。利用计算机可以对不清晰的图像进行去噪、锐化等处理,通过调整图像大小,借助显示器的高分辨率,可以观看到清晰的高质量图像。此外,可以在一台显示器上同时观看 16 路甚至 32 路视频图像。

⑤ 系统易于管理和维护。数字视频监控系统主要由电子设备组成,集成度高,视频传输可利用有线或无线信道。整个系统是模块化结构,体积小,易于安装、使用和维护。

正是由于数字视频监控具有传统模拟监控无法比拟的优点,而且符合当前信息社会中数字化、网络化和智能化的发展趋势要求,所以数字视频监控正在逐步取代模拟监控,广泛应用于各行各业。

随着技术的不断发展,无线视频监控系统也将是无线网络技术最多的应用之一。同时随着无线城市的建设,无线视频监控也必将是最重要的应用之一。无线视频业务对于误码率、切换效率、时延、带宽稳定性等方面要求较高，如果这些方面处理不好，视频画面将会出现马赛克、跳屏、停顿等。由于WLAN技术最初并不是按照电信大规模运营系统要求设计的，其基础版本中对于跨AP切换的问题没有规定，一般性终端在AP间的切换效率非常低；另外，AP和终端对于视频业务没有专门的处理，与普通PS域数据一样，这些因素会导致无法很好地开展视频监控、语音等实时业务。另外，由于国内对IPv6的产品支持有限，对IPVS的普及应用也产生了一定的负面影响。

4.4.3 视频传输技术

随着Internet的不断发展，人们希望在网上传送更多的多媒体信息。视频信号的传输是多媒体信息传输的核心。视频信号在计算机终端播放已不成问题，关键问题在于信号的压缩及传输技术。例如，传输MPEG-1方式的普通电视信号，要求速率为120～140kb/s；传输相当于S-VSH的MPEG-2电视信号，要求500kb/s的速率；传输双工或更高质量的信号，对带宽的要求还要高。另外，视频传输对延迟及延迟抖动要求也较高，因此，视频传输不但要有较宽的带，还要有较好的稳定性和可伸缩性。

1. 电话线传输视频信息

用电话系统传输视频信号，主要应用的是各种数字用户线路xDSL技术。xDSL提供了一种直接接入Internet方案的不中断服务。按照ITU G.902的定义，接入网由业务节点接口(SNI)和用户网络接口(UNI)之间一系列传送实体(如网络设施和传输设施等)组成，是能为电信业务的实现提供所需传输能力的实施系统，可经由管理接口(Q3)配置和管理。它实际上是本地电信局与用户设备间的信息传送实施系统，可以部分或全部替代传统的用户本地线路，含复用、交叉连续和传输等功能。原则上，接入网可实现的SNI和UNI的类型、数目没有限制。整个通信网分为三个部分：传送网、交换网和接入网。最新的xDSL技术利用电话线路的双铜线实现每秒数兆比特的数据传输，比普通拨号上网及ISDN适配器的速率高得多。

ADSL(非对称用户数字线)是xDSL技术之一。它可传输高品质的视频信号，其上行传输速率要低于下行传输速率。下行传输速率受传输距离的影响，距离为2.7km时，传输速率为8.4Mb/s，5.5km时便降到1.54Mb/s。上行传输速率为16～64kb/s。所以ADSL更适合点播的分布式服务。ADSL的关键技术在于高速信道的调制，可选用的调制技术有三种：正交幅度调制(QAM)、无载波幅度相位调制(CAP)和离散多频(DMT)调制。与QAM、CAP相比，DMT可提供更高的工作速率，是一种多载波调制方法。它将电话网中双绞线的可用频带(1MHz)划分为256个子信道，每个子信道带宽为4kHz。它可根据各子信道的性能来动态地分配各信道每字符可携带的比特数，关闭那些不能携带数据的子信道，这样使可用频带的平均传输率大大提高。ADSL将下行高速信道分为4个子承载信道AS0～AS3，将双工中速信道分为3个子信道LS0～LS2。各个信道的选择在ADSL初始化中完成。ADSL可提供符合欧洲、北美标准的数据速率，也可为ATM提供信道。系统工作时，4路下行单向高速数据信号AS0～AS3和3路双工中速信号

LS0～LS2 经过同步混合，进入两个分离的缓存器——快速缓存器和交织缓存器，分别进行循环码校验、量化和前向纠错编码(FEC)。交织缓存器出来的数据还需经过交织处理。两路信号在经过频率分配、均衡后，再进行星座编码和增益控制，最后经反傅里叶变换(IDFT)来完成多载波的调制，再经过并/串变换和 D/A 转换，发送到信道上去。接收端经相反处理，即可恢复数据。

HDSL(高速率用户数字线)也是 xDSL 技术的一种。由于采用了先进的调制技术，所以 HDSL 对带宽的要求较少，在传输的同时也不用中继器，仅使用两对双绞线。HDSL 用两对双绞铜线传送双向对称数字信号，传输速率为 168kb/s，提供 2048kb/s 的 E1 业务。HDSL 无中继传输距离为 3～5km，比传统的 PCM 要长一倍以上。它对双绞铜线的要求没有传统技术严格，所以安装方便。HDSL 采用了若干编码和调制方式，如基带编码方式(PAM)、正交幅度调制(QAM)、无载波调幅调相(CAP)等，以提高传送质量，延长传输距离。HDSL 用多对线并行传输，光将 2Mb/s 的数据流均匀分配在若干对双绞铜线上传输，然后再还原成 2Mb/s。

目前 ADSL 和 HDSL 技术较为成熟，用得较多。其他还有 RDSL(自适应用户数字线)，它可根据传输线的质量和传输距离动态地调整访问速度；VDSL(甚高速用户数字线)，这是传输速率最快的一种，在一对双绞线上可支持上行传输速率 13～52Mb/s 和下行传输速率 1.5～2.3Mb/s，但传输距离只有 300～1400m，可以支持高清晰度电视(HDTV)信号；SDSL(单用户数字线)，也支持 T1 线路及 E1 线路，传输距离在 304m 内时，可以满足上行、下行传输速率相等的要求，在无负载铜质电话线上，支持廉价 1.1Mb/s 的数据传输，并很快达到 2Mb/s；IDSL(ISDN 用户数字线)，在无负载铜质电话线上支持双向 144kb/s 的数据速率，能在标准 ISDN 的距离上实现 ISDN 的质量，很适合传输距离超过 5km 的用户。

2. 无线技术传输视频信息

无线接入的下行速度要高于上行速度，可达到 400kb/s，这是因为用户上行多采用模拟调制解调器，通过标准 SLIP/PPP 连接到本地 ISP。实际速度根据调制解调器的速率而定。

另一种无线技术是局域性多点分布服务(LDMS)，它是一种双向的数字式广播系统，主要利用地面设备进行数据收发。LMDS 使用 G 波段，由于频率高，所以集线站和网络中心的转发器传输数据。这个通信中心的作用是处理所有的路径选择、线路交换以及桥接到 Internet 上的一些问题。虽然 LMDS 不是一个完全的交换式网络，但是它可以建立虚拟的点对点连接。正如其他高速访问方案一样，LMDS 也是非对称的系统。它将 1GHz 的带宽分出 850MHz 用于下行通信，其余的 150MHz 用于上行通信。根据设计的要求，LMDS 会将许多用户指定到不同的信道上，而这些信道的带宽为 20～40MHz。

3. 其他可利用的视频传输技术

现在与传送视频数据有关的协议和标准都处在完善中。例如，ATM 可以集成视频、数据和音频，其信元的长度为 53b，其中包含 5b 的首标，用于错误控制、地址信息以及优先权控制等，其余的48b用来携带数据。由于ATM是一种面向连接的通信方式，因此就像打电话一样，ATM会把第一个寄存器中的内容传送给连接在通道上的所有交换机，由交换机负责传送每一个信元到下一个节点，数据流本身不必考虑路径选择的问题，这种透明的传输方式使ATM具有很强的可伸缩性。另外，ATM的连接成本由所传送的数据量大小而定，与传送距离没有关系。ATM网络能够提供的速率达25Mb/s～1Gb/s。除此之外，ATM的交换装置能以透明的方式来动态调整各个设备之间的数据传输速率，因此它非常适宜于点对点对传输。

除ATM外，还有一些其他的通信协议可用于视频网络。分布式排队双总线技术(DQDB)在双工的模式下可以提供34～140Mb/s的传输速率，它采用两条总线将数据传送到所有的连接点上，总线的端节点能够产生空数据封包，该包被传送到其他的节点上以查询是否有需要传输的信息。DQDB是一种非连接的网络，各端点之间的通信速率也不一样，每一个信元的长度也是53b，其中5b为地址信息，这和ATM信元的长度和格式一样，因此，它们彼此的结构能够兼容。双总线结构增加了重复性，从而可以大大提高DQDB的稳定性。这样，一旦一条通道完全不通，系统即可在数秒之内完成重新设置。

宽带ISDN(B-ISDN)也可以用于视频传输，它能够以高于150Mb/s的速率传送视频和其他数据。B-ISDN主要采用的技术是光纤加上时分多路复用(TDM)。在美国，它是以(SONET)为基础的，在欧洲则是以同步数字分级技术为基础的。

4.5 网络信息处理技术

4.5.1 网络爬虫技术

人们在使用一些搜索引擎时(如百度：www.baidu.com)，当输入要检索的关键词后，就能得到相关的网页信息，而且在一般情况下，所搜索的结果都是最新的结果。那么，这些最新的网页信息是从哪儿来的呢？这是因为搜索引擎网站都采用了一种被称之为“网络爬虫”的技术。

网络爬虫，又被称为网页蜘蛛或网络机器人，是一种按照一定的规则，自动地抓取万维网信息的程序或者脚本。另外一些不常使用的名字还有网络蚂蚁、自动索引、模拟程序或者蠕虫。

1. 网络爬虫技术产生的背景

随着网络的迅速发展，万维网成为大量信息的载体，如何有效地提取并利用这些信息成为一个巨大的挑战。搜索引擎(Search Engine)，例如传统的通用搜索引擎AltaVista，Yahoo！和Google等，作为一个辅助人们检索信息的工具成为用户访问万维网的入口和指南。但是这些通用性搜索引擎也存在着一定的局限性，例如：

(1) 不同领域、不同背景的用户往往具有不同的检索目的和需求，通用搜索引擎所返回的结果包含大量用户不关心的网页。

(2) 通用搜索引擎的目标是尽可能大的网络覆盖率，有限的搜索引擎服务器资源与无限的网络数据资源之间的矛盾将进一步加深。

(3) 万维网数据形式的丰富和网络技术的不断发展,图片、数据库、音频、视频多媒体等不同数据大量出现,通用搜索引擎往往对这些信息含量密集且具有一定结构的数据无能为力,不能很好地发现和获取。

(4) 通用搜索引擎大多提供基于关键字的检索,难以支持根据语义信息提出的查询。

为了解决上述问题,定向抓取相关网页资源的聚焦爬虫应运而生。聚焦爬虫是一个自动下载网页的程序,它根据既定的抓取目标,有选择地访问万维网上的网页与相关的链接,获取所需要的信息。与通用爬虫(General Purpose Web Crawler)不同,聚焦爬虫并不追求大的覆盖,而是将目标定为抓取与某一特定主题内容相关的网页,为面向主题的用户查询准备数据资源。

2. 聚焦爬虫的工作原理以及关键技术

网络爬虫是一个自动提取网页的程序,它为搜索引擎从万维网上下载网页,是搜索引擎的重要组成部分。传统爬虫从一个或若干初始网页的 URL 开始,获得初始网页上的 URL,在抓取网页的过程中,不断从当前页面上抽取新的 URL 放入队列,直到满足系统的一定停止条件。聚焦爬虫的工作流程较为复杂,需要根据一定的网页分析算法过滤与主题无关的链接,保留有用的链接并将其放入等待抓取的 URL 队列。然后,它将根据一定的搜索策略从队列中选择下一步要抓取的网页 URL,并重复上述过程,直到满足系统的某一条件时停止。另外,所有被爬虫抓取的网页将会被系统存储,进行一定的分析、过滤,并建立索引,以便之后的查询和检索。对于聚焦爬虫来说,这一过程所得到的分析结果还可能对以后的抓取过程给出反馈和指导。

相对于通用网络爬虫,聚焦爬虫还需要解决三个主要问题:

(1) 对抓取目标的描述或定义;

(2) 对网页或数据的分析与过滤;

(3) 对 URL 的搜索策略。

抓取目标的描述和定义是决定网页分析算法与 URL 搜索策略如何制订的基础。而网页分析算法和候选 URL 排序算法是决定搜索引擎所提供的服务形式和爬虫网页抓取行为的关键所在。这两个部分的算法又是紧密相关的。

现有聚焦爬虫对抓取目标的描述可分为基于目标网页特征、基于目标数据模式和基于领域概念三种。

基于目标网页特征的爬虫所抓取、存储并索引的对象一般为网站或网页。根据种子样本获取方式可分为:

(1) 预先给定的初始抓取种子样本;

(2) 预先给定的网页分类目录和与分类目录对应的种子样本,如 Yahoo! 分类结构等;

(3) 通过用户行为确定抓取目标样例,分为:

① 用户浏览过程中显示标注的抓取样本;

② 通过用户日志挖掘得到访问模式及相关样本。

其中，网页特征可以是网页的内容特征，也可以是网页的链接结构特征，等等。

3. 网页搜索的策略

网页的抓取策略可以分为深度优先策略、广度优先策略和最佳优先策略三种。深度优先策略在很多情况下会导致爬虫的陷入(trapped)问题，目前常用的是广度优先策略和最佳优先策略。

1) 广度优先搜索策略

广度优先搜索策略是指在抓取过程中，在完成当前层次的搜索后，才进行下一层次的搜索。该算法的设计和实现相对简单。在目前为覆盖尽可能多的网页，一般使用广度优先搜索方法。也有很多研究将广度优先搜索策略应用于聚焦爬虫中。其基本思想是认为与初始 URL 在一定链接距离内的网页具有主题相关性的概率很大。另外一种方法是将广度优先搜索与网页过滤技术结合使用，先用广度优先策略抓取网页，再将其中无关的网页过滤掉。这些方法的缺点在于，随着抓取网页的增多，大量的无关网页将被下载并过滤，算法的效率将变低。

2) 最佳优先搜索策略

最佳优先搜索策略按照一定的网页分析算法，预测候选 URL 与目标网页的相似度，或与主题的相关性，并选取评价最好的一个或几个 URL 进行抓取。它只访问经过网页分析算法预测为“有用”的网页。最佳优先搜索存在的问题是，在爬虫抓取路径上的很多相关网页可能被忽略，因为最佳优先策略是一种局部最优搜索算法。因此需要将最佳优先结合具体的应用进行改进，以找出局部最优点。研究表明，这样的调整可以将无关网页数量降低 30%～90%。

3) 深度优先搜索策略

深度优先搜索策略从起始网页开始，选择一个 URL 进入，分析这个网页中的 URL，选择一个再进入。如此一个链接一个链接地抓取下去，直到处理完一条路线之后再处理下一条路线。深度优先策略设计较为简单。然而门户网站提供的链接往往最具价值，网页排名(PageRank)也很高，但每深入一层，网页价值和网页排名都会相应地有所下降。这暗示了重要网页通常距离种子较近，而过度深入抓取到的网页却价值很低。同时，这种策略抓取深度直接影响着抓取命中率以及抓取效率，抓取深度是该种策略的关键。相对于其他两种策略而言，此种策略很少被使用。

4. 网页分析算法

网页分析算法可以归纳为基于网络拓扑、基于网页内容和基于用户访问行为三种类型。

1) 网络拓扑的分析算法

基于网页之间的链接，通过已知的网页或数据，来对与其有直接或间接链接关系的对象(可以是网页或网站等)做出评价的算法。又分为网页粒度、网站粒度和网页块粒度这三种。

(1) 网页粒度的分析算法。

网页排名和网页分析(Hypertext-Induced Topic Search,HITS),由康奈尔大学的JonKleinberg博士于1998年首先提出,是最常见的链接分析算法,两者都是通过对网页间链接度的递归和规范化计算,得到每个网页的重要度评价的。网页排名算法虽然考虑了用户访问行为的随机性和Sink网页的存在,但忽略了绝大多数用户访问时网页排名带有目的性,即网页和链接与查询主题的相关性。针对这个问题,HITS算法提出了两个关键的概念:权威型网页(authority)和中心型网页(hub)。

基于链接的抓取问题是相关页面主题词之间的隧道现象,即很多在抓取路径上偏离主题的网页也指向目标网页,局部评价策略中断了在当前路径上的抓取行为。有些文献中提出了一种基于反向链接(BackLink)的分层式上下文模型(Context Model),以用于描述指向目标网页一定物理跳数半径内的网页拓扑图的中心Layer0为目标网页,将网页依据指向目标网页的物理跳数进行层次划分,从外层网页指向内层网页的链接称为反向链接。

(2) 网站粒度的分析算法。

网站粒度的资源发现和管理策略也比网页粒度的更简单有效。网站粒度的爬虫抓取的关键之处在于站点的划分和站点等级(SiteRank)的计算。站点等级的计算方法与网页排名类似,但是需要对网站之间的链接作一定程度的抽象,并在一定的模型下计算链接的权重。

网站划分情况分为按域名划分和按IP地址划分两种。在分布式情况下,通过对同一个域名下不同主机、服务器的IP地址进行站点划分,构造站点图,利用类似网页排名的方法评价站点等级。同时,根据不同文件在各个站点上的分布情况,构造文档图,结合站点等级分布式计算得到DocRank。有关资料表明,利用分布式的站点等级计算,不仅大大降低了单机站点的算法代价,而且克服了单独站点对整个网络覆盖率有限的缺点。附带的一个优点是,常见的网页排名造假难以对站点等级进行欺骗。

(3) 网页块粒度的分析算法。

在一个页面中,往往含有多个指向其他页面的链接,这些链接中只有一部分是指向主题相关网页的,或根据网页的链接锚文本表明其具有较高的重要性。但是,在网页排名和HITS算法中,没有对这些链接作区分,常常给网页分析带来广告等噪声链接的干扰。在网页块级别(Block Level)进行链接分析的算法的基本思想是通过VIPS网页分割算法将网页分为不同的网页块(Page Block),然后对这些网页块建立Page To Block和Block To Page的链接矩阵,分别记为$\boldsymbol{Z}$和$\boldsymbol{X}$。于是,在Page To Page图上的网页块级别的网页排名为$\mathrm{Wp}=\boldsymbol{X}\times\boldsymbol{Z}$;在Block To Block图上的BlockRank为$\mathrm{Wb}=\boldsymbol{Z}\times\boldsymbol{X}$。已经有人实现了块级别的网页排名和HITS算法,并通过实验证明,效率和准确率都比传统的对应算法要好。

2) 网页分析算法

基于网页内容的分析算法指的是利用网页内容(文本、数据等资源)特征进行的网页评价。网页的内容从原来的以超文本为主,发展到后来的以动态页面(或称为Hidden Web)数据为主,后者的数据量约为直接可见页面数据(Publicly Indexable Web,PIW)的

400～500 倍。另外,多媒体数据、Web Service 等各种网络资源形式也日益丰富。因此,基于网页内容的分析算法也从原来的较为单纯的文本检索方法,发展为涵盖网页数据抽取、机器学习、数据挖掘、语义理解等多种方法的综合应用。根据网页数据形式的不同,将基于网页内容的分析算法,归纳以下三类:第一种针对以文本和超链接为主的无结构或结构很简单的网页;第二种针对从结构化的数据源(如 RDBMS)动态生成的页面,其数据不能直接批量访问;第三种针对的数据界于第一和第二类数据之间,具有较好的结构,显示遵循一定的模式或风格,且可以直接访问。

基于文本的网页分析算法有:

① 纯文本分类与聚类算法。

纯文本分类与聚类算法在很大程度上借用了文本检索的技术。文本分析算法可以快速有效地对网页进行分类和聚类,但是由于忽略了网页间和网页内部的结构信息,很少单独使用。

② 超文本分类和聚类算法。

超文本分类和聚类算法根据网页链接网页的相关类型对网页进行分类,依靠相关联的网页推测该网页的类型。

4.5.2 网络推荐技术

随着互联网的规模和应用覆盖面的迅速增长带来了信息超载(Information Overload)问题:过量信息的同时呈现使得用户无法从中获取对自己有用的部分,信息使用效率反而降低。现有的很多网络应用,如门户网站、搜索引擎和专业数据索引本质上都是帮助用户过滤信息的手段。然而这些工具只能满足主流需求,没有个性化的考虑,仍然无法很好地解决信息超载的问题。推荐系统(Recommender System)作为一种信息过滤的重要手段,是当前解决信息超载问题的非常有潜力的方法。

推荐系统与以搜索引擎为代表的信息检索(Information Retrieval)系统最大的区别在于:搜索引擎注重搜索结果(如网页)之间的关系和排序,而推荐系统还要研究用户模型(User Profile)和用户的喜好,基于社会网络(Social Network)进行个性化的计算(Personalization);搜索引擎由用户主导,包括输入查询关键词和选择结果,结果不好用户会修改查询再次搜索。而推荐系统会主导用户的浏览顺序,引导用户发现所需要的结果。高质量的推荐系统会使用户对该系统产生依赖。因此,推荐系统不仅能够为用户提供个性化的服务,而且能够与用户建立长期稳定的关系,提高用户忠诚度,防止用户流失。

由于搜索引擎存在上述一些不足,在目前的一些搜索引擎系统里,人们已经注意到把搜索和推荐融为一体。如百度网站中的"相关搜索"就是一个典型的推荐实例(如图 4.12 所示)。

推荐系统最典型的应用是在 B2C(企业-客户)电子商务领域,具有良好的发展和应用前景。商家根据用户的兴趣、爱好推荐顾客可能感兴趣或满意的商品(如书籍、音像等)。顾客的需求通常是不明确的、模糊的,如果商家能够把满足用户模糊需求的商品推荐给用户,就可以把用户的潜在需求转化为现实需求,从而达到提高产品销售量的目的。目前,

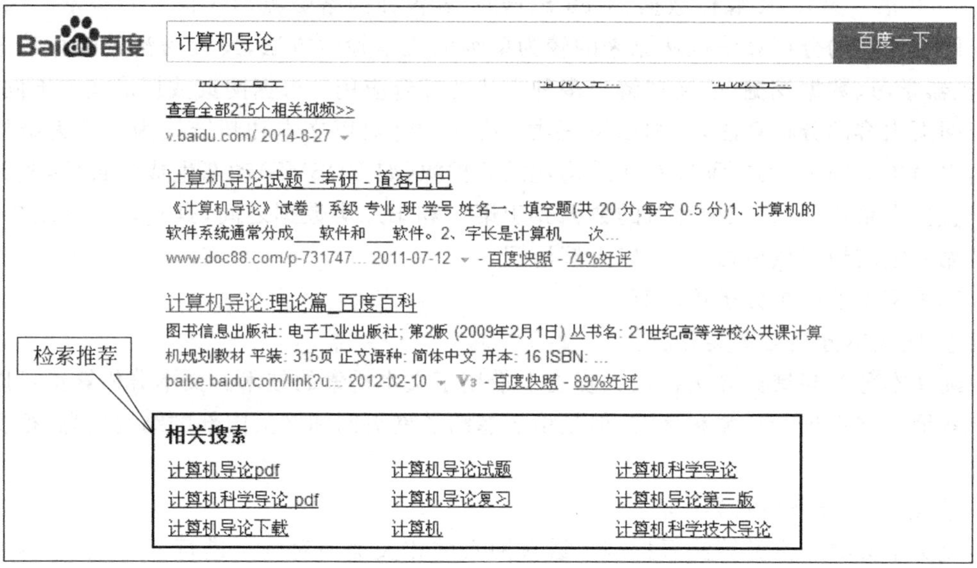

图 4.12　百度推荐实例

几乎所有的大型电子商务系统，如 Amazon、eBay 等，都不同程度地使用了各种形式的推荐系统。其中 Amazon 研究电子商务的推荐系统长达 10 年时间。各种提供个性化服务的 Web 站点，如电影、音乐网站，也需要推荐系统的大力支持。

推荐有三个组成要素：推荐候选对象、用户、推荐方法。通用的推荐系统模型流程如图 4.13 所示。用户可以向推荐系统主动提供个人偏好信息或推荐请求，或者用户不提供，而是推荐系统主动采集。推荐系统可以使用不同的推荐策略进行推荐，如将采集到的个性化信息和对象数据进行计算得到推荐结果，或者直接基于已建模的知识数据库进行推荐。推荐系统将推荐结果返回给用户使用。

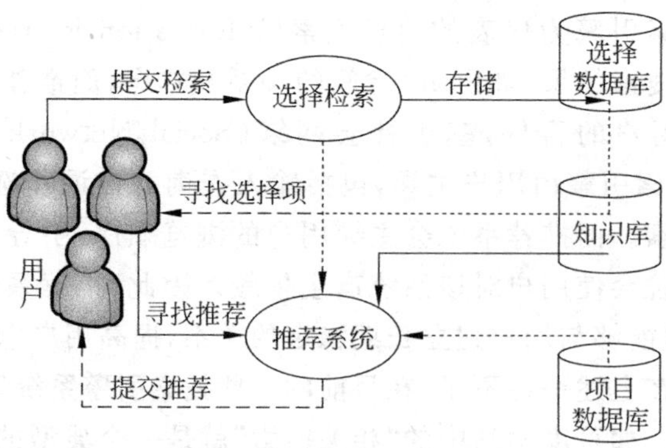

图 4.13　推荐系统通用模型

目前被广泛引用的推荐系统的非形式化概念是 Resnick 和 Varian 在 1997 年给出的：推荐系统是利用电子商务网站向客户提供商品信息和建议，帮助用户决定应该购买什么产品，模拟销售人员帮助客户完成购买过程。

推荐算法是整个推荐系统中最核心和关键的部分，在很大程度上决定了推荐系统的类型和性能的优劣。目前，对推荐系统的分类并没有统一的标准，很多学者从不同角度对推荐方法进行了不同的划分，但主流的推荐方法基本包括以下几种：基于内容的推荐、协同过滤推荐、基于知识的推荐和组合推荐。

(1) 基于内容的推荐。起源于信息检索领域，它利用资源和用户兴趣的相似性来过滤信息。通过分析项目的内容，根据用户评价过的项目来建立用户的兴趣模型，即用户描述文件。根据用户描述文件的不同又可以分为基于向量空间模型的推荐、基于关键词分类的推荐、基于领域分类的推荐和基于潜在语义索引的推荐。

(2) 协同过滤推荐。目前研究最多也是应用最成熟的个性化推荐技术，是与基于内容的推荐完全不同的一种推荐方法，它不是推荐与用户过去偏好相似的项目，而是根据其他用户的偏好信息产生推荐。通过分析用户评价信息(评分)把有相似需求或品味的用户联系起来，用户之间共享对项目的观点和评价，这样就可以更好地做出选择。协同过滤推荐系统是由 Typestry 最早提出的。协同过滤推荐系统主要用于过滤电子邮件，推荐电子新闻。由于协同过滤推荐要求用户手工输入查询条件，不牵涉用户间的相似性计算，严格来讲，它只是一个信息检索系统，只是对检索结果根据其他用户的反馈进行筛选。其他的协同过滤推荐系统有 GroupLens/NetPerceptions，Ringo/Firefly 等。根据算法运行期间所用到的数据不同，协同过滤推荐可以分为基于内容的协同过滤和基于模型的协同过滤两大类。

(3) 基于知识的推荐。在某种程度上基于知识的推荐可以看成一种推理技术。它不是建立在用户需要和偏好基础上推荐的，而是利用针对特定领域制定规则来进行基于规则和实例的推理。例如，利用饭店的菜式方面的效用知识，推荐饭店给顾客。效用知识是一种关于一个对象如何满足某一特定用户的知识，因而能够解释需求和推荐的关系，用于推荐系统。效用知识在推荐系统中必须以机器可读的方式存在。与协同过滤推荐系统相比，基于知识的推荐系统有以下优点：①由于所产生的推荐不依赖于用户对项目的评价，所以基于知识的推荐不需要用到用户数据库。②由于所产生的推荐不依赖于用户兴趣文件，所以基于知识的推荐不会有“冷开始”问题。③由于所产生的推荐与用户以往的偏好没有关系，基于知识的推荐能根据用户的兴趣变化快速做出调整。④基于知识的推荐在汽车、房产、职业、学校等产品特征对用户来说作用重大而又易于比较的产品领域能取得良好的推荐效果。虽然基于知识的推荐系统有诸多优点，但也存在着一些不足：要想取得良好的推荐效果，系统必须对产品领域有深刻的理解，用户关心产品的哪些属性，这些属性如何满足用户的需求，并且把这些知识以易于推理的方式存储于知识库中。因此，知识库的设计是系统实现的瓶颈。

(4) 组合推荐。由于各种推荐技术各有优缺点，于是人们综合两种或两种以上的推荐技术来取得更好的推荐效果。基于内容的推荐和协同过滤是目前研究和应用最多的组合推荐方法，结合这两种过滤技术可以克服各自的一些缺点。为了克服协同过滤的稀疏性问题，可以利用用户浏览过的资源内容预期用户对其他资源的评价，这样可以增加资源评价的密度，利用这些评价再进行协同过滤，从而提高协同过滤的性能。Fab 是最早的组合推荐系统。推荐过程分为两个阶段：收集网页以形成一个可管理的数据库或索引，随后将这些网页分发给特定的用户。用户描述文件通过分析用户评价过的网页内容得到，在推荐时与其他用户的描述文件进行比较以找到相似用户。系统会向用户推荐基于自身描述文件得分较高的网页及相似用户评分较高的网页。

推荐系统的研究和发展已经经历多年了，在发展的过程中也曾经一度进入低潮期。近年来，随着机器学习、大规模网络应用需求和高性能计算的发展推动了这个研究领域的新进展，目前的研究方向很多，主要包括：

(1) 引入更精确适用的用户和对象特征。针对特定问题适用的用户和对象特征通常可以作为模型训练的样本。典型的协同过滤方法并没有使用用户和对象特征，而是利用用户的评分。结合数据挖掘的高层特征一般是基于网络上下文的分析，比如发现用户浏览网页和对象的时序模式。这类方法需要精准的用户浏览历史数据和先进的数据挖掘算法，尚未在基于内容和协同过滤的研究中广泛采用。

(2) 推荐的多维度研究。当前的大部分研究都是基于对象和用户的二维量度空间的，未考虑相关信息。然而，用户对对象的评价和选择常常由很多环境因素来决定。比如某个对象在特定时段很流行，用户在某个地方浏览对象的时候偏向于选择某类对象等。环境因素是无法从用户和对象的自有特征得到的，推荐使用的特征维度有必要根据具体问题来增加。

(3) 推荐系统安全问题。协同过滤类别的推荐算法必须使用用户的行为历史记录，但用户出于保护隐私的考虑常常无法提交完整而且正确的信息给推荐系统。良好的隐私保护机制是推荐系统获取优质数据和忠实用户的关键之一。同时，用户的信用度也是推荐算法的重要参考数据。另外，熟悉推荐算法的攻击者恶意利用捏造的评分和对象属性等数据欺骗推荐系统，达到被频繁推荐的目的。

(4) 相关反馈研究与侵袭性问题。一般的推荐系统大多需要用户依据自身对推荐对象的喜好程度，提供适当的评比反馈信息，这种评比方式称为相关反馈。相关反馈可以分为显性反馈和隐性反馈。目前部分推荐系统主要使用显性反馈的方式，即需要用户每次查看对象都进行评分或者其他操作。一些研究中使用的用户反馈方法也属于显性反馈。使用这种方式来取得评价的方法对于用户不是很友好，具有很大的侵袭性。隐性反馈使用无须用户评价的用户数据采集方法。

(5) 推荐算法的评价准则。有效性和时间消耗作为推荐系统的重要指标，其评价准则的设计一直是一个热点，但是没有统一的结论。一些相关文献研究过评测推荐系统性能的准则，包括查全率和查准率的评测。

(6) 基于复杂网络理论及图方法的推荐系统。近年来，机器学习、理论物理和复杂网络系统的研究者从图和动态复杂网络的视角，开始关注推荐系统中的大规模网络智能挖掘。

(7) 社会分化和推荐逻辑空间的巴尔干化现象。以 Internet 为代表的信息和通信技术消除了地理壁垒，即传统的地理空间巴尔干(即局域性限制)，然而却不可避免地生成了逻辑空间巴尔干。在推荐系统中根据个体兴趣、学科专业、社会地位以及观点进行推荐时尤其容易导致这种局域性限制和社会分化的出现。本质上，个体偏好关系是导致生成逻辑空间巴尔干的原因。推荐和个性化技术所产生的一系列社会学问题，也是很重要的一个研究方向。网络推荐中体现的其他社会学问题还包括从众心理和行为研究，推荐与主流兴趣形成的相互作用等。

思考题

1. 请简要说明计算机文字处理的发展过程，并列举几个常用的文字处理软件。
2. 简述 OCR 技术的工作流程。
3. 请简要说明什么是机器翻译技术，并列举基于规则(Rule-Based)的机器翻译系统中的翻译方式。
4. 请简要说明图像识别系统由几个部分组成，所用到的技术有哪些。
5. 请简述图像分析的 4 个过程。
6. 简述基于统计模式识别方法的语音识别系统模块组。
7. 简要说明什么是语音合成，并列举语音合成的方法。
8. 什么是视频非线性编辑技术？非线性编辑的优缺点有哪些？
9. 简要说明网络爬虫工作原理以及关键技术。
10. 什么是网络推荐系统？主流的推荐方法有哪些？

我国第一程序员——求伯君

求伯君，如图 4.14 所示，1964 年 11 月 26 日出生于浙江新昌县。1984 年，毕业于国防科技大学信息系统专业，后分配到河北省徐水县石油部物探局的一个仪器厂。1986 年，从仪器厂辞职，加盟北京四通公司。1987 年，调入深圳四通公司。1988 年，加入香港金山公司，从事 WPS 办公软件的开发。1989 年，成功开发出 WPS 1.0，填补了我国文字处理软件的空白；同时，求伯君从深圳转到珠海。1994 年，成立珠海金山电脑公司，出任董事长兼总经理。1997 年，推出 WPS 97，该版本基于 Windows 平台，成为文字处理软件中的佼佼者。1999 年，WPS 2000 面世，并以此腾飞，走向国际化。2000 年年底，出任金山软件董事长。2000 年当选"CCTV 中国十大年度经济人物"。2001 年当选年度"中国十大 IT 风云人物"。2007 年当选年度"中国游戏行业优秀企业家"。2008 年，出任金山软件 CEO。2008 年，入选"2008 年度中国游戏产业最具影响力人物"。2011 年 10 月 24 日正式退休。

图 4.14　求伯君

在那个软件行业飞速发展的时代里，出现了许多程序高手。程序员的生活是比较寂寞、封闭和枯燥的。但是，他们中的绝大多数人并不为人所知。像吴晓军、鲍岳桥、周志农、刘旭、朱崇君、求伯君、王江民、王志东、梁肇新等为人们所熟悉的国内 IT 精英，这么多年来也就这么一二十位。他们个人奋斗的酸甜苦辣同中国软件的发展起落同步。国内接触过计算机的人都使用过或仍然使用着他们用智慧和心血凝结而成的程序。也许他们中的有些人会随着时间的流逝而失去昔日的光彩，有些会在新一轮的角逐中再次成为赢家,但他们身上的那种凝聚了浓厚个人色彩的软件人精神,将伴随着中国软件业的发展大放异彩。这可能是中国软件的一笔特殊财富。或许透过他们曾走过的足迹,能够看到中国软件业的昨天、今天与明天。在CCDOS严援朝、五笔字型王永民、2.13吴晓军、CCED朱崇君相继从前台渐渐隐去的日子里,求伯君却似一棵常青树,不断地为人们演绎出为人传诵的故事与传奇——1994年盘古组件失败,1995年中国第一个游戏软件“中关村启示录”诞生,1996年为继续开发WPS 97卖掉别墅,1997年重铸WPS辉煌。

求伯君十年不倒,原因在于他一直在走着一条和一般程序员不同的路。大多数优秀程序员都选择了自己创业或者合伙创业的道路,而求伯君则一出道就辗转于四通、金山、方正这样的大公司,在这些公司的经历使求伯君具备了大公司的眼界和胸怀。这是求伯君高于同时代程序员的本质原因。

1986年,促使求伯君走出河北徐水县城的是,深圳大学来他们单位实习的一位女学生。和这位女学生谈上恋爱的求伯君,10月去了一趟深圳。求伯君把此次深圳之行称为此生逢上的第二次不可错过的机遇。“我突然发现深圳的世界真漂亮,什么都新鲜。在深圳,我第一次听到‘时间就是金钱,效率就是生命’,我喜欢这种快节奏。”百废待兴、热火朝天的深圳对22岁的求伯君来说,是那么有号召力。这种号召力促使求伯君决定立刻从原单位辞职。“单位不让辞职,我也管不上许多了。为了尽快出去,户口、档案全抛在了脑后,不要这些了又怎么样!管他三七二十一,先出去再说。”

去深圳沿途,求伯君在河北涿州市和北京的逗留延迟了他去深圳的步伐。在涿州市帮助同乡解决计算机打印问题的过程中,求伯君萌生了把原来只有自己能用的24点阵打印驱动程序,改进成了一个通用的、支持多种打印机的西山文字打印驱动程序。在同乡的机房里,求伯君用9个晚上,沿着原来的思路,全部重写了原来的打印驱动程序。

9天后,怀揣8张西山打印驱动程序软盘的求伯君赶到了北京,打算从那里赶往深圳。求伯君在临行之前,在同学的怂恿下,先去四通把自己的打印驱动程序给他们看了看。四通当时正好在推OKI8320打印机,正缺少一个好的驱动程序。这样西山打印驱动程序就以2000元、分10个月付清的价格卖给了四通,而“四通500元一套,卖了好几百套”。

感觉到求伯君是个人才,四通开始挽留求伯君,“来我们这里干吧,明年成立深圳四通,一定调你过去。”就这样求伯君留在了四通,他是四通招收的第一个在北京没有住房的外地员工,四通为他在颐宾楼租了一个床位。在四通,求伯君结识了他成长过程中对他影响最大的人——香港金山老板张旋龙。

当时张旋龙正在和四通合作推SUPER机,一批机器的BIOS有问题,启动不起来,求伯君花了一个晚上就把它改好了。“这个问题香港都解决不了。从此,张旋龙开始挖我。”

深圳四通成立,北京四通不同意放求伯君,而求伯君建议在PC上做和MS2401类似的文字处理软件的计划又被否决了。于是,求伯君就给当时的四通总裁万润南写了一封辞职信,万润南很快批示:“公司初创,人才难得,建议沈国钧与王玉钤协商调深圳。”

求伯君终于来到了向往已久的深圳,刚到深圳时,四通让他负责公司的一个经营部。与他对口做生意的,恰巧是张旋龙的弟弟张小龙。即使同好朋友做生意,求伯君也赚不了钱。若干年后,求伯君和张小龙闲聊中提到那段商人生涯,张小龙透露那些生意他赚了多少多少。求伯君大笑,"难怪我赚不到钱,钱都被你赚去了。"让求伯君经商,犹如缘木求鱼,而给他一个环境,让他潜心开发软件,则是如鱼得水。正在这时,香港金山公司答应提供条件让他专心致志地开发 WPS。"不用优薪高职,这已足够了。"

求伯君决定大干了。他目标很明确,做一张汉卡装字库,写一个字处理系统,能够取代 WordStar(中文之星,一种文字处理软件的名字),这个目标就是后来的 WPS。为了实现这个目标,从 1988 年 5 月到 1989 年 9 月,求伯君把自己关在张旋龙为他在深圳包的一个房间里,只要是醒着,就不停地写。什么时候困了,就睡一会儿,饿了就吃方便面。在这样的一年零四个月中,求伯君生了三次病,第一次肝炎,第二次肝炎复发,第三次又复发,每次住院一个月到两个月。第二次肝炎复发正是软件开发最紧要的关头,求伯君把电脑搬到病房里继续写。开发之苦不是病魔缠身,不是身心憔悴,而是孤独。"有了难题,不知道问谁,解决了难题,也没人分享喜悦。"求伯君在这孤独中,写下了十几万行的 WPS,在写完最后一行程序的时候,求伯君没有任何感觉,"任何一个产品,做成功以后,不会有什么感想,所谓感想都是后来总结出来的。"

作为作者的求伯君麻木了,而还在上大学的雷军一看到 WPS 就感到震惊,"我不相信中国还会有这么好的软件,当时觉得这个软件一定是在香港做的。"

WPS 没有做广告,也没有去评什么奖,仅仅凭着口碑,就火了起来。求伯君对其原因的解释很朴素——"市场上奇缺这种东西。后来的王码 480、巨人 6402 都是 WPS 的模仿之作。"雷军的解释是,"WPS 定位很准,就是字处理,不是排版。那时候,搞一个排版太复杂了,用户根本接受不了。"WPS 开始挣钱了,每年 3 万多套,每套批发价 2200 多元。"但这是公司赚钱,对我来说,没赚什么钱,我只是一个打工的。开发之初,既没和公司谈提成,也没和公司谈股份,什么都没有。是老板好,给了我一点奖金。""如果从开始就想着怎样赚钱,我也不会有今天。事业和金钱无关。当你全身心投入开发的时候,不给你钱你也要干。开发时,根本没有心思考虑报酬只有先成就了事业,才有资格谈报酬。"一路高唱凯歌的 WPS,在 1993 年,遇到了 Word 的挑战。求伯君主动迎接挑战,做了一个类似于 Office 套件的产品,叫做盘古组件,里面有 WPS、电子表和字典。

1995 年,求伯君拒绝了微软公司向他抛过来的绣球。求伯君说:"第一,微软的态度比较傲气,给我的感觉是,要仰起头才能看到他们,他们语重心长地对我说,'好好干,到我们这里有前途。'使我难以接受;第二,好多朋友劝我,你这杆大旗可不能倒。"支撑求伯君做下去的原因是,他坚信"Word 能够做到的事情,我也能做到"。

让求伯君没想到的是,WPS 97 的开发时间会拖这么长,"Windows 有很多新东西,我们还没有熟悉过来,微软又升级了。很多技术资料,也很难找到。微软掌握着 Windows,而我们什么都要靠自己从头做起,这导致了 WPS 97 难产。如果 WPS 97 能在 1995 年推出,直接和 Word 6.0 竞争,Word 6.0 肯定没戏。"时间拖久了,资金和信心都会成问题。"做到 1996 年下半年,是最困难的时候,资金开始紧张,信心也不足了,前途感觉到比较渺茫。当时,我们猛宣传游戏软件,试探另外的市场,但我们估计到了游戏赚不了什么钱。现在,我仍然觉得做游戏不赚钱。国外游戏赚钱,因为它的主要市场在国外,在国内没有什么投入,所以可以赚钱。我们还试探了别的市场只是没有成功,没有说而已。"1996 年,苦闷的求伯君没有像 1989 年在深圳旅馆里那样孤独,他找到了一个发泄情感的地方——

BBS,他一天给站友写300多封信。“互相之间打气很重要,我为手下打气,也为自己打气。”

“我们一直没有大的收入,游戏是杯水车薪。那时候,用WPS这个项目去吸引资金,谁都不会有信心。”此时此刻,求伯君对WPS的一往情深起了关键作用,正是在这种感情的驱使下,求伯君觉得自己再住别墅是一种浪费,200万元把别墅卖了,使WPS 97开发维持了下去。正是这种感情驱使求伯君带领开发组四年如一日,每天工作12个小时,每年工作365天,从来都没有停过。“Word可以由200多人做,我们只有不到10个人,没有办法,只有比别人多付好几倍的劳动和汗水。”

有一个笑话说,王永民一次正在宾馆吃饭,突然有人走上来问他,是不是王码?王永民说:“我就是王永民”,那人连声道歉,“对不起,我认错人了。”1994年以前,在中国IT行业最出名的不是联想、方正、长城的总裁,更不是IBM、HP、Compaq的CEO,而是写在程序封面上的程序员的大名——求伯君、吴晓军、鲍岳桥、王志东、王江民等。成千上万的用户每天启动使用这些署名文章的时候,对这些程序员也充满了仰慕之情。

那是一个英雄的时代,一个程序员凭着自己武林秘籍一样的源程序,就可以创办公司,成就自己的事业与声名。直到今天,有些程序员还保留着每天开发结束,便把硬盘从机器上卸下来带回家去的习惯。在他们看来,源程序是自己的一切。但此时程序员带回家去的源程序已经显得不是那么重要了,单个程序员单枪匹马闯天下的英雄时代一去不复返了。中国不可能再产生第二个求伯君,因为已经不存在产生程序英雄的客观条件了。

今天的软件如此庞大,需要大批程序员通力合作方可完成。如果要在Word上署名,几百个名字,一个整屏也写不完。用今天的眼光看,个人横溢的才华之于组织精良的软件工厂,就像骑瘦马挺长枪向风车发起冲锋的堂·吉柯德一样悲壮。在个人能力所及的“小软件”上,个人的传奇也直面着穷途末路。因为Internet时代,再小的软件也必须经过全球的竞争,才能赢得中国的用户。现在的中国用户已经不是当年给什么用什么了,他们对每一个要装进硬盘的软件都持怀疑否定的目光。另外,在这个讲究包装、企划的时代里,同样功能的软件,一个走红市场,一个门前冷落的例子实在是太多了。在英雄注定成为过去的时代里,新一代程序员注定不能渴望传奇。但即使没了声名的诱惑,真正酷爱程序的人还是会对编程一往情深,不必担心会没有人再愿意做程序员。

WPS 97推出仅两个多月,就销出了13 000套,这样好的势头连求伯君也始料未及。“WPS 97确实有很多民族特色的地方。另外,WPS 97小巧简单,Word那么庞大,对非计算机专业人员来说太难了。我不反对你用Word,但也请你试一下WPS 97。”“WPS 97为市场所接受,另外一个重要原因是WPS有着2000万的用户基础,WPS原来的每一个功能键都是它的财富,F8是模拟显示,你就用不着费事用鼠标。2000万的用户基础,不仅仅是一个用户习惯的优势,也是一种感情优势,很多用户来信说,‘我就是靠WPS起来的,对它也有一种感情;我学电脑就是从WPS开始的,我的毕业论文就是用WPS打的;我的老婆就是我在培训WPS的过程中认识的。’等等。”

现在,求伯君的目标像他当年写WPS 1.0时一样明确——市场份额超过Word,求伯君知道实现这个目标会很艰苦:“我们和微软的竞争是在局部的中国市场的竞争,它在中国市场不赚钱也无所谓,而对我们来说,一定要赚钱,不赚钱就活不下去。”

在中国,程序比求伯君写得好的,应该说有的是,但人们还是愿意把求伯君看作中国第一程序员,因为:

第一,作为一个程序员,谁也没有求伯君影响大。在中国知道求伯君名字的人,可能比知道比尔·盖茨名字的人还多。以至于中央电视台《东方时空》要在比尔·盖茨来中国的当天把求伯君请去,“面对面”地谈民族软件以及 WPS 97 如何抗击 Word。在很多人眼里,求伯君是民族软件的一种象征。

第二,WPS 是中国迄今用户量最大的软件之一。只要你用电脑三年以上,几乎没有可能没用过 WPS。

求伯君自己认为:程序之间,没有什么好比的,殊途同归,各种功能最后大家都能实现。成者为王。“程序有两种风格,一种写得规范,大家都看得懂;一种不规范,短小精悍,几条指令就能完成一个应用,讲究速度。”求伯君认为自己属于后一种。在求伯君看来,优秀的程序员至少要具有以下品性:第一,要能吃苦。熬夜,加班,吃方便面是一种苦;另一种苦是,在中国做程序员工资不会很高,“没法高,高了养不起。”第二,要有天赋。“在中国,有天赋的程序员很多。”第三,是信念。“失败时要能坚持。像我就写了很多失败的软件。”第四,要爱这一行。“不给钱都愿意写。”第五,是团结。“现在程序都很庞大,以光盘为单位。没有合作精神,一个人做不出什么好软件。我们当时单枪匹马可以成英雄,现在已经不行了。”第六,要逢上机遇。“我是赶上了电脑刚进入中国,一切都是空白的机会。”

求伯君高考数学成绩是满分,所以班主任给他报了国防科技大学的系统工程与数学系,1980 年,只招系统工程专业,系统工程要大量地使用电脑,求伯君从此和电脑结下了不解之缘。求伯君把这个高考志愿称为他之所以有今天的第一个不可错过的机遇。

求伯君一接触计算机就表现出了在这方面的天赋。1983 年,求伯君为国防科技大学图书馆做了一个借还书管理系统。这个系统由一台 Honeywell-DPS6 小型机和几十个终端组成。从设计到开发,求伯君一个人利用两三个月的业余时间就完成了。一家全国性的报纸刊登了“一个学生求伯君研制成功国防科大图书馆管理系统”的新闻。但求伯君没有记住那是一份什么报纸,“当时没有去在意这种事情。”

图书馆程序是求伯君写的第一个能用的程序,这个程序让求伯君挣了 40 多块钱。

1986 年,求伯君开始研究当时的汉字系统 CCDOS,把它的缺点找出来,用 Debug 做一些小改动。那时候,CCDOS 拼音输入法输入一个字母,显示一行待选汉字,连续输入拼音时,必须等上一行完了,才显示下一行,速度极慢。求伯君对 CCDOS 的第一个改动是:连续输入拼音时,第一个拼音字母对应的待选汉字即使没有显示完,如果这时接收到了下一拼音字母,上一屏待选字行将不再显示。这是求伯君第一次深入地接触 PC,对 CCDOS 的分析为他以后写 WPS 低层 SPDOS 奠定了基础。

自身是程序员的求伯君认为程序员最难管,他的经验之谈是:销售人员,给点高工资,多给些奖金,一切都比较好办。对程序员不仅仅是钱的问题。第一,你要尊重人家,知识分子都有一种“臭脾气”;第二,要给程序员一个能够发挥的环境,不能卡得太死。开发程序,属于创造,你不能强迫人家一定要在多少天内完成。写程序和写文章一样,思路打开了,一天都用不了;没有灵感,一个月也不一定能写出来。“我们在摸索一些经验,不能照搬国外的,因为国外可以利用先进的软件工程方法,一个产品投入几百人。而我们不行,投不起,经常是一个人做几个人的活,有的东西没有办法,只有精简。”求伯君有资格谈程序员管理,因为珠海金山的程序员队伍比较稳定,做 WPS 97 的核心人员,四年下来,没有动过。

盗版是对程序员的抢劫。求伯君认为,对中国软件发展影响最大的就是盗版。“我们国家对信息产业制定了很多优惠政策,但这些对软件企业无关痛痒。只要盗版问题解决了,其他所有问题都不成问题了。WPS 卖 1 套正版有 10 套盗版。假设 10 套里面,少盗一套,1 比 10 变成 2 比 9,对盗版来说,少了一套,对我来说,则是收入增长了一倍。我如果有了一倍的增长,根本不需要免什么税。”

比尔·盖茨来北京当天,求伯君被中央电视台《东方时空》请进了演播室,在《面对面》栏目中畅谈为什么要做 WPS 97 以及如何同 Word 抗争。求伯君俨然成了可以和比尔·盖茨抗衡的人物。求伯君从珠海飞到北京下了飞机,饭都没吃就直奔中央电视台,5 分钟的节目,采访花了 5 个小时。WPS 97 闪亮登场,在友谊宾馆开新闻发布会的时候,求伯君蓄起了胡子。当时他正在寻求大部委的支持,免不了要和相信“嘴上没毛,办事不牢”的官员们打交道。这次上电视,求伯君穿了一身在上海定做的特别合身的中山装,很有中国味道。

求伯君思考问题的方式是汇编式的,他认为用汇编写的程序很好看,他坐在电脑前不假思索写汇编的神速,让他的员工钦佩不已。求伯君个人喜欢玩游戏,尽管“中关村启示录”、“中国民航”都没有挣到什么钱,但求伯君还是要坚持做游戏软件。这不是生意人做企业的方式,而是程序员做企业的方式。

能把汇编用得出神入化的求伯君不会用 Word,他觉得文字处理需要完成的功能 WPS 里面都能实现,“假设哪个功能实现不了,我会提议,加上这个功能。”求伯君像爱护他的孩子那样爱着 WPS,假如你当面说 WPS 的坏话,求伯君肯定会很生气地质问你:“WPS 哪里不好?”而你说出的理由绝对没有求伯君反驳你的理由充分。求伯君第一次知道有人盗他的版时,和所有的程序员一样,很高兴有人在用自己的东西。求伯君乐观地估计,WPS 有 2000 万个用户。让求伯君自豪的是,WPS 养活一批书商,一批搞培训办班的人,一批打字员,并且推动了电脑的普及。求伯君认为,很多和他同时代的程序员没有适时转到 Windows 上,并不是他们抱残守缺,而是在 Windows 上开发程序不是一个人能做得了的事。

求伯君爱看武侠书、历史书和社会纪实作品,唯独对外国文学不感兴趣。“国外名著,包括电影、音乐,都没有共同感,无法引起共鸣。我是个传统的民族主义者,喜欢中国的民族音乐,比如古筝和古琴。”

这就是中国第一程序员:求伯君。

第 5 章　信息展现技术

作为信息处理的最后一个环节，一个最基本的目标就是要把所处理的结果信息进行输出。对于输出的形式，要能够根据问题的需要，较显明地加以展现。既要考虑到输出信息的形式，又要考虑输入的设备、场所，更要考虑结果信息的接收者。本章主要介绍了信息输出中的多媒体技术、触摸屏技术和大屏幕技术。

5.1　多媒体技术

多媒体技术是指通过计算机对文字、数据、图形、图像、动画、声音等多种媒体信息进行综合处理和管理，使用户可以通过多种感官与计算机进行实时信息交互的技术，又称为计算机多媒体技术。随着计算机软硬件技术的发展，多媒体技术已经受到广大计算机爱好者的喜爱，同时多媒体技术的应用已经走进了人们的学习、工作和生活中。

5.1.1　多媒体技术综述

1. 多媒体技术的概念

多媒体技术（Multimedia Technology）是利用计算机对文本、图形、图像、声音、动画、视频等多种信息综合处理、建立逻辑关系和人机交互作用的技术。真正的多媒体技术所涉及的对象是计算机技术的产物，而其他的单纯事物，如电影、电视、音响等，均不属于多媒体技术的范畴。

媒体（Medium）在计算机学科中有两种含义：一是指传播信息的载体，如语言、文字、图像、视频、音频等；二是指存储信息的载体，如 ROM、RAM、磁带、磁盘、光盘等，主要的载体有 CD-ROM、VCD、网页等。多媒体是 20 世纪才出现的新生事物，正在飞速发展和完善之中。多媒体技术中的媒体主要是指前者，就是利用电脑把文字、图形、影像、动画、声音及视频等媒体信息数字化，并将其整合在一定的交互式界面上，使计算机具有交互展示不同媒体形态的能力。它极大地改变了人们获取信息的传统方法，符合人们在信息时代的阅读方式。

多媒体技术的发展改变了计算机的使用领域，使计算机由办公室、实验室中的专用品变成了信息社会的普通工具，广泛应用于工业生产管理、学校教育、公共信息咨询、商业广告、军事指挥与训练，甚至家庭生活与娱乐等领域。

2. 基本要素

多媒体包括文本、图形、静态图像、声音、动画、视频剪辑等基本要素。

(1) 文本。计算机屏幕上的文本信息可以反复阅读,从容理解,不受时间、空间的限制。但是,在阅读屏幕上显示文本信息,特别是信息量较大时容易引起视觉疲劳,使得使用多媒体者产生厌倦情绪。另外,文本信息具有一定的抽象性,阅读者在阅读时,必须能把抽象的文字还原为相应事物,这就要求多媒体使用者有一定的抽象思维能力和想象能力,不同的阅读者对所阅读的文本的理解也不完全相同。文本的处理工作包括:①普通文本的开发。开发普通文本的方法一般有两种,如果文本量较大,可以用专用的字处理程序来输入加工,如 Microsoft Word、WPS 等;如果文字不多,用多媒体创作软件自身的字符编辑器就足够了。②图形文字的开发。Microsoft Office 办公软件提供了艺术工具 Microsoft Word Art,用 Word 或 Microsoft 等软件中插入对象的方法,可以制作丰富多彩、效果各异的效果字;用 PhotoShop 这一类图形图像处理软件同样能制作图形文字。③动态文字的开发。在多媒体软件中,经常用一些有一定变化的动态文字来吸引读者的注意力,开发这些动态文字的软件很多,方法也很多。首先,一般的多媒体创作软件都提供了较为丰富的字符出现效果,像 PowerPoint、Authorware 等创作软件中都有溶解、从左边飞入、百叶窗等多种效果;其次也可以用动画制作软件来制作文字动画,像 Cool3D 这样的软件在制作文字动画时就非常简单方便。

文本的格式与视觉诱导:多媒体中的文本为使用者提供了大量的信息,使用者可以通过阅读文本获得大量的文本信息。如果在设计多媒体文本时,给文本以丰富的格式,那么就可以吸引使用者的注意力。增加文本的格式有以下几种:①段落对齐和左右缩进。多媒体中的段落对齐主要有左对齐、居中、右对齐、两端对齐等,通过不同的对齐方式,多媒体软件的开发人员就能方便地控制文本在页面中的左右位置。另外,开发人员还可以通过文本的左右缩进技术控制文本在屏幕上的显示宽度。②字体、字号、风格及颜色。一般的字处理软件和多媒体创作软件都提供字符的字体、字号、风格(下划线、斜体、粗体等)及颜色的支持,利用这些不同的字符效果就能突出文本信息中的重点和难点,吸引用户的注意力。③多行文本及其滚动。④线性与非线性超文本。用超文本技术开发的多媒体产品能更接近用户联想的特点,更符合用户的身心特点,十分方便信息的查询与检索,在多媒体应用中具有很大的潜力。但是,超文本开发所花的工作量远远超过线性文本开发的工作量,从开发超文本所需的技术要求来讲,用一般的程序设计语言或字处理程序是很难做到的,要做到超文本的随意跳转,最好用面向对象的程序设计语言或专用的多媒体创作工具,如 Visual Basic、Visual C++、PowerPoint、Authorware、Director、Tool Book 等。

在开发多媒体系统中的文本时,要注意使用合适的字体,特别注意这样几个问题:一是在新的应用环境中安装这些字体;二是在多媒体系统中嵌入所用的字体。另一种方法就是如果开发的文字是标题,那就把文字制作成图片文件,再插入多媒体应用系统中。

(2) 图片。多媒体中的图片指的是静态的图形图像。不同的多媒体使用者有不同的习惯,有些用户擅于从文字的阅读过程中获取媒体信息,而有些用户则喜欢从图形图像的观察、辨别中发现事物的本质,多媒体软件中的图形图像就为这类用户提供信息的。图片的作用有:①传递信息。图形、图像都是非文本信息,在多媒体软件中可以传递一些用语言难以描述的信息内容,提供较为直观、形象的知识。②美化界面、渲染气氛。无论是单机多媒体软件,还是网络多媒体软件,如果没有图片的美化,那样的软件不能称之为多媒体软件。用合适的图形或图像作为软件的背景图或装饰图，这样就提高了软件的艺术性，美化了操作界面，给人一定的美的享受。③用作导航标志。在多媒体软件中经常用一些小的图形符号和图片作为导航标志，软件的使用者用鼠标单击这些导航标志，从一个页面跳到另一个页面，任意选择自己想要了解的信息内容，从而在软件使用中任意漫游，不会迷路(在多媒体系统中找不到想要的信息)。

与文本信息相比，图片信息一般比较直观，抽象程度较低，阅读容易，而且图片信息不受宏观和微观、时间和空间的限制，在大到天体，小到细菌，上到原始社会，下到未来，这些内容都可用图片来表现。图片包括图形(Graphic)和图像(Still Image)两种。图形指的是从点、线、面到三维空间的黑白或彩色几何图，也称矢量图(Vector Graphic)。一般所说的图像不是指动态图像，而指的是静态图像，静态图像是一个矩阵，其元素代表空间的一个点，称之为像素点(Pixel)，这种图像也称位图。位图中的位(Bit)用来定义图中每个像素点的颜色和高度。对于黑白线条图常用1位值表示，对灰度图常用4位(16种灰度等级)或8位(256种灰度等级)表示该点的高度，而彩色图像则有多种描述方法。位图图像适合表现层次和色彩比较丰富、包含大量细节的图像。彩色图像需要由硬件(显示卡)合成显示。在多媒体制作中常用的是位图。

3. 多媒体技术的应用

通常的计算机应用系统可以处理文字、数据和图形等信息，而多媒体计算机除了处理以上的信息种类以外，还可以综合处理图像、声音、动画、视频等信息，开创了计算机应用的新纪元。

应用多媒体技术的意义在于：

(1) 使计算机可以处理人类生活中最直接、最普遍的信息，从而使得计算机应用领域及功能得到了极大的扩展。

(2) 使计算机系统的人机交互界面和手段更加友好和方便，非专业人员可以方便地使用和操作计算机。

(3) 多媒体技术使音像技术、计算机技术和通信技术三大信息处理技术紧密地结合起来，为信息处理技术发展奠定了新的基石。

多媒体技术发展已经有多年的历史，到目前为止，声音、视频、图像压缩方面的基础技术已逐步成熟，并形成了产品进入市场，热门的技术如模式识别、MPEG压缩技术、虚拟现实技术逐步走向成熟，已经开始走进人们的学习、生活和工作中。

世界很大，但也很小。多媒体技术可以使人们跨越时空了解天文地理、古往今来的历史文化、高新技术、风土人情。上至国家政府，下至平民百姓，每天无不在和多媒体技术打交道。人们的生活水平提高了，从多媒体的发展也可以看出来。通信、数字声像技术、网络电视、3G、MP4、MP5等，这些都体现了人类的文明进步。

4. 多媒体技术的应用领域

多媒体技术涉及面相当广泛，主要包括：

(1) 音频技术。音频采样、压缩、合成及处理、语音识别等。

(2) 视频技术。视频数字化及处理。

(3) 图像技术。图像处理、图像与图形的动态生成。

(4) 图像压缩技术。图像压缩、动态视频压缩。

(5) 通信技术。语音、视频、图像的传输。

(6) 标准化。多媒体标准化。

多媒体技术涉及的内容有:

(1) 多媒体数据压缩。多模态转换、压缩编码。

(2) 多媒体处理。音频信息处理,如音乐合成、语音识别、文字与语音相互转换;图像处理,虚拟现实。

(3) 多媒体数据存储。多媒体数据库。

(4) 多媒体数据检索。基于内容的图像检索,视频检索。

(5) 多媒体著作工具。多媒体同步、超媒体和超文本。

(6) 多媒体通信与分布式多媒体。CSCW(计算机支持协同工作)、会议系统、VoD(视频点播)和系统设计。

(7) 多媒体专用设备技术。多媒体专用芯片技术,多媒体专用输入输出技术。

(8) 多媒体应用技术。CAI与远程教学,GIS与数字地球、多媒体远程监控等。

多媒体技术的应用领域主要有:

(1) 教育领域。电子教案、形象教学、模拟交互过程、网络多媒体教学、仿真工艺过程。

(2) 商业广告(特技合成、大型演示)。影视商业广告、公共招贴广告、大型显示屏广告、平面印刷广告。

(3) 影视娱乐业(电影特技、变形效果)。电视/电影/卡通混编特技、演艺界MTV特技制作、三维成像模拟特技、仿真游戏、赌博游戏。

(4) 医疗(远程诊断、远程手术)。网络多媒体技术、网络远程诊断、网络远程操作(手术)。

(5) 旅游(景点介绍)。风光重现、风土人情介绍、服务项目。

(6) 人工智能模拟(生物、人类智能模拟)。生物形态模拟、生物智能模拟、人类行为智能模拟。

5. 多媒体和多媒体技术的基本特点

多媒体是融合两种以上媒体的人-机交互式信息交流和传播媒体,具有以下特点。

(1) 信息载体的多样性:相对于计算机而言的,即指信息媒体的多样性。

(2) 多媒体的交互性:指用户可以与计算机的多种信息媒体进行交互操作从而为用户提供了更加有效地控制和使用信息的手段。

(3) 集成性:指以计算机为中心综合处理多种信息媒体,它包括信息媒体的集成和处理这些媒体的设备的集成。

(4) 数字化:媒体以数字形式存在。

(5) 实时性:声音、动态图像(视频)随时间变化。

多媒体技术的特点有：

(1) 能够完成在内容上相关联的多媒体信息的处理和传送，如声音、活动图像、文本、图形、动画等；

(2) 交互式工作，而不是简单的单向或双向传输；

(3) 网络连接，即各种媒体信息是通过网络传输的，而不是借助 CD-ROM 等存储载体来传递的。

5.1.2 多媒体融合技术

把多媒体技术与其他具体的应用领域相结合，产生了一系列的多媒体融合技术。“媒体融合”(Media Convergence)，最早由美国马萨诸塞州理工大学的教授浦尔提出的，原意是指各种媒介呈现多功能一体化的趋势。其概念包括狭义的多媒体融合和广义的多媒体融合两种。狭义的多媒体融合是指将不同的媒介形态“融合”在一起，产生“质变”，形成一种新的媒介形态，如电子杂志、博客新闻等；而广义的多媒体融合则指范围广阔，包括一切媒介及其有关要素的结合、汇聚甚至融合，不仅包括媒介形态的融合，而且包括媒介功能、传播手段、所有权、组织结构等要素的融合。也就是说，“媒体融合”是信息传输通道的多元化下的新作业模式，是把报纸、电视台、电台等传统媒体，与互联网、手机、手持智能终端等新兴媒体传播通道有效结合起来，资源共享，集中处理，衍生出不同形式的信息产品，然后通过不同的平台传播给受众。

媒体融合是信息时代背景下一种媒介发展的理念，是在互联网迅猛发展的基础上的传统媒体的有机整合，这种整合体现在两个方面：技术的融合和经营方式的融合。

1. 多媒体技术与现代教学的融合

随着计算机软硬件技术的发展，传统的教育教学方式已经不能满足现代教育的需要。把多媒体技术和课堂教学、课外学习结合在一起，正在改变着现代教育方式。电子白板、投影机、多媒体讲台已经开始取代传统的粉笔、黑板、实物投影仪。把多媒体技术和现代教学相结合，主要作用表现在：①多媒体技术可以通过多媒体课件的形式加以展示，可以把教学信息以多种形式传输给学生，可以多方位刺激学生的感官，充分调动学生的学习兴趣。②多媒体技术可以促进学生知识的获取与保持。多媒体技术既能看得见，又能听得见，还能进行交互式的教学。这样通过多种感官的刺激获取的信息量，比单一地听老师讲课强得多，信息和知识是密切相关的，获取大量的信息就可以掌握大量的知识。③多媒体技术可对教学信息进行有效的组织与管理。教学信息的组织结构有线性结构、分支结构和网状结构等形式。传统的文字教材、录像教材和录音教材的组织结构是线性的、有序的。多媒体教学一般都采用超文本的方式来管理教学信息。它以节点为单位，在节点与节点之间通过表示它们之间的关系链来加以连接，形成网状的信息结构，适合于人类联想思维的特征，有利于学生创新思维的培养。④多媒体技术能促进教学目标的最优化，并改变教学方法与模式。现代教育技术论告诉人们：教学媒体选择与运用最基本的原则是根据教学媒体对教学目标的完成所具有的潜在能力来选择媒体，使每种媒体对应的每一教学环节充分发挥其特长和优势。多媒体课件是为实现教学目标而服务的一种辅助教学手段,只有很好地选定教学课题和教学目标,并能创作出符合教学实际的多媒体课件,发挥多媒体特长,才可以有效地调动和充分发挥学生的学习积极性和主动性,提高课堂教学效率。⑤多媒体技术能促进学生思想品德的形成,有助于学生智能的发展。在推行素质教育的今天,做学生思想教育工作单纯靠教师的传统说教,效果是不理想的。而多姿多彩、变幻莫测的多媒体技术能将空洞抽象的概念制作成影像,构成现实,帮助学生认识生活,了解社会,明辨是非,分清善恶,用鲜明、生动的道德形象把真理表现出来,给学生们留下不可磨灭的印象。

2. VOD 技术

VOD(Video on Demand)即视频点播技术的简称,也称为交互式电视点播系统。视频点播是多媒体技术和计算机技术、网络技术融合的产物,是一项全新的信息服务。它摆脱了传统电视受时空限制的束缚,解决了一个想看什么节目就看什么,想什么时候看就什么时候看的问题。有线电视视频点播,是指利用有线电视网络,采用多媒体技术,将声音、图像、图形、文字、数据等集成为一体,向特定用户播放其指定的视听节目的业务活动,包括按次付费、轮播、按需实时点播等服务形式。

VOD 的工作过程为:用户在客户端启动播放请求,这个请求通过网络发出,到达并由服务器的网卡接收,传送给服务器。经过请求验证后,服务器把存储子系统中可访问的节目名准备好,使用户可以浏览到所喜爱的节目菜单。用户选择节目后,服务器从存储子系统中取出节目内容,并传送到客户端进行播放。通常一个“回放连接”定义为一个“流”。采用先进的“带有控制的流”技术,支持将上百个高质量的多媒体“流”传送到网络客户机。客户端可以在任何时间播放存在服务器视频存储器中的任何多媒体资料。客户端在接收到一小部分数据时,便可以观看所选择的多媒体资料。这种技术改进了“下载”或简单的“流”技术的缺陷,能够动态调整系统工作状态,以适应变化的网络流量,保证恒定的播放质量。

VOD 的最初出现是为了更好地满足用户对自主收看视频节目的需求,但是随着 VOD 技术的不断进步,其广泛的应用对大众文化和商业运作模式都将产生强烈的影响。VOD 不仅可以为终端用户提供多样化的媒体信息流,来扩大人们的信息渠道,丰富人们的精神生活,而且在医院、宾馆、飞机等场所的娱乐,公司的职员培训、远距离市场调查、公司的广告业务等领域也将逐渐充斥着 VOD 技术的全新应用。

3. 与现代传媒的融合

电子期刊(Electronic Journal),有的称为电子出版物、网上出版物。就广义而言,任何以电子形式存在的期刊都可以称为电子期刊,涵盖通过联机网络可检索到的期刊和以 CD-ROM 形式发行的期刊。现在电子期刊已经进入第三代。和电子杂志一样,以 Flash 为主要载体独立于网站存在。电子期刊是一种非常好的媒体表现形式,它不仅具有纸质期刊与互联网两者的特点,而且融入了图像、文字、声音、视频、游戏等信息,以动态的形式呈现给读者。此外,电子期刊还兼有超链接、及时互动等网络元素,可以方便读者的阅读。

电子期刊从投稿、编辑出版、发行订购、阅读乃至读者意见反馈的全过程都是在网络环境中进行的，任何阶段都不需要用纸张，它与传统的印刷型期刊有着本质的区别。电子期刊是以高新技术，包括光盘、网络通信技术为载体，经过信息技术人员加工处理，运用现代技术检索手段，以满足信息需求的出版物。同时，电子期刊在发行的成本上要比传统期刊低很多。

此外，多媒体技术还和广告技术、计算机网络技术、电影制作技术等相融合，取得了良好的应用效果。

5.2 触摸屏技术

1. 触摸屏的概念

为了信息输入操作上的方便，人们用触摸屏来代替鼠标或键盘。触摸屏由触摸检测部件和触摸屏控制器组成，如图 5.1 所示。触摸检测部件安装在显示器屏幕前面，用于检测用户触摸位置，然后将相关信息传送至触摸屏控制器；而触摸屏控制器的主要作用是从触摸点检测装置上接收触摸信息，并将它转换成触点坐标，再传送给 CPU。它同时能接收 CPU 发来的命令并加以执行。

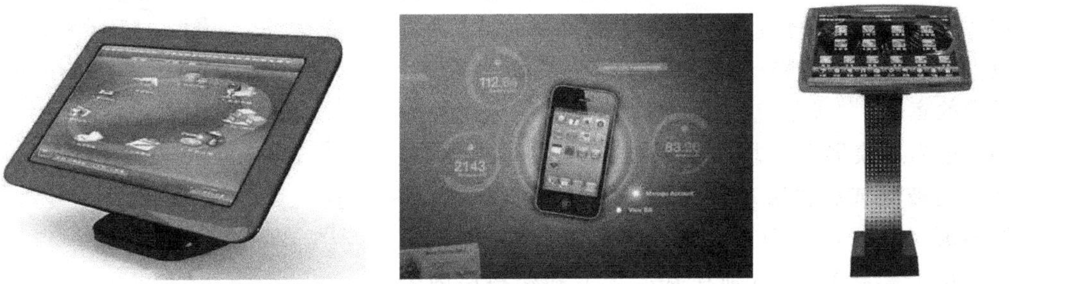

图 5.1 触摸屏

触摸屏技术是一种新型的人机交互输入方式，与传统的键盘和鼠标输入方式相比，触摸屏输入更直观。配合识别软件，触摸屏还可以实现手写输入。当手指或其他物体触摸安装在显示器前端的触摸屏时，所触摸的位置由触摸屏控制器检测，并通过接口（如 RS232 串行口，USB 等）送到主机。目前触摸屏已经由单点触屏发展到多点触屏。

2. 触摸屏技术的分类

根据屏幕表面定位原理的不同，可以把触摸屏技术分为声学脉冲识别（APR）、表面声波（SAW）的电容式触摸屏技术和红外/光学电阻式触摸屏技术等。

1）声学脉冲识别技术

APR 由一个玻璃显示器涂层或其他坚硬的基板组成，背面安装了 4 个压电传感器。该传感器安装在可见区域的两个对角上，通过一根弯曲的电缆连接到控制卡。用户触摸屏幕时，手指或者触笔和玻璃之间的拖动发生了碰撞或摩擦，于是就产生了声波。波辐射离开接触点传向传感器，按声波的比例产生电信号。在控制卡中放大这些信号，然后转换为数字数据流。比较数据与事先存储的声音列表来确定触摸的位置。APR 设计成能够消除环境的影响和外部的声音,因为这些因素与存储的声音列表不匹配。

2) 表面声波技术

SAW 触摸屏是由一个针对 X 轴和 Y 轴的、有发送和接收压电传感器的玻璃涂层组成。控制器发送电信号至发射传感器,并在玻璃的表面上将信号转换成超声波。通过反射器阵列,这些波覆盖整个触摸屏。对面的反射器收集和控制这些波至接收传感器,将它们转换成电信号。对每个轴重复这个过程。用户触摸时吸收了传播波的一部分,接收到的对应 X 和 Y 坐标的信号与存储的数字分布图相比较,识别出变化并计算出坐标。

3) 电阻式触摸屏技术

电阻屏是利用触摸屏表面随着所受压力的变化,产生屏幕凹凸变形而引起的电阻变化实现精确定位的触摸屏技术。电阻屏具有以下特点:

① 它们都是一种对外界完全隔离的工作环境,不怕灰尘、水汽和油污;

② 可以用任何物体来触摸,可以用来写字画画;

③ 电阻触摸屏的精度只取决于 A/D 转换的精度,因此分辨率都能达到 4096×4096。

按照实现原理不同,电阻式触摸屏(图 5.2)又可分为四线和五线两类。

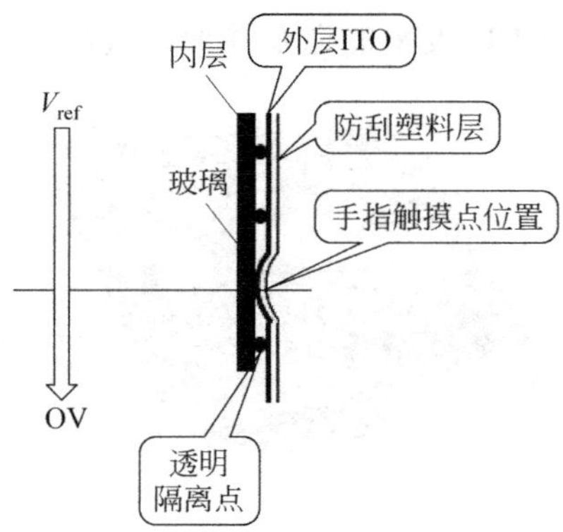

图 5.2 电阻触摸屏的工作原理

四线电阻触摸屏:四线电阻触摸屏的工作原理是,触摸屏附着在显示器的表面,与显示器相配合使用,如果能测量出触摸点在屏幕上的坐标位置,则可根据显示屏上对应坐标点的显示内容或图符获知触摸者的意图。电阻式触摸屏在嵌入式系统中用得较多。电阻触摸屏是一块 4 层透明的复合薄膜屏,最下面是玻璃或有机玻璃构成的基层,最上面是一层外表面经过硬化处理从而光滑防刮的塑料层,中间是两层金属导电层,分别在基层之上和塑料层内表面,在两导电层之间有许多细小的透明隔离点把它们隔开。当手指触摸屏幕时,两导电层在触摸点处接触。触摸屏的两个金属导电层是触摸屏的两个工作面,在每个工作面的两端各涂有一条银胶,称为该工作面的一对电极,若在一个工作面的电极对上施加电压,则在该工作面上就会形成均匀连续的平行电压分布。当在 X 方向的电极对上施加一确定的电压,而 Y 方向电极对上不加电压时,在 X 平行电压场中,触点处的电压值可以在 Y+(或 Y−)电极上反映出来,通过测量 Y+电极对地的电压大小,便可得知触点的 X 坐标值。同理,当在 Y 电极对上加电压,而 X 电极对上不加电压时,通过测量 X+电极的电压,便可得知触点的 Y 坐标。四线电阻触摸屏的缺陷是:电阻触摸屏的 B 面要经常被触动,四线电阻触摸屏的 B 面采用 ITO。ITO 是极薄的氧化金属,在使用过程中很快就会产生细小的裂纹,而裂纹一旦产生,原流经该处的电流被迫绕裂纹而行,本该均匀分布的电压随之遭到破坏,触摸屏就有了损伤,表现为裂纹触点不准。随着裂纹的加剧和增多,触摸屏慢慢就会失效,因此使用寿命不长是四线电阻触摸屏的主要问题。

五线电阻触摸屏:五线电阻触摸屏的工作原理是,触摸屏的基层把两个方向的电压场通过精密电阻网络都加在玻璃的导电工作面上，可以简单地理解为两个方向的电压场分时工作加在同一工作面上、而外层镍金导电层仅仅用来当作纯导体，有触摸后分时检测内层ITO接触点 X 和 Y 轴电压值的方法测得触摸点的位置。五线电阻触摸屏内层ITO需4条引线，外层只作导体仅仅一条，触摸屏的引出线共有5条。五线电阻触摸屏的另一个专有技术是通过精密的电阻网络来校正内层ITO的线性问题：由于导电镀膜有可能厚薄不均匀而造成电压不均匀分布。比较而言，五线电阻比四线电阻在保证分辨率精度上还要优越，但是成本代价大，因此售价非常高。五线电阻触摸屏是目前最好的电阻技术触摸屏，最适合于军事、医疗、工业控制领域使用。五线电阻触摸屏的优势有：首先，五线电阻触摸屏的A面是导电玻璃而不是导电涂覆层，导电玻璃的工艺使得A面的寿命得到极大地提高，并且可以提高透光率。其次，五线电阻触摸屏把工作面的任务都交给寿命长的A面，而B面只用来作为导体，并且采用了延展性好、电阻率低的镍金透明导电层，因此，B面的寿命也极大地提高。五线电阻触摸屏的另一个专有技术是通过精密的电阻网络来校正A面的线性问题：由于工艺工程不可避免地有可能厚薄不均而造成电压场不均匀分布，精密电阻网络在工作时流过绝大部分电流，因此可以补偿工作面有可能的线性失真。

4）电容式触摸屏技术

电容式触摸屏是在玻璃表面贴上一层透明的特殊金属导电物质。当手指触摸在金属层上时，触点的电容就会发生变化，使得与之相连的振荡器频率发生变化，通过测量频率变化可以确定触摸位置获得信息。

电容式触摸屏的工作原理是：电容式触摸屏在触摸屏四边均镀上狭长的电极，在导电体内形成一个低电压交流电场。在触摸屏幕时，由于人体电场，手指与导体层间会形成一个耦合电容，四边电极发出的电流会流向触点，而电流强弱与手指到电极的距离成正比，位于触摸屏幕后的控制器便会计算电流的比例及强弱，准确算出触摸点的位置。电容触摸屏的双玻璃不但能保护导体及感应器，更能有效地防止外在环境因素对触摸屏造成的影响，就算屏幕沾有污秽、尘埃或油渍，电容式触摸屏依然能准确地算出触摸位置。

电容式触摸屏的缺陷有：电容触摸屏的透光率和清晰度优于四线电阻屏，当然还不能和表面声波屏和五线电阻屏相比。电容屏反光严重，而且电容技术的四层复合触摸屏对各波长光的透光率不均匀，存在色彩失真的问题，由于光线在各层间的反射，还造成图像字符的模糊。

① 电流：电容屏在原理上把人体当作一个电容器元件的一个电极使用，当有导体靠近与夹层ITO工作面之间耦合出足够容值的电容时，流走的电流就足够引起电容屏的误动作。电容值虽然与极间距离成反比，却与相对面积成正比，并且还与介质的绝缘系数有关。因此，当较大面积的手掌或手持的导体物靠近电容屏而不是触摸时就能引起电容屏的误动作，在潮湿的天气，这种情况尤为严重，手扶住显示器、手掌靠近显示器7cm以内或身体靠近显示器15cm以内就能引起电容屏的误动作。电容屏的另一个缺点是用戴手套的手或手持不导电的物体触摸时没有反应，这是因为增加了更为绝缘的介质。

② 漂移：电容屏更主要的缺点是漂移。当环境温度、湿度改变，环境电场发生改变时，都会引起电容屏的漂移，造成不准确。例如，开机后显示器温度上升会造成漂移，用户

触摸屏幕的同时另一只手或身体一侧靠近显示器会漂移,电容触摸屏附近较大的物体搬移后会漂移,触摸时如果有人围过来观看也会引起漂移;电容屏的漂移原因属于技术上的先天不足,环境电势面(包括用户的身体)虽然与电容触摸屏离得较远,却比手指头面积大得多,它们直接影响了触摸位置的测定。

③ 其他: 此外,理论上许多应该线性的关系实际上却是非线性的,例如: 体重不同或者手指湿润程度不同的人吸走的总电流量是不同的,而总电流量的变化和4个分电流量的变化是非线性的关系,电容触摸屏采用的这种4个角的自定义极坐标系还没有坐标上的原点,漂移后控制器不能察觉和恢复,而且,4个A/D完成后,由4个分流量的值到触摸点在直角坐标系上的X、Y坐标值的计算过程复杂。由于没有原点,电容屏的漂移是累积的,在工作现场也经常需要校准。电容触摸屏最外面的矽土保护玻璃防刮擦性很好,但是怕指甲或硬物的敲击,敲出一个小洞就会伤及夹层ITO,不管是伤及夹层ITO还是安装运输过程中伤及内表面ITO层,电容屏都不能正常工作。

使用触摸屏要注意的事项: 触摸屏膜面为触摸面,即产品正面。玻璃面为非触摸面,即产品背面。触摸屏部分为玻璃制品,玻璃边角较锋利,装配时需戴手套/指套作业。触摸屏部分为玻璃易碎品,装配时不要对触摸屏施加大力冲击。要避免直接取引线拿起触摸屏,避免对引出线部位有拉扯动作。引出线加强板部位不能进行弯折动作,引出线任何部位不允许有对折现象,引出线在装配时,须水平插入,不可在加强板根部对折插入。取放产品时需单片操作,轻拿轻放,避免产品互相碰撞而划伤产品表面。清洁产品表面时,请用柔软性布料(麂皮)蘸石油醚擦拭,可使用带腐蚀性的有机溶剂擦拭触摸屏膜表面,如工业酒精等。

5.3 信息的大屏幕输出技术

5.3.1 LED屏技术

LED显示屏(LED display,LED Screen): 又叫电子显示屏或者飘字屏幕,是由LED点阵和LED PC面板组成的,通过红色、蓝色、白色、绿色LED灯的亮灭来显示文字、图片、动画、视频等内容,如图5.3所示。可以根据不同场合的需要做出不同的调节,比如一般的广告牌那些流动的字画,就是通过Flash制作一个动画,保存在显示屏的一张内存卡里,再通过技术手段显示出来的,可以根据不同的需要随时更换,各部分组件都是模块化结构的显示器件。传统LED显示屏通常由显示模块、控制系统及电源系统组成。

图5.3 LED显示屏

LED显示屏分类多种多样，大体按照以下几种方式分类：

(1) 按使用环境，LED显示屏可分为户内、户外及半户外三种。户内屏面积一般从不到$1m^2$到十几平方米，室内LED显示屏在室内环境下使用，此类显示屏亮度适中、视角大、混色距离近、重量轻、密度高，适合较近距离观看。户外屏面积一般从几平方米到几十平方米甚至上百平方米，点密度较稀(多为2500～10 000点每平方米)，发光亮度在5500～8500cd/m^2(朝向不同，亮度要求不同)，可在阳光直射条件下使用，观看距离在几十米以外，屏体具有良好的防风抗雨及防雷能力。半户外屏介于户外及户内两者之间，具有较高的发光亮度，可在非阳光直射户外环境中使用，屏体有一定的密封，一般在屋檐下或橱窗内。

(2) 按颜色，LED显示屏分为单色、双基色和三基色(全彩)三种。单色是指显示屏只有一种颜色的发光材料，多为单红色，在某些特殊场合也可用黄绿色。双基色LED显示屏由红色和绿色LED灯组成，256级灰度的双基色显示屏可显示65 536种颜色(双色屏可显示红、绿、黄三种颜色)。全彩色LED显示屏由红色、绿色和蓝色LED灯组成，可显示白屏和16 777 216种颜色。

(3) 按控制或使用方式，LED显示屏可分同步LED屏和异步LED屏。同步方式是指LED显示屏的工作方式基本等同于电脑的监视器，它以至少30帧/秒的更新速率点点对应地使监视器上的图像实时映射到LED屏上，通常具有多灰度的颜色显示能力，可达到多媒体的宣传广告效果。异步方式是指LED屏具有存储及自动播放的能力，在PC上编辑好的文字及无灰度图片通过串口或其他网络接口传入LED屏，然后由LED屏脱机自动播放，一般没有多灰度显示能力，主要用于显示文字信息，可以多屏联网。

(4) 按像素密度或像素直径划分。由于户内屏采用的LED点阵模块规格比较统一，所以通常按照模块的像素直径划分主要有：ϕ3.0mm 62 500像素/平方米，ϕ3.75mm 44 321像素/平方米，ϕ5.0mm 17 222像素/平方米。户内屏的像素直径及像素点数：P2.5 160 000点/平方米，P3 111 111点/平方米，P4 62 500点/平方米，P5 40 000点/平方米，P6 27 777点/平方米，P7.62 17 222点/平方米，P8 15 625点/平方米，P10 10 000点/平方米，户外屏的像素直径及像素点数：P10 10 000点/平方米，P12.5 6400点/平方米，P16 3906点/平方米，P20 2500点/平方米，P25 1600点/平方米，P31.25 1024点/平方米等。

(5) 按显示性能，LED显示屏可分为：视频显示屏(一般为全彩色显示屏)、文本显示屏(一般为单基色显示屏)、图文显示屏(一般为双基色显示屏)和行情显示屏(一般为数码管或单基色显示屏)。

(6) 按显示器件可分为LED数码显示屏(显示器件为7段码数码管，适于制作时钟屏、利率屏等，显示数字的电子显示屏)、LED点阵图文显示屏(显示器件是由许多均匀排列的发光二极管组成的点阵显示模块，适于播放文字、图像信息)、LED视频显示屏(显示器件是由许多发光二极管组成的，可以显示视频、动画等各种视频文件)、常规型LED显示屏(采用钢结构将显示屏固定安装于一个位置。常见的有户外大型单立柱LED广告屏，以及车站里安装在墙壁上用来播放车次信息的单色、双色LED显示屏等)、租赁型LED显示屏(在设计时，就考虑到该屏经常会用于安装与拆卸，所以左右箱体采用带定位功能的快速锁连接，定位精准，整个箱体安装10s之内完成。租赁屏主要用于舞台演出、婚庆场所以及大型晚会)等。

(7) 按照发展方向可分为广告传媒类显示屏(门头的条幅单双色显示屏、广场楼体表面的全彩显示屏,以广告宣传为主)和工业指示类显示屏(给 PLC/DCS 等集散控制系统,配套辅助性质的显示屏,例如显示转速、流量、温度、压力等)。

LED 显示屏之所以受到人们的广泛重视而得到迅速发展,与它本身所具有的优点是分不开的。这些优点概括起来是:亮度高、工作电压低、功耗小、大型化、寿命长、耐冲击和性能稳定。LED 的发展前景极为广阔,正朝着更高亮度、更高耐气候性、更高的发光密度、更高的发光均匀性、可靠性、全色化方向发展。LED 显示屏广泛应用在体育场馆、商业应用、银行、证券、邮政、码头、商场、车站、邮政、电信、机关、监控、学校、餐厅、酒店、娱乐等不同场所的广告宣传。

1. LED 显示屏的超群性能

(1) 发光亮度强,在可视距离内阳光直射屏幕表面时,显示内容清晰可见;超级灰度控制具有 1024～4096 级灰度控制,显示颜色 1670 万以上,色彩清晰逼真,立体感强。

(2) 静态扫描技术,采用静态锁存扫描方式,大功率驱动,充分保证发光亮度。

(3) 具有自动亮度调节功能,可在不同亮度环境下获得最佳播放效果。

(4) 全面采用大规模集成电路,可靠性大大提高,便于调试维护。

(5) 先进的数字化视频处理,技术分布式扫描,BSV 液晶拼接技术高清显示,模块化设计/恒流静态驱动,亮度自动调节,超高亮纯色像素,影像画面清晰、无抖动和重影,杜绝失真。视频、动画、图表、文字、图片等各种信息显示、联网显示、远程控制。

2. 大屏幕显示

大屏幕显示是超高亮度 LED 应用的另一个巨大市场,包括:图形、文字、数字的单色、双色和全色显示。LED 大屏幕显示屏具有适用性强,色彩丰富等优点,其适用范围包括政府广场、休闲广场、繁华商贸中心、广告信息发布牌、商业街、火车站、体育场馆等。常见的室内 LED 显示屏全彩设计方案有:点阵模块方案(原材料成本最有优势,且生产加工工艺简单,质量稳定。缺点是:色彩一致性差,马赛克现象较严重,显示效果较差)、单灯方案(色彩一致性比点阵模块方式的好。但混色效果不佳,视角不大,水平方向左右观看有色差。加工较复杂,抗静电要求高。实际像素分辨率做到 10 000 点以上较难)、贴片方案(具有色彩一致性,视角等重要显示指标是现有方案里最好的一种,特别是三合一表贴的混色效果非常好。缺点是加工工艺麻烦,成本太高)和亚表贴方案(优势是在显示色彩一致性,视角等首要指标和标贴方案差别不大了,但成本较低,显示效果很好,分辨率理论上可以做到 17 200 以上。缺点是加工还是较复杂,抗静电要求高)。

3. LED 大屏幕显示的环境污染防治

国际上一般把 LED 显示屏光污染分成三类,即白亮污染、人工白昼和彩光污染。目前我国只对白亮污染中的玻璃幕墙有相关规定,对人工白昼和彩光污染如今还没有相关规定。但是考虑到彩光污染的确造成了人们感觉不适,所以在设计 LED 显示屏幕时需考虑到显示屏幕光污染防治的问题。

(1) 采用可自动调节的亮度调节系统。白天和夜晚，不同的时间和地点环境的亮度变化极大，如果LED显示屏的播放亮度大于环境亮度60%，人们就明显感觉眼睛的不适应，也就是说造成了对人的光污染。通过户外亮度采集系统，随时地对环境亮度采集，显示屏控制系统接收系统数据通过软件自动换算适合环境的播出亮度。

(2) 多级灰度矫正技术。普通的显示屏系统采用8b的色彩显示层次，这样在一些低灰度和色彩过渡处颜色生硬，也会造成彩色光的不适应。新型LED大屏幕控制系统采用14b的色彩显示层次，大大的改善了色彩在过渡上的硬度，使人们在观看时可以感觉色彩柔和，避免人们对光的不舒适感。

(3) 安装位置的合理选择和显示屏面积的合理规划。观看距离和观看角度与显示面积有一个经验规划，同时图像在显示屏观看距离和观看角度上有具体设计要求。在显示屏设计时应该尽可能地满足设计要求，合理规划。

(4) 播放内容的选择和设计。LED大屏幕是公众媒介，有公益类、广告类、指示类等。在选择播放的内容时，必须与公众要求达成一致，避免拒看心理。这也是防止显示屏光污染的一个重要方面。

LED二极管其本身为绿光源，虽在集群式运用的LED大型巨型显示屏幕上因为在设计上的考虑和运用上的要求的确造成了一定程度的彩光污染，但这种矛盾是必然存在的，且是无法完全根除。只有采用技术手段和政策法规最大限度地减低彩光污染，协调广告商的需求和民众的观看心理。同时，也看到相对如今的霓虹灯和白光灯箱广告，LED显示屏的光污染已经是大大降低了。LED电子显示屏还具有节能和色彩丰富的优势，必将会全面替代霓虹灯户外亮化和信息显示。

LED显示屏的安装调试不仅能体现出产品质量，还决定着显示屏在使用时的效果。常见的LED显示屏安装方式有以下5种：

(1) 镶嵌式安装。适用于面积较小的室内屏。由于安装空间较小，为了不占用空间，根据屏体面积大小在墙体上挖出同样大小的面积，把LED显示屏嵌入墙体中。要求墙体为实心墙体。采用前维护的方式，成本较高。

(2) 挂式安装。多适用于车站LED电子显示屏、机场LED电子显示屏等大型场所，起到指示标牌作用。要求屏体面积较小($10m^2$ 以下)，必须要有合适安装的地点，如上方有横梁或过梁处，且屏体一般情况下要加后盖。

(3) 壁挂式安装。多适用于室内LED显示屏的安装，面积较小($10m^2$ 以下)，墙体要求是实墙体，空心砖或简易隔挡墙均不适合此安装方式。

(4) 屋顶式安装。主要适用于户外广告LED电子显示屏，安装地点主要是建筑物的屋顶，随着建筑物高度的增加要考虑防风级别。

(5) 立柱式安装。多用于户外广告LED显示屏的安装，视野开阔、周围比较空旷的地方，如广场、停车场等。根据屏体面积的大小又可以分为单立柱和双立柱式的安装。

目前世界最大的LED显示屏是2010年上海世博会开幕式场馆外 $9500m^2$ 的巨型LED显示屏。市场上的LED显示屏都在追求更薄更轻。在2010年上海世博会主题馆所展出的LED通透屏就是一个成功的案例，此显示屏面积达 $400m^2$，采用P18表贴工艺制作,压铸铝箱体结构,更为可赞的是巧妙的安装方式。

4. 使用LED显示屏的注意事项

(1) 开关顺序：开屏时,先开机,后开屏。关屏时先关屏,后关机(先关计算机不关显示屏,会造成屏体出现高亮点,LED烧毁灯管,后果严重)。

(2) 开关屏间隔时间要大于5分钟。

(3) 计算机进入工程控制软件后,方可开屏通电。

(4) 避免在全白屏幕状态下开屏,因为此时系统的冲击电流最大。

(5) 避免在失控状态下开屏。

(6) 环境温度过高或散热条件不好时,LED照明应注意不要长时间工作。

(7) 电子显示屏显示部分出现一行非常亮时,应注意及时关屏,在此状态下不宜长时间开屏。

(8) 经常出现显示屏的电源开关跳闸,应及时检查屏体或更换电源开关。

(9) 定期检查挂接处的牢固情况。如有松动现象,注意及时调整,重新加固或更新吊件。

(10) 根据大屏幕显示屏屏体、控制部分所处环境的情况,避免虫咬,必要时应放置防鼠药。

尽管LED显示屏技术发展很快,但也经历了一个很短的发展时期。具体分为三个阶段：第一阶段是LED显示屏实用新型阶段。LED显示屏具有的环保、亮度高、高清晰、高可靠性等特性逐渐凸显出来,LED显示屏市场只是满足了人们的需求,但是在LED显示屏产品上却达不到要求,质量不过关。随着LED显示屏的发展,如今LED产品又有了一些新的突破。LED显示屏不仅仅起美化作用,它的多变使得更贴切人们工作生活中的点点滴滴。它在设计应用和技术研发方面有较大的优势。第二阶段是LED显示屏智能控制阶段。随着LED显示屏技术的不断进步与发展,LED作为半导体产品,也将搭上这趟高速列车,发挥出其高可控性的特点。从家庭到办公楼,从道路到隧道,从汽车到步行,从室内到户外,都具备智能控制的LED显示屏系统将给人类带来更高等级的服务。LED显示屏行业也将经历由做产品,到设计产品,到提供整体解决方案的历程。第三阶段是LED显示屏替代接受阶段。由于LED显示屏产品的特征主要体现在光效高、能耗小、寿命长的特点上,这一阶段是LED显示屏发展初期,因此在价格方面,在用户看来有一定的比对。

综上所述,LED显示屏正处在一个高速发展与成长崛起的阶段,相信不久的将来,LED显示屏会应用在更多的领域,同时市场上也会涌现出各式各样的LED显示屏的新产品,带给人们更好、更便捷、更节能的LED显示屏。

5.3.2 投影技术

在今天追求高效率、快节奏的现代办公自动化工作中,投影机作为新型办公设备,用户可以随处见到它的身影。投影机不但可以应用于临时会议、技术讲座、网络中心、指挥监控中心，还可以与计算机、工作站等进行连接，或接录像机、电视机、影碟机以及实物展台等，可以说它是一种应用十分广泛的大屏幕影像设备。

投影机主要技术有阴极射线管（Crystal Ray Tube，CRT）技术和液晶显示器（Liquid Crystal Display，LCD）技术。LCD 技术又分为单片 LCD 和 3 片 LCD（3LCD）。3LCD 方式是将灯泡发出的光分解成 R（红）、G（绿）、B（蓝）三种颜色（光的三原色）的光，并使其分别透过各自的液晶板（HTPS 方式）赋予形状和动作。由于经常投射这三种原色，因此可以有效地使用光，显现出明亮清晰的图像。采用 3LCD 方式的投影机有着图像明亮自然、柔和等特点。由于使用三个 LCD 显示颜色，因此可以再现对人们视觉不产生伤害的图像。

现在有一种新的投影技术，称为数码光路处理器（Digital Light Processor，DLP）即为数字光处理，这种技术要先把影像信号经过数字处理，然后再把光投影出来。它是基于 TI（美国德州仪器）公司开发的数字微镜元件——DMD（Digital Micromirror Device）来完成可视数字信息显示的技术。DLP 投影技术应用了数字微镜晶片来作为关键处理元件以实现数字光学处理过程。LCOS（Liquid Crystal On Silicon），即硅基液晶，是一种基于反射模式，尺寸非常小的矩阵液晶显示装置。这种矩阵采用 CMOS 技术在硅芯片上加工制作而成。像素的尺寸大小从 7μm 到 20μm。SXRD 技术是一种先进的反射式技术，由索尼公司独家开发。SXRD 显像技术在分辨率、亮度及对比度的表现力等方面均超越传统的 Full HD，可再现高像素图像效果。直接驱动图像光源放大器（Direct-Drive Image Light Amplifier，D-ILA）技术的核心部件是反射式活性矩阵硅上液晶板，也就是通常所说的反射式液晶板，所以也有人将 D-ILA 技术称为反射式液晶技术。D-ILA 技术在提供高分辨率和高对比度方面显示了技术优势，由于 D-ILA 技术的液晶板的液晶层采用电压控制可调双折射方式，在全开状态的光线全反射，几乎没有损失；而全关状态式反射输出光线几乎为零，因此 D-ILA 可以实现非常高的对比度。CRT 和 LCD 投影机采用透射式投射方式，DLP 采用反射式投射方式。CRT 和 LCD 投影机技术成熟，应用时间较长，性能稳定。而 DLP 投影机应用时间较短，技术有待进一步完善，但是该投影机采用微镜反射投影技术，亮度和对比度明显提高，体积和重量明显减少，具有较强的生命力和久远的市场潜力。

(1) CRT 投影机，如图 5.4 所示。CRT 投影机可以说是投影机的鼻祖。CRT 投影机也叫三枪投影机，其工作原理与 CRT 显示器没有什么不同，其发光源和成像均为 CRT。虽然 CRT 投影机的工作特征与 LCD、DLP 等投影机有本质区别，且 CRT 投影机与 LCD 投影机同属传输型投影机，但 CRT 投影机是本身发光的，是由阴极射线电子束扫描击射在成像面上，使成像面上的荧光粉发光形成图像后，再传输到投影面上的。因此，CRT 投影机具有 CRT 技术中成像的所有优点和缺点。即 CRT 投影机分辨率高、对比度好、色彩饱和度佳、对信号的兼容性强，且技术十分成熟。特别是 CRT 投影机在采用当前技术先进的 CRT 新型荫罩后，亮度也有了较大提高。但 CRT 投影机毕竟是由成像面上的荧光粉发光后再投影到屏幕上的，当有效扫描电子数增加到饱和状态时，再增加有效电子数，荧光粉发光量也增不了多少。因此，与其他类型的投影机相比，在亮度方面，CRT 投影机要低得多，这一直是困扰 CRT 投影机的主要因素。不过，CRT 投影机分辨率高，对比度好，色彩饱和度佳，信号的兼容较强，技术十分成熟，加上 CRT 投影机扫描式的成像特点和在分辨率、亮度、对比度、饱和度、线性、枕形、梯形等方面具有的调节功能，CRT 投影机在航空航天、遥控监控行业中起到其他投影机无法替代的作用，所以应用于相对高端的专业领域。

图 5.4　CRT 投影机

(2) LCD 液晶投影机。LCD 液晶投影机是液晶显示技术和投影技术相结合的产物，它利用了液晶的电光效应，通过电路控制液晶单元的透射率及反射率，从而产生不同灰度层次及多达 1670 万种色彩的靓丽图像。LCD 投影机的主要成像器件是液晶板。LCD 投影机的体积取决于液晶板的大小，液晶板越小，投影机的体积也就越小。

根据电光效应，液晶材料可分为活性液晶和非活性液晶两类，其中活性液晶具有较高的透光性和可控制性。液晶板使用的是活性液晶，人们可通过相关控制系统来控制液晶板的亮度和颜色。与液晶显示器相同，LCD 投影机采用的是扭曲向列型液晶。LCD 投影机的光源是专用大功率灯泡，发光能量远远高于利用荧光发光的 CRT 投影机，所以 LCD 投影机的亮度和色彩饱和度都高于 CRT 投影机。LCD 投影机的像元是液晶板上的液晶单元，液晶板一旦选定，分辨率就基本确定了，所以 LCD 投影机调节分辨率的功能要比 CRT 投影机差。

LCD 投影机(图 5.5)按内部液晶板的片数可分为单片式和三片式两种，现代液晶投影机大都采用三片式 LCD 板。三片式 LCD 投影机用红、绿、蓝三块液晶板分别作为红、绿、蓝三色光的控制层。光源发射出来的白色光经过镜头组后汇聚到分色镜组，红色光首先被分离出来，投射到红色液晶板上，液晶板“记录”下的以透明度表示的图像信息被投射生成了图像中的红色光信息。绿色光被投射到绿色液晶板上，形成图像中的绿色光信息，同样蓝色光经蓝色液晶板后生成图像中的蓝色光信息，三种颜色的光在棱镜中汇聚，由投影镜头投射到投影幕上形成一幅全彩色图像。三片式 LCD 投影机比单片式 LCD 投影机具有更高的图像质量和更高的亮度。LCD 投影机体积较小、重量较轻，制造工艺较简单，亮度和对比度较高，分辨率适中，现今 LCD 投影机占有的市场份额约占总体市场份额的 70%以上，是目前市场

图 5.5　LCD 投影机

上占有率最高、应用最广泛的投影机。

(3) DLP 投影机。DLP 投影机是一种光学数字化反射式投射设备。DLP 投影机的关键成像器件数字微透镜装置(Digital Micromirror Device,DMD)是一种由德州仪器公司自行研制开发的、可通过二位元脉冲控制的半导体元件。该元件具有快速反射式数字开关性能,能够准确控制光源。其基本原理是,光束通过一高速旋转的三色透镜后,再投射在 DMD 部件上,然后通过光学透镜投射在大屏幕上完成图像投影。DLP 投影机实际上是一种基于 DMD 技术的全数字反射式投影设备。一片 DMD 是由许多个微小的正方形反射镜片(简称微镜)按行列紧密排列在一起贴在一块硅晶片的电子节点上形成的,每一个微镜都对应着生成图像的一个像素。因此,DMD 装置的微镜数目决定了一台 DLP 投影机的物理分辨率,平常说投影机的分辨率为 600×800 的 SVGA 模式,所指的就是 DMD 装置上的微镜数目就有 600×800=480 000 个,是相当复杂和精密的。在 DMD 装置中每个微镜,都对应着一个存储器,该存储器可以控制微镜在±10°角两个位置上切换转动。当今,DLP 投影机按其中的 DMD 装置的数目分为一片 DLP 投影系统、两片 DLP 投影系统和三片 DLP 投影系统。

DLP 投影机(图 5.6)采用微镜滤光技术,使用表面由成千上万个微透镜组成的芯片高速切换光像素来产生投影图像。形成 DLP 图像的光束没有经过过滤,能量没有减少,投影图像信息没有损失,加上 DMD 部件具有反射性和密合性的优点,光能的利用率远远高于传统的光学系统。配合先进的光学架构与高品质的光学镜头设计,DLP 投影机可以产生清晰度高、画面均匀、色彩还原性好的图像,亮度比 LCD 图像高,出现条纹和重影的情况也比 LCD 投影机少。DLP 投影技术抛弃了传统意义上的汇聚,可以随意变焦,调整十分方便,而且其光学路径相当简单,体积更小,所以该技术主要应用在超便携式系统中,现代最轻的 DLP 超便携投影机的重量可以小于 1.5kg。当然,缩小体积也带来了视频显示方面的缺陷,使 DLP 投影机的视频显示效果有些失真。DLP 投影机的光学机械特性,也决定了它的移动防振性能要比 LCD 投影机差一些。与 LCD 投影机一样,DLP 的像元也是固化的,所以它的分辨率调整功能较差。

图 5.6 DLP 投影机

虽然 DLP 投影机所占的市场份额远远低于 LCD 投影机,但作为新型产品,DLP 投影机在体积、重量和亮度等方面具有得天独厚的优势,更适合现代电子商务与家庭影院的需要,尤其是其超便携性能完全超过了 LCD 投影机,DLP 投影机已成为继 CRT 投影机和 LCD 投影机之后的第三类产品,应用领域与市场前景不可估量。

图 5.7 DLV 投影机

(4) DLV 投影机,如图 5.7 所示。前三类投影机的工作原理完全不同,在性能上相互补充。为了充分发挥各类投影机的优势,人们想到了将 CRT 的长处与 LCD 和 DLP 的优势结合起来的方法,于是出现了DLV技术的投影机。

数码光路真空管(Digital Light Valve,DLV)简称数字光阀,是一种将CRT透射式投影技术与DLP反射式投影技术结合在一起的新技术。该技术的核心是将小管径CRT作为投影机的成像面,并采用氙灯作为光源,将成像面上的图像射向投影面。因此,DLV投影机在充分利用CRT投影机的高分辨率和可调性特点的同时,还利用氙灯光源高亮度和色彩还原好的特点。DLV投影机不仅是一款分辨率、对比度、色彩饱和度很高的投影机,还是一款亮度很高的投影机。其分辨率普遍达到1250×1024,最高可达到2500×2000,对比度一般都在250∶1以上,色彩数目普遍为24位的1670万种,投影亮度普遍在2000~12 000 ANSI流明,可以在大型场所中使用。液晶光阀投影机使用了CRT管和液晶光阀作为成像器件,是CRT投影机与液晶光阀相结合的一款新型投影机。为了充分利用传统CRT投影机图像分辨率高的优势,克服其亮度较差的缺点,其亮度可以达到6000 ANSI流明,分辨率则可以达到2500×2000。这类投影机非常适合在光线较强、观众较多的场合中使用,如超大规模指挥中心、会议中心及大型娱乐场所等。当然这类投影机的价格较高,体积也较大,而且光阀不易维修,所以销量有限。

(5) 微型投影机,如图5.8所示。微型投影机又称口袋式投影、TRT便携式投影机、手持投影机或迷你投影机,主要通过LCOS RGB三色投影光机和720P解码技术,把传统庞大的投影机精巧化、便携化、微小化、娱乐化、实用化,使投影技术更加贴近生活和娱乐。通常微型投影机在尺寸和电池续航能力两个方面有一定的限制。①尺寸:通常尺寸为手机大小。②电池续航:要求在不接电源的情况下至少有1~2个小时或以上的续航时间。此外,其一般重量不会超过0.2kg,有些甚至还不需要风扇散热或超小静音风扇散热。可以随身携带(可放入口袋),屏幕可以投影至40~50寸或以上。因此,有时也会称为微型投影机或口袋投影机。

图5.8 微型投影机

微型投影机从光源的角度可分为LED投影机和激光光源投影机;从显示芯片可分为LCOS技术投影机及DLP技术投影机,其中LCOS对色彩的实现方式又分为色序型以及彩色滤光型两种方式;按照多媒体影音解码和内存装置功能可分为多媒体式和非多媒体式,多媒体式则是系统自带内存储空间甚至可以扩展,并且可自动影音解码播放影音文件。非多媒体式则与传统机相似,必须要与计算机连接方可投放。

微型投影机是近几年来才出现的一种投影机产品。虽然诞生时间不长,但已经在以下几个方面产生了巨大的影响。①微型投影机完全取代MP5播放器,可播放视频、读办公软件(PPT,Word,Excel),听歌曲、玩游戏、电子书、图片浏览等,而MP5视频受物理性能影响,屏幕不可能再大。②微型投影机可用于商务办公,代替大型的投影仪功能;大型的投影仪价格是4000~14 000元,灯泡寿命为1000多个小时,不方便携带。而微型投影仪价格在30 00元左右,灯泡寿命为30 000个小时,3年时间中不需要换灯泡,方便携带,业务员要演示新产品只需要带上微型投影仪,即可以达到演示效果。③微型投影机可用于业务出差。由于微型投影仪强大的解码能力,自带内存和电池,能读办公软件和图片、

PPT 等功能，人们在出差时可直接把资料拷在里面，演示给客户讲解公司的产品等。④微型投影机可代替电视机，直接连接机顶盒播放电视节目，白天当30英寸的电视机看，晚上当80～100英寸的电视机，达到家庭影院效果；方便移动，突破传统的影视空间。微型投影机没有辐射，对孕妇、近视眼人群起到了充分的保护作用，它的低功耗功能，相对于彩电耗电量的百万分之一。⑤微型投影机在教学上也有着广泛的应用。传统投影仪不易携带，放在学校教室里不安全，容易被学生弄坏，而微型投影仪的便携性弥补了教学空缺，教师上课只需要把资料存放在投影仪里就可以展示给学生教学，省去了课本和用钢笔、粉笔手写的麻烦。

微型投影仪家庭影院效果，已经占据了50%的家庭影院市场份额，从2009年到2010年在短短一年时间里，投影向家庭影院进军的势力已经击败了彩电占据了市场巅峰，特别是它所独有的中国移动多媒体广播(China Mobile Multimedia Broadcasting，CMMB)功能和接机顶盒直接看电视的功能，加上内置存储，可以下载网络最新电影和听歌等功能，已经是彩电无法取代的了，微型投影仪必将占据未来家庭影院市场。

思考题

1. 什么是多媒体技术，它的基本组成要素是什么？
2. 简要说明触摸屏技术，列举常见的几种触摸屏技术。
3. 简述电阻式触摸屏技术的工作原理及其特点。
4. 简述 LED 显示屏系统组成和分类。
5. 现在投影机主要采用的技术有哪几种？投影机有哪些应用？

百度 CEO——李彦宏

李彦宏，百度公司创始人、董事长兼首席执行官，全面负责百度公司的战略规划和运营管理，如图5.9所示。

图5.9 李彦宏

李彦宏1991年毕业于北京大学信息管理专业，随后前往美国布法罗纽约州立大学完成计算机科学硕士学位，先后担任道·琼斯公司高级顾问、《华尔街日报》网络版实时金融信息系统设计者，以及国际知名互联网企业——Infoseek公司资深工程师。李彦宏所持有的"超链分析"技术专利，是奠定整个现代搜索引擎发展趋势和方向的基础发明之一。

2000年1月，李彦宏从美国硅谷回到祖国创建了百度。经过十多年的发展，李彦宏领导下的百度已经发展成为全球第二大独立搜索引擎和最大的中文搜索引擎。百度的成功，也使中国成为美国、俄罗斯和韩国之外，全球仅有的4个拥有搜索引擎核心技术的国家之一。

2005年，百度在美国纳斯达克成功上市，并成为首家进入纳斯达克成分股的中国公司。百度已经成为中国最具价值的品牌之一。

2013年，李彦宏正式当选第十二届全国政协委员，同时兼任第十一届中华全国工商业联合会副主席、第八届北京市科协副主席等职务，并获聘“国家特聘专家”。他还曾经获得“CCTV中国经济年度人物”、“IT十大风云人物”、“改革开放30年30人”等荣誉称号。《福布斯》“2012中国最佳CEO”评选中，李彦宏名列榜首，并连续3年作为唯一的内地企业家代表上榜“全球最具影响力人物”。《时代》、《商业周刊》等杂志也多次将他评为“全球最具影响力人物”和“中国最具影响商界领袖”。

1968年，李彦宏出生在山西阳泉一个普通的家庭。年少时着迷过戏曲，曾被山西阳泉晋剧团录取。但中学时代，李彦宏回归“主业”，全身心投入功课学习中。1987年，李彦宏以阳泉市第一名的成绩考上了北京大学图书情报专业(即现在的信息管理)。不过，其迈进中国最高学府的激动心情，渐渐被图书情报学的枯燥、乏味消融。“那时候，中国的氛围较为沉闷，大学毕业进入机关单位，已经是非常好的选择了。在我看来，选择出国是一条自然而然的道路。”

从大三开始，李彦宏心无旁骛，买来托福、GRE等书，过着“教室—图书馆—宿舍”三点一线的生活，目标是留学美国，方向锁定在计算机专业。1991年，李彦宏收到美国布法罗纽约州立大学计算机系的录取通知书。白天上课，晚上补习英语，编写程序，经常忙碌到凌晨两点。“现在回想起来，觉得当时挺苦的，但年轻就应该吃苦。”李彦宏评价这段经历。“我出国不是一帆风顺的。因为换专业，刚到美国学计算机，很多功课一开始都跟不上。有时和教授面谈，由于较心急，谈一些自己不是很了解的领域，结果那些教授就觉得我不行。”在学校待了一年后，李彦宏顺利进入日本松下实习。“这三个多月的实习，对我后来职业道路的选择起了至关重要的作用。”李彦宏说。

李彦宏说“硅谷给予我最大的感触是，希望通过技术改变世界，改变生活”。1994年暑假前，李彦宏收到华尔街一家公司——道·琼斯子公司的聘书。“在实习结束后，研究成果得到这一领域最权威人物的赏识，相关论文发表在该行业最权威的刊物上，这对以后的博士论文也很有帮助。”李彦宏说：“但那时候，中国留学生中有一股风气，就是读博士的学生一旦找到工作就放弃学业。起先，我认为自己不会这样。但这家公司老板也是个技术专家，他对我的研究非常赏识。两人大有相见恨晚的感觉。士为知己者死，于是我决心离开学校，接受这家公司高级顾问的职位。”

在华尔街的三年半时间里，李彦宏每天都跟实时更新的金融新闻打交道，先后担任了道·琼斯子公司高级顾问、《华尔街日报》网络版实时金融信息系统设计人员。1997年，李彦宏离开了华尔街，前往硅谷著名搜索引擎公司Infoseek(搜信)公司。在硅谷的日子，让李彦宏感受最深刻的还是商战气氛。他经常翻看《华尔街日报》：微软如何跳出来公然反叛IBM，又怎样以软件教父的身份对抗Sun、网景等，这些故事让李彦宏感觉到：“原来技术本身并不是唯一的决定性因素，商战策略才是真正决胜千里的因素。”

李彦宏在海外的8年时间里，中国互联网界正发生着翻天覆地的变化。从1995年起，李彦宏每年要回国进行考察。1999年，李彦宏认定环境成熟，于是启程回国，在北大资源宾馆租了两间房，连同1个财会人员5个技术人员，以及合作伙伴徐勇，8人一行，开始创建百度公司。接着，李彦宏顺利融到第一笔风险投资金120万美金。在百度成立9个月之后，风险投资商德丰杰联合IDG又向百度投入了1000万美元。

2001年，李彦宏在百度董事会上提出百度转型做独立搜索引擎网站，开展竞价排名的计划。然而，他的这个提议遭到股东们的一致反对。此时，百度的收入全部来自给门户网站提供搜索技术服务支持。如果百度转做独立的搜索引擎网站，那些门户网站不再与百度合作，百度眼前的收入就没了；而竞价排名模式又不能马上赚钱，百度就只有死路一条。在充分陈述了自己的计划和观点后，仍旧得不到首肯的李彦宏平生第一次发了大火。尽管李彦宏的一贯自信这次受到了极大的挑战，然而只要他认准了的东西，几乎没有人能改变，尤其是在关乎百度未来发展的大方向、大问题上，他丝毫不会退让。最终，投资人同意李彦宏将百度转型为面向终端用户的搜索引擎公司，他们告诉李彦宏："是你的态度而不是你的论据打动了我们。"推出竞价排名并实施"闪电计划"对百度实行第二次技术升级后，百度已成为全球第二大的独立搜索引擎，在中文搜索引擎中名列第一。2005年8月，百度在美国纳斯达克成功上市，成为全球资本市场最受关注的上市公司之一。

李彦宏为道·琼斯公司设计的实时金融系统，仍被广泛地应用于华尔街各大公司的网站。他最先创建了ESP技术，并将它成功地应用于Infoseek/GO.COM的搜索引擎中；GO.COM的图像搜索引擎是他另一项极具应用价值的技术创新。李彦宏拥有的"超链分析"技术专利，是奠定整个现代搜索引擎发展趋势和方向的基础发明之一。

李彦宏现兼任全国政协委员、全国工商联副主席、中国互联网协会副理事长、北京市科协副主席、武汉大学客座教授、中国科学技术大学客座教授、南开大学兼职教授、联合国艾滋病规划署全球委员及爱佑华夏慈善基金会理事会理事、联合国世界环境日环保公益大使。2011年，李彦宏以94亿美元成为福布斯全球富豪榜中的中国大陆首富；2012年3月8日，以102亿美元身家列2012福布斯全球亿万富豪榜第86位，第二次成为大陆首富；2013年11月，由于百度股价的一路上涨，李彦宏的净身价升到119亿美元，成为我国大陆的第二大富豪。

第 6 章　信息传输技术

计算机技术的发展一直是和通信技术紧密联系在一起的。如果没有现代通信技术，就不可能有计算机网络；如果没有程序控制技术，也就没有现代通信。因此，从某种意义上来说，通信技术和计算机技术是一对情同手足的兄弟，相互影响、相互联系并共同发展。本章主要介绍了一些通信技术、图像传输技术等。

6.1　现代通信技术简介

所谓通信，最简单、最基本的理解，就是人与人沟通的方法。无论是电话，还是网络，所解决的最基本的问题，实际上还是人与人的沟通。现代通信技术，就是随着科技的不断发展，如何采用最新的技术来不断优化通信的各种方式，让人与人的沟通变得更为便捷，有效。现代通信是一门系统的学科。

通信技术和通信产业是 20 世纪 80 年代以来发展最快的领域之一。不论是在国外还是在国内都是如此。现代通信技术是人类进入信息社会的重要标志之一。通信就是互通信息，从这个意义上来说，通信在远古时代就已存在。人与人之间的对话是通信，用手势表达情绪也可算是通信。用烽火传递战事情况是通信，快马与驿站传送文件当然也可是通信。现代的通信一般是指电信，国际上称为远程通信。

通信的发展分为以下三个阶段：

第一阶段是语言和文字通信阶段。在这一阶段，通信方式简单，内容单一。

第二阶段是电通信阶段。1837 年，莫尔斯发明电报机，并设计莫尔斯电报码。1876 年，贝尔发明电话机。利用电磁波不仅可以传输文字，还可以传输语音，由此大大加快了通信的发展进程。1895 年，马可尼发明无线电设备，从而开创了无线电通信发展的道路。

第三阶段是电子信息通信阶段。从总体上看，通信技术实际上就是通信系统和通信网的技术。通信系统是指点对点通信所需的全部设施，而通信网是由许多通信系统组成的多点之间能相互通信的全部设施。现代的主要通信技术有数字通信技术、程控交换技术、信息传输技术、通信网络技术、数据通信与数据网、ISDN 与 ATM 技术、宽带 IP 技术和接入网与接入技术。

数字通信即传输数字信号的通信，是通过信源发出的模拟信号经过数字终端的编码成为数字信号，终端发出的数字信号，经过信道编码变成适合于信道传输的数字信号，然后由调制解调器把信号调制到系统所使用的数字信道上，再传输到终端，经过相反的变换最终传送到信宿。数字通信以其抗干扰能力强，便于存储、处理和交换等特点，已经成为现代通信网中最主要的通信技术基础，广泛应用于现代通信网的各种通信系统中。程控交换技术是指人们用专门的电子计算机根据需要把预先编好的程序存入计算机后完成通信中的各种交换。程控交换最初是由电话交换技术发展而来的，由当初电话交换的人工转接、自动转接、电子转接发展为程控转接技术。由于通信业务范围的不断扩大，交换的技术已经不仅仅用于电话交换，还能实现传真、数据、图像通信等交换。程控数字交换机处理速度快、体积小、容量大，灵活性强，服务功能多，便于改变交换机功能，便于建设智能网，向用户提供更多、更方便的电话服务。随着电信业务从以话音为主向以数据为主的转移，交换技术也相应地从传统的电路交换技术逐步转向基于分组的数据交换和宽带交换，以及适应下一代网络基于 IP 的业务综合特点的软交换方向发展。

信息传输技术主要包括光纤通信、数字微波通信、卫星通信、移动通信以及图像通信。

光纤是以光波为载频，以光导纤维为传输介质的一种通信方式，其主要特点是频带宽，比常用微波频率高 104～105 倍；光纤信息传输的损耗低，中继距离长；具有抗电磁干扰能力，体积小，重量轻的特点，同时还有具有耐腐蚀、不怕高温等优点。

数字微波中继通信是指利用波长为 1m～1mm 范围内的电磁波通过中继站传输信号的一种通信方式。其主要特点为信号可以“再生”，便于数字程控交换机的连接，便于采用大规模集成电路。数字微波中继通信具有保密性好、系统占用频带较宽等的优点。因此，虽然数字微波通信只有二十多年的历史，却与光纤通信和卫星通信一起被国际公认为最有发展前途的三大传输手段。

卫星通信，简单地说就是地球上的无线电通信站之间利用人造地球卫星作为中继站而进行的通信。其主要特点是：通信距离远，而投资费用和通信距离无关；卫星通信的工作频带宽，通信容量大，适用于多种业务的传输；卫星通信的通信线路稳定可靠，通信质量高。

早期的通信形式属于固定点之间的通信。随着人类社会的发展，信息传递日益频繁，移动通信正是因为具有信息交流灵活、经济效益明显等优势而得到了迅速的发展。所谓移动通信，就是在运动中实现的通信。其最大的优点是可以在移动的时候进行通信，移动通信方便、灵活。移动通信系统主要有数字移动通信系统（GSM）和码多分址蜂窝移动通信系统（CDMA）。

对于通信网，主要分为电话网、支撑网和智能网。电话网是进行交互型话音通信、开放电话业务的电信网。一个完整的电信网除了有以传递信息为主的业务网外，还需要有若干个用以保障业务网正常运行、增强网络功能和提高网络服务质量的支撑网络，这就是支撑网。支撑网主要包括同步网、公共信道信令网、传输监控和网络管理网等。而智能网是在原有的网络基础上，为快速、方便、经济、灵活地生成和实现各种电信新业务而建立的附加网络结构。

在通信领域，信息一般可以分为话音、数据和图像三大类型。数据是具有某种含义的数字信号的组合，如字母、数字和符号等。传输时这些字母、数字和符号用离散的数字信号逐一表达出来，数据通信就是将这样的数据信号放到信道上进行传输，到达接收地点后再正确地恢复出原始发送的数据信息的一种通信方式。其主要特点是“人-机”或“机-机”通信。计算机直接参与通信是数据通信的重要特征，其优点是传输的准确性和可靠性要求高，传输速率高和通信持续时间差异大等。数据通信网是一个由分布在各地数据终端设备、数据交换设备和数据传输链路所构成的网络，在通信协议的支持下完成数据终端之间的数据传输与数据交换。

数据网是计算机技术与近代通信技术发展相结合的产物。它把信息采集、传送、存储及处理融为一体,并朝着更高级的综合体发展。纵观通信技术的发展,虽然只有短短的一百多年的历史,却发生了翻天覆地的变化,由当初的人工交换方式转到后来的电路转接、程控交换、分组交换,还有可以作为未来分组化核心网用的 ATM 交换机、IP 路由器等。由单一的固定电话到卫星电话、移动电话、IP 电话等,以及由通信和计算机结合的各种其他业务。随着第三代通信技术的全面应用,以及第四代通信技术的发展,人类社会已经逐渐步入信息化社会。

6.2 光纤通信技术

光纤由纤芯、包层和涂层组成,如图 6.1 所示。光纤的内芯一般为几十微米或几微米,中间层称为包层,通过纤芯和包层的折射率不同,从而实现光信号在纤芯内的全反射也就是光信号的传输,涂层的作用就是增加光纤的韧性以保护光纤。

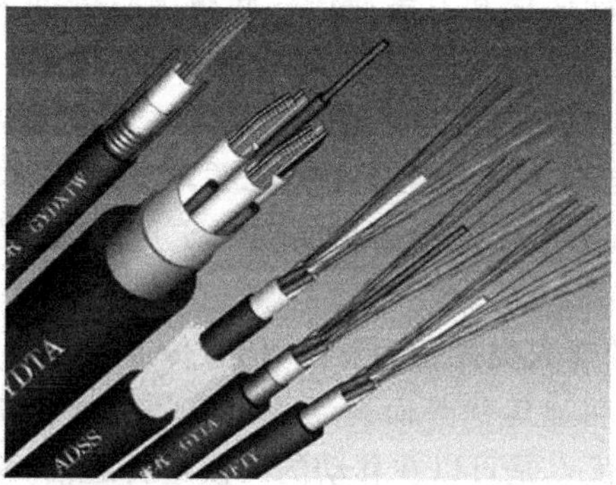

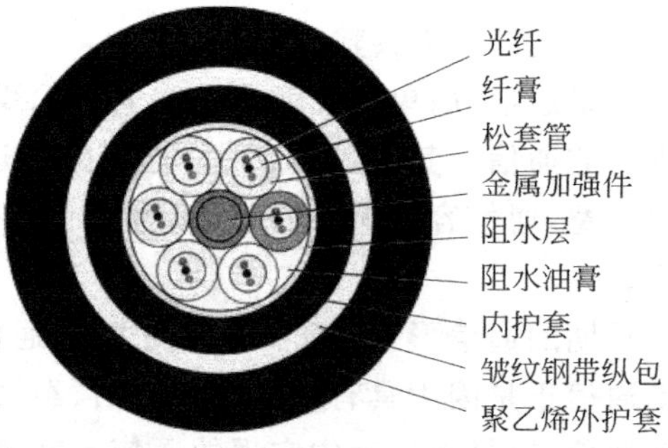

图 6.1 光纤及光纤构造

光纤通信是利用光波作为载波,以光纤作为传输媒质将信息从一处传至另一处的通信方式。

1966 年英籍华人高锟博士发表了一篇划时代性的论文,他提出利用带有包层材料的石英玻璃光学纤维,能作为通信媒质。从此开创了光纤通信领域的研究工作。

1977 年在美国芝加哥相距 7000m 的两电话局之间,首次用多模光纤成功地进行了光纤通信试验。0.85μm 波段的多模光纤为第一代光纤通信系统。

1981 年又实现了两电话局间使用 1.3μm 多模光纤的通信系统,为第二代光纤通信系统。

1984 年实现了 1.3μm 单模光纤的通信系统,即第三代光纤通信系统。

20 世纪 80 年代中后期又实现了 1.55μm 单模光纤通信系统,即第四代光纤通信系统。

20 世纪末或 21 世纪初发明了第五代光纤通信系统,用光波分复用提高速率,用光波放大增加传输距离的系统。光孤子通信系统可以获得极高的速率,在该系统中加上光纤放大器有可能实现极高速率和极长距离的光纤通信。

就光纤通信技术本身来说，应该包括以下几个主要部分：光纤光缆技术、光交换技术、传输技术、光有源器件、光无源器件以及光网络技术等。

1. 光纤光缆

光纤技术的进步可以从两个方面来说明：一是通信系统所用的光纤；二是特种光纤。早期光纤的传输窗口只有3个，即850nm(第一窗口)、1310nm(第二窗口)以及1550nm(第三窗口)。近几年相继开发出第四窗口(L波段)、第五窗口(全波光纤)以及S波段窗口。其中特别重要的是无水峰的全波窗口。这些窗口开发成功的巨大意义就在于从1280nm到1625nm的广阔的光频范围内，都能实现低损耗、低色散传输，使传输容量几百倍、几千倍甚至上万倍地增长。

特种光纤具体有以下几种：

1）有源光纤

这类光纤主要是指掺有稀土离子的光纤。如掺铒(Er^{3+})、掺钕(Nb^{3+})、掺镨(Pr^{3+})、掺镱(Yb^{3+})、掺铥(Tm^{3+})等，以此构成激光活性物质。这是制造光纤光放大器的核心物质。不同掺杂物的光纤放大器应用于不同的工作波段，如掺饵光纤放大器(EDFA)应用于1550nm附近的波段(C、L波段)；掺镨光纤放大器(PDFA)主要应用于1310nm波段；掺铥光纤放大器(TDFA)主要应用于S波段等。这些掺杂光纤放大器与喇曼(Raman)光纤放大器一起给光纤通信技术带来了革命性的变化。它的显著作用是：直接放大光信号，延长传输距离；在光纤通信网和有线电视网(CATV网)中作分配损耗补偿。此外，在波分复用(WDM)系统中及光孤子通信系统中是不可缺少的关键元器件。有了光纤放大器，才能实现无中继器的百万公里的光孤子传输，通过光纤放大器，不仅能使WDM传输的距离大幅度延长，而且也使得传输的性能最佳化。

2）色散补偿光纤

常规G.652光纤在1550nm波长附近的色散为17ps/nm×km。当速率超过2.5Gb/s时，随着传输距离的增加，会导致误码。如果在有线电视(CATV)系统中使用，会使信号失真。其主要原因是正色散值的积累引起色散加剧，从而使传输特性变坏。为了克服这一问题，必须采用色散值为负的光纤，即将反色散光纤串接入系统中以抵消正色散值，从而控制整个系统的色散大小。这里的反色散光纤就是所谓的色散补偿光纤(Dispersion Compensation Fiber，DCF)。在1550nm处，反色散光纤的色散值通常为－50～200ps/nm×km。为了得到如此高的负色散值，必须将其芯径做得很小，相对折射率差做得很大，而这种做法往往又会导致光纤的衰耗增加(0.5～1dB/km)。色散补偿光纤是利用基模波导色散来获得高的负色散值的，通常将其色散与衰减之比称做质量因数，质量因数当然越大越好。为了能在整个波段均匀补偿常规单模光纤的色散，又开发出了一种既补偿色散又能补偿色散斜率的“双补偿”光纤(DDCF)。该光纤的特点是色散斜率之比(RDE)与常规光纤相同，但符号相反，所以更适合在整个波形内的均衡补偿。

3）光纤光栅

光纤光栅(Fiber Grating)是利用光纤材料的光敏性在紫外光的照射(通常称为紫外光“写入”)下，于光纤芯部产生周期性的折射率变化(即光栅)而制成的。使用的是掺锗光纤,在相位掩膜板的掩蔽下,用紫外光照射(在载氢气氛中),使纤芯的折射率产生周期性的变化,然后经退火处理后可长期保存。相位掩膜板实际上为一块特殊设计的光栅,其正负一级衍射光相交形成干涉条纹,这样就在纤芯逐渐生成光栅。光栅周期为模板周期的二分之一。由于光栅本身是一种选频器件,利用光纤光栅就可以制作成许多重要的光无源器件及光有源器件。例如:色散补偿器、增益均衡器、光分插复用器、光滤波器、光波复用器、光模或转换器、光脉冲压缩器、光纤传感器以及光纤激光器等。

4) 多芯单模光纤

多芯光纤是一个共用外包层、内含多根纤芯、而每根纤芯又有自己的内包层的单模光纤。这种光纤的明显优势是成本较低,生产成本较普通的光纤约低50%。此外,这种光纤可以提高光缆的集成密度,同时也可降低施工成本。

以上是光纤技术在近几年里所取得的主要成就。至于光缆方面的成就,主要表现在带状光缆的开发成功及批量化生产方面。这种光缆是光纤接入网及局域网中必备的一种光缆。光缆的含纤数量达千根以上,有力地保证了接入网的建设要求。

2. 有源器件

光有源器件的研究与开发本来是一个最为活跃的领域,但由于前几年已取得辉煌的成果,所以当今的活动空间已大大缩小。超晶格结构材料与量子阱器件,已完全成熟,而且可以大批量生产,已完全商品化,如多量子阱激光器(MQW-LD,MQW-DFBLD)。除此之外,光有源器件已在下列几方面取得重大成就:

1) 集成器件

集成器件主要指光电集成(OEIC)已开始商品化。如分布反馈激光器(DFB-LD)与电吸收调制器(EAMD)的集成,即DFB-EA,已开始商品化;其他发射器件的集成,如DFB-LD、MQW-LD分别与MESFET或HBT或HEMT的集成;接收器件的集成主要是PIN、金属、半导体、金属探测器分别与MESFET或HBT或HEMT的前置放大电路的集成。虽然这些集成都已获得成功,但还没有商品化。

2) 垂直腔面发射激光器

由于便于集成和高密度应用,垂直腔面发射激光器(VCSEL)受到广泛重视。这种结构的器件已在短波长(ALGaAs/GaAs)方面取得巨大的成功,并开始商品化;在长波长(InGaAsF/InP)方面的研制工作早已开始进行,也有少量商品。可以断言,垂直腔面发射激光器将在接入网、局域网中发挥重大作用。

3) 窄带响应可调谐集成光子探测器

由于DWDM光网络系统信道间隔越来越小,甚至小到0.1nm,为此,探测器的响应谱半宽也应基本上达到这个要求。恰好窄带探测器有陡锐的响应谱特性,能够满足这一要求。集F-P腔滤波器和光吸收有源层于一体的共振腔增强(RCE)型探测器能提供一个重要的全面解决方案。

4) 基于硅基的异质材料的多量子阱器件与集成

基于硅基的异质材料的多量子阱器件与集成(SiGe/Si MQW)是有源器件研究的一大热点。硅(Si)、锗(Ge)是间接带隙材料,发光效率很低,不适合做光电子器件,但是硅材料的半导体工艺非常成熟。于是人们设想，利用能带剪裁工程使物质改性，以达到在硅基基础上制作光电子器件及其集成(主要是实现光电集成，即 OEIC)的目的，这方面已取得巨大成就。在理论上有众多的创新，在技术上有重大的突破，器件水平日趋完善。

3. 无源器件

光无源器件与光有源器件同样是不可缺少的。由于光纤接入网及全光网络的发展，导致光无源器件的发展成为人们关注的热点。常规的常用器件已达到一定的产业规模，品种和性能也得到了极大的扩展和改善。所谓光无源器件就是指光能量消耗型器件，其种类繁多、功能各异。光无源器件在光通信系统及光网络中的主要作用是：连接光波导或光路；控制光的传播方向；控制光功率的分配；控制光波导之间、器件之间和光波导与器件之间的光耦合；合波与分波；光信道的上下与交叉连接等。早期的几种光无源器件已商品化。我国的光纤活动连接器无论在品种和产量方面都已有相当大的规模，不仅满足国内需要，而且有少量出口。光分路器(功分器)、光衰减器和光隔离器已有小批量生产。随着光纤通信技术的发展，相继又出现了许多光无源器件，如环行器、色散补偿器、增益平衡器、光的上下复用器、光交叉连接器、阵列波导光栅 CAWG 等。这些都还处于研发阶段或试生产阶段，有的也能提供少量商品。按光纤通信技术发展的一般规律来看，当光纤接入网大规模兴建时，光无源器件的需求量远远大于对光有源器件的需求。这主要是由接入网的特点所决定的，接入网的市场约为整个通信市场的三分之一。

4. 复用技术

光复用技术种类很多，其中最为重要的是波分复用(WDM)技术和光时分复用(OTDM)技术。光复用技术是当今光纤通信技术中最为活跃的一个领域，它的技术进步极大地推动了光纤通信事业的发展，给传输技术带来了革命性的变革。波分复用当前的商业水平是 273 个或更多的波长，研究水平是 1022 个波长(能传输 368 亿路电话)，潜在水平为几千个波长，理论极限约为 15 000 个波长(包括光的偏振模色散复用，OPDM)。据 1999 年 5 月多伦多的 Light Management Group Inc of Toronto 演示报道称，在一根光纤中传送了 65 536 个光波，把 PC 数字信号传送到 200m 的广告板上，并采用声光控制技术，这说明了密集波分复用技术的潜在能力是巨大的。OTDM 是指在一个光频率上，在不同的时刻传送不同的信道信息。这种复用的传输速度已达到 320Gb/s 的水平。若将 DWDM 与 OTDM 相结合，则会使复用的容量增加得更大，如虎添翼。

5. 放大技术

光放大器的开发成功及其产业化是光纤通信技术中的一个非常重要的成果，它大大地促进了光复用技术、光孤子通信以及全光网络的发展。顾名思义，光放大器就是放大光信号。在此之前，传送信号的放大都要实现光电变换及电光变换，即 O/E/O 变换。有了光放大器后就可直接实现光信号放大。光放大器主要有三种：光纤放大器、喇曼放大器以及半导体光放大器。光纤放大器就是在光纤中掺杂稀土离子(如铒、镨、铥等)作为激光活性物质。每一种掺杂剂的增益带宽是不同的。掺铒光纤放大器的增益带较宽，覆盖 S、

C、L 频带;掺铥光纤放大器的增益带是 S 波段;掺镨光纤放大器的增益带在 1310nm 附近。而喇曼光放大器则是利用喇曼散射效应制作成的光放大器,即大功率的激光注入光纤后,会发生非线性效应——喇曼散射。在不断发生散射的过程中,把能量转交给信号光,从而使信号光得到放大。由此不难理解,喇曼放大是一个分布式的放大过程,即沿整个线路逐渐放大。其工作带宽可以说是很宽的,几乎不受限制。这种光放大器已开始商品化,不过相当昂贵。半导体光放大器(SOA)一般是指行波光放大器,工作原理与半导体激光器类似。其工作带宽很宽,但增益幅度稍小一些,制造难度较大。这种光放大器虽然已实用了,但产量很小。

6. 交换技术

随着通信网络逐渐向全光平台发展,网络的优化、路由、保护和自愈功能在光通信领域中越来越重要。采用光交换技术可以克服电子交换的容量瓶颈问题,实现网络的高速率和协议透明性,提高网络的重构灵活性和生存性,大量节省建网和网络升级的成本。光交换技术可分成光的电路交换(OCS)和光分组交换(OPS)两种主要类型。光的电路交换类似现存的电路交换技术,采用 OXC、OADM 等光器件设置光通路,中间节点不需要使用光缓存,对 OCS 的研究已经较为成熟。根据交换对象的不同,OCS 又可以分为:①光时分交换技术。时分复用是通信网中普遍采用的一种复用方式。时分光交换就是在时间轴上将复用的光信号的时间位置 t_1 转换成另一个时间位置 t_2。②光波分交换技术。它是指光信号在网络节点中不经过光/电转换,直接将所携带的信息从一个波长转移到另一个波长上。③光空分交换技术。它根据需要在两个或多个点之间建立物理通道,这个通道可以是光波导也可以是自由空间的波束,信息交换通过改变传输路径来完成。④光码分交换技术。光码分复用(OCDMA)是一种扩频通信技术,不同用户的信号用互成正交的不同码序列填充,接收时只要用与发送方相同的法序列进行相关接收,即可恢复原用户信息。光码分交换的原理就是将某个正交码上的光信号交换到另一个正交码上,实现不同码子之间的交换。

对光纤通信而言,超高速度、超大容量和超长距离传输一直是人们追求的目标,而全光网络也是人们不懈追求的梦想。

未来的光纤通信技术将会朝着以下几个方面发展:

(1) 波分复用系统。超大容量、超长距离传输的波分复用技术极大地提高了光纤传输系统的传输容量,在未来跨海光传输系统中有着广阔的应用前景。波分复用系统的发展迅猛,6Tb/s 的波分复用系统已经得到了广泛应用,同时全光传输距离也在大幅扩展。提高传输容量的另一种途径是采用光时分复用(OTDM)技术,与通过增加单根光纤中传输的信道数以提高其传输容量的波分复用技术不同,光时分复用技术是通过提高单信道速率来提高传输容量的,其实现的单信道最高速率达 640Gb/s。

(2) 光孤子通信。光孤子是一种特殊的 ps(皮秒,一种时间数量级单位)数量级的超短光脉冲,由于它在光纤的反常色散区,群速度色散和非线性效应相应平衡,因而经过光纤长距离传输后,波形和速度都保持不变。光孤子通信就是利用光孤子作为载体实现长距离无畸变的通信,在零误码的情况下信息传递可达万里之遥。

(3) 全光网络。未来的高速通信网将是全光网。全光网是光纤通信技术发展的最高阶段,也是理想阶段。传统的光网络实现了节点间的全光化,但在网络节点处仍采用电器件,限制了通信网干线总容量的进一步提高。因此,真正的全光网已成为一个非常重要的课题。全光网络以光节点代替电节点,节点之间也是全光化,信息始终以光的形式进行传输与交换,交换机对用户信息的处理不再按比特进行,而是根据其波长来决定路由。

6.3 数字微波通信技术

微波是指频率在300MHz～300GHz(波长为1m～1mm)电磁波。微波通信就是指利用微波作为载波来携带信息并通过电波空间进行传输的一种无线通信方式。微波通信分为模拟微波通信和数字微波通信。与其他通信系统一样,微波通信经历了由模拟微波通信发展到数字微波通信过程。

微波技术是第二次世界大战期间围绕着雷达的需要而发展起来的。由于微波通信具有通信容量大、投资费用小、建设速度快、安装方便和相对成本低、抗灾能力强等优点而得到迅速的发展。20世纪40年代到50年代产生了传输频带较宽,性能较稳定的模拟微波通信,成为长距离大容量地面干线无线传输的主要手段,其传输容量高达2700路,然后逐步进入中容量乃至大容量数字微波传输。20世纪80年代中期以来,随着同步数字序列(SDH)在传输系统中的推广使用,数字微波通信进入了重要的发展时期。目前,单波道传输速率可达300Mb/s以上。为了进一步提高数字微波系统的频谱利用率,使用了交叉极化传输、无损伤切换、分集接收、高速多状态的自适应编码调制解调等技术,这些新技术的使用将进一步推动数字微波通信系统的发展。因此,数字微波通信和光纤通信、卫星通信一起被称为现代通信传输的三大支柱。

我国第一条微波中继通信线路是20世纪60年代初开始建立的。目前已试制成功2GHz,4GHz,6GHz,8GHz和11GHz等多个频段的各种容量的微波通信设备,并正在向数字化、智能化、综合化方向迅速发展。

微波既是一个很高的频率,同时也是一个很宽的频段,在微波通信中所使用的频率范围一般在1～40GHz,具体来讲,主要有以下几个频段。

L波段：1.0～2.0GHz,C波段：4.0～8.0GHz,S波段：2.0～4.0GHz,x波段：8.0～12.4GHz,Ku波段：12.4～18GHz,K波段：18～26.5GHz。

微波除了具有电磁波的一般特性外,还具有一些自身的特性,主要有：

(1) 视距传播特性。微波的特点和光有些相似。因为微波的波长较短,和周围物体的尺寸相比要小得多。即具有直线传播和在物体上产生显著反射的特性。因此,微波波束在自由空间中是以直线传播的,也称作视距传播。

(2) 极化特性。无线电波由随时间变化的电场和磁场组成。电场和磁场相互依存,相互转化,形成统一的时变电磁场体系。时变电磁场以波动的形式在空间存在和运动,因此称为电磁波或无线电波。无线电波具有一定的极化特性。所谓极化是指沿着电磁波的传播方向,观察瞬间电场矢量端点所描绘的轨迹曲线。极化可分为椭圆极化、圆极化和线极化。

数字微波通信具有以下特点：

(1) 抗干扰能力强,线路噪声不积累。凡是数字通信技术和模拟通信技术相比都有这个优点。数字信号的再生使数字微波中继通信的线路噪声不逐站积累。但是一旦干扰对数字信号造成了误码,则在以后的传输过程中被纠正过来的可能性很小,因此误码是逐站积累的。

(2) 保密性强。主要表现在两个方面：一是数字信号易于加密,除了设备中已采用了扰码电路外,还可以根据要求加入相应的加密电路;二是微波通信中使用的天线方向性好,因此,偏离微波射线方向是接收不到微波信号的。

(3) 便于组成数字通信网。数字微波通信系统中传输的是数字信息,便于与各种数字通信网相连,并且可以用计算机控制各种信息的交换。

(4) 设备体积小,功耗低。数字微波中继通信设备的体积小、功耗低主要表现在两个方面：一是因传输的是数字信号,因此设备中大量采用集成电路,使得设备的体积变小,电源的损耗降低;二是数字信号的抗干扰能力强,这样就可减小微波设备的发信功率(大都在1W以下),从而使功放的体积变小、功耗下降。

(5) 占用频带宽。这是数字通信相对于模拟通信的缺点。一路模拟电话通常占用4kHz带宽,而一路数字电话(速率为64kb/s)在理想情况下至少需要32kHz的传输带宽。因此在同等传输带宽的情况下,数字微波的传输容量要小于模拟微波。目前随着新的调制技术的发展以及频带压缩技术的应用,数字微波的这一不足正日趋得到改善。

微波通信可以分为4类：地面微波中继通信、一点对多点微波通信、卫星通信和微波散射通信等。

1. 地面微波中继通信

根据微波传播的特性,微波波束在自由空间中是以直线传播的。但地球是一个两极稍扁、赤道略鼓的椭球体,地表面是个椭球面,两地距离大于视距60km时,就直接收不到对方发来的微波信号了。另外,微波在空间传播过程中,能量要不断受到损耗,相位也要发生变化。因此,对于微波通信,为了获得比较稳定的传输特性,点到点的传输距离不宜太远。为了实现地面上的远距离通信,就需要每隔50km左右设置一个微波中继站。中继站把前一站传来的信号经处理后转发到下一站去,直到终端站,构成一条中继通信线路,如图6.2所示。

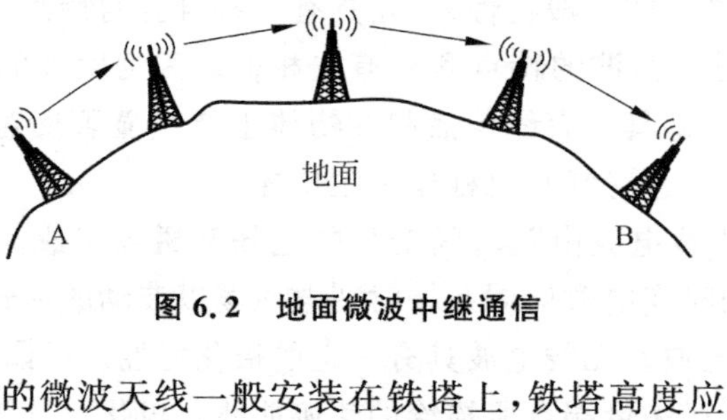

图6.2 地面微波中继通信

地面微波中继通信的微波天线一般安装在铁塔上,铁塔高度应保证相邻两站的天线满足视距传播要求。在山区架设天线时,可适当利用地理条件,进行超视距中继通信,如可利用尖劈山头周围绕射障碍，获得绕射增益。但是一般以 100～150km 为宜，否则由于信噪比过分减小而影响传输质量。

2. 一点对多点微波通信

一点对多点微波通信系统是一种分布式的无线电系统，它是在空间里从一点到多点传输信息的，如图 6.3 所示。这种系统有中心站(基地台)和次级站(用户)组成的通信网络。基地台应构成覆盖 360°方向的圆形无线区域，而用户一侧只要设置一个面对基地台方向的小型定向天线，很容易地建立起通信线路。每个用户站可以分配十几个或数十个电话用户，在必要时还可通过中继站延伸供数百千米外的用户使用。

点对多点的微波通信系统一般采用一对多点的预定分配时分多址(PA-TDMA)，许多用户共用一种载频和一个基地台设备。因此，无线频率得到有效利用，而且设备利用率也高。基地台的监控系统可高效地监控每个用户线路的状态和设备状态，并且基地台能为用户进行维修。对于一些具有地址分散、业务量小的用户系统，如城市郊区、县城至农村村镇或沿海岛屿的用户，以及分散的居民点十分适用，较为经济。

3. 卫星通信

微波卫星通信是一种特殊的微波中继通信系统，它的中继站设在离地面 36 000km 的天空中。这种系统的通信卫星的运行方向与地球自转的方向相同，且围绕地球一周的时间为 24 小时。因此，从地球上看这颗运行的通信卫星是相对是静止的，所以称为同步通信卫星。通信卫星上有微波转发设备，它把地面站发射来的微波信号接收下来，经变频放大等处理后，再转发给另一个地面站，完成中继通信任务，如图 6.4 所示。

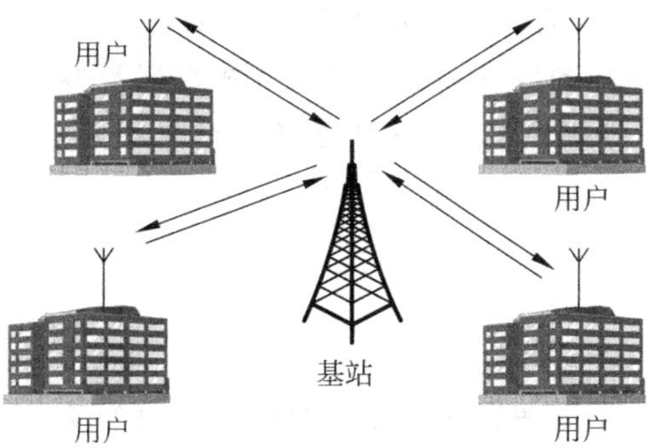

图 6.3 一点对多点微波通信

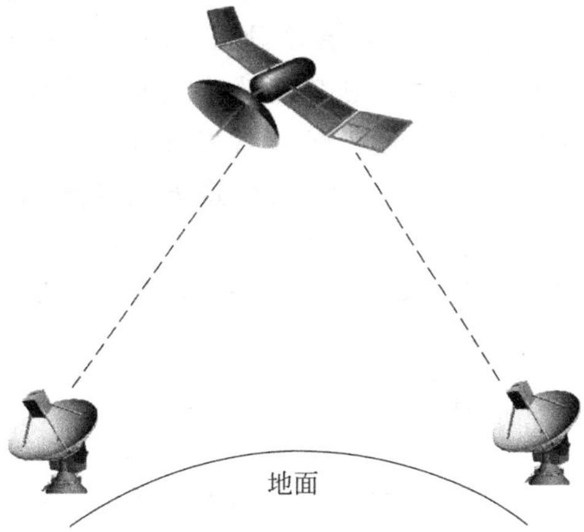

图 6.4 卫星微波通信示意图

4. 微波散射通信

这种通信系统是利用大气对流层不均匀气团的散射作用，使一部分微波信号反射回地面，实现远距离微波通信的，如图 6.5 所示。其一跳距离(一次跨越通信距离)可达数百

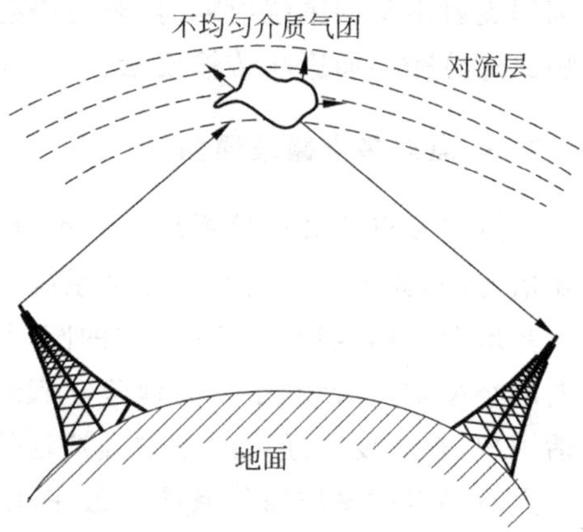

图 6.5 微波散射通信

千米。不过利用散射到达接收端的微波信号已很微弱了,为了实现可靠通信,需要采用大功率发射,以及高增益低噪声接收技术。同时散射信号是不规则变化的。为了克服和减少这种变化的影响,还需要采用分集接收技术。微波散射通信大多用于军事微波通信方面,一般较少用于民用通信。

与光纤通信和卫星通信这两种传输手段相比,微波通信具有组网灵活,建设周期短,成本低等优点,特别适合于在山区、铁路等铺设光缆不便的地方使用,目前主要应用在 4 个方面:

(1) 干线光纤传输的备份及补充。点对点的 SDH 微波、PDH 微波主要用于干线光纤传输系统,用于遇到自然灾害时的紧急修复,以及由于种种原因不适合使用光纤的地段和场合。例如,在 1976 年的唐山大地震中,在京津之间的同轴电缆全部断裂的情况下,6 个微波通道全部安然无恙;20 世纪 90 年代长江中下游的特大洪灾中,微波通信又一次显示了它的巨大威力。

(2) 农村、海岛等边远地区和专用通信网中为用户提供基本业务的场合。这些场合可以使用微波点对点、点对多点系统,微波频段的无线用户环路也属于这一类。

(3) 城市内的短距离支线连接。如移动通信基站之间、基站控制器与基站之间的互连、局域网之间的无线联网等。既可使用中小容量点对点微波,也可使用无需申请频率的微波数字扩频系统。

(4) 宽带无线接入(如 LMDS)。宽带无线接入技术以投资少、见效快、组网灵活等优势,在接入市场具有较强的竞争力,并能在日趋激烈的高速数据业务竞争中快速占领有效市场。作为宽带固定无线接入系统的代表,LMDS(本地多点分配业务)技术已日益成熟。LMDS 是 20 世纪 90 年代发展起来的一种宽带无线接入技术,能够在 3~5km 的范围内,以点对多点的广播信号传送方式,传输话音、视频和图像等多种宽带交互式数据及多媒体业务,速率可达 155Mb/s。与光纤等有线接入手段相比,LMDS 具有建设成本低、项目启动快、建设周期短、维护费用低等诸多优势。

6.4 卫星通信技术

卫星通信是一种利用人造地球卫星作为中继站来转发无线电波而进行的两个或多个地面站之间的通信。

卫星通信系统由通信卫星和经该卫星连通的地面站两部分组成。静止通信卫星是目前全球卫星通信系统中最常用的星体,是将通信卫星发射到赤道上空 35 860km 的高度上,使卫星运转方向与地球自转方向一致,并使卫星的运转周期正好等于地球的自转周期(24 小时),从而使卫星始终保持同步运行状态。静止卫星也称为同步卫星。静止卫星天线波束最大覆盖面可以达到大于地球表面总面积的三分之一。因此,在静止轨道上,只要等间隔地放置三颗通信卫星，其天线波束就能基本上覆盖整个地球(除两极地区外)，实现全球范围的通信。目前使用的国际通信卫星系统，就是按照上述原理建立起来的，三颗卫星分别位于大西洋、太平洋和印度洋上空。

卫星通信是现代通信技术的重要成果，它是在地面微波通信和空间技术的基础上发展起来的。与电缆通信、微波中继通信、光纤通信、移动通信等通信方式相比，卫星通信具有下列特点：

(1) 卫星通信覆盖区域大，通信距离远。因为卫星距离地面很远，一颗地球同步卫星便可覆盖地球表面的1/3，因此，利用三颗适当分布的地球同步卫星即可实现除两极以外的全球通信。卫星通信是目前远距离越洋电话和电视广播的主要手段。

(2) 卫星通信具有多址连接功能。卫星所覆盖区域内的所有地面站都能利用同一卫星进行相互间的通信，即多址连接。

(3) 卫星通信频段宽，容量大。卫星通信采用微波频段，每个卫星上可设置多个转发器，故通信容量很大。

(4) 卫星通信机动灵活。地球站的建立不受地理条件的限制，可建在边远地区、岛屿、汽车、飞机和舰艇上。

(5) 卫星通信质量好，可靠性高。卫星通信的电波主要在自由空间传播，噪声小，通信质量好。就可靠性而言，卫星通信的正常运转率达99.8%以上。

(6) 卫星通信的成本与距离无关。地面微波中继系统或电缆载波系统的建设投资和维护费用都随距离的增加而增加，而卫星通信的地球站至卫星转发器之间并不需要线路投资，因此，其成本与距离无关。

但卫星通信也有不足之处，主要表现在：

(1) 传输时延大。在地球同步卫星通信系统中，通信站到同步卫星的距离最大可达40 000km，电磁波以光速(3×10^8m/s)传输，这样，路经地球站→卫星→地球站(称为一个单跳)的传播时间约需0.27s。如果利用卫星通信打电话的话，由于两个站的用户都要经过卫星，因此，打电话者要听到对方的回答必须额外等待0.54s。

(2) 回声效应。在卫星通信中，由于电波来回转播需0.54s，因此产生了讲话之后的“回声效应”。为了消除这一干扰，卫星电话通信系统中增加了一些设备，专门用于消除或抑制回声干扰。

(3) 存在通信盲区。把地球同步卫星作为通信卫星时，由于地球两极附近区域“看不见”卫星，因此不能利用地球同步卫星实现对地球两极的通信。

(4) 存在日凌中断、星蚀和雨衰现象。

6.5 移动通信技术

移动通信(Mobile Communication)是移动体之间的通信，或移动体与固定体之间的通信。移动体可以是人，也可以是汽车、火车、轮船、收音机等在移动状态中的物体。

1. 移动通信的特点

(1) 移动性。就是要保持物体在移动状态中的通信,因而它必须是无线通信,或无线通信与有线通信的结合。

(2) 电波传播条件复杂。因移动体可能在各种环境中运动,电磁波在传播时会产生反射、折射、绕射、多普勒效应等现象,产生多径干扰、信号传播延迟和展宽等效应。

(3) 噪声和干扰严重。在城市环境中的汽车噪声、各种工业噪声,移动用户之间的互调干扰、邻道干扰、同频干扰等。

(4) 系统和网络结构复杂。它是一个多用户通信系统和网络,必须使用户之间互不干扰,能协调一致地工作。此外,移动通信系统还应与市话网、卫星通信网、数据网等互联,整个网络结构比较复杂。

(5) 要求频带利用率高、设备性能好。

2. 移动通信的分类

移动通信的种类繁多。按使用要求和工作场合不同可以分为以下几种。

1) 集群式移动通信

集群移动通信,也称大区制移动通信。它的特点是只有一个基站,天线高度为几十米至百余米,覆盖半径为 30km,发射机功率可高达 200W。用户数约为几十至几百,可以是车载台,也可以是手持台。它们可以与基站通信,也可通过基站与其他移动台及市话用户通信,基站与市站通过有线网连接。

2) 蜂窝式移动通信

蜂窝移动通信,也称小区制移动通信。它的特点是把整个大范围的服务区划分成许多小区,每个小区设置一个基站,负责本小区各个移动台的联络与控制,各个基站通过移动交换中心相互联系,并与市话局连接。利用超短波电波传播距离有限的特点,离开一定距离的小区可以重复使用频率,使频率资源可以充分利用。每个小区的用户在 1000 以上,全部覆盖区最终的容量可达 100 万用户。

3) 卫星移动通信

利用卫星转发信号也可实现移动通信,对于车载移动通信可采用赤道固定卫星,而对手持终端,采用中低轨道的多颗星座卫星较为有利。

4) 无绳电话

对于室内外慢速移动的手持终端的通信,则采用小功率、通信距离近的、轻便的无绳电话机。它们可以经过通信点与市话用户进行单向或双方向的通信。使用模拟识别信号的移动通信,称为模拟移动通信。为了增加容量,提高通信质量和增加服务功能,大都使用数字识别信号,即数字移动通信。在制式上则有时分多址(TDMA)和码分多址(CDMA)两种。前者在全世界有欧洲的 GSM 系统(全球移动通信系统)、北美的双模制式标准 IS-54 和日本的 JDC 标准。对于码分多址,则有美国 Qualcomnn 公司研制的 IS-95 标准的系统。总的趋势是数字移动通信将取代模拟移动通信。而移动通信将向个人通信发展。进入 21 世纪则成为全球信息高速公路的重要组成部分,移动通信将有更为辉煌的未来。

3. 移动通信技术的发展

(1) 第一代移动通信系统(1G)是在20世纪80年代初提出的,它完成于20世纪90年代初,如NMT和AMPS,NMT于1981年投入运营。第一代移动通信系统是基于模拟传输的,其特点是业务量小、质量差、安全性差、没有加密和速度低。1G主要基于蜂窝结构组网,直接使用模拟语音调制技术,传输速率约2.4kb/s。不同国家采用不同的工作系统。

(2) 第二代移动通信系统(2G)起源于20世纪90年代初期。欧洲电信标准协会在1996年提出了GSM Phase 2+,目的在于扩展和改进GSM Phase 1及Phase 2中原定的业务和性能。它主要包括CMAEL(客户化应用移动网络增强逻辑),S0(支持最佳路由)、立即计费,GSM 900/1800双频段工作等内容,也包含了与全速率完全兼容的增强型话音编解码技术,使得话音质量得到了质的改进;半速率编解码器可使GSM系统的容量提近一倍。在GSM Phase2+阶段中,采用更密集的频率复用、多复用、多重复用结构技术,引入智能天线技术、双频段等技术,有效地克服了随着业务量剧增所引发的GSM系统容量不足的缺陷;自适应语音编码(AMR)技术的应用,极大地提高了系统通话质量;GPRS/EDGE技术的引入,使GSM与计算机通信、Internet有机结合,数据传送速率可达115/384kb/s,从而使GSM功能得到不断增强,初步具备了支持多媒体业务的能力。尽管2G技术在发展中不断得到完善,但随着用户规模和网络规模的不断扩大,频率资源已接近枯竭,语音质量不能达到用户满意的标准,数据通信速率太低,无法在真正意义上满足移动多媒体业务的需求。

(3) 第三代移动通信系统(3G),也称IMT 2000,其最基本的特征是智能信号处理技术。智能信号处理单元将成为基本功能模块,支持话音和多媒体数据通信,它可以提供前两代产品不能提供的各种宽带信息业务,例如高速数据、慢速图像与电视图像等。如WCDMA的传输速率在用户静止时最大为2Mb/s,在用户高速移动时最大支持144kb/s,约占频带宽度5MHz左右。但是,第三代移动通信系统的通信标准共有WCDMA,CDMA2000和TD-SCDMA三大分支,共同组成一个IMT 2000家庭,成员间存在相互兼容的问题,因此已有的移动通信系统不是真正意义上的个人通信和全球通信;再者,3G的频谱利用率还比较低,不能充分利用宝贵的频谱资源;还有,3G支持的速率还不够高,如单载波只支持最大2Mb/s的业务,等等。这些不足点远远不能适应未来移动通信发展的需要,因此寻求一种既能解决现有问题,又能适应未来移动通信需求的新技术(即新一代移动通信)是必要的。

(4) 高速铁路移动通信和3G技术。一般来说,在高速移动的物体上,当超过时速150km时,2G/3G的快速功率控制效果不佳,此时就要看哪种通信制式的抗衰落手段多,且衰落储备量大。TD-SCDMA对高速移动情况不太适应,主要是因为技术性能先进的智能天线没有在高铁上全面普及和覆盖,且系统的增益又不高,再加上使用终端的功率不大,使得在高铁上,对于覆盖边缘由于衰落储备不足而掉话;GSM制式只提供语音通话,信道编码纠错技术在这种情况下的作用显著,在通信基站功率达到40W,终端功率达到

2W,且基站距离较短的情况下,衰落储备量发挥作用,高铁的应用效果还可以。GSM系统中的EDGE制式在高铁中的效果不好,主要是由于EDGE在高速数据时的编码效率为1,没有编码冗余度,对应的信道编码增益相对较低,此外,高阶的数据8PSK调制,会使得解调EDGE数据的信噪比较高,导致EDGE边缘的覆盖电压需要更高,其衰落储备要更大;但在实际的高铁系统中,两个基站覆盖区之间的衰落储备一般都不足,使得传输的数据率会迅速下降。所以,就要寻求新的技术体系来解决高铁中的移动通信问题。3G通信技术在我国的发展日新月异。2009年1月7日,我国同时发放了三张3G牌照,即TD-SCDMA、WCDMA、CDMA200,标志着我国正式进入了3G时代。3G网络运行的两年多时间里,在拉动我国GDP增长的同时,还为国内创造了大量的就业机会。从技术角度来分析,3G移动通信网络相对于2G网络的优势在于更大的系统容量和更好的通信质量,且能够实现全球范围的无缝漫游,为通信用户提供包括语音、数据和多媒体等多种形式的通信服务。在国际移动通信领域,国际电联对3G网络有其最低的要求和标准,即在高速移动的地面物体上,3G网络所能提供的数据业务为64~144kb/s,要能够适应500km/h的移动环境。针对该标准,我国现行的三种3G网络中,WCDMA和CDMA2000主要采用"软切换"技术,能够实现移动终端在时速500km/h时的正常通信,即能够实现在与另一个新基站通信时,首先不中断跟原基站的联系,而是在跟新的基站连接好后,再中断跟原基站的连接,这也是3G网络优于2G网络的一个突出特点;WCDMA技术已经解决了高速运动物体的无缝覆盖问题;此外,TD-SCDMA也对高铁通信的覆盖方案进行了研究。因此,3G移动通信网络在技术层面上已经具有为高铁提供通信保障的基本条件,为我国高铁发展过程中移动通信问题的完满解决奠定了坚实基础。

(5) 4G即第四代移动通信及其技术的简称,是集3G与WLAN于一体并能够传输高质量视频图像以及图像传输质量与高清晰度电视不相上下的技术产品。4G系统能够以100Mb/s的速度下载,比拨号上网快2000倍,上传的速度也能达到20Mb/s,并能够满足几乎所有用户对于无线服务的要求。而在用户最为关注的价格方面,4G与固定宽带网络在价格方面不相上下,而且计费方式更加灵活机动,用户完全可以根据自身的需求确定所需的服务。此外,4G可以在DSL和有线电视调制解调器没有覆盖的地方部署,然后再扩展到整个地区。很明显,4G有着不可比拟的优越性。

4G移动系统网络结构可分为三层:物理网络层、中间环境层、应用网络层。物理网络层提供接入和路由选择功能,它们由无线和核心网的结合格式完成。中间环境层的功能有QoS映射、地址变换和完全性管理等。物理网络层与中间环境层及其应用环境之间的接口是开放的,它使发展和提供新的应用及服务变得更为容易,提供无缝高数据率的无线服务,并运行于多个频带。这一服务能自适应多个无线标准及多模终端能力,跨越多个运营者和服务,提供大范围服务。第四代移动通信系统的关键技术包括信道传输,抗干扰性强的高速接入技术、调制和信息传输技术,高性能、小型化和低成本的自适应阵列智能天线,大容量、低成本的无线接口和光接口,系统管理资源,软件无线电、网络结构协议等。第四代移动通信系统主要以正交频分复用(OFDM)为技术核心。OFDM技术的特点是网络结构高度可扩展,具有良好的抗噪声性能和抗多信道干扰能力,可以提供无线数据技术质量更高(速率高、时延小)的服务和更好的性能价格比,能为4G无线网提供更好的方案。例如无线区域环路(WLL)、数字音讯广播(DAB)等,预计都采用OFDM技术。4G移动通信对加速增长的广带无线连接的要求提供技术上的回应,对跨越公众的和专用的、室内和室外的多种无线系统和网络保证提供无缝的服务。通过对最适合的可用网络提供用户所需求的最佳服务,能应付基于因特网通信所期望的增长,增添新的频段,使频谱资源大扩展,提供不同类型的通信接口,运用路由技术为主的网络架构,以傅里叶变换来发展硬件架构实现第四代网络架构。移动通信会向数据化、高速化、宽带化、频段更高化方向发展,移动数据、移动IP已经成为移动网的主流业务。

(6) 5G时代。全球4G建设部署方兴未艾,5G研究开发却悄然开启大幕。全球最大的电信设备商华为已经在包括加拿大、英国等地为5G投入200多位研发人员,并将在未来5年内为此继续投资6亿美元。英国Surrey大学5G创新中心主任Rahim Tafazolli表示,到2010年,全球已经有140亿终端连接起来,但当今世界还有90%的东西未被连接,互联网将是未来真正的杀手级应用(注:杀手级应用(Killer Application),是指某个非常有用的计算机程序,并且是消费者愿意为这个程序购买某硬件软件产品的计算机程序),而不是现在大家讨论的音乐、视频等。按照华为的设想,5G基站网络能力要达到现在4G的1000倍,移动数据传输率达到10Gb/s的级别,并且传输延迟不超过1ms。华为公司为5G设定的目标至少使一个基站的容量要达到目前4G的1000倍,消费者端可以获得的速率将是10Gb/s。

6.6 图像通信技术

图像通信是传送和接收图像信号或称之为图像信息的通信。它与目前广泛使用的声音通信方式不同,传送的不仅是声音,而且还有看得见的图像、文字、图表等信息,这些可视信息通过图像通信设备变换为电信号进行传送,在接收端再把它们真实地再现出来。可以说图像通信是利用视觉信息的通信,或称它为可视信息的通信。

1. 图像通信的形式

在图像通信系统中,信源有多种形式:活动和静止图像;黑白和彩色图像;多层次(含灰度)和二值(黑白)图像。图像信息呈现为平面上的亮度分布或光的反射系数分布,是二维信号。图像发送末端设备(如电视摄像机、传真机的光/电转换部分等)根据光/电转换原理,把二维亮度信号按某种扫描方式转换成一维(时间)电信号(模拟信号),它占据从接近直流的低频到最高图像频率的宽频带(如广播电视占5～6MHz带宽)。这种信号经过模拟调制或编码后进行数字调制才能长距离传输。模拟调制技术常用的有双边带、单边带和残留边带调幅、调频以及调幅调相残留边带制式。由于图像信号的频带很宽,保证传输质量、节省频带和提高传输效率成了重要课题。20世纪60年代后期以来,人们一直在研究图像信号编码,设法去掉图像信号中的冗余信息,并充分利用人眼的视觉特性,以达到几分之一至几十分之一的频带压缩。模拟图像信号经过编码实现数字化后,再用数字调制实现传输,便会具有数字通信的优点。已调信号经过传输和交换,到达接收端,经解调或解码还原成模拟电信号,再由图像接收末端设备进行电/光转换,形成可视图像。这种图像有的在显像管上作暂时显示(如电视接收)或记录在录像带上，有的在纸张或感光胶片上作永久性的记录(如传真接收)。图像发送和接收端设备都以某种扫描方式实现光和电的相互转换，为保证收方显示或记录的图像不发生破裂，通信过程中双方必须保持同步和同相工作。整个系统各部分的技术指标需要协调分配，以确保接收图像的失真在允许的范围内。

常用的图像通信除电视外还有传真、静态图像通信、交互型可视数据传输和电视会议等。

2. 图像通信优点

图像信号包含极其丰富的信息，图像通信所传送的信息量远远超过其他通信手段。据统计，人们接受外界信息的比例：视觉占全部的60%，听觉占20%，其余是触觉15%，味觉3%，嗅觉2%。所以人们常说："眼见为实，耳听为虚"，"百闻不如一见"，"一目了然"。正因为视觉信息(也就是图像信息)在人们认识事物的过程中是如此重要。所以，以传送视觉信息为主要使命的图像通信方式很早就被人们所重视，并从20世纪70年代以来有了较迅速的发展。

图像通信是当今通信技术中发展非常迅速的一个分支。数字微波、数字光纤、卫星通信等新型宽带信道的出现，分组交换网的建立，微电子技术和多媒体技术的飞速发展，都有力地推动了这门学科的发展。数字信号处理和数字图像编码压缩技术产生了越来越多新的图像通信方式。图像通信的范围在日益扩大，图像传输的有效性和可靠性也在不断得到改善。

3. 图像通信的方法及技术发展

1) 传真

应用扫描技术把固定的图像(包括文字、图表、相片等)以记录形式复制出来的一种通信技术。早在1843年，英国A.拜因便取得了传真发明的专利，但传真通信的正式使用始于20世纪20年代。

传真机包括发片机和收片机，主要技术参数有：①扫描线长度L。表示光/电变换时扫描点移动的轨迹长度。②扫描线密度F。表示单位长度内的扫描线数，它是鉴别分辨率的指标。③扫描行速N。表示每秒传输的扫描线数。④合作因数$M=LF$。它是扫描线长度L与扫描线密度F的乘积(平面扫描式)；合作指数$M=DF$，是滚筒直径D与扫描线密度F的乘积(滚筒扫描式)。只有在发收双方的M值相同时，才能保持接收记录与原稿间的线性关系而无畸变。⑤最高图像频率。它基本上能确定传真电信号的频带宽度。⑥传输时间$T=FU/N$。表示传输一页原稿所需的时间，式中U为副扫描长度，对于滚筒扫描，它是滚筒轴向移动的扫描长度。

传真机有多种类型，按用途可分为文件传真、照片传真、新闻传真和专用传真4类。①文件传真：传输黑白文件、图表、手稿等。在一个电话通路中传输的传真机，称为单路文件传真机。为了加快传输速度、提高扫描行速N，用平面扫描并且在频分制一个基群或超群上传输，传输速度加快十几至几十倍，分别有12路或60路文件传真机。②照片传真：传输有灰度的黑白或彩色照片和图片。收信端使用照相纸感光记录。③新闻传真：传输整版的报纸、新闻资料等。常用频分制 60 路的超群在微波线路上传输。④专用传真：有气象传真、医疗传真等。

对于文件传真，按规定采用双边带调幅，每页 A4 幅面(210mm×297mm)文件传输的时间约为 6 分钟的单路文件传真机称为一类机；采用调幅相残留边带之类的高效率调制技术、每页传输时间约为 3 分钟的，称为二类机；利用传真信号中相邻像素(像元)间的相关性，用数字编码法去掉其中的冗余度，以减少需要传输的比特数(常用的有游程长度编码法)，每页传输时间约为 1 分钟的，称为三类机。此外还有四类机，也称为高速传真机，传送一幅 A4 页面的文件只需 3 秒钟。在 20 世纪 70 年代以前，主要是使用一类机，20 世纪 70 年代曾经使用二类机，20 世纪 80 年代开始推广使用三类机，它的性能、功能不断完善，已逐渐成为传真通信中的主要机种。四类机的使用尚不普遍。最近十多年来，传真通信的发展更为迅速，目前已成为发展最快的业务之一。

传真通信有单向和双向两种工作方式。单向工作的如传真同播；双向工作的分为点对点型和交换型。点对点型可用专线进行通信，交换型常通过公用电话网或为传真建立的公用传真网进行通信。传真的交换有电路交换和存储转发交换两类。①电路交换：在需要时，将某一发信机与被指定的另一方的收信机之间的线路，通过交换机暂时接通。②存储转发交换：传真可以非实时通信，传输过程中可由交换网内的某交换中心将信息暂时存储下来，待有空闲线路再继续向前转发。这种交换方式容易解决不同机型传真机(不同速度和制式)的互通问题。

传真技术发展较快。扫描方式已从早期的机械扫描改为电子扫描，进而使用固体扫描，如光敏二极管阵列式 MOS 像传感器和单片容量为 2048b 的电荷耦合器件像传感器与透镜系统的组合，已用于二类机、三类机的读取扫描。在收信扫描和记录中，有的已按照感热记录原理采用固体多针记录头技术、墨水喷射、静电硒鼓转印的普通纸记录方式。扫描固体化和传真机使用微处理机，有利于传真机实现操作自动化和增加多种功能，有的三类机已具有扫描线密度自动选择、发收双方相互自动控制等功能。具有编辑功能和其他图像处理能力的智能传真机、具有多功能接口的传真复合终端机已研制成功。传真机的进一步小型化、多功能和智能化，将为办公室自动化创造条件。

2) 静态图像通信

传输活动图像的电视所占的频带很宽，为了在窄带通信系统中传输一些活动量小、变化慢的场景和静止的图形、文字，在电视收发系统间加入一个速度变换设备，能使信号频带变窄。如电视每秒传输 25 帧改成每 40 秒传输 1 帧，频带即被压缩 1000 倍。速度变换设备有降低扫描速度型和存储变速型两种。半导体存储器只要几片器件便可构成图像存储器，为常用的存储变速型。它把电视摄像机摄下任意一帧画面的信息高速存储在图像存储器中，然后低速读出，在窄带信道上传输。收信端的图像存储器以低速写入，再以高速读出送给监视器显示。这种静态图像通信的优点是可以直接利用普通电视摄像机和监视器，不需要专用设备。它能利用电话网和其他窄带电台双向传输图像信息，传输费用较低，已广泛用于交通管理、水库监视、施工现场指挥调度等管理信息系统，这种设备尤其适用于通信条件较差的野外作业场所传输直观的现场信息。20 世纪 80 年代初，我国已在国民经济的许多部门采用了静态图像通信技术。

3) 交互型可视数据

以现有公用电话网作为传输媒介,利用电视接收机显示,使计算机管理的数据库与用户沟通的一种传输文字和图形等资料的通信方式。它属于双向的公用数据业务。用户利用电话机和电视机以及由调制解调器、显示发生器和控制键盘组成的附加器,拨通线路后便可按需要向数据库中心调看新闻、气象、交通、旅行指南、商品咨询、体育、保健和家庭教育等广泛的信息。在用户控制下,中心还能提供计算和数据处理等服务。

资料提供者将信息以页为单位(若干图像帧构成一页)送入数据库(库容量可达数十万页),并登记编目,以供检索和调用。传输信息的方法有两种:①传输编码信息,在用户端通过图形产生器将编码信息转换成图像;②在数据库中心转换为文字和图形信息,直接送给用户。用户索取资料时,以 75b/s 的速率向中心发送请求信号,中心确认后便以 1200b/s 或 2400b/s 的速率按页向用户提供所要求的信息。

用户端增设的附加器费用不高,容易普及而且使用方便,因此交互型可视数据是一种很有发展前途的通信方式。

还有一种是显示格式与此相类似的广播型可视数据(teletext),它将信息插在广播电视信号回扫逆程中传输,属于单向广播业务。

4) 电视会议系统

电视会议系统是把位于不同地点的几个会议室通过声音和图像的传输联系起来的通信系统。电视会议室设备包括电话、传真、电视和投影显示等收发设备。图像编码技术的发展和应用为电视会议系统奠定了基础。早期的电视电话因传输费用昂贵未能广泛应用,经过发展已为电视会议系统所取代。20 世纪 70 年代末,美国、日本和德国相继开展电视会议的业务,但仍处在试验阶段。

利用视觉的图像通信是一种有效的通信手段。自从 20 世纪 70 年代初以来,人们将邮政和图像通信结合起来,出现了电子邮政。传统的邮政是用交通工具传送信函和报纸等邮件。所谓电子邮政则是利用传真机传送邮件,并在收发双方分别配置自动拆封和封装设备,以便缩短信函的传送时间,节省人力,同时也解决了私人通信的保密问题,这就是电子信函。此外还有电子报刊、电子汇兑等业务。

思考题

1. 简述通信技术的发展史。
2. 分别描述什么是有源光纤、色散补偿光纤、光纤光栅、多芯单模光纤。
3. 在光纤通信技术中,请列举 2～3 个重大成就。
4. 请简要说明什么是数字微波通信技术,数字微波通信的特点有哪些。
5. 简述卫星通信工作的基本原理,并分析卫星通信有哪些优点和缺点。
6. 请简要说明目前移动通信有哪几类,并对比一下它们各自的优缺点。
7. 简要说明图像通信的方法及技术发展。

一个真实的神话——网易CEO丁磊

丁磊，1971年生，浙江宁波人，如图6.6所示。1993年7月毕业于成都电子科技大学计算机通信工程专业。毕业后在浙江省宁波市电信局工作，担任工程师。1995年5月至1996年5月工作于美国Sybase公司广州办事处。1996年6月至1997年5月就职于广州一家ISP，1997年5月创建网易公司，任总经理。2003年，IT天才丁磊借助互联网的反扑，以75亿元人民币的纸面资产坐上了当年我国内地首富的宝座，而当时网易刚满6岁，而他自己也不过32岁。他的创富速度在中国史无前例。

图6.6 丁磊

丁磊出生在一个高级知识分子家庭，他小的时候很淘气，但不是像别的孩子一样整天在外面调皮捣蛋，而是喜欢待在家里摆弄他的小玩意：一些电子管件、半导体之类的东西。后来丁磊迷上无线电，上初一的时候，他组装了自己的第一台六管收音机，在当时，那是一种最复杂的收音机，能接收中波、短波和调频广播，这件事在当地一时传为佳话，都说丁家出了个“神童”，长大以后一定是当科学家的料子。丁磊现在没有成为科学家，而是成了富有的企业家。但他本人还是在技术方面动脑筋，能在这方面有一点聪明之处，但如果没有积极进取，没有在技术方面不停地摸索，也不会有熟能生巧的本领和一些创新。

1989年，18岁的丁磊考进了成都的电子科技大学，学的专业是通信。大学时代，他的成绩只是中上等，唯一的爱好就是计算机编程。

大学毕业后，丁磊回到家乡，在宁波市电信局工作。那两年，他最大的收获是学会了UNIX和电信业务，“我几乎天天晚上12点才离开单位，因为单位有UNIX电脑。网易后来的成功和我很早就掌握了UNIX精华分不开”。电信局旱涝保收，待遇很不错，在很多人眼里，这是十分难得的“香饽饽”。如果丁磊和大多数人一样，按部就班地上班下班，攒工资，买房子，娶妻生子，那么就不会有后来的网易，不会有今天这个首富榜的常客。两年枯燥乏味的工作使丁磊觉得非常辛苦，同时也感到一种难尽其才的苦恼。1995年，他毅然决然从宁波电信局辞职，虽然遭到家人的强烈反对，但他去意已定，一心想出去闯一闯。可以这样说，丁磊日后的财富均源自这一次果断的“舍弃”，敢于抛弃舒适安逸的生活，迎接挑战，是很多创业成功人士的共同特点之一。他这样描述自己的行为：“这是我第一次开除自己。人的一生总会面临很多机遇，但机遇是有代价的。有没有勇气迈出第一步，往往是人生的分水岭。”

1993年，丁磊无意间在一本杂志上得知北京开了一个名叫“火腿”的BBS站，他立刻意识到，BBS是以后的发展方向。第一次登录BBS的丁磊，当晚就在宁波搭建成了自己的BBS站。1994年，丁磊第一次登录Internet，那是从中科院高能所同学那里要的一个账号。兴奋不已的丁磊浏览的第一个站点是Yahoo!，这让丁磊“感觉很不错”。接着丁磊去创新公司下载了不少多媒体驱动程序。1995年6月，丁磊成为北京电信前100个用户之一。

1995年5月,丁磊来到广州,加盟刚刚成立的广州Sybase。在Sybase的一年,丁磊感觉自己除了整天安装调试数据库外,几乎没有什么进步,于是又选择了离开。1996年5月,丁磊当上了广州一家ISP的总经理技术助理。在这家ISP,丁磊架设了Chinanet上第一个"火鸟"BBS,结识了很多网友。那段时间丁磊找到了幸福的感觉。"大家几乎每三个星期出来聚一次,聊一聊BBS上发生的事情,聊一聊最近上站的哪个女孩子最漂亮,谁见过没有。"好景不长,丁磊所在的ISP由于面临激烈的竞争和昂贵的电信收费几乎无法生存下来。于是丁磊再一次选择了离开。最后他决定自立门户,干一番事业。

已经三次跳槽的丁磊对自己的前途整整思考了5天,决定自立门户。1997年5月,26岁的丁磊和周桌林等三人一起创办网易公司。创业的50万元资金,一部分是丁磊几年来一行一行写程序积攒下来的,另一部分是向朋友借的。后来,周桌林离开了网易公司。

创业时三个人挤在一间7平方米的屋子里没日没夜地写软件。网易开发出的第一个软件是Yeah中文搜索引擎。由于当时国内中文站点数都数得过来,搜索引擎根本派不上大用场。Yeah尽管技术不错,但没有成功。"Hotmail太吸引人了!太有发展前途了!它一定可以成名!它一定可以上市!"这是丁磊看到Hotmail那一刻的感叹。1997年5月4日,网易公司还没有正式成立,网易BBS就正式开机运行了。由于丁磊是Chinanet上第一个安装"火鸟"BBS的人,又经常泡BBS,他个人的影响,加上无为而治以及宽容,使网易BBS上的人数三个月就超过了资深的"一网情深"BBS。网易架在广州电信局的服务器是丁磊花两万元自己动手装的一台奔腾PRO,硬盘18GB。这样大的硬盘仅用来放网易宣传公司的一个主页和BBS未免太浪费了,于是网易决定免费向网友提供每人20Mb的个人主页空间,但就是没有什么人来网易申请个人空间。这种情况下,丁磊开始在网上四处寻找个人主页,发现不错的个人主页,就写E-mail告知网易可以提供资源更丰富的个人主页空间:"如果你觉得网易的空间大、速度快,就快来这里吧!"尽管网易的速度比别处快,但网友们还是不愿意来网易,主要是信任和信誉问题。于是,网易就在北京在线、中网、瀛海威等5个当时国内主力站点上做了3个月广告,花了好几万元,才使到网易申请个人主页的人潮汹涌起来。这时,他瞄准了国外的Hotmail。网易准备借10万美元买一套Hotmail系统,在中国建免费邮箱站点。Hotmail先说不卖,后来答复280万美元一套,另外加收每小时2000美元的安装费。丁磊找来自己的伙伴陈磊华研究Hotmail的结构,两个人最后决定自己做。他们一边开发基于浏览器的免费电子邮箱,一边想域名。丁磊认定免费电子邮箱要成功一定要有一个朗朗上口的域名才行。这天凌晨2点,丁磊突然想到可以用数字表示域名,从床上跳了起来,拨163上网,查询了一下163.net和163.com这两个域名,谢天谢地,还没有被注册。注册下这两个域名,丁磊又去睡觉,却怎么也睡不着了,他越想越美,就又从床上跳起来一口气注册了188.net、188.com、166.net、166.com、126.net、126.com、127.net、127.com。丁磊还想注册114、160、112、168,但这些数字域名已经被美国人事先注册走了。7个月后,和Hotmail功能同样强大的网易免费邮箱系统写好了,163的域名也有了,万事俱备,但是当丁磊向电信局申请增加免费邮箱服务的时候,却碰到了困难。广州电信不允许网易独立经营免费邮箱业务。随后,他游说各地,但从全国各地跑了一圈没有结果,丁磊不得不折回头再和广州电信局洽谈合作。此时已经心急火燎的丁磊抛出了“合作经营，不让电信局出一分钱，软硬件全由网易投入，而利润6∶4分成的方案(电信得6)”。这个方案提醒了电信局，他们醒悟到投钱的网易都不担心收不回成本，不投钱的电信局反倒担心似乎没有道理，立刻提出要购买网易的免费邮箱，丁磊太看好Hotmail了，想在国内独家经营，不愿出售，答复：“不卖”。

网易创业的50万元已经撑了好几个月，公司再不挣钱，日子将难以为继。此时的丁磊根本不知道什么是风险资金。在丁磊四处碰壁的时候，Hotmail被微软以3.5亿美元收购。1998年2月，丁磊觉得不能再拖下去了，“软件的价值在于应用，不用永远没有效益”。于是，网易答应将中文免费邮箱系统出售给广州电信。广州电信提出要同时附送163域名，丁磊想了想，觉得广州电信没有好的域名根本无法成功。考虑到第一个免费邮箱系统是否成功将会直接影响以后的销售，网易就送给了广州电信163.com域名。这一送，谁都知道里面的价值含量有多少：广州电信建163.net，加上硬件投资只用了100多万元，其中的硬件和数据库系统就占整个投入的75%。而丁磊他们税后利润很少，但网易的发展需要资金注入，不得已而为之。

1998年2月16日，www.163.net开放使用，反应强烈，注册用户数以每天2000人左右的速度递增，到了1998年3月底，上访突破2000万人次。163.net成功后，很多公司纷纷打电话到网易要求购买该系统，这和一开始丁磊四处寻求合作伙伴，没人理睬的局面形成了鲜明的对比。

网易能在今天成为第一门户，很重要的原因就是对它往昔免费的回报。网易两万多个人主页的用户都是网易最铁杆的支持者。不要小看这两万人的能量，他们是中国Internet上最活跃的分子，他们是中国上网人口的意见领袖，当网上新兵向这些网上老手询问“哪个站点最好”时，这些人会毫不犹豫地对他们讲：“上网易看一看吧。我在那里还做了一个个人主页呢!”1998年7月，CNNIC(中国互联网信息中心)投票评选十佳中文网站，网易喜获第一。得悉网易获得此次评选第一的消息源自一个国外长途，当时丁磊可不敢信这是真的。“因为我们一直把自己看成搞技术的，是靠开发软件维持公司运行的公司，不是做内容的站点。”1999年1月，CNNIC再次投票评选十佳中文网站，网易再次获得第一。两次评选前后不到半年，而丁磊学得很快，此时此刻出现在CNNIC颁奖大会上的丁磊已经俨然一副经营门户站点专家的模样了。

美国东部时间2000年6月30日上午11时，网易在纳斯达克股票交易所正式挂牌交易。此时科技股已经开始崩盘。截至当日收盘时，网易股价跌至15.12美元，跌破了15.50美元的发行价。2001年，网易将被收购的传言层出不穷，但一直没卖成，这反倒让丁磊决定静下心来本分地经营网易。他下定决心将网易的三大业务重点锁定为在线广告、无线互联和在线娱乐。2001年9月，丁磊对外界说，他希望靠在线游戏《大话西游》和短信服务、股票点播，以及一个类似MSN Explorer的新产品来赢利。这正是网易因财务问题被Nasdaq摘牌，股价定格在64美分，最狼狈不堪的时候。

神奇的是，自从2001年年底推出《大话西游》以来，网易已经从网络游戏领域的“小人物”变成该领域的巨头之一。2002年第二季度，网易首次实现净盈利，网易股票开始领涨纳斯达克。2002年，网易成为纳斯达克表现最优异的股票。2003年10月10日，网易股价升至70.27美元的历史高点,比年初股价攀升了617%,比2001年9月1日的历史低点攀升了108倍。从垃圾股到今日的中国概念"明星",网易的转变让人觉得像个神话。对此,丁磊说:"我已经32岁了,从意气风发的时期到了成熟思考的阶段。因此我的心情不会随股价的涨跌而变化,特别是我个人不会因为财富的多少影响到我未来的生活、工作及思考问题的方式。"丁磊成为第一个靠做互联网做成富豪的国内创业者。

"一个人如果不知道自己所要驶向的码头,那么任何风向都是不顺的"。谁升起谁就是太阳,这是新经济时代的价值标准和精神取向。丁磊依靠自己的努力拼搏,成为了中国互联网富豪和创业英雄。

第7章 信息安全技术

7.1 防病毒技术

计算机病毒(Computer Virus)在《中华人民共和国计算机信息系统安全保护条例》中被明确定义为"指编制或者在计算机程序中插入的破坏计算机功能或者破坏数据,影响计算机使用并且能够自我复制的一组计算机指令或者程序代码"。

早在1978年,计算机病毒就已经出现了,从一开始"磁芯大战"到曾经轰动一时的"熊猫烧香"病毒,经历几十年的发展,病毒程序越来越复杂,种类也越来越多,每年因为病毒带来的损失就高达数亿美元。但在计算机病毒猖獗的同时也使得防病毒技术得到了飞速发展。

1. 计算机病毒的类型

系统病毒:这种病毒的公有特性是可以感染Windows操作系统的*.exe和*.dll文件,并通过这些文件进行传播。

蠕虫病毒:蠕虫病毒的前缀是Worm。这种病毒的共有特性是通过网络或者系统漏洞进行传播,很大部分的蠕虫病毒都有向外发送带毒邮件使得网络阻塞的特性。

木马病毒:木马病毒其前缀是Trojan,它是一种会在主机上未经授权就自动执行的恶意程序。木马病毒通过网络或者系统漏洞进入用户的系统并隐藏,然后向外界泄露用户的信息,对用户的电脑进行远程控制。

Arp病毒:Arp病毒也是一种木马病毒,它是对利用ARP漏洞进行传播的一类病毒的总称。由于其在局域网中威胁比较大,所以单独列举为一类。此病毒通过欺骗路由或欺骗网关的方式来攻击局域网,使得用户电脑无法找到正确的网关而不能上网。

后门病毒:后门病毒的前缀是Backdoor。该类病毒的共有特性是通过网络传播,给系统开后门,给用户电脑带来安全隐患。

脚本病毒:脚本病毒的前缀是Script。脚本病毒的共有特性是使用脚本语言编写,通过网页进行传播。

宏病毒:宏病毒是一种寄存在文档或模板的宏中的计算机病毒。一旦打开这样的文档,其中的宏就会被执行,于是宏病毒就会被激活,转移到计算机上,并驻留在Normal模板上。从此以后,所有自动保存的文档都会"感染"上这种宏病毒,而且如果其他用户打开了感染病毒的文档,宏病毒又会转移到他的计算机上。

间谍软件:此类软件会监视用户的使用习惯和个人信息,并且会将这些信息在未经用户认知和许可的情况下发送给第三方,对系统的影响表现为系统运行速度下降,甚至死机。

2. 计算机病毒的特点

计算机病毒具有寄生性、传染性、潜伏性和隐蔽性四大特性。

寄生性：指计算机病毒寄生在其他程序之中，当执行这个程序时，病毒就起破坏作用，而在未启动这个程序之前，它是不易被人发觉的。

传染性：指计算机病毒不但本身具有破坏性，更有害的是具有传染性，一旦病毒被复制或产生变种，其传染速度之快令人难以预防。

潜伏性：指有些病毒像定时炸弹一样，让它什么时间发作是预先设计好的。比如黑色星期五病毒，不到预定时间一点都觉察不出来，等到条件具备的时候一下子就爆炸开来，对系统进行破坏。

隐蔽性：指计算机病毒具有很强的隐蔽性，有的可以通过病毒软件检查出来，有的根本就查不出来，有的时隐时现、变化无常，这类病毒处理起来通常很困难。

3. 计算机病毒的传染途径

计算机病毒不仅种类繁多，而且传播方式也各种各样。

(1) 通过电子邮件进行传播：病毒附着在电子邮件中，一旦用户打开邮件，病毒就会被激活并感染电脑，对本地进行一些有危害性的操作。常见的电子邮件病毒一般由合作单位或个人通过 E-mail 上报、FTP 上传、Web 提交而导致病毒在网络中传播。

(2) 利用系统漏洞进行传播：由于操作系统固有的一些设计缺陷，导致被恶意用户通过畸形的方式利用后，可执行任意代码，这就是系统漏洞。病毒往往利用系统漏洞进入系统，达到传播的目的。

(3) 通过 MSN、QQ 等即时通信软件进行传播。有时候频繁地打开即时通信工具传来的网址、来历不明的邮件及附件、到不安全的网站下载可执行程序等，都会导致网络病毒进入计算机。现在很多木马病毒可以通过 MSN、QQ 等即时通信软件进行传播，一旦你的在线好友感染病毒，那么所有好友将会遭到病毒的入侵。

(4) 通过网页进行传播。网页病毒主要是利用软件或系统操作平台等的安全漏洞，通过执行嵌在网页 HTML(超文本标记语言)内的 Java Applet 小应用程序、JavaScript 脚本语言程序和 ActiveX 可自动执行的代码程序，以强行修改用户操作系统的注册表设置及系统实用配置程序，给用户系统带来不同程度的破坏。

(5) 通过移动存储设备进行传播。移动存储设备包括常见的移动硬盘、U 盘(含数码相机、MP3 等)、SD 卡等，病毒通过这些移动存储设备在计算机间进行传播。

4. 计算机病毒的防范

尽管说计算机病毒是“道高一尺，魔高一丈”、“防不胜防”，但只要掌握计算机病毒的一些特点、传播方式，还是可以做一些防范工作的。

针对计算机病毒的特点和传播途径，目前采用以下几种防御技术。

(1) 引导扇区 MBR 保护技术。

MBR，Master Boot Record 的缩写，可以称为主引导记录或者主引导扇区。MBR 由三部分构成：主引导程序代码、硬盘分区表(DPT)、主引导扇区结束标志。计算机开机之后，访问磁盘必须先访问这个 MBR，获取到这个磁盘的相关信息，比如这个磁盘有几个分区，每个分区从哪开始，到哪结束，每个分区都是什么文件系统等信息。一旦病毒侵入，将造成严重的后果，所以需要采用引导扇区 MBR 保护技术，防止 MBR 被篡改。

(2) 内核级自我保护技术。

现在大部分主流病毒技术都进入了驱动级，病毒已经不再一味逃避杀毒软件追杀，而是开始与杀毒软件争抢系统驱动的控制权，使杀毒软件功能失效。内核级病毒有很强的隐蔽性和杀伤力。使用内核级自我保护技术在系统最底层提供强大而全面的保护，阻止了病毒入侵造成的破坏，保证了软件的顺利运行，为保障电脑系统和数据安全打下了坚实的基础。

(3) 反病毒 Rootkit、反 Hook 技术。

越来越多的病毒开始利用 Rootkit 技术隐藏自身，利用 Hook 技术破坏系统文件，防止被安全软件所查杀。采用反病毒 Rootkit、反病毒 Hook 技术能够检测出深藏的病毒文件、进程、注册表键值等，并能够阻止病毒利用 Hook 技术破坏系统文件，接管病毒钩子，防御病毒于系统之外。

(4) 虚拟机查杀技术。

“虚拟机杀毒技术”是在电脑中创造一个虚拟的 CPU 环境，将病毒在虚拟环境中激活，根据其行为特征，从而判断是否是病毒。也有专家认为，所谓虚拟机技术，就是用软件先虚拟一套运行环境，让病毒先在该虚拟环境下运行，从而观察病毒的执行过程。这个技术主要用来应对加壳和加密的病毒，因为这两类病毒在执行时最终还是要自身脱壳和解密的，这样，杀毒软件就可以在其“现出原形”之后通过特征码查毒法对其进行查杀。

(5) 内存查杀技术。

所谓“内存病毒”是指某些病毒(其实还是在硬盘里的)在开机后会随 Windows 启动，进入内存，关机后再复制到硬盘。如果用杀毒软件杀了硬盘里的病毒，关机时，Windows 会把内存里的病毒会又保存到硬盘里，结果每次开机病毒又会出现，杀也杀不完。内存查杀，就是为了防止这种现象，通过内存查杀技术，将病毒除去。

(6) ARP 防火墙。

ARP 防火墙通过在系统内核层拦截虚假 ARP 数据包以及主动通告网关本机正确的 MAC 地址，可以保障数据流向正确，不经过第三者，从而保证数据通信安全、保证网络畅通、保证数据通信不受第三者控制。包括拦截 ARP 攻击、拦截 IP 冲突、DoS 攻击抑制、ARP 数据分析等功能等。

(7) HIPS 主动防御技术。

一般意义上的“主动防御”，就是全程监视进程的行为，一旦发现“违规”行为，就通知用户，或者直接终止进程。它类似于警察判断潜在罪犯的技术，在成为一个罪犯之前，大多数人都有一些异常行为，比如“性格孤僻，有暴力倾向，自私自利，对现实不满”等先兆，但是并不是说有这些先兆的人都会发展为罪犯，或者罪犯都有这些先兆。

因此“主动防御”并不能 100%发现病毒或者攻击，它的成功率大概在 60%～80%。如果再加上传统的“特征码技术”，则有可能发现 100%的恶意程序与攻击行为了。

(8) 云安全技术。

“云安全(Cloud Security)”计划是网络时代信息安全的最新体现,它融合了并行处理、网格计算、未知病毒行为判断等新兴技术和概念,通过网状的大量客户端对网络中的软件行为的异常监测,获取互联网中木马、恶意程序的最新信息,推送到 Server 端进行自动分析和处理,再把病毒和木马的解决方案分发到每一个客户端。未来杀毒软件将无法有效地处理日益增多的恶意程序。来自互联网的主要威胁正在由电脑病毒转向恶意程序及木马,在这样的情况下,采用的特征库判别法显然已经过时。云安全技术应用后,识别和查杀病毒不再仅仅依靠本地硬盘中的病毒库,而是依靠庞大的网络服务,实时进行采集、分析以及处理。整个互联网就是一个巨大的“杀毒软件”,参与者越多,每个参与者就越安全,整个互联网就会更安全。

7.2 加密技术

随着互联网技术的发展,人们生活的方方面面都与互联网紧密相连,网络无处不在。例如工作与学习的交流、生活中的购物与娱乐等。互联网改变了人们的生活面貌,促进了社会的和谐发展。但是网络在给人们带来便利的同时也带来了威胁。互联网是一个面向大众的开放系统,在互联网的各个结点上一些有恶意企图的用户随时会发起对互联网的攻击,以达到窃取其他用户信息的目的。因此,网络信息安全问题变得越来越重要,而对于网络信息安全最有效的手段就是加密技术。

信息加密技术是利用数学的或物理的手段对电子信息在传输过程中和存储体内进行保护以防止信息泄漏的技术。保密通信、计算机密钥、防复制磁盘等都属于信息加密技术。通信过程中的加密主要采用密码加密。在数字通信中可利用计算机采用加密法改变负载信息的数码结构,计算机信息保护则以“软件加密”为主。一个数据加密系统包括加密算法明文、密文以及密钥控制加密和解密过程,一个加密系统的全部安全性是基于密钥而不是基于算法的,所以加密系统的密钥管理是一个非常重要的问题。目前世界上最流行的几种加密体制和加密算法有 RSA 算法和 CCEP 算法等。为防止破密,加密软件还常采用硬件加密和加密狗的方法。一些软件商品常带有一种小的硬卡,这就是硬件加密措施。加密狗也叫做加密锁,是为软件开发商提供的一种智能型的具有软件保护功能的工具,它包含一个安装在计算机并行口或 USB 口上的硬件,以及一套适用于各种语言的接口软件和工具软件。加密锁基于硬件保护技术,其目的是通过对软件与数据的保护防止知识产权被非法使用。

信息加密技术的核心是密码学。密码是实现秘密通信的主要手段,是隐蔽语言、文字、图像的特种符号。凡是用特种符号按照通信双方约定的方法把电文的原形隐蔽起来,不为第三者所识别的通信方式均称为密码通信。在计算机通信中,采用密码技术将信息隐蔽起来,再将隐蔽后的信息传输出去,使信息在传输过程中即使被窃取或截获,窃取者也不能了解信息的内容,从而保证信息传输的安全。

任何一个加密系统至少有 4 个组成部分:①未加密的报文,也称明文。②加密后的报文,也称密文。③加密解密设备或算法。④加密解密的密钥。

发送方用加密密钥，通过加密设备或算法，将信息加密后发送出去。接收方在收到密文后，用解密密钥将密文解密，恢复为明文。如果传输中有人窃取，他只能得到无法理解的密文，从而对信息起到保密作用。

常见的密码有手工密码、机械密码、电子机内乱密码、计算机密码，其中对于信息传输，计算机密码使用得最广泛。计算机密码，是以计算机软件编程进行算法加密为特点，适用于计算机数据保护和网络通信等用途广泛的密码。

常见的计算机加密方式有以下几种：

1. 数据加密标准

数据加密标准(DES)是美国经长时间征集和筛选后，于1977年由美国国家标准局颁布的一种加密算法。它主要用于民用敏感信息的加密，后来被国际标准化组织接受作为国际标准。DES主要采用替换和移位的方法加密。它用56位密钥对64位二进制数据块进行加密，每次加密可对64位输入数据进行16轮编码，经一系列替换和移位后，输入的64位原始数据转换成完全不同的64位输出数据。DES算法仅使用最大为64位的标准算术和逻辑运算，运算速度快，密钥生产容易，适合于在当前大多数计算机上用软件方法实现，同时也适合于在专用芯片上实现。

DES主要的应用范围有：

(1) 计算机网络通信。对计算机网络通信中的数据提供保护是DES的一项重要应用。但这些被保护的数据一般只限于民用敏感信息，即不在政府确定的保密范围之内的信息。

(2) 电子资金传送系统。采用DES的方法加密电子资金传送系统中的信息，可准确、快速地传送数据，并可较好地解决信息安全的问题。

(3) 保护用户文件。用户可自选密钥对重要文件加密，防止未授权用户窃密。

(4) 用户识别。DES还可用于计算机用户识别系统中。

DES是一种世界公认的较好的加密算法。自它问世二十多年来，成为密码界研究的重点，经受住了许多科学家的研究和破译，在民用密码领域得到了广泛的应用。它曾为全球贸易、金融等非官方部门提供了可靠的通信安全保障。但是，任何加密算法都不可能是十全十美的。它的缺点是密钥太短(56位)，影响了它的保密强度。此外，由于DES算法完全公开，其安全性完全依赖于对密钥的保护，必须由可靠的信道来分发密钥，如采用信使递送密钥等。因此，它不适合在网络环境下单独使用。

针对DES密钥短的问题，科学家又研制了80位的密钥，以及在DES的基础上采用三重DES和双密钥加密的方法。即用两个56位的密钥$K1$、$K2$，发送方用$K1$加密，$K2$解密，再使用$K1$加密。接收方则使用$K1$解密，$K2$加密，再使用$K1$解密，其效果相当于将密钥长度加倍。

2. 国际数据加密算法

国际数据加密算法(IDEA)是瑞士的著名学者提出的。它在1990年正式公布并在以后得到增强。这种算法是在DES算法的基础上发展出来的，类似于三重DES。发展

IDEA 也是因为感到 DES 具有密钥太短等缺点。IDEA 的密钥为 128 位，这么长的密钥在今后若干年内应该是安全的。

类似于 DES，IDEA 算法也是一种数据块加密算法，它设计了一系列加密轮次，每轮加密都使用从完整的加密密钥中生成的一个子密钥。与 DES 的不同处在于，它采用软件实现和采用硬件实现同样快速。

由于 IDEA 是在美国之外提出并发展起来的，避开了美国法律上对加密技术的诸多限制。因此，有关 IDEA 算法和实现技术的书籍都可以自由出版和交流，可极大地促进 IDEA 的发展和完善。但由于该算法出现的时间不长，针对它的攻击也还不多，还未经过较长时间的考验。因此，尚不能判断出它的优势和缺陷。

3. Clipper 加密芯片

密码虽然可为私人提供信息保密服务，但是它首先是维护国家利益的工具。正是基于这个出发点，考虑到 DES 算法公开后带来的种种问题，美国国家保密局（NSA）从 1985 年起开始着手制定新的商用数据加密标准，以取代 DES。1990 年开始试用，1993 年正式使用，主要用于通信交换系统中电话、传真和计算机通信信息的安全保护。

新的数据加密标准完全改变了过去的政策，密码算法不再公开，对用户提供加密芯片 Clipper 和硬件设备。新算法的安全性远高于 DES，其密钥量比 DES 多 1000 多万倍。据估算，穷举破译至少需要 10 亿年。为确保安全，Clipper 芯片由一个公司制造裸片，再由另一公司编程后方可使用。

由于完全是官方的封闭控制，该算法除可提供高强度的密码加密外，还可对保密通信进行监听，以防止不法分子利用保密通信进行非法活动，但这种监听是在法律允许的范围内进行的。官方控制也成为美国民间反对该方案的一个重要原因。

Clipper 芯片主要用于商业活动的计算机通信网。NSA 同时在着手进行政府和军事通信网中数据加密芯片的研究，并作为 Clipper 的换代产品。它除了具有 Clipper 的全部功能外，还将实现美国数字签名标准（DSS）和保密的哈希函数标准以及用纯噪声源产生随机数据的算法等。

4. 公开密钥密码体制

传统的加密方法是加密、解密使用同样的密钥，由发送者和接收者分别保存，在加密和解密时使用，采用这种方法的主要问题是密钥的生成、注入、存储、管理、分发等很复杂，特别是随着用户的增加，密钥的需求量成倍增加。在网络通信中，大量密钥的分配是一个难以解决的问题。例如，若系统中有 n 个用户，其中每两个用户之间需要建立密码通信，则系统中每个用户须掌握 $n-1$ 个密钥，而系统中所需的密钥总数为 $n(n-1)/2$ 个。对 10 个用户的情况，每个用户必须有 9 个密钥，系统中密钥的总数为 45 个。对 100 个用户来说，每个用户必须有 99 个密钥，系统中密钥的总数为 4950 个。这还仅考虑用户之间的通信只使用一种会话密钥的情况。如此庞大数量的密钥生成、管理、分发确实是一个难处理的问题。

20 世纪 70 年代，美国斯坦福大学的两名学者迪菲和赫尔曼提出了一种新的加密方法——公开密钥加密(PKE)方法。与传统的加密方法不同,该技术采用两个不同的密钥来对信息加密和解密,它也称为"非对称式加密"方法。每个用户有一个对外公开的加密算法 E 和对外保密的解密算法 D,它们须满足条件:

(1) D 是 E 的逆,即 $D[E(X)]=X$;

(2) E 和 D 都容易计算。

(3) 由 E 出发去求解 D 十分困难。

从上述条件可看出,公开密钥密码体制下,加密密钥不等于解密密钥。加密密钥可对外公开,使任何用户都可将传送给此用户的信息用公开密钥加密发送,而该用户唯一保存的私人密钥是保密的,也只有它才能将密文复原、解密。虽然解密密钥理论上可由加密密钥推算出来,但这种算法设计在实际上是不可能的,或者虽然能够推算出,但要花费很长的时间而成为不可行的。所以将加密密钥公开也不会危害密钥的安全。

数学上的单向陷门函数的特点是一个方向求值很容易,但其逆向计算却很困难。许多形式为 $Y=f(x)$ 的函数,对于给定的自变量 x 值,很容易计算出函数 Y 的值;而由给定的 Y 值,在很多情况下依照函数关系 $f(x)$ 计算 x 值十分困难。例如,两个大素数 p 和 q 相乘得到乘积 n 比较容易计算,但从它们的乘积 n 分解为两个大素数 p 和 q 则十分困难。如果 n 足够大,当前的算法不可能在有效的时间内实现。正是基于这种理论,1978 年出现了著名的 RSA 算法。这种算法为公用网络上信息的加密和鉴别提供了一种基本的方法。它通常是先生成一对 RSA 密钥,其中之一是保密密钥,由用户保存;另一个为公开密钥,可对外公开,甚至可在网络服务器中注册。为提高保密强度,RSA 密钥至少为 500 位长,一般推荐使用 1024 位。这就使加密的计算量很大。为减少计算量,在传送信息时,常采用传统加密方法与公开密钥加密方法相结合的方式,即信息采用改进的 DES 或 IDEA 对话密钥加密,然后使用 RSA 密钥加密对话密钥和信息摘要。对方收到信息后,用不同的密钥解密并可核对信息摘要。

RSA 算法的加密密钥和加密算法分开,使得密钥分配更为方便。它特别符合计算机网络环境。对于网上的大量用户,可以将加密密钥用电话簿的方式印出。如果某用户想与另一用户进行保密通信,只需从公钥簿上查出对方的加密密钥,用它对所传送的信息加密发出即可。对方收到信息后,用仅为自己所知的解密密钥将信息解密,了解报文的内容。由此可看出,RSA 算法解决了大量网络用户密钥管理的难题。但 RSA 并不能替代 DES,它们的优缺点正好互补。RSA 的密钥很长,加密速度慢,而采用 DES,正好弥补了 RSA 的缺点。即 DES 用于明文加密,RSA 用于 DES 密钥的加密。由于 DES 加密速度快,适合加密较长的报文;而 RSA 可解决 DES 密钥分配的问题。美国的保密增强邮件(PEM)就是采用了 RSA 和 DES 结合的方法,目前已成为 E-mail 保密通信标准。

7.3 入侵检测技术

自 1980 年产生入侵检测系统(Intrusion Detection Systems,IDS)概念以来,已经出现了基于主机和基于网络的入侵检测系统,出现了基于知识的模型识别、异常识别和协议分析等入侵检测技术,并能够对百兆、千兆甚至更高流量的网络系统执行入侵检测。

入侵检测是一门综合性技术,既包括实时检测技术,也有事后分析技术。尽管用户希望通过部署入侵检测系统来增强网络安全,但不同的用户需求也不同。由于攻击的不确定性,单一的入侵检测系统产品可能无法做到面面俱到。因此,入侵检测系统的未来发展必然是多元化的,只有通过不断改进和完善才能更好地协助网络进行安全防御。

入侵检测技术的发展已经历了以下 4 个主要阶段:

第一阶段是以基于协议解码和模式匹配为主的技术。其优点是对于已知的攻击行为非常有效,各种已知的攻击行为可以对号入座,误报率低;缺点是高超的黑客采用变形手法或者新技术可以轻易躲避检测,漏报率高。

第二阶段是以基于模式匹配+简单协议分析+异常统计为主的技术。其优点是能够分析处理一部分协议,可以进行重组;缺点是匹配效率较低,管理功能较弱。这种检测技术实际上是在第一阶段技术的基础上增加了部分对异常行为分析的功能。

第三阶段是以基于完全协议分析+模式匹配+异常统计为主的技术。其优点是误报率、漏报率和滥报率较低,效率高,可管理性强,并在此基础上实现了多级分布式的检测管理;缺点是可视化程度不够,防范及管理功能较弱。

第四阶段是以基于安全管理+协议分析+模式匹配+异常统计为主的技术。其优点是入侵管理和多项技术协同工作,建立全局的主动保障体系,具有良好的可视化、可控性和可管理性。以该技术为核心,可构造一个积极的动态防御体系,即 IMS——入侵管理系统。新一代的入侵检测系统应该是具有集成基于主机型入侵检测系统(Host-based Intrusion Detection System,HIDS)和网络入侵检测系统(Network Intrusion Detection System,NIDS)的优点、部署方便、应用灵活、功能强大,并提供攻击签名、检测、报告和事件关联等配套服务功能的智能化系统。

入侵检测是指"通过对行为、安全日志或审计数据或其他网络上可以获得的信息进行操作,检测到对系统的闯入或闯入的企图"。图 7.1 是入侵检测模型主要组成部分的示意图。

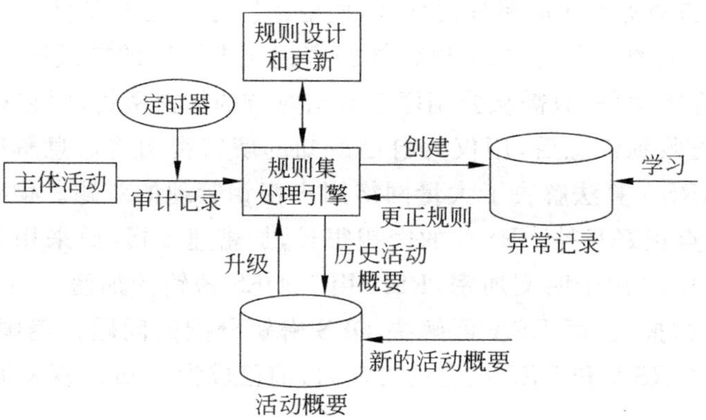

图 7.1 通用入侵检测模型

入侵检测技术大致分为基于知识的模式识别、基于知识的异常识别和协议分析三类。而主要的入侵检测方法有特征检测法、概率统计分析法和专家系统检测法。

(1) 基于知识的模式识别。

这种入侵检测技术是通过事先定义好的模式数据库来实现的,其基本思想是:首先把各种可能的入侵活动均用某种模式表示出来，并建立模式数据库，最后监视主体的一举一动，当检测到主体活动违反了事先定义的模式规则时，根据模式匹配原则判别是否发生了攻击行为。

模式识别的关键是建立入侵模式的表示形式，同时要能够区分入侵行为和正常行为。这种检测技术仅限于检测出已建立模式的入侵行为，属已知类型，对新类型的入侵则无能为力，仍需改进。

(2) 基于知识的异常识别。

这种入侵检测技术是通过事先建立正常行为档案库来实现的，其基本思想是：首先把主体的各种正常活动用某种形式描述出来，并建立"正常活动档案"，当某种活动与所描述的正常活动存在差异时，就认为是"入侵"行为，进而被检测识别。

异常识别的关键是描述正常活动和构建正常活动档案库。

(3) 协议分析。

这种检测方法是根据针对协议的攻击行为来实现的，其基本思想是：首先把各种可能针对协议的攻击行为描述出来，其次建立用于分析的规则库，最后利用传感器检查协议中的有效荷载，并详细解析，从而实现入侵检测。

这种检测技术能检测出更为广泛的攻击，包括已知的和未知的攻击行为。利用行为进行识别时，存在4种可能：一是入侵且行为正常；二是入侵且行为异常；三是非入侵且行为正常；四是非入侵且行为异常。根据异常识别思想，把第二种和第四种情况判定为"入侵"行为。这种检测技术可以检测出未知行为，并具有简单的学习功能。

以下是几种基于知识的异常识别入侵检测方法：

(1) 基于审计的攻击检测技术。

这种检测方法是通过对审计信息的综合分析实现的，其基本思想是：根据用户的历史行为、先前的证据或模型，使用统计分析方法对用户当前的行为进行检测和判别，当发现可疑行为时，保持跟踪并监视其行为，同时向系统安全员提交安全审计报告。

(2) 基于神经网络的攻击检测技术。

由于用户的行为十分复杂，要准确匹配一个用户的历史行为和当前的行为是相当困难的，这也是基于审计攻击检测的主要弱点。而基于神经网络的攻击检测技术则是一个对基于传统统计技术的攻击检测方法的改进，它能够解决传统的统计分析技术所面临的若干问题，如建立确切的统计分布、实现方法的普遍性、降低算法实现的成本和系统优化等问题。

(3) 基于专家系统的攻击检测技术。

所谓专家系统就是一个依据专家经验定义的推理系统。这种检测是建立在专家经验基础上的，它根据专家经验进行推理判断得出结论。例如，当用户连续三次登录失败时，就可以把该用户的第四次登录视为攻击行为等。

(4) 基于模型推理的入侵检测技术。

攻击者在入侵一个系统时往往采用一定的行为程序，如猜测口令的程序。这种行为程序构成了某种具有一定行为特征的模型，根据这种模型所代表的攻击意图的行为特征，可以实时地检测出恶意的攻击企图，尽管攻击者不一定都是恶意的。用基于模型的推理方法人们能够为某些行为建立特定的模型,从而能够监视具有特定行为特征的某些活动。根据假设的攻击脚本,这种系统就能检测出非法的用户行为。一般为了准确判断,要为不同的入侵者和不同的系统建立特定的攻击脚本。

使用基于知识的模式识别和基于知识的异常识别所得出的结论差异较大,甚至得出相反结论。这是因为基于知识的模式识别的核心是维护一个入侵模式库,它对已知攻击可以详细、准确地报告出攻击类型,但对未知攻击却无能为力,而且入侵模式库必须不断更新。而基于知识的异常识别则是通过对入侵活动的检测得出结论的,它虽无法准确判断出攻击的手段,但可以发现更广泛的、甚至未知的攻击行为。

7.4 防火墙技术

7.4.1 防火墙简介

防火墙是在内部网与外部网之间进行数据交换的一种安全防护手段,它可以保护本地主机免受一些非法人员利用网络技术进行攻击的威胁,同时仍允许双方通信。目前,许多防火墙都用于外网与内部网之间(如图 7.2 所示)。其实,企业网内部也可使用防火墙。

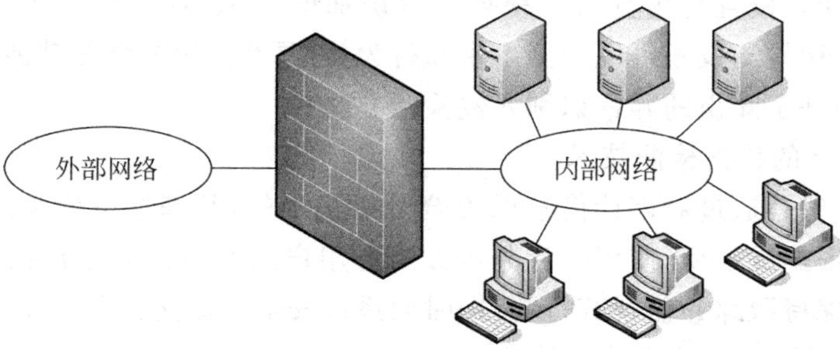

图 7.2 防火墙示意图

防火墙实际上是一种计算机硬件和软件的组合,使 Internet 与 Intranet 之间建立起一个安全网关(Security Gateway),主要由服务访问规则、验证工具、包过滤和应用网关 4 个部分组成,企业内部的计算机中流入流出的所有网络通信和数据包均要经过防火墙。防火墙具有以下属性:

(1) 双向流通信息必须经过它;

(2) 只有被预定本地安全策略授权的信息流才被允许通过;

(3) 该系统本身具有很高的抗攻击性能。

防火墙的产生和发展已经历了相当一段时间。根据不同的标准,防火墙分类的方法也各不相同。按防火墙发展的先后顺序可分为包过滤型(Pack Filter)防火墙(也叫第一代防火墙),复合型(Hybrid)防火墙(也叫第二代防火墙)以及继复合型防火墙之后的第三代防火墙。在第三代防火墙中最具代表性的有 IGA(Internet Gateway Appliance)防毒墙、Sonic Wall 防火墙以及 Cink Tvust Cyberwall 等。按防火墙在网络中的位置可分为边界防火墙、分布式防火墙。分布式防火墙又包括主机防火墙、网络防火墙。按防火墙实现的手段可分为硬件防火墙、软件防火墙以及软硬兼施的防火墙。

7.4.2 防火墙技术

防火墙的种类多种多样，在不同的发展阶段，采用的技术也各不相同。采用不同的技术，因而也就产生了不同类型的防火型。防火墙所采用的技术主要有：

1. 屏蔽路由技术

最简单和最流行的防火墙技术是“屏蔽路由器”。多数商业路由器具有内置的限制目的地间通信的能力。屏蔽路由器一般只在网络层工作(有的还包括传输层)，采用包过滤或虚电路技术。包过滤通过检查每个IP网络包，取得其头信息，一般包括：到达的物理网络接口，源IP地址，目标IP地址，传输层类型(TCP/UDP/ICMP)，源端口和目的端口。根据这些信息，判别是否和规则集中的某条目匹配，并对匹配包执行规则中指定的动作(禁止或允许)。包过滤系统通常可以重置网络包地址，从流出的通信包中看是否不同于其原始主机地址转换(NAT)，通过NAT可以隐藏内部网络拓扑和地址表，而虚电路技术的核心是验证通信包是一个连接中的数据包(两个传输层之间的虚电路)。首先检查每个连接的建立以确保其发生在合法的握手之后。在握手完成前不转发数据包，系统维护一个有效连接表(包括完整的会话状态和序列信息)，当网络包信息与虚电路表中的某一入口匹配时才允许包含数据的网络包通过。当连接终止后，它在表中的入口就被删除，从而两个会话层之间的虚电路也就被关闭了。

屏蔽路由器类型的防火墙的优点有：

(1) 屏蔽路由器类型的防火墙性能要优于其他类型的防火墙，因为它执行较少的计算，并且可以很容易地以硬件方式实现。

(2) 屏蔽路由器类型的防火墙规则设置简单，通过禁止内部计算机和特定Internet资源的连接，采用单一规则即可保护整个网络。

(3) 屏蔽路由器类型的防火墙不需要对客户端计算机进行专门的配置，通过NAT可以对外部用户屏蔽内部IP。

屏蔽路由器类型的防火墙的缺点是：

(1) 无法识别到应用层协议，也无法对协议子集进行约束。

(2) 处理包内信息的能力有限。

(3) 通常不能提供其他附加功能，如HTTP的目标缓存，URL过滤以及认证。

(4) 无法约束由内部主机到防火墙服务器上的信息，只能控制什么样的信息可以通过，从而入侵者可能访问到防火墙主机的服务，带来安全隐患。

(5) 缺乏或者没有审计追踪，从而也就缺乏报警机制。

(6) 由于对众多网络服务的“广泛”支持所造成的复杂性，很难对规则有效性进行测试。

2. 基于代理的防火墙技术

代理防火墙技术是直接和应用程序打交道的,它通常被配置为“双宿主网关”,具有两个网络接口卡,同时接入内部网和外部网。首先它不会让数据包直接通过,而是自己先接收数据包,并进行数据分析。当代理程序检查无误后,它将启动另一个连接,向外部网络发送同样的请求,然后将返回的数据发送回那个提出请求的内部网计算机。通常代理防火墙是根据自己所处行业特点专门定制的,安全系数高。代理服务不允许直接与真正的服务器通信,而是与代理服务器通信(用户的默认网关指向代理服务器)。各个应用代理在用户和服务器之间处理所有的通信。能够对通过它的数据进行详细的审计追踪,因此它更加安全。因为代理软件可以根据防火墙后面的主机的脆弱性来制定,以专门防范已知的攻击,如图 7.3 所示。

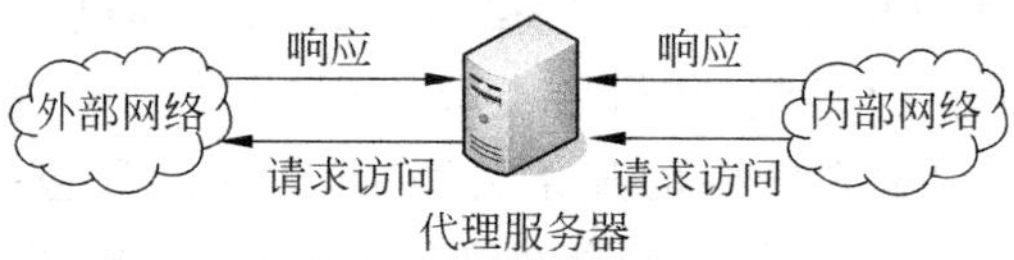

图 7.3 代理服务原理结构

代理防火墙的主要优点有:

(1) 代理服务可以识别并实施高层的协议,如 HTTP 和 FTP 等。

(2) 代理服务包含通过防火墙服务器的通信信息,可以提供源于部分传输层,全部应用层和部分会话层的信息。

(3) 代理服务可以用于禁止访问特定的网络服务,而允许其他服务的使用。

(4) 代理服务能处理数据包,通过提供透明服务,可以让使用代理的用户感觉在直接与外部通信。代理服务还可以提供屏蔽路由器不具备的附加功能。

代理防火墙的主要缺点是:

(1) 代理服务有性能上的延迟,因为流入数据需要被处理两次(应用程序和其代理)。

(2) 代理防火墙一般需要客户端的修改或设置,因此配置过程烦琐。

(3) 代理由于通常需要附加的口令和认证而造成延迟,会给用户带来不便。

(4) 应用级防火墙一般不能提供 UDP,RPC 等特殊协议类的代理。

(5) 应用层有时会忽略那些底层的网络包信息。

3. 包过滤技术

包过滤技术功能常在路由器上看到,系统通过检查包的地址、协议、端口等信息,按照一定的信息过滤规则,对进出内部网络的信息进行限制,允许授权信息通过,而拒绝非授权信息通过。包过滤防火墙工作在网络层和逻辑链路层之间。截获所有流经的 IP 包,从其 IP 头、传输层协议头,甚至应用层协议数据中获取过滤所需的相关信息,然后依次按顺序与事先设定的访问控制规则进行一一匹配比较,执行其相关的动作,其原理和结构如图 7.4 所示:

包过滤的缺点是:

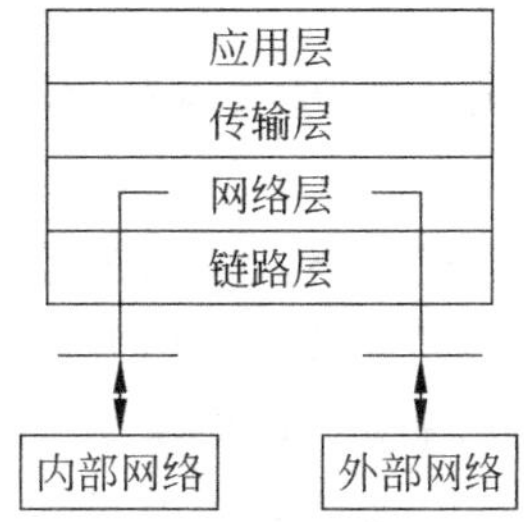

图7.4 包过滤结构图

(1) 由于对数据包只是简单检测,无法对协议及上层的内容进行核查,因此无法看到数据包中的内容,这就容易被非法侵入。如果一个数据包中含有病毒程序,而包过滤的防火墙又无法对数据包内容进行核查,此时防火墙就形同虚设,毫无作用。

(2) 由于此种类型的防火墙工作在较低层次,防火墙本身所能接触到的信息较少,所以它无法提供描述事件细致的日志系统。此类防火墙生成的日志常常只包括数据包捕获时间、三层的IP地址以及四层的端口等非常原始的信息。

4. 动态防火墙技术

动态防火墙技术是针对静态包过滤技术而提出的一项新技术。静态包过滤技术局限于过滤基于源及目的的端口,IP地址的输入输出业务,因而限制了控制能力。由于网络的所有高位(1024～65 535)端要么开放,要么关闭,使网络处于很不安全的境地。而动态防火墙技术可创建动态的规则,使其适应不断改变的网络业务量。根据用户的不同要求,规则能被修改并接受或者拒绝。具体地讲,动态防火墙技术并不是根据状态来对包进行有效性检查的,而是通过为每个会话维护其状态信息,来提供一种防御措施和方法的。它可以分辨通信是初始请求还是对请求的回应,即是否是新的会话通信,以实现"单向规则",即在过滤规则中可以只允许一个方向上的通信。在该方向上的初始请求被允许和记录后,其连接的另一方向的回应也将被允许,这样不必在过滤规则中为其回应考虑,大大减少了过滤规则的数量和复杂性。同时,它还为协议和服务的过滤提供了理想的解决方案,能很好地实现"只允许内部访问外部"的策略,使内部网络更安全。从外部看,在没有合法的通信时,除规则允许外部访问的所有内部主机端口开放,并且当连接结束时,也随之关闭。而从内部来看,除规则明确拒绝外,所有外部资源都是开放的,并且它还为一些针对TCP的攻击提供了在包过滤上进行防御的手段。

动态防火墙为了跟踪维护连接状态,它必须对所有进出的数据包进行分析,从其传输层、应用层中提取相关的通信和应用状态信息,根据其源和目的IP地址、传输层协议和源目的端口来区分每一连接,并建立动态连接表为所有连接存储其状态和上下文信息,同时检查后续的通信。动态防火墙要及时更新这些信息,当连接结束时,也应及时从连接表中删除其相应信息。

动态连接表是动态防火墙技术的核心。对所有进出的数据包,首先在动态连接表中查找相应的连接表项,若其存在,便可得到过滤结果,否则查找相应的过滤规则,并为其创建一连接表项。这样就不必为每个数据包都在过滤规则中依次进行比较来查找响应规则了,从而大大提高了过滤效率和网络通信速度。但是,动态防火墙包过滤技术在实现中也有一些缺陷:它通过检查关键词来实现对应用协议和数据的过滤,无法对跨分组的关键词进行检查,而且一旦过滤掉分组后,它只能简单地关闭连接,不会向源端传送任何错误信息。

7.4.3 防水墙技术

在企事业单位的信息安全方面,不仅要求防止外界的干扰和破坏,更要防止内部信息的泄漏。有句老话叫做"家贼难防"。防水墙(WaterWall)是相对于防火墙(FireWall)的一个概念。如果说防火墙就是为了防止外部威胁向内部渗透的话,那么防水墙就是为了防止内部信息向外扩散。防水墙是利用密码技术、访问控制、检测和审计等技术手段,对涉密信息、重要的业务数据与技术专利等敏感信息及其载体和处理构成等实施安全保护的软件系统,使之不被非法或违规地入侵、外传、破坏、拷贝、滥用的技术方法,从本质上阻止了敏感信息的泄露。利用防水墙技术可以很好地在事前、事中和事后对内网的数据安全进行全面防护,与防病毒产品、外部安全产品等一起构成完整的网络安全体系。

防水墙对内网的信息安全主要有5个方面的功能:

(1) 信息泄密防护。针对连接内部网络的主机,通过网络传输、移动存储介质的拷贝和打印机打印纸质文献这三种泄密途径做全面的防护,且记录日志或文件以备事后追查。

(2) 文件安全服务。提供了对敏感文件的安全防护,引入了加密域的概念。加密域是一组防水墙系统用户的组合,每个文件在加密时均选择加密域,只有处于选择域内的用户才能进行解密查看,从而有效地防止了文件在传输途中可能造成的泄密。

(3) 系统实时监控。实时抓取并记录内部网的各台主机的屏幕,并记录受控主机的运行状况历史日志,以便审计和监控,是计算机安全保密的有效措施之一。

(4) 系统资源管理。限制系统软硬件的安装、卸载、控制特定程序的运行、限制系统进入安全模式,控制文件的重命名和删除等操作,受控主机上的软硬件信息,上传至服务器作为资源进行备份。

(5) 扩展身份认证。可接管 Windows 身份认证。如果接管 Windows 身份认证,只需输入合法的防水墙用户名和口令即可登录 Windows 系统。

防水墙是通过建立一套完整的计算机安全管理体系来达到防止信息泄露的目的的,防水墙将所有与安全相关的内容都划分为三个阶段进行管理:事前预防主要包括策略的定义、策略的有效时间和生命周期、策略的维护、策略的继承以及分级分权管理和相应的配套规章制度的建立等;事中监督。主要包括对各种主要泄密事件类型的状况监控和运行状况的记录;事后审计。主要通过对黑匣子记录的防水墙系统的运行信息和用户操作进行事后审计,并提供详细的分析报告。

一般来说,防水墙由三层结构组成:高层的用户接口层,以实时更新的内网拓扑结构为基础,提供系统配置、策略配置、实时监控、审计报告、安全警告等功能;低层的功能模块,由分布在各个主机上的探针组成;中层的安全服务层,从低层收集实时信息,向高层汇报或报警,并记录整个系统的审计信息,以备查询或生成报表。

防水墙是对防火墙、虚拟专用网、入侵检测系统等多种安全设备所提供的安全服务的有效补充。对企事业单位的整体信息安全来说,防水墙是不可或缺的一个重要组成部分。

7.5 电子认证技术

在信息传输过程中，一方面既要保证信息的安全性，防止通信中的信息被人窃取和破译，防止对系统进行被动攻击。另一方面也要保证信息的完整性、有效性。因此要确认与之通信的对方身份的真实性，信息在传输过程中是否被篡改、伪装和抵赖，防止对系统进行主动攻击。

认证（Authentication）是防止对信息系统进行主动攻击（如伪造、篡改信息等）的重要技术，对于保证开放环境中各种信息系统的安全性有重要作用。认证的目的有两个方面：一是验证信息发送者是合法的，而不是冒充的，即实体验证，包括信源、信宿等的认证和识别；二是验证信息的完整性以及数据在传输或存储过程中是否被篡改、重放或延迟等。

7.5.1 认证模式与认证方式

认证模式和用户认证方法可以采取较为灵活的方式。网络中的认证是使用远程服务的前提，认证贯穿于网络服务的全过程中。

1. 认证模式

通常可以使用以下三种模式对网络认证加以保护。

(1) 用户认证：是基于使用者本身的认证；

(2) 会话认证：是对于用户访问服务权限的认证；

(3) 客户认证：一般基于源地址而不是基于用户的访问授权进行认证。

2. 认证方式

认证方式是指实现认证的具体途径。认证方式通常分为三类：

(1) 使用生物体本身的属性来识别，比如：个体的指纹、手印、笔记、声音、头像、虹膜、DNA 等个体特征；

(2) 使用认证者和验证者所共知的信息系统，比如使用相同的数据加密方法等；

(3) 通过使用者所具有的事物进行认证，比如使用者的钥匙、智能卡等。

7.5.2 数字签名技术

数字签名是由公钥密码发展而来的，在身份认证、数据完整性、不可否认性以及匿名性等方面有重要应用，特别是在大型网络安全通信中的密钥分配、认证及电子商务系统中具有重要作用。数字签名是实现认证的重要工具。

1. 什么是数字签名

数字签名就是一种防止源点和终点否认的认证技术，一个数字签名必须保证以下三点：

(1) 接收者能够核实发送者对报文的签名；

(2) 发送者事后不能抵赖对报文的签名；

(3) 接收者不能伪造发送者对报文的签名。

一般数字签名的格式为：用户 A 向 B 用明文送去消息 m，为了让 B 确信消息 m 是 A 送来的并且没有篡改，可在 m 的后面附上固定长度(比如 60b 或 128b)的数码。B 收到消息后，可通过一系列的步骤验证，然后予以确认或拒绝消息 m。图 7.5 是数字签名的一个基本过程。

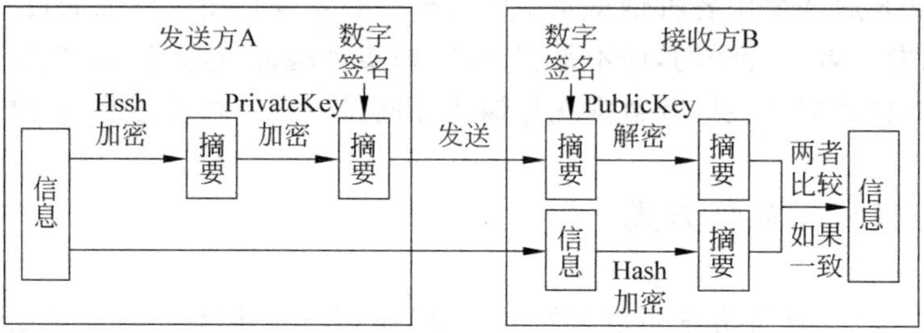

图 7.5 数字认证的基本过程

在公钥体制下，数字签名是通过一个单向函数对要传送的报文进行处理，得到用以核实报文是否发生变化的一个字母数字串。该字母数字串成为该消息的消息摘要，用户用自己的私钥对消息摘要进行加密，然后信息接收者使用信息发送者的公钥对附在原始信息后的数字签名进行解密后获得哈希摘要，并通过与用自己收到的原始数据产生的哈希摘要对照，便可确信原始信息是否被篡改，同时也保证了数据传输的不可否认性。

2. 数字签名特点

(1) 签名是可信的：任何人都可以方便地验证签名的有效性。

(2) 签名是不可伪造的：除了合法的签名者之外，任何其他人伪造其签名都是困难的。这种困难性指实现时在计算上是不可行的。

(3) 签名是不可复制的：对一个消息的签名不能通过复制变为另一个消息的签名。如果一个消息的签名是从别处复制的，则任何人都可以发现消息与签名之间的不一致性，从而可以拒绝签名的消息。

(4) 签名的消息是不可改变的：经签名的消息不能被篡改。一旦签名的消息被篡改，则任何人都可以发现消息与签名之间的不一致。

(5) 签名是不可否认的：签名者不能否认自己的签名。

3. 数字签名的实现方法

(1) 基于对称密钥加密算法的数字签名方法。

基于对称密钥加密算法的数字签名方法的本质是共享密钥的验证。这种算法的签名通常称为 Hash 签名。该签名不属于强计算密集型算法，应用较广泛。很多少量现金支付系统，如DEC的Millicent和CyberCash的CyberCoin等都使用Hash签名。使用这种较快的Hash算法，可以降低服务器资源的消耗，减轻中央服务器的负荷。Hash签名的主要局限是接收方必须持有用户密钥的副本以检验签名，因为双方都知道生成签名的密钥，较容易攻破，存在伪造签名的可能。如果中央服务器或用户计算机中有一个被攻破，那么其安全性就受到了威胁。因此，这种签名机制适合安全性要求不是很高的系统。

(2) 基于公钥密码算法的数字签名方法。

基于公钥密钥算法的数字签名方法本质上是公钥密码加密算法的逆应用。如图7.6所示，此时发送方用自己的私钥对消息进行加密，接收方收到消息后用发送方的公钥进行解密，由于私钥由发送方自己保管且只有他本人知道，入侵者只知道发送者的公钥，不可能伪造签名，从而起到签名的效果。

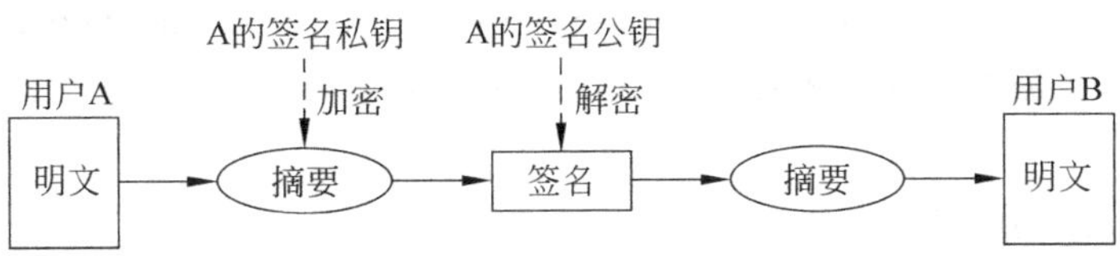

图7.6 基于公钥密钥算法的数字签名示意图

实际使用的数字签名通常是基于公钥密码体制的，且只是对消息的摘要而不是对消息本身进行签名。

7.5.3 DSA签名

DSA(Digital Signature Algorithm)是在ElGamal和Schnorr两个签名方案的基础上设计的，是由美国国家标准化研究院和国家安全局共同开发的。DSA虽然是一种公开密钥技术，但它与RSA(RSA算法是1978年由Ron Rivest、AdiShamir和Leonard Adleman三人共同发明的、第一个既能用于数据加密也能用于数字签名的算法。RSA算法是以发明者的名字命名的)不同，只能用于数字签名，不能用作加密或密钥交换。DSA的安全性基于求离散对数的困难性。

算法描述如下：

(1) DSA的参数。

① 全局公开密钥分量p、q、g，可以为一组用户公用。

p是满足$2L-1<p<2L$的大素数，其中$512\leqslant L\leqslant 1024$，并且$L$是64的倍数，即比特长度在512到1024之间，长度增量为64位。q是$p-1$的素因子。

② 用户私有密钥x。

x是满足$0<x<q$的随机或伪随机整数。

③ 用户的公开密钥y。

$y=g \bmod p$

④ 用户为待签消息选取的秘密数k。

k是满足$0<k<q$的随机或伪随机整数。每次签名都要重新生成k。q的长度为

160 比特。$g=h(p-1)/q \bmod p$,其中 h 是一个整数,满足 $1<h<p-1$ 并且 $g=h(p-1)/q \bmod p>1$。

(2) 签名过程。

对待签消息 M,设 $0<M<q$。签名过程如下:

① 生成一随机整数 k。

② 计算 $r=g \bmod p(\bmod q)$。

③ 计算 $s=k(h(M)+xr)(\bmod q)$。

(r,s)为签名人对 M 的签名。

(3) 验证过程。

① 检查 r 和 s 是否属于$[0,q]$,若不是,则(r,s)不是签名。

② 计算 $t=s-1(\bmod q)$,$r'=gh(M)t(\bmod q)yrt(\bmod q)\bmod p(\bmod q)$。

③ 比较 $r'=r$ 是否成立。若成立,则(r,s)为合法签名。

7.5.4 生物识别技术

生物识别技术是指通过计算机与光学、声学、生物传感器和生物统计学原理等高科技手段密切结合,利用人体固有的生理特性(如指纹、人脸、虹膜、DNA 等)和行为特征(如笔迹、声音、步态等)来进行个人身份的鉴定和识别的技术。

生物识别系统对生物特征进行取样,提取其唯一的特征并且转化成数字代码,并进一步将这些代码组成特征模板。由于微处理器及各种电子元器件成本不断降低,精度逐渐提高,生物识别系统逐渐应用于商业上的授权控制如门禁、企业考勤管理系统安全认证等领域。

1. 指纹识别技术

据统计,只有百万分之一的可能性才会出现两个人的指纹是一样的情况。因此可以通过人体的指纹来进行个人身份的确定。实现指纹识别有多种方法。其中有的是仿效传统的公安部门使用的方法,比较指纹的局部细节,有的直接通过全部特征进行识别;还有一些使用更独特的方法,如指纹的波纹边缘模式和超声波。有些设备能即时测量手指指纹,有些则不能。在所有生物识别技术中,指纹识别是当前应用最为广泛的一种。

指纹识别对于室内安全系统来说更为适合,因为可以有充分的条件为用户提供讲解和培训,而且系统运行环境也是可控的。由于其相对低廉的价格、较小的体积(可以很轻松地集成到键盘中)以及容易整合,所以在工作站安全访问系统中应用的几乎全部都是指纹识别。

指纹识别技术现在已经研究得比较成熟了。指纹识别技术广泛应用于考勤、安检、门锁、银行、公安等安全领域。有关指纹识别的产品包括指纹密码锁、指纹考勤机、指纹电脑、指纹手机、指纹 U 盘等,尤其是其中的指纹考勤机系统现在已经被广泛应用于企事业单位。

2. 掌纹识别技术

掌纹识别技术是近几年提出的一种较新的生物特征识别技术。掌纹是指手指末端到手腕部分的手掌图像。其中很多特征可以用来进行身份识别,如主线、皱纹、细小的纹理、脊末梢、分叉点等。掌纹识别也是一种非侵犯性的识别方法,用户比较容易接受,对采集设备要求不高。

掌纹中最重要的特征是纹线特征,而且这些纹线特征中最清晰的几条纹线基本上是伴随人的一生不发生变化的。并且在低分辨率和低质量的图像中仍能够清晰地辨认。掌纹的点特征主要是指手掌上所具有的和指纹类似的皮肤表面特征,如掌纹乳突纹在局部形成的奇异点及纹形。点特征需要在高分辨率和高质量的图像中获取,因此对图像的质量要求较高。

掌纹的纹理特征,主要是指比纹线更短、更细的一些纹线,但其在手掌上分布是毫无规律的。掌纹的特征还包括几何特征,如手掌的宽度、长度和几何形状,以及手掌不同区域的分布。

掌纹中所包含的信息远比一枚指纹包含的信息丰富,利用掌纹的纹线特征、点特征、纹理特征、几何特征完全可以确定一个人的身份。因此,从理论上讲,掌纹具有比指纹更好的分辨能力和更高的鉴别能力。

3. 声音识别技术

声音识别就是通过分析使用者声音的物理特性来进行识别的技术。目前,虽然已经有一些声音识别产品进入市场,但使用起来还不太方便,这主要是因为传感器和人的声音可变性都很大。另外,比起其他的生物识别技术,它使用的步骤也比较复杂,在某些场合显得不方便。很多研究工作正在进行中,声音识别技术在不久将会取得重大进展。

4. 视网膜识别技术

视网膜识别使用光学设备发出的低强度光源扫描视网膜上独特的图案。有资料显示,视网膜扫描是十分精确的,但它要求使用者注视接收器并盯着一点。这对于戴眼镜的人来说很不方便,而且与接收器的距离很近,也让人感到不太舒服。所以尽管视网膜识别技术本身很好,但用户的接受程度很低。因此,该类产品虽在20世纪90年代经过重新设计,加强了连通性,改进了用户界面,但仍然是一种非主流的生物识别产品。

5. 虹膜识别技术

虹膜识别技术是与指纹识别技术类似的人体生物识别技术之一,是与眼睛有关的生物识别中对人产生较少干扰的技术。

人眼睛的外观图由巩膜、虹膜、瞳孔三部分构成。巩膜即眼球外围的白色部分,约占总面积的30%;眼睛中心为瞳孔部分,约占5%;虹膜位于巩膜和瞳孔之间,包含了最丰富的纹理信息,占据65%。从外观上看,虹膜由许多腺窝、皱褶、色素斑等构成,是人体中最独特的结构之一。虹膜的形成由遗传基因决定,人体基因表达决定了虹膜的形态、生理、颜色和总的外观。人发育到8个月左右,虹膜就基本上发育到了足够尺寸,进入了相对稳定的时期。除非极少见的反常状况、身体或精神上大的创伤才可能造成虹膜外观上的改变外,虹膜形貌可以保持数十年没有多少变化。另一方面,虹膜是外部可见的,但同时又属于内部组织,位于角膜后面。要改变虹膜外观,需要非常精细的外科手术,而且要冒着视力损伤的危险。虹膜的高度独特性、稳定性及不可更改的特点,是虹膜可用作身份鉴别的物质基础。

虹膜识别使用的是普通照相机元件,而且不需要用户与机器发生接触。另外,它有能力实现更高的模板匹配性能。因此,虹膜识别技术吸引了广大从事生物识别技术人员的广泛注意。以前虹膜扫描设备在操作的简便性和系统集成方面没有优势,目前有关虹膜识别的新产品能在这些方面有所改进。

6. 人脸识别技术

人脸识别技术是基于人的脸部特征,对输入的人脸图像或者视频流,首先判断其是否存在人脸,如果存在人脸,则进一步给出每个脸的位置、大小和各个主要面部器官的位置信息,并依据这些信息,进一步提取每个人脸中所蕴含的身份特征,并将其与已知的人脸进行对比,从而识别每个人脸的身份。广义的人脸识别实际包括构建人脸识别系统的一系列相关技术,包括人脸图像采集、人脸定位、人脸识别预处理、身份确认以及身份查找等;而狭义的人脸识别特指通过人脸进行身份确认或者身份查找的技术或系统。

人脸识别技术包含三个部分:

(1) 人脸检测。人脸检测是指在动态的场景与复杂的背景中判断是否存在面像,并分离出这种面像。一般有下列几种方法:①参考模板法。首先设计一个或数个标准人脸的模板,然后计算测试采集的样品与标准模板之间的匹配程度,并通过阈值来判断是否存在人脸。②人脸规则法。由于人脸具有一定的结构分布特征,所谓人脸规则的方法即提取这些特征生成相应的规则以判断测试样品是否包含人脸。③样品学习法。这种方法采用模式识别中人工神经网络的方法,即通过对面像样品集和非面像样品集的学习产生分类器。④肤色模型法。这种方法是依据面貌肤色在色彩空间中分布相对集中的规律来进行检测的。⑤特征子脸法。这种方法是将所有面像集合视为一个面像子空间,并基于检测样品与其在子空间的投影之间的距离判断是否存在面像的。值得提出的是,上述5种方法在实际检测系统中也可综合采用。

(2) 人脸跟踪。人脸跟踪是指对被检测到的人脸进行动态目标跟踪。具体采用基于模型的方法或基于运动与模型相结合的方法。此外,利用肤色模型跟踪也不失为一种简单而有效的手段。

(3) 人脸比对。人脸比对是对被检测到的面像进行身份确认或在人脸库中进行目标搜索。这实际上就是说,将采样到的人脸与库存的人脸依次进行比对,并找出最佳的匹配对象。人脸的描述决定了人脸识别的具体方法与性能。目前主要采用特征向量与面纹模板两种描述方法。

① 特征向量法。该方法是先确定眼虹膜、鼻翼、嘴角等人脸上五官轮廓的大小、位置、距离等属性,然后再计算出它们的几何特征量,而这些特征量形成一描述该人脸的特

征向量。

② 面纹模板法。该方法是在库中存储若干标准人脸模板或人脸器官模板，在进行比对时，将采样人脸的所有像素与库中所有模板采用归一化相关量的量度进行匹配。此外，还采用模式识别的自相关网络或特征与模板相结合的方法。

人脸识别技术的核心实际为“局部人体特征分析”和“图形/神经识别算法。”这种算法是利用人体面部各器官及特征部位的方法。如对应几何关系多数据形成识别参数与数据库中所有的原始参数进行比较、判断与确认。一般要求判断时间低于 1s。

人脸的识别过程一般分为三步：

(1) 建立人脸的面像档案。即用摄像机采集单位人员人脸的面像文件或取他们的照片形成面像文件，并将这些面像文件生成面纹(Faceprint)编码存储起来。

(2) 获取当前的人体面像。即用摄像机捕捉的当前出入人员的面像，或取照片输入，并将当前的面像文件生成面纹编码。

(3) 用当前的面纹编码与档案库存进行比对。即将当前面像的面纹编码与档案库存中的面纹编码进行检索比对。上述的“面纹编码”方式是根据人脸部的本质特征来工作的。这种面纹编码可以抵抗光线、皮肤色调、面部毛发、发型、眼镜、表情和姿态的变化，具有强大的可靠性，从而使它可以从百万人中精确地辨认出某个人。人脸的识别过程可以通过普通的图像处理设备就能自动、连续、实时地完成。

7.5.5 动态口令

动态口令作为最安全的身份认证技术之一，目前已经被越来越多的行业所采用。它使用便捷，且与平台无关性。随着移动互联网的发展，动态口令技术已成为身份认证技术的主流，被广泛应用于企业、网游、金融等领域。

20 世纪 90 年代出现的动态口令技术主要分两种：同步口令技术、异步口令技术(挑战-应答方式)，其中的同步口令技术又分为时间同步口令、事件同步口令。

时间同步：基于令牌和服务器的时间同步，通过运算来生成一致的动态口令。基于时间同步的令牌，一般更新率为 60s，每 60s 产生一个新口令，但由于其同步的基础是国际标准时间，则要求其服务器能够十分精确地保持正确的时钟，同时对其令牌的晶振频率有严格的要求，从而降低系统失去同步的概率。另一方面，基于时间同步的令牌在每次进行认证时，服务器端将会检测令牌的时钟偏移量，相应地不断微调自己的时间记录，从而保证令牌和服务器的同步，确保日常的使用。但由于令牌的工作环境不同，在磁场、高温、高压、震荡和浸水等情况下易发生时钟脉冲的不确定偏移和损坏。因而对于时间同步的设备进行较好的保护是十分必要的，对于失去时间同步的令牌，目前可以通过增大偏移量的技术(前后 10 分钟)来进行远程同步，确保其能够继续使用，降低对应用的影响，但对于超出默认(共 20 分钟)的时间同步令牌，将无法继续使用或进行远程同步，必须送回服务器端另行处理。同样，对于基于时间同步的服务器，应较好地保护其系统时钟，不要随意更改，以免发生同步问题，从而影响全部基于此服务器进行认证的令牌。

事件同步：基于事件同步的令牌，其原理是通过某一特定的事件次序及相同的种子值作为输入,在算法中运算出一致的密码,其运算机理决定了其整个工作流程同时钟无关,不受时钟的影响,令牌中不存在时间脉冲晶振,但由于其算法的一致性,其口令是预先可知的,通过令牌,可以预先知道今后的多个密码,故当令牌遗失且没有使用 PIN 码对令牌进行保护时,存在非法登录的风险,故使用事件同步的令牌,对 PIN 码的保护是十分必要的。同样,基于事件同步的令牌同样存在失去同步的风险,例如用户多次无目的地生成口令等,对于令牌的失步,事件同步的服务器使用增大偏移量的方式进行再同步,其服务器端会自动向后推算一定次数的密码,来同步令牌和服务器,当失步情况大范围超出正常范围时,通过连续输入两次令牌计算出的密码,服务器将在较大的范围内进行令牌同步,一般情况下,令牌同步所需的次数不会超过三次。但在极端情况下,不排除失去同步的可能性,例如电力耗尽,在更换电池时操作失误等。此时,令牌仍可通过手工输入由管理员生成的一组序列值来实现远程同步,而无需返回服务器端重新同步。

异步(挑战-应答):对于异步令牌,由于在令牌和服务器之间除相同的算法外没有需要进行同步的条件,故能够有效地解决令牌失步的问题,降低对应用的影响,同时极大地增加了系统的可靠性。异步口令使用的缺点主要是在使用时,用户需多一个输入挑战值的步骤,对于操作人员,增加了复杂度,故在应用时,将根据用户应用的敏感程度和对安全的要求程度来选择密码的生成方式。

思考题

1. 计算机病毒有哪些类型?它们各有什么特点?
2. 针对计算机病毒的特点和传播途径,请简要说明目前采用的几种重要的病毒防御技术。
3. 什么是信息加密技术?信息加密方式有哪些?
4. 什么是入侵检测?入侵检测的方法有哪些?
5. 防火墙采用的技术有哪几种方式?它们各自具有哪些特点?
6. 在信息传输中,大多都使用认证技术,请简要说认证模式与认证方式。
7. 请简要说明人脸识别所需要的技术和人脸的识别过程。
8. 什么是动态口令?它有什么作用?

小米 CEO——雷军

雷军,1969 年出生于湖北仙桃,小米科技创始人、董事长兼首席执行官,金山软件公司董事长,著名天使投资人,如图 7.7 所示。2012 年 12 月,荣获"中国经济年度人物新锐奖"。雷军曾任两届海淀区政协委员,2012 年当选北京市人大代表,2013 年 2 月当选全国人民代表大会代表。2013 年 10 月,全国工商联 60 华诞之际,《中国工商》杂志、华商韬略编辑委员会、中华工商联合出版社联合发起《民营力量璀璨中国梦想——100 位对民族产业贡献卓著的民营功勋企业家》荣誉报道活动,彰显民营经济及民营企业家的民族成就与国家贡献,雷军获"对民族产业贡献卓著的民营功勋企业家"荣誉。2013 年 12 月 12 日,再次荣获“中国经济年度人物”及“十大财智领袖人物”。

图 7.7 雷军

雷军 1987 年毕业于原沔阳中学(现湖北省仙桃中学),同年,雷军考上了武汉大学计算机系。武汉大学是当时国内最早一批实施学分制的大学,按照学校要求,只要修完一定的学分就可以毕业。刚上大学,对自己要求比较严的雷军就开始选修了不少高年级的课程。仅用了两年时间,雷军就修完了所有学分,甚至完成了大学的毕业设计。读完大学的雷军便开始闯荡计算机市场了。1992 年,雷军与同事合著了《深入 DOS 编程》一书。接下来的两年里,雷军涉猎广泛,写过加密软件、杀毒软件、财务软件、CAD 软件、中文系统以及各种实用小工具等,做过电路板设计、焊过电路板,甚至还干过一段时间的黑客,解密过各种各样的软件。两年下来,雷军和各家电脑公司老板之间都成了熟人,成了武汉电子一条街小有名气的人物。

受《硅谷之火》中创业故事的影响,在大学四年级的时候,雷军开始和同学王全国、李儒雄等人创办三色公司。当时的产品是一种仿制金山汉卡,可是随后出现了一家规模比他们更大的公司,把他们的产品盗版了,而且这家公司可以把同类的产品做得量更大,价格也更低。三色公司度日维艰,不要说公司运营,即使他们的生活也面临着无米下锅的局面。半年以后,三色公司决定解散。清点公司资产时,雷军和王全国分到了一台 286 电脑和打印机,李儒雄分到了一台 386 电脑。在三色公司工作期间,雷军与王全国合作编写了雷军的第一个正式作品 BITLOK 加密软件并组建了黄玫瑰小组;此外还用 Pascal 编写了免疫 90,此产品获得了湖北省大学生科技成果一等奖。

1992 年年初,雷军加盟金山公司。先后出任金山公司北京开发部经理、珠海公司副总经理、北京金山软件公司总经理等职务。1998 年 8 月,担任金山公司总经理;2000 年年底,金山公司股份制改组后,出任北京金山软件股份有限公司总裁。雷军从 22 岁进入金山,一直工作到 38 岁,在金山工作了整整 16 个年头,期间完成了金山的 IPO 上市工作。2007 年 12 月 20 日下午,雷军辞去了金山 CEO 职务。2011 年 7 月 11 日,金山软件董事会提名委员会提名雷军出任董事长一职,这一提议获得了董事会的一致通过,雷军正式接掌金山软件。

2010 年 4 月,雷军与原 Google 中国工程研究院副院长林斌(曾参与微软亚洲工程院创建并任工程总监)、原摩托罗拉北京研发中心高级总监周光平(主持设计“明”系列手机)、原北京科技大学工业设计系主任刘德、原金山词霸总经理黎万强、原微软中国工程院开发总监黄江吉和原 Google 中国高级产品经理洪峰 6 人联合创办小米科技并于 2011 年 8 月公布其自有品牌手机小米手机。如今小米公司已有产品一代小米手机、小米 1S、小米 2、小米 2S、小米 2A、小米 3、小米 4、红米手机、红米 Note、小米盒子、小米电视、小米电视 2、小米平板、小米路由器、小米移动电源、小米随身 Wi-Fi、米键等诸多数码产品及配件产品。截至 2013 年 8 月最新一轮融资,小米估值超过了 100 亿美元。照此计算,小米科技将成为位列阿里、腾讯、百度之后的中国第四大互联网公司。在如今中国的硬件公司中,已仅次于联想集团。

1998 年,雷军被武汉大学聘为名誉教授,雷军在武汉大学设立了“腾飞奖学金”,后来又在原设立并颁发了8年的"腾飞"计算机奖学金14万元的基础上，继续在母校设立总额达36万元的武汉大学"雷军计算机奖学金"，以奖励计算机学院品学兼优的学生。

2013年，雷军当选全国人民代表并表示希望自己能在5年的任期内，推动对《公司法》进行一定的改革调整，使其更与国际接轨。实际上，在参政议政方面，雷军也是老手了。他曾任两届海淀区政协委员，2012年当选北京市人大代表。

雷军在1999年、2000年和2002年三年获得中国IT十大风云人物的殊荣；先后获得"首届首都十大青年企业家"、"中关村科技园区优秀企业家"、武汉大学第三届杰出校友、中国游戏十大风云人物、"2012CCTV中国经济年度人物新锐奖"、英国《财富》杂志"全球十一位颠覆商业规则的创新者"、第十四届中国经济年度人物评选·年度人物奖等称号，2014年2月，雷军首次以280亿元的财富进入"胡润全球富豪榜"，跃居大中华区第57名，全球排名第339位。

雷军在IT界有着良好的口碑，业界戏称他为"雷老大"。同行们是这样评价他的：

雷军是一个非常睿智的人。他大学三年级时就成为了百万富翁，凭帮人开发软件赚到了"第一桶金"。

雷军是一个善于坚持的人。是他的坚持，最终带领金山团队帮助金山公司完成上市，并成为如今最大的多元化民族软件企业。

雷军是一个有梦想的人。从前作为天使投资人帮助了无数创业者实现自己的梦想，如今重踏创业路，实现自己建立一个受世界尊敬的企业的梦想。

雷军讲究平衡，喜欢照顾很多人的感受，一件事情做得不对，他会立刻补救。他勤于反思，不停修正，每天都在"否定"自己，回顾、检查、修正再回顾。

雷军内心极其克制。第一次他离开金山，后来又说服自己回到金山。这是多难的抉择，大多数人开弓没有回头箭，雷军比很多人都要理智。

很多创业者，看准了一个领域，就去做。而雷军创业，他会去研究10个领域，然后挑一个他最有把握的，再去做。

今天很多的企业家都是二维动物，速度很快，但是视野不开阔。而雷军是三维动物，从行业上看机会点，顺势而为。以前在金山，讲的是人定胜天，往前冲就可以攻下城池，而现在，雷军看见前面有石头，会想，为什么不选择绕过它呢？

雷军喜欢以退为进。这个圈子里每个人都很聪明，以前我们做一个项目，当时条件不是特别好，雷军就说，"今天我吃亏了不要紧，因为明天也许就会有回报。不是每一件事情都要那么控制的，不控制是最好的控制。"

雷军和马云最大的不同在于，对于人才，马云喜欢在体系内辗转腾挪。而雷军喜欢培养人。他做投资，看人，人对了，下一秒钱就打到你账户里。雷军的方法是：你不愿意听我的，我就闭嘴，如果以后证明你错了而我对了，那你要向我道歉。

雷军喜欢的创业者，有决心，有经验，思维敏捷。

雷军名言如下：

大学有很多事情是必须得做的，比如打拖拉机。我有几个同事写程序同样很厉害，提拔到管理岗位以后一直不适应，后来发现他们上大学是走读，因为走读没有和同学们打成一片，导致他们的领导能力有问题，所以我认为大学真正要学的是打扑克。

当时我们是四个朋友一起开的这家公司，四个人各占25%，开公司得出的经验教训很惨重。记得那时我们花了很多时间讨论：谁当董事长？谁当总经理？每个人都占25%，恨不得两三个月一改选，跟我合伙的几个人都比我大两到三岁，而我最没有期望值，所以他们都来找我讨论，要求经常改选，做两月你不行，我来做。

当你请100个人(开会)时只摆80张椅子，就能确保所有的位置都坐满。

一个人要做到什么境界才能把管理做好呢？就是眼睛里能揉得进沙子，这个管理才能做得好。

作为一个企业管理者，你只考虑个人是一种不负责任的想法，因为一个管理者的成功是大家都感到成功。你要想跟你一起干的几百号人的生活，你放弃会对他们有什么影响？

有同事看到百度上市非常成功羡慕得不得了，他跟我聊了几个小时，我跟他说了一句话，我说你这么羡慕，李彦宏能分你一分钱吗？不会分吧！那好，回家该干嘛干嘛去。所以我们要学会欣赏和祝贺别人的成功，然后回家该干嘛干嘛，与其临渊羡鱼不如退而结网，回家把自己的活做好，这最重要。

第 8 章　信息处理新技术

有信息就有信息处理。21 世纪是信息大爆炸的时代，信息时代的到来离不开信息处理的支持。信息处理技术是指利用计算机技术处理信息，将原始信息或基础信息转化为有意义的结果信息。计算机运行速度极高，能自动处理大量的信息，并具有很高的精确度。随着计算机技术的迅猛发展，信息处理技术也日新月异。本章主要介绍几种信息处理中的新技术，包括物联网技术、无线网络技术、一体机技术、云计算技术以及大数据技术等。

8.1　物联网技术

物联网是战略性新兴产业的重要组成部分，是继计算机、互联网和移动通信之后新一轮信息技术革命，正推动信息技术在各行各业更深入应用的新一轮信息化浪潮。物联网技术是新一代信息技术的重要组成部分，是“最后一公里”中的关键技术。物联网的英文名称为 The Internet of things，即“物物相连的互联网物联网”。这包括两层意思：其一，物联网的基础核心还是互联网，只是在现有互联网基础上的扩展和延伸的网络；其二，其用户端扩展和延伸到了任何物体间，可以进行信息的通信和交换。由此可以得出物联网的概念是：通过射频识别(RFID)、激光扫描器、红外感应器、定位系统等传感设备，把任何物体与互联网连接，按约定协议进行信息交换和通信，以实现对物体的智能化管理、定位、识别、监控、跟踪的一种新型网络。

1. 物联网的发展历程

物联网的概念最早出现在 1995 年比尔·盖茨的《未来之路》书中。尽管 20 多年前比尔·盖茨就已经提出这一概念，但由于受到当时无线网络技术、计算机硬件和传感设备的技术水平限制，这一超前理念并没有引起人们的足够重视。直到 20 世纪 90 年代，对物联网的研究开始萌芽，理论界才投入大量的人力物力。

1999 年，麻省理工学院(MIT)自动化识别系统中心的 Kevin Ashton 等主张将射频识别技术(RFID)和互联网结合起来，为每一个产品建立全球唯一标识——产品电子代码(Electronic Product Code，EPC)，采用射频技术实现对产品的非接触式自动识别，然后通过互联网实现产品信息在全球范围内的识别和管理。同年，我国中科院上海微系统和信息技术研究所开始进行相关的研究。

2003 年，Sun 公司的 Melon Steven 提出利用 RFID 电子标签，计算机可以自动识别日常物体，然后对它们进行跟踪、监控以及相应的管理。由此可见，Melon Steven 与 Kevin Ashton 对物联网的定义相近，都是以 RFID 技术为基础的。

2005 年 11 月，在突尼斯举行的信息社会世界峰会(WSIS)上，国际电联(ITU)发布的《ITU 互联网报告 2005 物联网》中提出物联网通过将短距离的移动收发器内嵌到各种配件和日常用品中，在人和人、人和物、物与物之间形成一种新的交流方式，即在任何时间、任何地点都可以实现交互，宣示无所不在的物联网通信时代即将来临。

2008 年 5 月，欧盟发表的 *The Internet of Things in* 2020 报告中提出：物联网是具有标志、虚拟个性的物体或对象组成的网络，这些标示和个性等信息在智能空间中，使用智慧的接口与用户、社会和环境进行通信。

2009 年 1 月，在与美国工商业领袖举行的“圆桌会议”上，奥巴马对 IBM 公司总裁彭明盛提出“智慧地球”的理念，即通过运用新一代的 IT 技术将传感器嵌入或装备到全球的电网、铁路、公路、桥梁、建筑、供水系统等各种物体中，并通过互联形成“物联网”，再通过超级计算机和云计算技术，对海量的数据和信息进行分析与处理，将“物联网”整合起来，实施智能化的控制与管理，从而达到全球的“智慧”状态。同时 8 月，IBM 提出了物联网在各个领域的解决方案，包括智能能源系统、智慧交通系统、智慧金融和保险系统等。同年，当时的国务院总理温家宝视察中科院无锡物联网产业研究所时，提出了“感知中国”的工作方针。物联网在我国被正式列为国家五大新兴战略性产业之一，写入“政府工作报告”，物联网在我国受到了全社会极大的关注。

2. 物联网的结构和支撑技术

物联网是由感知层、网络层、应用层组成的三层体系结构。感知层相当于人体的皮肤和五官；网络层相当于人体的神经中枢和大脑；应用层相当于人的社会分工。具体结构如图 8.1 所示。

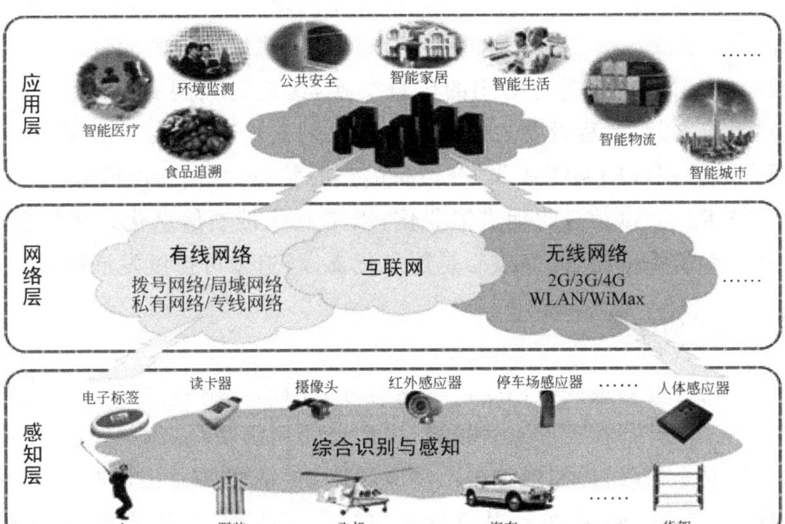

图 8.1 物联网体系结构图

感知层是物联网的皮肤和五官——识别物体，采集信息。感知层包括二维码标签和识读器、RFID 标签和读写器、摄像头、GPS、传感器、终端、传感器网络等，主要是识别物体、采集信息，与人体结构中皮肤和五官的作用相似。

网络层是物联网的神经中枢和大脑——负责信息传递和处理。网络层包括通信与互联网的融合网络、网络管理中心、信息中心和智能处理中心等。网络层将感知层获取的信息进行传递和处理,类似于人体结构中的神经中枢和大脑。

应用层是物联网的社会分工——与行业需求结合,实现广泛智能化。应用层是物联网与行业专业技术的深度融合,与行业需求结合,实现行业智能化,类似于人的社会分工,最终构成人类社会。

物联网包括4大支撑技术,分别是射频识别技术、传感网技术、M2M技术和两化融合技术。这4项技术相互融合支撑,构成了物联网的主要技术框架,如图8.2所示。

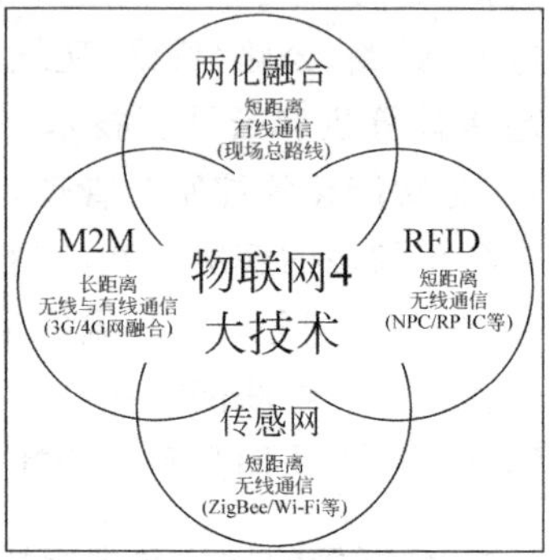

图8.2 物联网4大技术

射频识别技术——以射频技术为基础,利用电子标签和阅读器组成最简单的物联网。RFID技术是一种无接触的自动识别技术,利用射频信号及其空间耦合传输特性,实现对静态或移动待识别物体的自动识别,用于对采集点的信息进行“标准化”标识。将这一技术应用到物联网领域,可实现全球范围内物品的跟踪与信息的共享,在物联网“识别”信息和近程通信的层面中,起着至关重要的作用。

传感网技术——无处不在的传感控制网是建设智慧城市、智能家居的基础技术。传感网是一种随机分布的集成传感器、数据处理单元和通信单元的微小节点,通过自组织的方式构成的无线网络。主要借助于各种传感器,协作进行待测数据的实时监测、采集,并将这些信息以无线方式发送给观测者。

M2M技术——M2M就是物对物的信息交换,这是物联网的思想。M2M技术提供设备实时地在系统之间、远程设备之间或和个人之间建立无线连接,能够使业务流程自动化、集成公司资讯科技(IT)系统和非IT设备的实时状态,并创造增值服务。

两化融合技术——以信息化促进工业化,以工业化带动信息化。两化融合是信息化和工业化的高层次的深度结合,其核心是信息化支撑,追求可持续发展模式。

3. 物联网技术的应用

物联网的应用已经渗透到人们生产生活的方方面面。例如,在公共安全领域,物联网用来消防监控、灾害防治;在工业监管领域,采矿公司用物联网来检测地下作业环境,对矿工实现主动式的安全保障,提前感知矿山灾害风险,提前感知矿山设备的工作健康状态,实现预知维修等;在金融管理领域,物联网可以是电子收款、取款监控;在城市管理领域,物联网可以用于路灯管理等。

总之,物联网正在对当代经济社会产生深刻的影响,它的出现和发展将极大地促进社会生产力的发展、丰富人们的生活。可以说,物联网将在一定程度上改变整个社会的生产方式、生活方式,进而改变人们的生存方式。

4. 物联网技术的前景展望

随着物联网技术的发展,产生了一系列应用和服务,催生新的产业链。一方面可以提高经济效益,大大节省成本;另一方面可以为经济发展提供技术动力。2010 年物联网作为战略性新兴产业在政府部门的高度重视下迅速推进,首次进入政府工作报告,并被列为国家"十二五"信息化规划重大专项,各省区市积极推进物联网发展规划,物联网产业已彰显出强大的发展潜力。

8.2 无线网络技术

无线网络,既包括允许用户建立远距离无线连接的全球语音和数据网络,也包括为近距离无线连接进行优化的红外线技术及射频技术。无线网络与有线网络的用途十分类似,最大的不同之处在于传输媒介的不同,利用无线电技术取代网线,可以和有线网络互为备份。

1. 无线网络的发展史

第二次世界大战期间,美国陆军通过无线电信号进行资料传输,无线网络得到了初步应用。当时美军研发了一项无线电传输技术,并且采用了相当高强度的加密技术,在美军和盟军中得到了广泛应用。之后许多学者在此技术的基础上进行研究,在 1971 年时,第一个基于封包式技术的无线电通信网络诞生于美国的夏威夷大学,命名为 ALOHNET,这一网络算是无线局域网络(WLAN)的雏形,它由 7 台计算机组成,采用双向星型拓扑结构,横跨四座夏威夷岛屿。同时,这也标志着无线网络的正式诞生。

1990 年,IEEE 正式启动了 802.11 项目,标志着无线网络技术逐渐走向成熟。IEEE 802.11 标准诞生以来,先后制定了 802.11a、802.11b、802.11g、802.11e、802.11f、802.11h、802.11i、802.11j 等标准。

2003 年以来,无线网络市场迅猛发展,人们对网络速度和使用便捷性方面的要求越来越高,因此,无线网络技术受到了极大的关注,同时也涌现出了大量的配套产品,从而导致无线网络的构建成本降低,使得无线网络得到了普遍的应用。

2. 无线网络类型

根据数据发送的距离,可以将无线网络分为以下 4 种类型。

无线局域网(WLAN):是不使用任何导线或传输电缆,而使用无线电波作为数据传送媒介的局域网,传送距离一般只有几十米。无线局域网的主干网络通常使用有线电缆,无线局域网用户通过一个或多个无线接收器接入无线局域网。无线局域网现在已经广泛应用在商务区、大学、机场及其他公共区域。WLAN 的结构如图 8.3 所示。

无线广域网(WWAN):采用无线网络将物理距离极为分散的局域网连接起来,可以应用于电力系统、税务系统、教育系统、医疗系统等,其结构如图 8.4 所示。

无线城域网(WMAN):在主要城市区域的多个场所之间创建无线连接,而不需要花

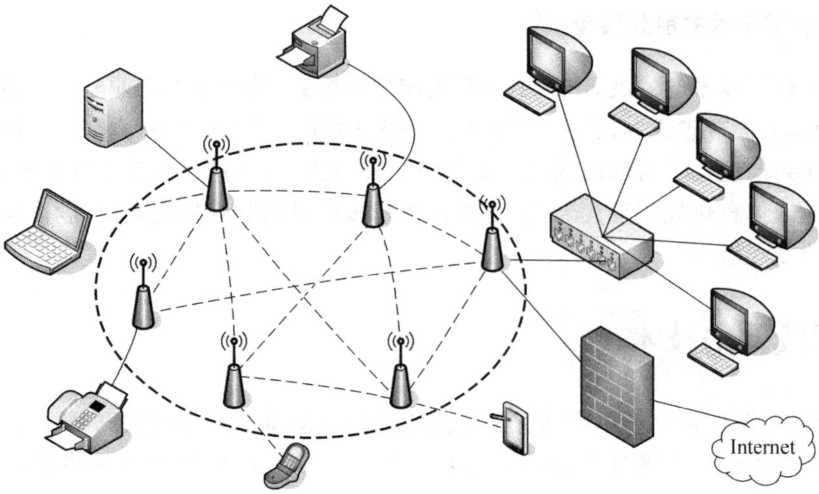

图 8.3 无线局域网示意图

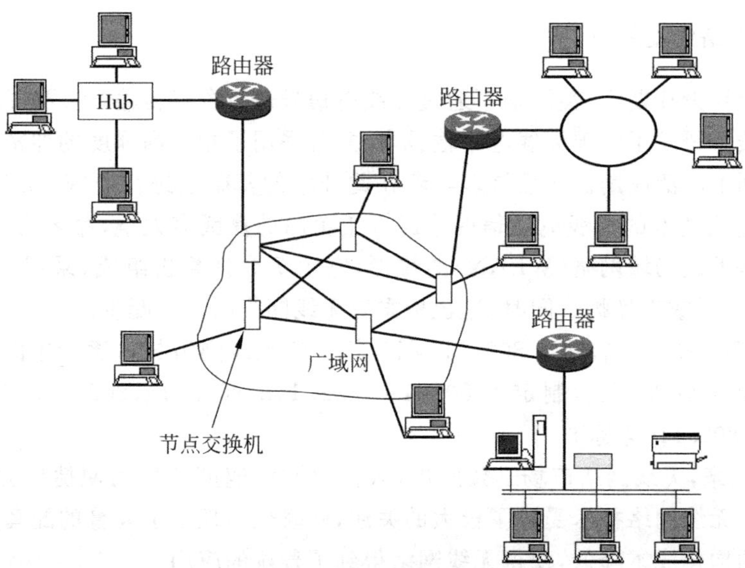

图 8.4 无线广域网示意图

费铺设光缆、电缆等费用。目前共有两个正式标准：一个是 2004 年 6 月通过的 802.16 修订版，即 802.16d，是固定宽带无线接入空中接口标准(2～66GHz 频段)。另一个是 2005 年 12 月通过的 802.16 的增强版本，即 802.16e，是支持移动性的宽带无线接入空中接口标准(2～6GHz 频段)，具有向下兼容性。无线城域网的组成如图 8.5 所示。

无线个人区域网(WPAN)：就是在个人工作的地方把属于个人的电子设备，诸如电话、智能手机、便携式电脑、掌上电脑、打印机等，通过无线技术连接起来的自组网络，不需要使用接入点(AP)，工作范围一般在 10m 以内。WPAN 可以一个人使用，也可以若干人共同使用。

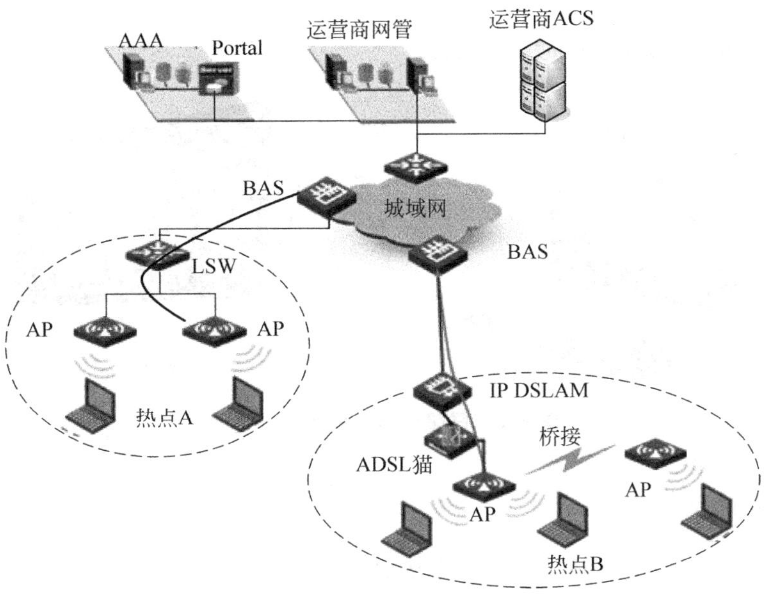

图 8.5 无线城域网示意图

8.3 一体机技术

电脑(通常称微型计算机)一体机是目前台式机和笔记本电脑之间的一个新型的市场产物,它是将主机部分、显示器部分整合到一起的新型电脑,该产品的创新在于内部元件的高度集成。随着无线技术的发展,电脑一体机的键盘、鼠标与显示器可实现无线连接,机器只有一根电源线。这就解决了传统的台式机中连接线缆多而杂的问题。在现有和未来的市场中,台式机所占有的市场份额必将逐渐减少,而且随着一体机、笔记本电脑和上网本的快速发展,台式机也许会在不远的将来退出历史舞台,其替代产品也许就是一体机,因为一体机正在被人们接受并成为广大用户选择的又一个亮点。

1. 一体机的发展历史

“电脑一体机”的概念实际上由来已久,早在1998年苹果就创造性地推出了首款一体式电脑一体机 iMacG3。三星、索尼、神舟等厂商也早已推出了一体机产品。但是当时由于技术、成本等诸多原因,这种前卫的电脑形态并没有在市场中开拓出一片属于自己的新天地。

大浪淘沙,适者生存。随着计算机技术的更新换代,传统的台式机越来越不能够适应新的市场,如今的家用电脑市场,已经不仅仅是硬件配置上面的比拼,也是价格上的激烈厮杀。随着2009年CES展会的召开,联想、华硕、惠普、方正等厂商都已经推出了新的一体式电脑,这意味着一体式电脑经过了多年的沉淀和酝酿,在2009年厚积薄发,一体机时代的桌面潮流终于到来。加上市场上卖得火热的一体机如戴尔XPSOne、三星A100、惠普TouchSmart、方正心逸T300-5402等陆续推出,使得一体式电脑开始走进人们的视野,让概念变为了现实。

图 8.6 为联想一体机和苹果一体机。

图 8.6 联想一体机和苹果一体机

2. 一体机的优势

概括来讲,一体机主要具有以下几大优势:

(1) 外观时尚,轻薄精巧。高度集成化的设计,简约时尚,炫彩外观尽显用户的精致生活品位。

(2) 一体机比一般的台式机更节省空间。液晶一体机就是将主机和液晶显示器、音箱结合为一体的机器,它将主机的硬件都放到了液晶显示器的后面,并尽量将它压缩起来,同时也内置音箱,使它的体积尽可能地小,这样可以使用户大大节省放置机器的空间。这对于"寸土寸金"的城市用户来说有着重要的意义。

(3) 可移动性好,便携性高。由于液晶一体机集合了主机、显示器和音箱,因此,其体积和总的重量都要比一般的台式机小,只有几千克重,大大方便了用户移动机器。其内部集成化很高,各配件的连接直接由 PCB 引出,省去了过去的很多数据线缆,另外,小巧的机身也省去了以往大的包装和运输成本。

(4) 降低生活成本,带来更大的效益。一体机不仅节省了空间,而且还降低了生活成本,节省了对电力资源的占用。一台普通台式电脑的耗电量从 200W 至 400W 甚至更高(根据配置、性能不同而定),而一台一体机电脑的耗电量为 60W 至 200W,如三星 A100 一体机电脑用测试软件测试功耗峰值结果仅有 60W,使用一小时的耗电量大概和点一个灯泡的功耗差不多。因此,不管是家用一体机还是商用一体机在功耗上都有着非常明显的优势,符合当今节能社会的发展要求。

8.4 云计算

1. 云计算的定义

目前国内外学术界关于云计算的概念、定义和解释至少可以找到 100 种,至今没有一个统一的定义。在"中国云计算"网的白皮书中,认为云计算其实是并行计算、分布式计算和网格计算的发展,或者说是这些计算机科学概念的商业实现。可以从狭义和广义两个角度对云计算进行定义。

1）狭义的云计算

狭义的云计算是指IT基础设施的交付和使用模式，指通过网络以按需、易扩展的方式获得所需的资源（硬件、平台、软件）。提供资源的网络被称为“云”。“云”中的资源在使用者看来是可以无限扩展的，并且可以随时获取、按需使用、随时扩展、按使用付费。之所以称之为云，主要是因为它在某些方面具有现实中云的特征：云一般都很大，其规模可以动态伸缩且边界是模糊的；云在空中飘忽不定，无法也不需要确定它的具体位置，但它确实存在于某处。

2）广义的云计算

广义云计算，不但包括IT基础设施的交付和使用，同时也包括各种云服务的交付和使用模式。这种服务既可以是IT基础设施，也可以是与云计算平台相依托的软件和平台服务。

2. 云计算的发展历程

1）萌芽阶段

云计算是IT行业近两三年来提出的一个新名词。然而，云计算概念的萌芽最早在20世纪60年代就已经出现。早在1959年6月，Christopher Strachey发表论文中的虚拟化就为今天的云计算奠定了技术基石。1961年，约翰·麦卡锡在麻省理工学院一百周年纪念会上提出计算力和通过公用事业销售计算机应用的思想，成为今天云计算的思想基石。20世纪60年代，“公共计算服务”的网络系统已经被美国通用电气公司应用，而“公共计算服务”的基础和现在提出的“云计算”理念是一致的。当时云计算这个名词还没有被提出来，概念也没有明确和定义出来，只是当时云计算的一些思想和技术发展的方向初现，为之后云计算一步一步的演变奠定了良好的基础。

2）概念提出阶段

像其他很多概念一样，云计算最初是由大型企业提出的，而云计算的英文Cloud Computing这个单词是在2006年前后才开始出现的。云计算这个概念的直接起源是亚马逊弹性计算云（Elastic Compute Cloud，EC2）产品和Google-IBM分布式计算项目，这两个项目中直接使用到了云计算这个概念和单词。2007年年底，IBM公司在其技术白皮书中第一次提出云计算的概念，并指出云是一个虚拟化的计算机资源池。2009年，加州大学伯克利分校电子工程和计算机科学系的Michael Armbmst等在“伯克利云计算白皮书”中提出云计算包含两部分：一是互联网上的各种应用服务，二是在数据中心提供这些应用服务的软硬件设施，即所谓的云。2009年，维基百科给云计算下的最新定义为：云计算采用的是按需即取的新计算方式，用户通过互联网按需索取云计算的资源以获取需要的服务，这些资源是动态的、可扩展的、虚拟化的，集中在“云端”，这里的云端一般指一些大型的服务器集群。

3）推广阶段

在2006年之前，已经有一些公司、组织、个人参与了对云计算概念的普及。Amazon宣布Amazon Web Service云计算发展重要的里程碑，也是建立起来的第一个云计算平台,掀起了云计算发展的第一个热浪。2007年,Google和IBM联合与6所大学签署协议,提供在大型分布式计算系统上开发软件的课程和支持服务,帮助学生和研究人员获得开发网络级应用软件的经验。同时,Dell也成立数据中心解决方案部门,先后为全球五大云计算平台中的三个(Windows Azure、Facebook和Ask.com)提供云基础架构。Dell在2008年6月初发布的第一季度财报里面提到"在产品与服务方面,戴尔都将不断采纳新的标准化技术,降低客户部署解决方案、维护安全稳定的系统架构的复杂度和成本"。为此,Dell采取了一系列措施,比如组建新的数据中心解决方案部门,提供Dell的云计算服务和设计模型,使客户能够根据他们的实际需求优化IT系统架构。

随着企业对云计算一步一步的推动,云计算才能逐渐发展起来,慢慢形成了规模,并且逐渐成为发展的主流方向。云计算的发展从企业中孕育而生,也将在企业中茁壮成长。

3. 云计算的服务类型

云计算按照服务类型大致可分为以下三种。

(1) 软件即服务(SaaS)。

软件即服务(SaaS),是指用户获取软件服务的一种新形式。它不需要用户将软件产品安装在自己的电脑或服务器上,而是按某种服务水平协议(SLA)直接通过网络向专门的提供商获取自己所需要的、带有相应软件功能的服务。本质上而言,软件即服务就是软件服务提供商为满足用户某种特定需求而提供其消费的软件的计算能力。

(2) 平台即服务(PaaS)。

平台即服务(PaaS),是指将一个完整的计算机平台,包括应用设计、应用开发、应用测试和应用托管,都作为一种服务提供给客户。在这种服务模式中,客户不需要购买硬件和软件,只需要利用PaaS平台,就能够创建、测试和部署应用和服务,与基于数据中心的平台进行软件开发相比,费用要低得多,这是PaaS的最大价值所在。

(3) 基础设施即服务(IaaS)。

基础设施即服务(IaaS),是指企业或个人可以使用云计算技术来远程访问计算资源,这包括计算、存储以及应用虚拟化技术所提供的相关功能。无论是最终用户、SaaS提供商还是PaaS提供商都可以从基础设施服务中获得应用所需的计算能力,但却无需对支持这一计算能力的基础IT软硬件付出相应的原始投资成本。

4. 云计算的概念模型

云计算的概念模型体系具有用户公共性、设备多样性、商业模式的服务性以及提供方式的灵活性等几个层次的特点。

用户的公共性:云计算所提供的服务对象,既有企业、政府、学术、个人等最终用户,也包括应用软件、中间件平台等"用户",这是根据云计算提供不同层次的服务所决定的。

设备的多样性:云计算所提供服务的设备也是多样的,既包括各种规模的服务器、主机、存储设备,也包括各种类型的终端设备,如计算机、智能手机、各种智能传感器、RFID设备等。

商业模式的服务性:云计算是以服务的方式提供设备和应用的。这种服务特性体现在简化和标准的服务接口，按需计费的商业模式两个方面。

提供方式的灵活性：云计算既可以作为一种共用设施，提供社会服务，即“公共云”，也可以作为企业信息化的集中计算平台来提供，即“私有云”。

以上概念模型体系如图 8.7 所示。

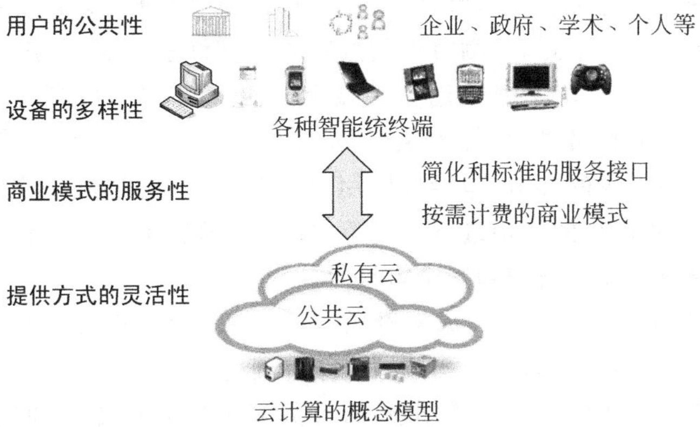

图 8.7　云计算概念模型图

5. 云计算技术体系结构

针对云计算的三种服务类型，IT 行业的一些著名企业都提出了不同的解决方案，但目前还没有一个统一的技术体系结构。中国云计算网构造了一种云计算体系结构，如图 8.8 所示。

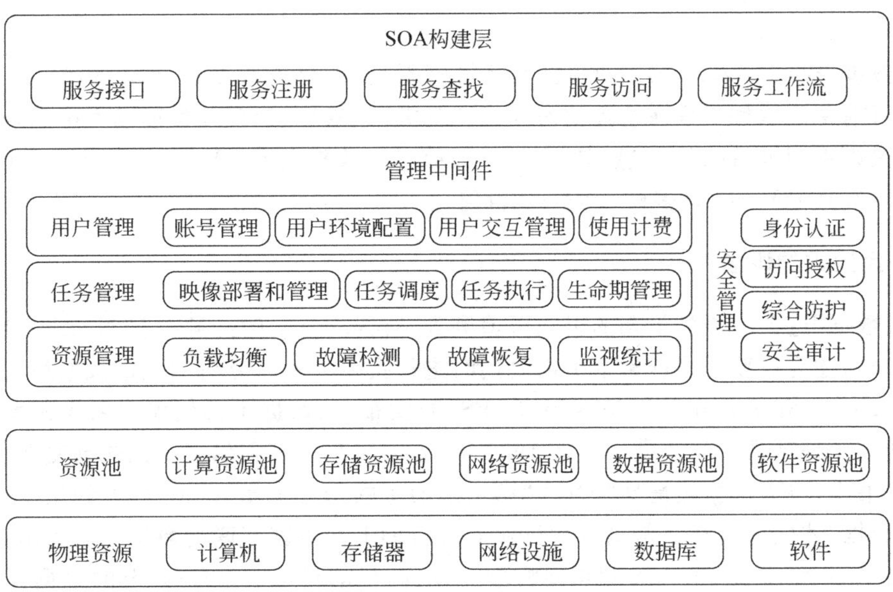

图 8.8　云计算技术体系结构

云计算技术体系结构分为 4 层：物理资源层、资源池层、管理中间件层和 SOA 构建层。

物理资源层包括计算机、存储器、网络设施、数据库和软件等。

资源池层是将大量相同类型的资源构成同构或接近同构的资源池,如计算资源池、数据资源池等。

云计算的管理中间件负责资源管理、任务管理、用户管理和安全管理等工作。资源管理负责均衡地使用云资源节点,检测节点的故障并尝试恢复或屏蔽,并对资源的使用情况进行监视统计;任务管理负责执行用户或应用提交的任务,包括完成用户任务映像(Image)的部署和管理、任务调度、任务执行、任务生命期管理等;用户管理是实现云计算商业模式的一个必不可少的环节,包括提供用户交互接口、管理和识别用户身份、创建用户程序的执行环境、对用户的使用进行计费等;安全管理保障云计算设施的整体安全,包括身份认证、访问授权、综合防护和安全审计等。

SOA 构建层将云计算能力封装成标准的 Web Services,并纳入 SOA 体系进行管理和使用,包括服务注册、查找、访问和构建服务工作流等。

作为技术理念与商业模式的一项创新,云计算对人们思维方式和信息化发展方向的影响正在日益增强。云计算可以充分利用各种资源,理论上具有无限大的规模和能力,是物联网、移动互联网、智能电网、智慧城市等技术与业务发展的基础技术。因此云计算被认为是继个人电脑、互联网之后的第三次信息技术浪潮,将会为信息产业结构与商业模式带来根本性的改变,为软件开发商、设备提供商、网络运营商、互联网企业等带来全新的发展机会。因此,发展云计算具有非常重要的战略意义。

8.5 大数据技术

大数据(Big Data,Mega Data)也称巨量资料,指的是所涉及的数据量规模巨大到无法通过目前主流软件工具在合理的时间内达到撷取、管理、处理并整理成为帮助企事业单位经营决策更积极目的的信息,如图 8.9 所示。大数据具有 4V 特点:Volume(大量)、Velocity(高速)、Variety(多样)、Value(价值)。

1. 大数据的概念

"大数据"这个术语最早期的引用可追溯到 Apache org 的开源项目 Nutch。当时,大数据用来描述为更新网络搜索索引需要同时进行批量处理或分析的大量数据集。随着谷歌 MapReduce 和 Google File System(GFS)的发布,大数据不再仅仅用来描述大量的数据,还涵盖了处理数据的速度。早在 1980 年,著名未来学家阿尔文·托夫勒便在《第三次浪潮》一书中,将大数据热情地赞颂为"第三次浪潮的华彩乐章"。不过,大约从 2009 年开始,"大数据"才成为互联网信息技术行业的流行词汇。美国互联网数据中心指出,互联网上的数据每年将增长 50%,每两年便将翻一番,而目前世界上 90%以上的数据是最近几年才产生的。此外,数据又并非单纯指人们在互联网上发布的信息,全世界的工业设备、汽车、电表上有无数的数码传感器,随时测量和传递着有关位置、运动、震动、温度、湿度乃至空气中化学物质的变化,也产生了海量的数据信息。

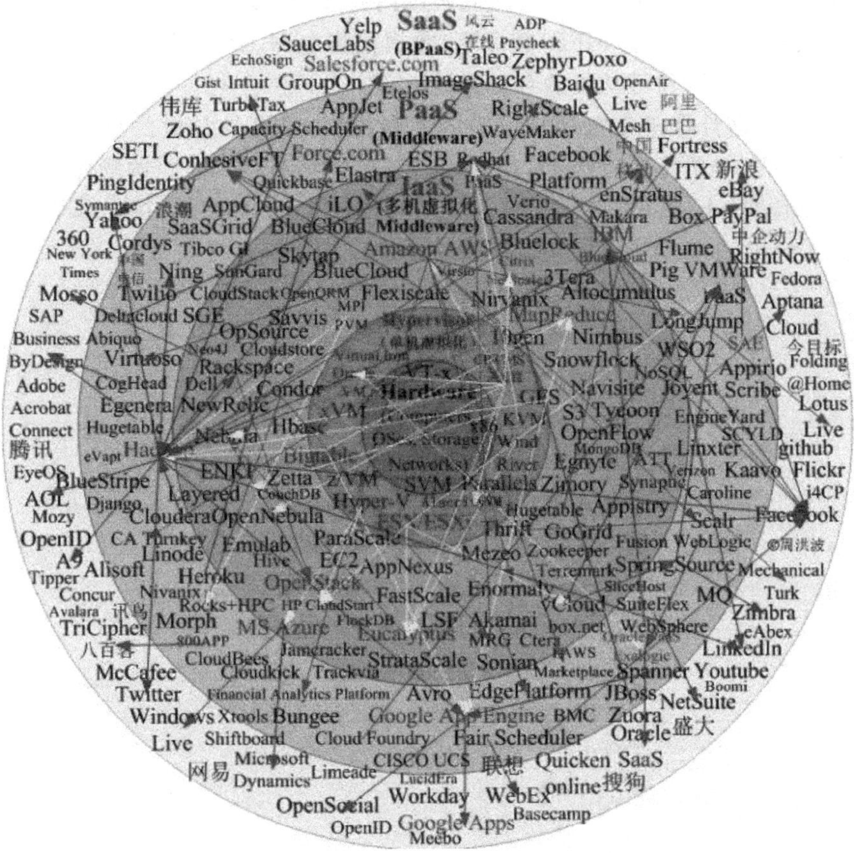

图 8.9 大数据示意图

对于“大数据”，著名研究机构高德纳咨询公司(Gartner)给出了这样的定义：“大数据”是需要新处理模式才能具有更强的决策力、洞察发现力和流程优化能力的海量、高增长率和多样化的信息资产。

大数据技术的战略意义不在于掌握庞大的数据信息，而在于对这些含有意义的数据进行专业化处理。也就是说，如果把大数据比作一种产业，那么这种产业实现盈利的关键，在于提高对数据的“加工能力”，通过“加工”实现数据的“增值”。

从技术上看，大数据与云计算的关系就像一枚硬币的正反面一样密不可分。大数据必然无法用单台计算机进行处理，必须采用分布式架构。它的特色在于对海量数据进行分布式数据挖掘(SaaS)，但它必须依托云计算的分布式处理、分布式数据库(PaaS)和云存储、虚拟化技术(IaaS)。

随着云时代的来临，大数据也吸引了越来越多的关注。《著云台》的分析师团队认为，大数据通常用来形容一个公司创造的大量非结构化数据和半结构化数据，这些数据在下载到关系型数据库用于分析时会花费过多的时间和金钱。大数据分析常和云计算联系到一起，因为实时的大型数据集分析需要像 MapReduce(映射归约，一种编程模型)一样的框架来向数十台、数百台或甚至数千台的电脑分配工作。

大数据需要特殊的技术来在许可时间范围内有效地处理大量的数据。适用于大数据的技术包括大规模并行处理(MPP)数据库、数据挖掘电网、分布式文件系统、分布式数据库、云计算平台、互联网和可扩展的存储系统。

有趣的是,随着计算机信息处理能力的不断提高,量度信息量的单位也在不断地扩大。信息最小的基本单位是位(bit),最常用的单位是字节(Byte)。按顺序给出目前量度信息的所有单位是:b、B、KB、MB、GB、TB、PB、EB、ZB、YB、BB、NB、DB,它们按照进率1024(2的10次方)来计算:

$$1B = 8b$$
$$1KB = 1024B$$
$$1MB = 1024KB = 1\ 048\ 576B$$
$$1GB = 1024MB = 1\ 048\ 576KB$$
$$1TB = 1024GB = 1\ 048\ 576MB$$
$$1PB = 1024TB = 1\ 048\ 576GB$$
$$1EB = 1024PB = 1\ 048\ 576TB$$
$$1ZB = 1024EB = 1\ 048\ 576PB$$
$$1YB = 1024ZB = 1\ 048\ 576EB$$
$$1BB = 1024YB = 1\ 048\ 576ZB$$
$$1NB = 1024BB = 1\ 048\ 576YB$$
$$1DB = 1024NB = 1\ 048\ 576BB$$

2. 大数据技术

1) Hadoop MapReduce

思维模式转变的催化剂是大量新技术的诞生,它们能够处理大数据分析所带来的4个V的挑战。扎根于开源社区,Hadoop(是一个由Apache基金会所开发的分布式系统基础架构)已经是目前大数据平台中应用率最高的技术,特别是针对诸如文本、社交媒体订阅以及视频等非结构化数据。除分布式文件系统之外,伴随Hadoop一同出现的还有进行大数据集处理的MapReduce架构。根据权威报告显示,许多企业都开始使用或者评估Hadoop。

2) NoSQL数据库

NoSQL数据库,泛指非关系型的数据库。随着互联网Web 2.0网站的兴起,传统的关系数据库在应付Web 2.0网站,特别是超大规模和高并发的SNS类型的Web 2.0纯动态网站已经显得力不从心,暴露了很多难以克服的问题,而非关系型的数据库则由于其本身的特点得到了非常迅速的发展。NoSQL数据库的产生就是为了解决大规模数据集合多重数据种类带来的挑战,尤其是大数据应用难题。

3) 内存分析

在Gartner公司评选的2012年十大战略技术中,内存分析在个人消费电子设备以及其他嵌入式设备中的应用将会得到快速的发展。随着越来越多价格低廉的内存用到数据中心中,如何利用这一优势对软件进行最大限度的优化成为关键问题。内存分析以其实时、高性能的特性，成为大数据分析时代下的"新宠儿"。如何让大数据转化为最佳的洞察力，也许内存分析就是答案。大数据背景下，用户以及IT提供商应该将其视为长远发展的技术趋势。

4）集成设备

随着数据仓库设备(Data Warehouse Appliance)的出现，商业智能以及大数据分析的潜能也被激发出来，许多企业将利用数据仓库新技术的优势提升自身竞争力。集成设备将企业的数据仓库硬件和软件整合在一起，提升查询性能、扩充存储空间并获得更多的分析功能，并具有与传统数据仓库系统一样的优势。在大数据时代，集成设备将成为企业应对数据挑战的一个重要利器。

3. 大数据的结构

大数据就是互联网发展到现今阶段的一种表象或特征而已，没有必要神话它或对它保持敬畏之心。在以云计算为代表的技术创新大幕的衬托下，这些原本很难收集和使用的数据开始容易被利用起来了，通过各行各业的不断创新，大数据会逐步为人类创造更多的价值。

要系统地认知大数据，必须要全面而细致地分解它，主要从以下三个层面着手：

第一层面是理论。理论是认知的必经途径，也是被广泛认同和传播的基线。理论上可以从大数据的特征、定义来理解行业对大数据的整体描绘，可以从对大数据价值的探讨来深入解析大数据的珍贵所在，洞悉大数据的发展趋势，还可以从大数据隐私这个特别而重要的视角来审视人和数据之间的长久博弈。

第二层面是技术。技术是大数据价值体现的手段和前进的基石。云计算、分布式处理技术、存储技术和感知技术的发展伴随着大数据从采集、处理、存储到形成结果的整个过程。

第三层面是实践，实践是大数据的最终价值体现。在互联网的大数据、政府的大数据、企业的大数据和个人的大数据4个方面已经展现了大数据的美好景象及即将实现的蓝图。

4. 大数据的特点

大数据分析相比于传统的数据仓库应用，具有数据量大、查询分析复杂等特点。大数据的4个V，或者说特点有4个层面：第一，数据体量巨大。从TB级别，跃升到PB级别。第二，数据类型繁多。如网络日志、视频、图片、地理位置信息等。第三，处理速度快。如著名的"1秒定律"，或者叫做秒级定律，就是说对处理速度有要求，一般要在秒级时间范围内给出分析结果，时间太长就失去价值了。这个速度要求是大数据处理技术和传统的数据挖掘技术最大的区别。第四，只要合理利用数据并对其进行正确、准确的分析，就会带来很高的价值回报。业界将其归纳为4个V——Volume(大量)、Variety(多样)、Velocity(高速)、Value(价值)。从某种程度上说，大数据是数据分析的前沿技术。简单地说，从各种各样类型的数据中，快速获得有价值信息的能力，就是大数据技术。

5. 大数据的作用及其用途

1) 大数据的作用

① 大数据是变革社会的力量。随着我国社会的发展,一个量度社会进步的标准就是国民的幸福感。体现到民生上,通过大数据让事情变得澄明,看在人与人关系上,人们做得是否比以前更有意义;体现在生态上,看在自然与人关系上,人们做得是否比以前更有意义。总之,让人们从前10年的意义混沌时代,进入未来10年意义澄明时代。

② 大数据是变革经济的力量。生产者是有价值的,消费者是价值的意义所在。有意义的才有价值,消费者不认同的,就卖不出去,就实现不了价值;只有消费者认同的,才卖得出去,才实现得了价值。大数据能够帮助人们从消费者这个源出发,帮助生产者实现价值。

③ 大数据是变革组织的力量。随着具有语义网特征的数据基础设施和数据资源发展起来,组织的变革就越来越显得不可避免。大数据将推动网络结构产生无组织的组织力量。最先反映这种结构特点的是各种各样去中心化的Web 2.0应用,如RSS、维基、博客等。大数据之所以成为时代变革力量,在于它通过追随意义而获得智慧。

2) 用途

大数据可分为大数据技术、大数据工程、大数据科学和大数据应用等领域。目前人们谈论最多的是大数据技术和大数据应用。大数据工程和大数据科学等问题尚未被人们重视。大数据工程指大数据的规划、建设、运营管理的系统工程;大数据科学关注大数据网络发展和运营过程中发现和验证大数据的规律及其与自然和社会活动之间的关系。

物联网、云计算、移动互联网、车联网、手机、平板电脑、PC以及遍布地球各个角落的各种各样的传感器,无一不是数据来源或者承载的方式。

大数据在网络日志、RFID、传感器网络、社会网络、社会数据(由于数据革命的社会),互联网文本和文件、互联网搜索索引、呼叫详细记录、天文学、大气科学、基因组学、生物地球化学、生物和其他复杂或跨学科的科学研究、军事侦察、医疗记录、摄影档案、视频档案和大规模的电子商务等领域都有着极其广泛的应用。

例如:洛杉矶警察局和加利福尼亚大学合作利用大数据预测犯罪的发生;Google流感趋势(Google Flu Trends)利用搜索关键词预测禽流感的散布;统计学家内特·西尔弗(Nate Silver)利用大数据预测2012美国选举结果;麻省理工学院利用手机定位数据和交通数据建立城市规划等。

可以充分相信,随着大数据技术的不断发展,大数据越来越成为人们学习、生活和工作中不可缺少的技术。

6. 大数据应用中存在的问题

(1) 大容量问题。这里所说的"大容量"通常可达到PB级的数据规模。因此,海量数据存储系统也一定要有相应等级的扩展能力。与此同时,存储系统的扩展一定要简便,可以通过增加模块或磁盘列阵来增加存储容量,甚至不需要停机。在解决容量问题上,LSI公司的全新Nytr智能化闪存解决方案,采用Nytro产品,客户可以将数据库事务处理性能提高 30 倍，并且超过每秒 4.0GB 的持续吞吐能力，非常适用于大数据分析。

(2) 延迟问题。"大数据"应用中还存在实时性的问题，特别是涉及与网上交易或者金融类相关的应用。有很多"大数据"应用环境需要较高的每秒进行读写操作的次数(Input/Output Operations Per Second，IOPS)性能，比如高性能计算(High Performance Computing，HPC)。此外，服务器虚拟化的普及也导致了对高 IOPS 的需求，正如它改变了传统 IT 环境一样。为了迎接这些挑战，各种模式的固态存储设备应运而生，小到简单的在服务器内部做高速缓存，大到全固态介质可扩展存储系统通过高性能闪存存储，自动、智能地对热点数据进行读/写高速缓存的 LSI Nytro 系列产品等都在蓬勃发展。

(3) 安全问题。某些特殊行业的应用，比如金融数据、医疗信息以及政府情报等都有自己的安全标准和保密性需求。虽然对于 IT 管理者来说这些并没有什么不同，而且都是必须遵从的，但是大数据分析往往需要多类数据相互参考，而在过去并不会有这种数据混合访问的情况，大数据应用催生出一些新的、需要考虑的安全性问题，这就充分体现出利用基于 DuraClass 技术的 LSI SandForce&reg 闪存处理器的优势，实现了企业级闪存性能和可靠性，实现简单、透明的应用加速，既安全又方便。

(4) 成本问题。对于那些正在使用大数据环境的企业来说，成本控制是关键的问题。想控制成本，就意味着要让每一台设备都实现更高的"效率"，同时还要减少那些昂贵的部件。重复数据删除等技术已经进入主存储市场，而且还可以处理更多的数据类型，这都可以为大数据存储应用带来更多的价值，提升存储效率。在数据量不断增长的环境中，通过减少后端存储的消耗，哪怕只是降低几个百分点，这种锱铢必较的服务器也只有 LSI 推出的 Syncro MX-B 机架服务器启动盘设备能够获得明显的投资回报。当今，数据中心使用的传统引导驱动器不仅故障率高，而且具有较高的维修和更换成本。如果用它替换数据中心的独立服务器引导驱动器，则能将可靠性提升多达 100 倍。并且对主机系统是透明的，能为每一个附加服务器提供唯一的引导镜像，可简化系统管理，提升可靠性，并且节电率高达 60%，真正做到了节省成本。

(5) 数据的积累。许多大数据应用都会涉及遵从法律法规问题，这些法规通常要求数据要保存几年或者几十年的时间。比如医疗信息通常是为了保证患者的生命安全，而财务信息通常要保存 7 年。而有些使用大数据存储的用户却希望数据能够保存更长的时间，因为任何数据都是历史记录的一部分，而且数据的分析大都是基于时间段进行的。要实现长期的数据保存，就要求存储厂商开发出能够持续进行数据一致性检测的功能以及其他保证长期高可用特性的产品，同时还要实现数据能够直接在原位更新的功能需求。

(6) 灵活性问题。大数据存储系统的基础设施规模通常都很大，因此必须经过仔细设计，才能保证存储系统的灵活性，使其能够随着应用分析软件一起扩容及扩展。在大数据存储环境中，已经没有必要再做数据迁移了，因为数据会同时保存在多个部署站点。一个大型的数据存储基础设施一旦开始投入使用，就很难再调整，因此它必须能够适应各种不同的应用类型和数据场景。

(7) 应用感知问题。最早一批使用大数据的用户已经开发出了一些针对应用的定制的基础设施，比如针对政府项目开发的系统，还有大型互联网服务商创造的专用服务器等。在主流存储系统领域，应用感知技术的应用越来越普遍，它也是改善系统效率和性能的重要手段。因此，应用感知技术也应该用在大数据存储环境里。

思考题

1. 什么是物联网技术？物联网的结构以及支撑物联网技术有哪些？
2. 简述无线网络技术发展史。
3. 什么是一体机技术？一体机优势有哪些？
4. 请查阅相关资料，了解有关云计算的最新动态。
5. 简要说明大数据的用途以及目前大数据应用存在的问题。

改变中国SNS现状的人——马化腾

马化腾，男，1971年10月29日生于广东省汕头市潮南区成田镇家美社区家一村，如图8.10所示。腾讯主要创办人之一，现担任腾讯公司控股董事会主席兼首席执行官。

图8.10 马化腾

作为深圳土生土长的企业家，他曾在深圳大学计算机与软件学院主修计算机及应用，于1993年取得深圳大学理学学士学位。在创办腾讯之前，马化腾曾在中国电信服务和产品供应商深圳润迅通信发展有限公司主管互联网传呼系统的研究开发工作，在电信及互联网行业拥有十多年的经验。

1998年和好友张志东注册成立“深圳市腾讯计算机系统有限公司”。2009年，腾讯入选《财富》“全球最受尊敬50家公司”。

童年时，马化腾的父母在东方县(原属广东省，海南建省后划归海南省)工作，1984年13岁正在读初二的马化腾随家人从海南迁至深圳。后就读于深圳大学计算机系计算机专业。

1993年从计算机专业毕业后，马化腾进入深圳润迅通讯发展有限公司，开始做编程工程师，专注于寻呼机软件的开发，至升任开发部主管。该段经历使马化腾明确了开发软件的意义就在于实用，而不是写作者的自娱自乐。润讯提升了马化腾的视野，以及给马化腾在管理上必要的启蒙。

1998年，实用软件概念不仅培养了马化腾敏锐的软件市场感觉，也使他从中盈利不菲。马化腾是风靡一时的股霸卡的作者之一，他和朋友合作开发的股霸卡在赛格电子市场一直卖得不错。马化腾还不断为朋友的公司解决软件问题。这使他不仅在圈内小有名气，而且也有了相当的原始积累。但他真正意义上的第一桶金来自股市。他最精彩的一单是将10万元炒到70万元。这为马化腾独立创业打下了基础。

1998年马化腾与他的同学张志东“合资”注册了深圳腾讯计算机系统有限公司。马化腾给公司起名为腾讯，饱含着深长的意味。一方面，马化腾的名字里有个“腾”字，公司和自己密切相关；另一方面，“腾”也有腾飞、发达的意思。后缀为“讯”，更多是因为老东家润讯对马化腾的影响。至于英文名Tencent，更多是参考著名的通信公司朗讯(Lucent)

而起的。后来腾讯在香港上市，Tencent 的英文名被香港人称为“十分钱”(ten cent)，正好那时的腾讯至多是家短信内容提供商(SP)公司，用户所发的短信腾讯收费一毛钱一条，正好十分钱，很是贴切和形象。之后又吸纳了三位股东：曾李青、许晨晔、陈一丹。作为一家没有风险资金介入就成立的软件公司，初期的每一笔支出都让马化腾和他的同伴心惊。

在决定做 OICQ 的时候，当时国内已经有了两家公司在做，产品比腾讯的更有市场名气。马化腾没有想太多，除了因为这个产品可以和公司的主项发展业务移动局、寻呼台、无线寻呼方案和项目相互促进外，也因为当时飞华、中华网等许多公司有意向做即时通信项目，市场显得很有发展前景。初期发展过程中，腾讯经过了一个很重要的赔偿官司。在1999～2000 年，仿照 ICQ 开发的 OICQ 抢了很多 ICQ 的用户群，尤其是中国大陆用户，后来 ICQ 公司通过法律途径，最终判定腾讯败诉，停止使用 OICQ 这个名称，并归还 OICQ 域名给 ICQ 公司，同时赔偿了一定金额的费用，自此腾讯便使用了 QQ 这个名称。

创业之初，马化腾率领自己的团队做网页、做系统集成、做程序设计。但由于不懂市场和市场运作，腾讯的产品拿出去向运营商推销，却经常被拒之门外。跟其他刚开始创业的互联网公司一样，资金和技术是腾讯最大的问题。

1999 年 2 月，腾讯开发出第一个“中国风味”的 ICQ，即 OICQ 后，受到用户欢迎，注册人数疯长，很短时间内就增加到几万人。人数增加就要不断扩充服务器，而那时一两千元的服务器托管费都使公司不堪重负。2000 年，第一次网络泡沫席卷了整个中国互联网，腾讯进入了最为困难的时期，在面临资金困难时，差点儿就把开发出的 ICQ 软件以60 万元的价格卖给深圳电信数据局，但终因价格原因告吹。

软件卖不掉，但用户增长却很快，运营 QQ 所需的投入越来越大，马化腾只好四处筹钱。马化腾拿着改了 6 个版本、20 多页的商业计划书开始寻找国外风险投资，最后碰到了 IDG 和盈科数码，获得了第一笔投资。腾讯的发展逐渐步入了正轨。2004 年 6 月16 日，马化腾带领腾讯在香港交易所主板挂牌上市。

马化腾很忌讳一上来就烧钱圈地的方式。他认为，慢慢摸索逐步见效，可以控制好成本；而如果支出太大却在短期见不到成绩，“资本市场上会有压力，内部会不好交代”。马化腾坚持先做容易见到效果的事情，在企业发展上“希望是稳，长期健康地成长，不一定冲得太高，慢慢走。”

马化腾认为，任何一个新业务的开展，并不是请个高人来就可以搞定的。“你自己一定要有了解”，需要“不断充电”。在拍板行动之前，马化腾总要想清楚几个事情：比如是否做搜索，哪些是技术问题，哪些非技术问题；有哪些是可以用合作解决的；还是哪些是必须自己投入的；商业模型是否成型，收费还是不收费。而一旦决定做了，大到框架怎么搭、小到具体如何实施都放手给选定的人。

开拓新业务的领军人马化腾基本都用自己人，从技术人才里挑选，他需要的是极高的忠诚度。然而，做研发出身，业务和推广并不在行，逼迫他提高也不现实。因此，马化腾认为，只能先把产品做好，让业务自身滚动成长，市场推广暂时搁置。到了进入到需要强力市场推广的阶段，要让他去找很强的副手，内部找不到，就去外面挖。每个中层干部都一定要培养副手，这是硬性的“备份机制”。

马化腾凭着对网络市场一种朦胧却又相当有预见性的理解,搭起了腾讯的架子,牢固坚持以技术为核心的公司理念,极端专注于技术开发和提升质量。做软件工程师的经历使马化腾认为,开发软件的意义就在于实用,而不是写作者的自娱自乐。

QQ 最早只是作为公司的一个副产品存在的,马化腾对 QQ 所蕴含的巨大市场价值并没有足够的认识。而且无论从技术上还是资金上,他对自己究竟能保持多大的竞争优势并没有把握。初期腾讯所采取的策略是“三管齐下”:一方面继续巩固传统网络寻呼系统带来的大量利润;一方面将精力更多集中在改进 QQ 功能和开发新版本上;一方面寻找风险投资的支持。事实证明,这样的策略是正确的。

马化腾认为,作为领导者,需要胆魄、胸怀、眼光,其中眼光最重要。专注做自己擅长的事情;在前进的过程中,发现机会就要立刻去把握它,要有敏锐的市场感觉,这予人以压力,却也是成功的契机。

正是由于马化腾的不断追求,人们给予其很高的评价:

马化腾在模仿间不经意打造了一个庞大的“QQ 帝国”,为中国人创造了全新的沟通方式——人民网评。

互联网新锐马化腾,把一个社会性网络服务(Social Network Site,SNS)聊天工具打造成不可或缺的 QQ,将腾讯变成了互联网商业帝国。在腾讯成立的十年里,马化腾不断给自己树敌,最后,成功地走到了“全民公敌”的境地——时代周报评。

温和、为人低调,但却是当之无愧的明星。他 1998 年创立的公司已经发展到如此高度,但他不只是建立一个成功的企业,并在中国独特的文化背景中,将独生子女家庭以及庞大的移动互联网的人口联系起来——时代周刊评。

他是中国最富有的人之一,但是也是最低调的富豪之一,他创造了中国最大的网络公司。

参考文献

[1] 谭淑梅，杨瑞. 体全息存储技术的研究[J]. 大庆师范学院学报，29，6.

[2] 高健. 移动通信技术(第 2 版). 北京：科学出版社，2014.

[3] 张士强. 网络条件下的信息安全技术探讨[J]，计算机光盘软件与应用，2013，01.

[4] 信息加密技术-实例分析. http://www. doc88. com/p-0139355895440. html.

[5] 刘炎基. 图像编码技术比较[D]. 开封：河南大学，2013.

[6] 信息加工. http://baike. baidu. com/view/118923. htm.

[7] 光学字符识别. http://baike. baidu. com/view/230331. htm? fromId=17761.

[8] 图像检索. http://baike. baidu. com/view/63486. htm? fr=aladdin.

[9] 多媒体技术. http://baike. baidu. com/view/3503. htm? fr=aladdin.

[10] VoD 技术. http://baike. baidu. com/view/729. htm? fr=aladdin.

[11] 电子期刊. http://baike. baidu. com/view/206133. htm? fr=aladdin.

[12] 大数据. http://baike. baidu. com/subview/6954399/13647476. htm? fr=aladdin.

[13] 现代通信技术. http://baike. baidu. com/subview/617353/5137228. htm? fr=aladdin.

[14] 卫星通信技术. http://baike. baidu. com/view/297238. htm? fr=aladdin.

[15] 图像通信. http://baike. baidu. com/view/380218. htm? fr=aladdin.

[16] 图像分析. http://baike. baidu. com/view/264163. htm? fr=aladdin.

[17] 语音识别技术. http://baike. baidu. com/view/1041236. htm? fr=aladdin.

[18] 非线性编辑. http://baike. baidu. com/view/189716. htm? fr=aladdin.

[19] 视频监控. http://baike. baidu. com/view/1242856. htm? fr=aladdin.

[20] 电脑硬盘. http://baike. baidu. com/view/2074271. htm.

[21] 信息处理. http://baike. baidu. com/view/2187578. htm.

[22] 动态口令. http://baike. baidu. com/view/1793866. htm? fr=aladdin.

[23] 徐天秀. 信息检索. 北京：科学出版社，2006.

[24] 张福炎，孙志挥. 大学计算机信息技术教程(第 4 版第 3 次修订). 南京：南京大学出版社，2014.

[25] 硬盘分类. http://djohn1020. blog. 163. com/blog/static/962885122008923264167O/.

[26] 管致锦，徐慧，陈德裕，等. 数据结构. 北京：清华大学出版社，2011.

参考文献